建筑工程计价丛书

装饰装修工程计价与应用

薛淑萍　于玉梅　编著

金盾出版社

内容提要

本书共分11章，主要内容包括简明装饰装修工程制图原理与识图，建筑装饰构造工艺说明，装饰装修工程定额计价基本原理，工程量清单计价基础知识，楼地面工程计价，墙、柱面装饰工程，顶棚面工程计价，门窗工程计价，油漆、涂料、裱糊工程计价，其他工程计价及措施项目计算。

本书可作为监理单位、施工企业一线管理人员及劳务操作层的培训教材，也可供高校师生及在岗工程造价人员学习参考，特别适合自学使用。

图书在版编目(CIP)数据

装饰装修工程计价与应用/薛淑萍，于玉梅编著. -- 北京：金盾出版社，2012.9
ISBN 978-7-5082-7574-1
(建筑工程计价丛书)
Ⅰ.①装… Ⅱ.①薛… ②于… Ⅲ.①建筑装饰—工程装修—工程造价—中国 Ⅳ.①TU723.3

中国版本图书馆 CIP 数据核字(2012)第 083524 号

金盾出版社出版、总发行
北京太平路5号(地铁万寿路站往南)
邮政编码:100036 电话:68214039 83219215
传真:68276683 网址:www.jdcbs.cn
封面印刷:北京蓝迪彩色印务有限公司
正文印刷:双峰印刷有限公司
装订:双峰印刷有限公司
各地新华书店经销
开本:787×1092 1/16 印张:16.5 字数:383千字
2012年9月第1版第1次印刷
印数:1～8 000册 定价:38.00元

序　　言

随着我国社会主义市场经济的飞速发展，国家对建设工程的投资正逐年加大，建设工程造价体制改革正不断深入地发展，工程造价工作已经成为社会主义现代化建设事业中一项不可或缺的基础性工作。工程造价编制水平的高低关系到我国工程造价管理体制改革能否继续深入。

工程造价的确定是规范建设市场秩序，提高投资效益的重要环节，具有很强的政策性、经济性、科学性和技术性。现阶段我国正积极推行建设工程工程量清单计价制度，并颁布实施了《建设工程工程量清单计价规范》(GB 50500—2008)。清单计价规范的颁布实施，很大程度上推动了工程造价管理体制改革的深入发展，为我国社会主义经济建设提供了良好的发展机遇。

面对这种新的机遇和挑战，要求广大工程造价工作者不断学习，努力提高自己的业务水平，以适应工程造价领域发展形势的需要。同时，由于工程造价管理与编制工作的重要性，对从事工程造价工作的人员也提出了更高的要求。工程造价工作人员不仅要具有现代管理人员的技术技能与管理能力，还需具备良好的职业道德和文化素养，能够在一定的时间内高效率、高质量地完成工程造价工作。

为帮助广大工程造价人员适应市场经济条件下工程造价工作的需要，我们特组织了一批具有丰富工程造价理论知识和实践工作经验的专家学者，编写了这套《建筑工程计价丛书》。本套丛书共分为以下几册：

《电气设备安装工程计价与应用》

《给排水、采暖、燃气工程计价与应用》

《土石方及桩基础工程计价与应用》

《砌筑及混凝土工程计价与应用》

《装饰装修工程计价与应用》

与市面上已经出版的同类书籍相比，本套丛书具有以下优点：

1. 应用新规范。丛书主要依据《建设工程工程量清单计价规范》(GB 50500—2008)进行编写。为突出丛书的实用性、科学性和可操作性，丛书还通过列举大量的工程造价计价计算实例的方法，更好地帮助读者掌握工程造价知识。

2. 理论联系实际。丛书的编写注重理论与实践的紧密结合，汲取以往建设工程造价领域的经验，将收集的资料和积累的信息与理论联系在一起，更好地帮助建设工程造价工作人员提高自己的工作能力和解决工作中遇到的实际问题。

3. 广泛性与实用性。丛书内容广泛，编写体例新颖，实用性和可操作性强，可供相应工程管理人员、工程概预算人员岗位技能培训使用。

本套丛书在编写过程中参考和引用了大量的参考文献和资料，在此，向参考资料原作者及材料收集人员表示衷心的感谢。由于编者水平有限，书中错误及疏漏之处在所难免，敬请读者批评指正。

丛书编委会

前　言

随着我国经济和建筑科技的飞速发展，我国工程造价管理体制、计价定价模式以及施工工艺正逐步完善，急需既懂技术和经济，又懂法律和管理的复合型造价人才。为了适应市场对人才的需求，满足广大造价从业人员的学习热情，我们参照了建设部的造价工程师、监理工程师和一级建造师的执业考试用书的部分内容，结合工程造价管理工作的实际经验，编写了本书。

全书图文并茂、通俗易懂。其中，装饰装修施工工艺简洁精练；装饰装修计价理论简明扼要，理论与工程实例相结合，易学易懂；实际案例有详细计算过程和文字解释，相当于一个有丰富经验的工程师教您理论知识，同时又在手把手地教您编制实际工程造价文件，使您在最短的时间里掌握编制装饰装修工程造价的技能。归纳起来，该书有如下特色：

1. 依照《建设工程工程量清单计价规范》(GB 50500—2008)、《全国统一建筑装饰装修工程消耗量定额》(GYD—901—2002)进行编写。

2. 能够遵循造价岗位人员的职业能力培养的基本规律，以装饰装修工程计价工作过程为向导，整合、序化教材内容，强化了建筑装饰装修工程计价的编制细节和实际操作过程，是一本适合于自学用的书。

3. 为使初学者能够很快、准确掌握工程计量方法，采用工程量清单计算规则与定额计算规则逐条对照分析、释义方式编写，是编写形式的一次创新。

本书由薛淑萍、于玉梅编著，编写过程中，参考了许多书籍和资料，得到了广大工程造价专家和技术人员的大力支持和帮助，在此一并表示衷心的感谢！限于作者水平，加之时间仓促，书中难免有缺点和不当之处，敬请专家、同仁和广大读者批评指正。

作　者

目　录

第一部分　装饰装修基础工程概述 …… 1
第一章　简明装饰装修工程制图原理与识图 …… 1
第一节　装饰装修施工图基本知识 …… 1
一、装饰装修施工图基本概念 …… 1
二、装饰装修施工图的特点 …… 2
第二节　装饰装修工程施工图形成原理 …… 3
一、投影 …… 3
二、三面正投影图 …… 5
三、直线的三面正投影特性 …… 6
四、平面的三面正投影特性 …… 8
五、投影图的识读 …… 10
第三节　剖面图与断面图 …… 10
一、剖面图 …… 10
二、断面图 …… 12
第四节　装饰装修平面图识读 …… 13
一、装饰装修施工图 …… 13
二、原平面图 …… 14
三、楼地面(地面)装饰图 …… 14
四、平面装饰布置图 …… 14
五、顶棚装饰图 …… 14
第五节　装饰装修立面图识读 …… 18
一、装饰装修立面图的基本内容 …… 18
二、室外立面装饰装修图 …… 18
三、室内立面装饰装修图 …… 18
第六节　装饰装修剖面图识读 …… 20
一、装饰装修剖面图的基本内容 …… 20
二、装饰装修剖面图的识读要点 …… 21
第七节　装饰装修详图识读 …… 22
一、装饰装修节点详图 …… 22
二、装饰装修构配件详图 …… 22
三、装饰装修节点详图的识读要点 …… 23
第二章　建筑装饰构造工艺说明 …… 25
第一节　楼地面装饰构造及工艺说明 …… 25

一、楼地面各构造层次的作用 …… 25
二、楼地面装饰构造、工艺说明 …… 25
第二节 墙、柱面装饰工程构造及工艺说明 …… 32
一、墙、柱面抹灰 …… 32
二、墙柱面镶贴块料 …… 33
三、墙柱面其他装饰 …… 38
四、幕墙 …… 40
第三节 顶棚装饰构造、工艺说明 …… 41
一、直接式顶棚 …… 41
二、悬吊式顶棚 …… 42
三、饰面层 …… 43
第四节 门窗工程构造、工艺说明 …… 46
一、木门窗及其构造 …… 46
二、铝合金门窗 …… 49
三、塑料门窗 …… 49
四、玻璃装饰门 …… 49
五、自动门 …… 49
六、旋转门 …… 50
七、卷帘门 …… 50
第五节 油漆、涂料、裱糊工艺说明 …… 51
一、常用建筑装饰油漆涂料基本知识 …… 51
二、油漆工艺说明 …… 53
三、涂料的工艺说明 …… 54
四、裱糊饰面 …… 56
第六节 其他工程装饰说明 …… 57
一、室内装饰配套木家具施工说明 …… 57
二、浴厕配件施工 …… 59
三、压条、装饰线条 …… 61
四、雨篷及其他悬挑构造 …… 61
第二部分 建筑工程计价理论 …… 63
第三章 装饰装修工程定额计价基本原理 …… 63
第一节 装饰装修工程预算基本知识 …… 63
一、装饰装修工程预算的作用 …… 63
二、装饰装修工程预算的分类 …… 63
三、建设预算各内容之间的关系 …… 64
四、装饰装修工程造价的概念 …… 64
第二节 装饰装修工程定额基本知识 …… 65
一、装饰装修工程预算定额的概念 …… 65

二、定额水平 …… 65
三、装饰装修工程定额的特点 …… 65
四、装饰装修工程定额分类 …… 66
第三节　工作时间研究及测定 …… 66
一、工作时间研究 …… 66
二、测定时间消耗的基本方法——计时观察法 …… 67
第四节　工程定额的确定 …… 70
一、人工消耗定额的确定 …… 70
二、材料消耗定额的确定 …… 73
三、机械台班消耗定额的确定 …… 74
第五节　《全国统一建筑装饰装修工程消耗量定额》编制与应用 …… 76
一、《全国统一建筑装饰装修工程消耗量定额》GYD—901—2002 的组成 …… 76
二、《全国统一建筑装饰装修工程消耗量定额》GYD—901—2002 的编制 …… 77
三、预算定额的应用 …… 79
第六节　装饰装修人工、材料、机械台班单价的确定 …… 85
一、人工单价编制方法 …… 85
二、材料单价编制方法 …… 87
三、机械台班单价编制方法 …… 88
第七节　建筑装饰工程定额计价模式 …… 89
一、建筑装饰工程费用构成及其内容 …… 89
二、直接费的计算 …… 93
三、间接费、利润及税金计算 …… 93
四、工料机分析及差价调整 …… 95
第八节　建筑装饰工程(概)预算编制 …… 98
一、建筑装饰工程(概)预算书的内容及编制依据 …… 98
二、装饰施工图预算编制步骤 …… 99
第四章　工程量清单计价基础知识 …… 102
第一节　工程量清单计价基本概念 …… 102
一、工程量清单计价特点 …… 102
二、实行工程量清单计价的意义 …… 102
三、工程量清单计价基本理论 …… 103
四、工程量清单计价与定额计价的区别 …… 103
第二节　工程量清单编制的规定及方法 …… 103
一、工程量清单编制的一般规定 …… 103
二、工程量清单编制的方法 …… 104
第三节　工程量清单计价编制内容 …… 107
一、工程量清单计价的编制依据 …… 107
二、工程量清单计价编制内容 …… 108

三、工程量清单计价编制 …… 108
第四节 工程量清单计价与定额计价的关系 …… 116
一、清单计价与定额计价之间的联系 …… 116
二、清单计价的特点 …… 117
第三部分 装饰装修工程计价与应用 …… 118
第五章 楼地面工程计价 …… 118
第一节 楼地面工程定额说明及清单项目释义 …… 118
一、清单与定额内容及项目划分 …… 118
二、定额与清单计价方式工程量计算的对比 …… 118
三、楼地面工程定额说明及清单项目释义 …… 118
第二节 楼地面工程量清单计算规则与定额计算规则对照 …… 119
一、楼地面装饰工程量清单计算规则 …… 119
二、楼地面装饰工程量清单计算规则与定额计算规则对照 …… 125
第三节 楼地面工程量计算及实例 …… 128
第六章 墙、柱面装饰工程 …… 134
第一节 墙、柱面工程定额说明及清单项目释义 …… 134
一、墙、柱面装饰工程定额说明 …… 134
二、墙柱面装饰工程量清单说明 …… 135
第二节 墙、柱面工程量清单计算规则与定额计算规则对照 …… 137
一、墙、柱面装饰工程量清单项目计算规则 …… 137
二、墙柱面工程量清单计算规则与定额计算规则对照 …… 142
第三节 墙柱面工程量计算及示例 …… 144
第七章 顶棚面工程计价 …… 149
第一节 顶棚面工程定额说明及清单项目释义 …… 149
一、顶棚面装饰工程定额说明 …… 149
二、顶棚面装饰工程量清单项目释义 …… 150
第二节 顶棚面工程定额计算规则与清单计算规则对照 …… 150
一、顶棚面装饰工程量清单项目计算规则 …… 150
二、顶棚面装饰工程量清单计算规则与定额计算规则对照 …… 152
三、关于龙骨的调整 …… 153
第三节 顶棚面工程量计算及实例 …… 153
一、顶棚抹灰面工程量计算 …… 153
二、顶棚吊顶工程量计算 …… 154
第八章 门窗工程计价 …… 157
第一节 门窗工程定额说明及清单项目释义 …… 157
一、门窗工程定额说明 …… 157
二、门窗工程量清单项目释义 …… 157
第二节 门窗工程定额计算规则与清单计算规则对照 …… 158

一、门窗工程量清单项目计算规则 …… 158
二、门窗工程量清单计算规则与定额计算规则对照 …… 161
第三节　门窗工程量计算及应用实例 …… 165
第九章　油漆、涂料、裱糊工程计价 …… 172
第一节　油漆、涂料、裱糊工程定额说明及清单项目释义 …… 172
一、油漆、涂料、裱糊工程定额说明 …… 172
二、油漆、涂料、裱糊工程量清单项目释义 …… 172
第二节　油漆、涂料、裱糊工程定额与清单工程量计算规则对照 …… 173
一、油漆、涂料、裱糊工程量清单项目计算规则 …… 173
二、油漆、涂料、裱糊工程量清单计算规则与定额计算规则对照 …… 175
第三节　油漆工程量计算及应用实例 …… 179
第十章　其他工程计价 …… 184
第一节　其他工程定额说明、清单项目释义 …… 184
一、其他工程定额说明 …… 184
二、其他工程量清单项目释义 …… 185
第二节　其他工程定额工程量与清单工程量计算规则对照 …… 186
一、其他工程量清单项目计算规则 …… 186
二、其他工程量清单计算规则与定额计算规则对照 …… 188
第三节　其他工程量计算规则应用实例 …… 189
第十一章　措施项目计算 …… 193
第一节　装饰装修脚手架及项目成品保护费 …… 193
一、定额项目划分 …… 193
二、装饰脚手架工程量计算 …… 193
三、装饰工程项目成品保护费工程量计算规则 …… 194
四、工程量计算示例 …… 194
第二节　垂直运输及超高增费 …… 196
一、定额项目划分 …… 196
二、装饰工程垂直运输工程量计算 …… 197
三、装饰工程超高增加费工程量计算 …… 197
四、装饰工程其他措施项目费计算 …… 198
五、工程量(费)计算示例 …… 198
附录 …… 202
附录一　建筑装饰工程预算编制实例 …… 202
附录二　实训项目(一～七) …… 230
参考文献 …… 250

第一部分　装饰装修基础工程概述

第一章　简明装饰装修工程制图原理与识图

内容提要：

1. 了解装饰装修工程施工图的基本概念及装饰施工图特点；图纸的幅面和规格、图线、字体、比例、尺寸标注以及符号。

2. 掌握装饰装修平面图识读要点、立面图的识读要点、剖面图的识读要点、详图的识读要点。

3. 理解装饰装修工程施工图形成原理；掌握投影的概念、三面投影图的投影规律。

第一节　装饰装修施工图基本知识

一、装饰装修施工图基本概念

1. 装饰装修构造项目的概念

建筑装饰构造是指使用建筑装饰材料和制品对建筑物表面及某些特定部位进行装饰与装修的构造施工做法。装饰装修构造项目是建筑装饰设计艺术的重要组成部分，是建筑装饰设计落到实处的具体细化处理，是将抽象概念转化为现实的过程和技术手段。

2. 装饰装修施工图

装饰施工图是用于表达室内外装饰美化要求的施工图样，它是以透视效果图为主要依据，采用正投影、中心投影等投影法，反映建筑的装饰结构、装饰造型、饰面处理以及家具、陈设、绿化等布置内容。

3. 装饰装修工程构造项目简要介绍

下面就以一般图样常常涉及的构造项目简要介绍一下相关知识。

(1)室内装饰。顶棚也称天花板，是室内空间的顶界面。顶棚装饰是室内装饰的重要组成部分，它的设计常常要从审美要求、物理功能、建筑照明、设备安装、管线敷设、检修维护、防火安全等多方面综合考虑。顶棚(天花板)示意图如图 1-1 所示。

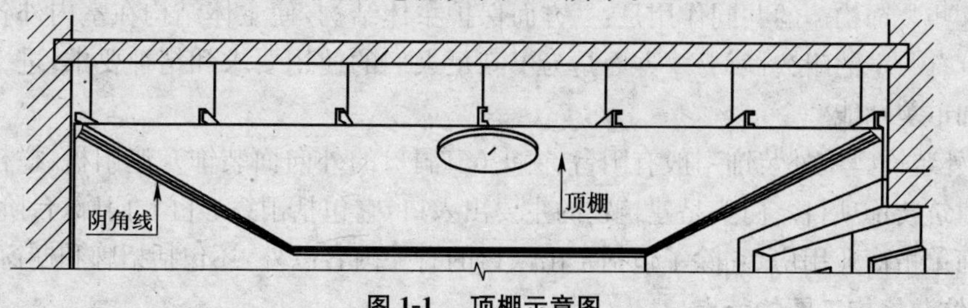

图 1-1　顶棚示意图

楼层地面、地面是室内空间的底界面，通常是指在普通水泥或混凝土地面和其他地层表面上所做的饰面层。楼地面(地面)示意图如图1-2所示。

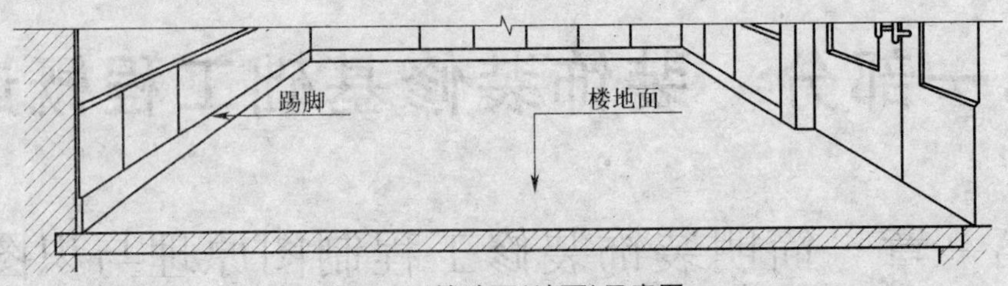

图1-2 楼地面(地面)示意图

内墙面是室内空间的侧界面,经常处于人们的视线范围内,是人们在室内接触最多的部位,因此其装饰常常也要从艺术、使用功能、接触感、防火及管线敷设等方面综合考虑。内墙面示意图如图1-3所示。

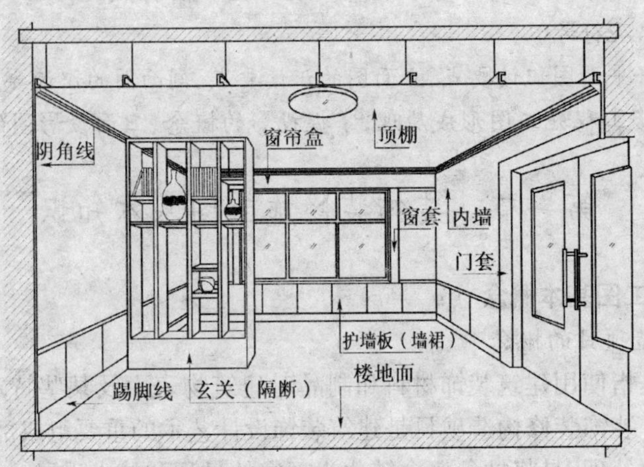

图1-3 内墙和隔断(玄关)示意图

建筑内部在隔声和遮挡视线上有一定要求的封闭型非承重墙,称为隔墙;完全不能隔声的不封闭的室内非承重墙,称为隔断,在大门进门处称作玄关。隔断(玄关)一般制作都较精致,多做成镂空花格或折叠式,有固定的也有活动的,它主要起划定室内小空间的作用。

内墙装饰形式很丰富。一般习惯将1.5m以上高度的、用饰面板(砖)饰面的墙面装饰形式称为护壁,护壁在1.5m高度以下的又称为墙裙。在墙体上凹进去一块的装饰形式称为壁龛,墙面下部起保护墙脚面层作用的装饰构件称为踢脚。

室内装饰工程还有楼梯踏步、楼梯栏杆(板)、壁橱和服务台、柜(吧)台等等。装饰大样图、详图构造内容繁多。图1-4所示住宅酒柜、餐厅大样图就是其中部分装饰图样。

以上这些装饰构造的共同作用是:一方面保护主体结构,使主体结构在室内外各种环境因素作用下具有一定的耐久性;另一方面是为了满足人们的使用要求和精神要求,进一步实现建筑的使用和审美功能。

(2)室外装饰。室外装饰一般有阳台、窗头(窗洞口的外向面装饰)、遮阳板、栏杆、围墙、大门等其他建筑装饰项目。门头是建筑物的主要出入口,它包括雨篷、外门、门廊、台阶、花台或花池等。门面单指商业用房,它除了包括主出入口的有关内容以外,还包括招牌和橱窗等。

二、装饰装修施工图的特点

(1)建筑装饰工程涉及面较广,它不仅与建筑有关,而且与水、暖、电等设备有关,而且还与家具、陈设、绿化及各种室内配套产品有关。同时还要注意各种材料的搭配处理等。

有时一个项目会出现建筑制图、家具制图、园林制图和机械制图等。如图 1-5 所示局部电视柜大样图是家具制图，其中包含有灯具。

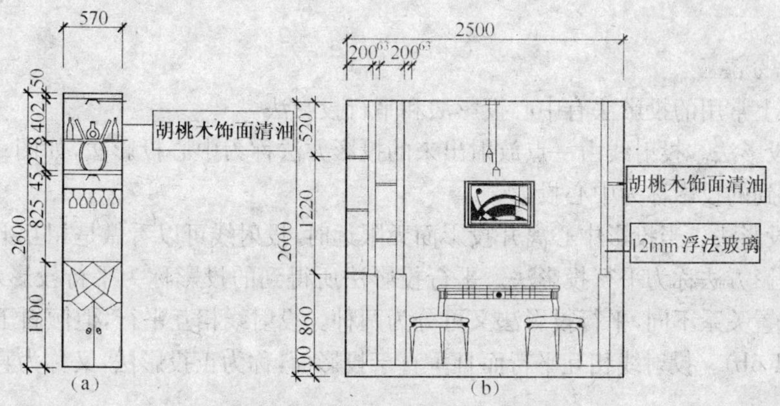

图 1-4　住宅酒柜、餐厅大样图

(a)酒柜大样图　(b)餐厅大样图

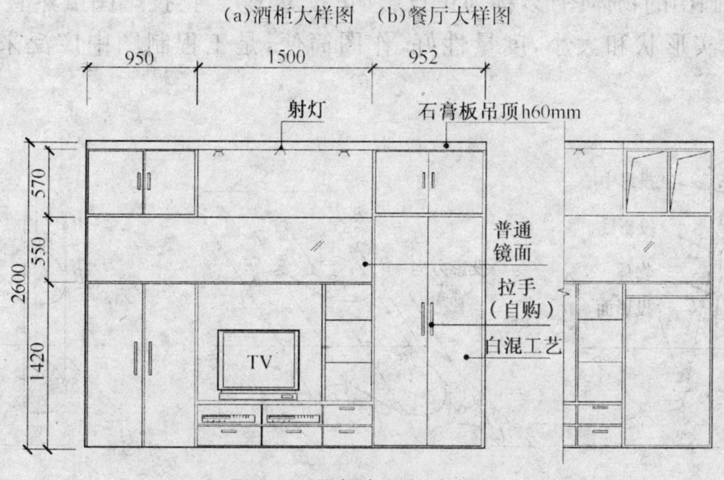

图 1-5　局部电视柜大样图

(2)装饰活比较细，所以使用的局部大样图和节点详图比较多。

(3)装饰施工图图例无统一标准，多是在流行中互相沿用，故需加文字说明。

(4)标准定型化设计少，可选择的标准图不多，因此大部分装饰配件需画详图表明其构造。

(5)建筑装饰施工图多是建筑物某一装饰部位或某一装饰空间的局部图，其细部描绘比建筑施工图更为细腻。如将大理石板画上石材肌理，玻璃或镜面画上反光，金属装饰制品画上抛光线等，使图真实、生动，并具有一定的装饰感，让人一看就懂，这些构成了装饰施工图自身的特点。

第二节　装饰装修工程施工图形成原理

一、投影

1. 投影的概念

光线投影于物体产生影子的现象称为投影，例如光线照射物体在地面或其他背景上产生影子，这个影子就是物体的投影。在制图学上把此投影称为投影图(亦称视图)。

用一组假想的光线把物体的形状投射到投影面上，并在其上形成物体的图像，这种用投影图表示物体的方法称投影法，它表示光源、物体和投影面三者间的关系。投影法是绘制工程图的基础。

2. 投影法分类

工程制图上常用的投影法有中心投影法和平行投影法。

(1)中心投影法。投射线由一点放射出来的投影方法称为中心投影法，如图 1-6a 所示。中心投影法所得到的投影称为中心投影。

(2)平行投影法。当投影中心离开投影面无限远时，投射线可以看做是相互平行的，投射线相互平行的投影方法称为平行投影法。平行投影法所得到的投影称为平行投影。根据投射线与投影面的位置关系不同，平行投影法又可分为两种。投射线相互平行，但倾斜于投影面，称为斜投影法(图 1-6b)。投射线相互平行而且垂直于投影面，称为正投影法，又称为直角投影法(图 1-6c)。

用正投影法画出的物体图形，称为正投影(正投影图)。正投影图虽然直观性差些，但它能反映物体的真实形状和大小，度量性好，作图简便，是工程制图中广泛采用的一种图示方法。

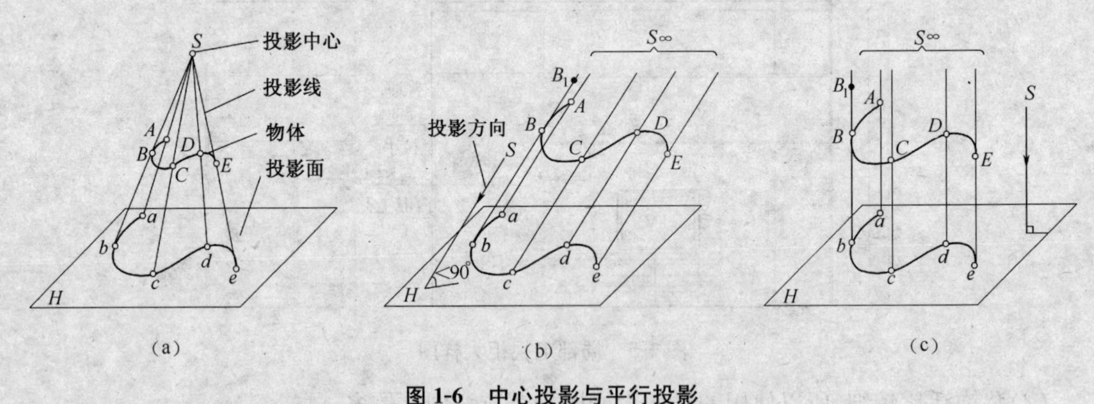

图 1-6 中心投影与平行投影

(a)中心投影 (b)斜投影 (c)直角投影

3. 正投影的基本特性

构成物体最基本的元素是点。点运动形成直线，直线运动形成平面。在正投影法中，点、直线、平面的投影，具有以下基本特性：

(1)显实性。当直线段平行于投影面时，其投影与直线等长。当平面平行于投影面时，其投影与该平面全等。即直线的长度和平面的大小可以从投影图中直接度量出来，这种特性称为显实性(图 1-7a)，这种投影称为实形投影。

(2)积聚性。直线、平面垂直于投影面时，其投影积聚为一点、直线时，这种特性称投影的积聚性，如图 1-7b 所示。

(3)类似性。直线、平面倾斜于投影面时，其投影仍为直线(长度缩短)、平面(形状缩小)，这种特性称投影的类似性，如图 1-7c 所示。

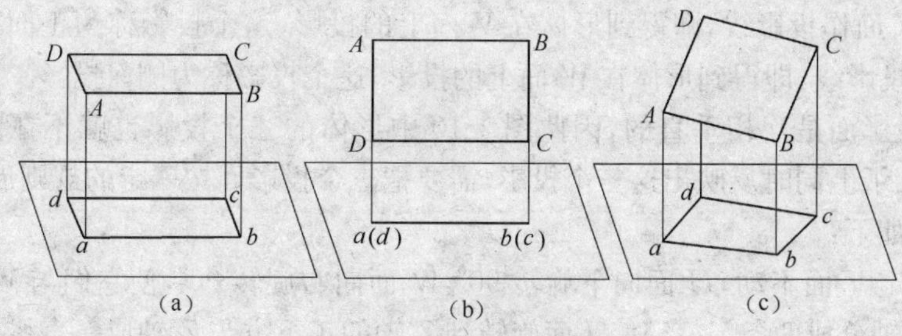

图 1-7　正投影规律

(a)显实性　(b)积聚性　(c)类似性

二、三面正投影图

1. 三面投影体系

图 1-8 所示空间五个不同形状的物体，它们在同一个投影面上的投影都是相同的。因此，在正投影法中形体的一个投影一般是不能反映空间形体形状的。

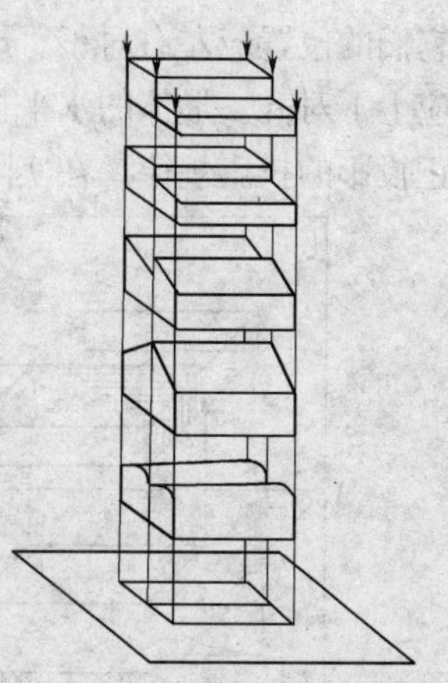

图 1-8　物体的一个正投影不能确定其空间的形状

一般来说，用三个互相垂直的平面作投影面，用形体在这三个投影面上的三个投影才能充分表达出这个形体的空间形状。这三个互相垂直的投影面，称为三投影面体系，如图 1-9 所示。图中水平方向的投影面称为水平投影面，用字母 H 表示，也可以称为 H 面；与水平投影面垂直相交的正立方向的投影面称为正立投影面，用字母 V 表示，也可以称为 V 面；与水平投影面及正立投影面同时垂直相交的投影面称为侧立投影面，用字母 W 表示，也可以称为 W 面。各投影面相交的交线称为投影轴，其中 V 面与 H 面的相交线称作 X 轴；W 面与 H 面的相交线称作 Y 轴；V 面与 W 面的相交线称作 Z 轴，三条投影轴的交点 O 称为原点。

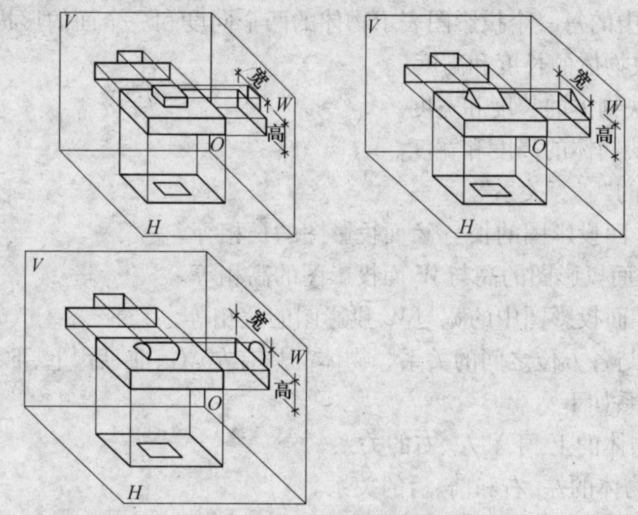

图 1-9　形体的三面投影

2. 三面投影图的形成与展开

从形体上各点向 H 面作投影线，即得到形体在 H 面上的投影，这个投影称为水平投影；从

形体上各点向 V 面作投影线，即得到形体在 V 面上的投影，这个投影称为正面投影；从形体上各点向 W 面作投影线，即得到形体在 W 面上的投影，这个投影称为侧面投影。

由于三个投影面是互相垂直的，因此图 1-10 中形体的三个投影也就不在同一个平面上。为了能在一张图纸上同时反映出这三个投影，需要把三个投影面按一定的规则展开在一个平面上，其展开规则如下：

展开时，规定 V 面不动，H 面向下旋转 90°，W 面向右旋转 90°，使它们与 V 面展成在一个平面上，这时 Y 轴分成两条，一条随 H 面旋转到 Z 轴的正下方与 Z 轴成一直线，以 Y_H 表示；另一条随 W 面旋转到 X 轴的正右方与 X 轴成一直线，以 Y_W 表示，如图 1-10 所示。

投影面展开后，如图 1-11 所示，形体的水平投影和正面投影在 X 轴方向都反映形体的长度，它们的位置应左右对正。形体的正面投影和侧面投影在 Z 轴方向都反映形体的高度，它们的位置应上下对齐。形体的水平投影和侧面投影在 Y 轴方向都反映形体的宽度。这三个关系即为三面正投影的投影规律。在实际制图中，投影面与投影轴省略不画，但三个投影图的位置必须正确。

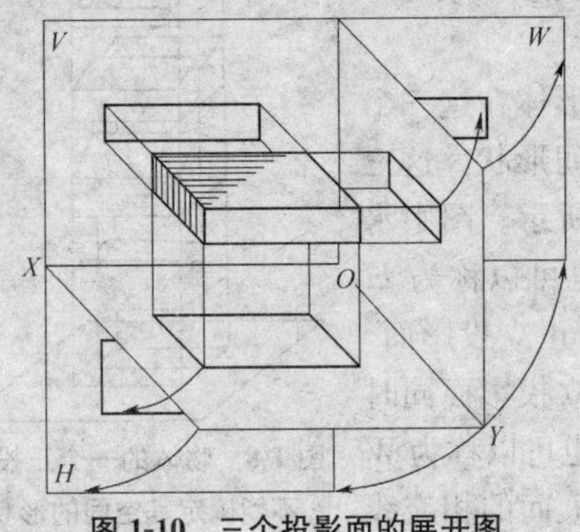

图 1-10 三个投影面的展开图

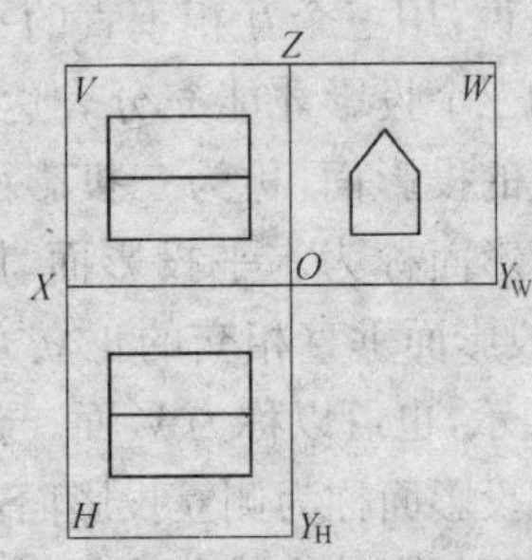

图 1-11 投影面展开图

3. 三面投影图的投影规律

(1)三个投影图中的每一个投影图表示物体的两个向度和一个面的形状，即：

①V 面投影反映物体的长度和高度。

②H 面投影反映物体的长度和宽度。

③W 面投影反映物体的高度和宽度。

(2)三面投影图的“三等关系”。

①长对正，即 H 面投影图的长与 V 面投影图的长相等。

②高平齐，即 V 面投影图的高与 W 面投影图的高相等。

③宽相等，即 H 面投影图中的宽与 W 投影图的宽相等。

(3)三面投影图与各方位之间的关系。物体都具有左、右、前、后、上、下六个方向，三面投影图中，它们的对应关系如下：

①V 面图反映物体的上、下和左、右的关系。

②H 面图反映物体的左、右和前、后的关系。

③W 面图反映物体的前、后和上、下的关系。

三、直线的三面正投影特性

空间直线与投影面的位置关系有投影面垂直线、投影面平行线及一般位置直线三种。

1. 投影面平行线

平行于一个投影面，而倾斜于另两个投影面的直线，称为投影面平行线。投影面平行线分为如下几种：

(1)水平线。直线平行于 H 面，倾斜于 V 面和 W 面。

(2)正平线。直线平行于 V 面，倾斜于 H 面和 W 面。

(3)侧平线。直线平行于 W 面，倾斜于 H 面和 V 面。

投影面平行线的投影特性见表 1-1。

表 1-1　投影面平行线的投影特性

名称	直观图	投影图	投影特性
水平线	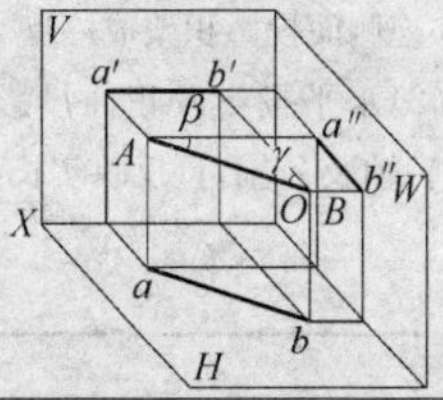	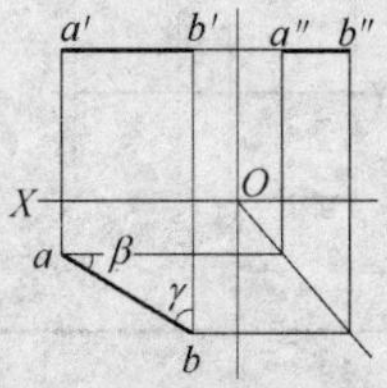	(1)水平投影反映实长 (2)水平投影与 X 轴和 Y 轴的夹角，分别反映直线与 V 面和 W 面的倾角 β 和 γ (3)正面投影及侧面投影分别平行于 X 轴及 Y 轴，但不反映实长
正平线	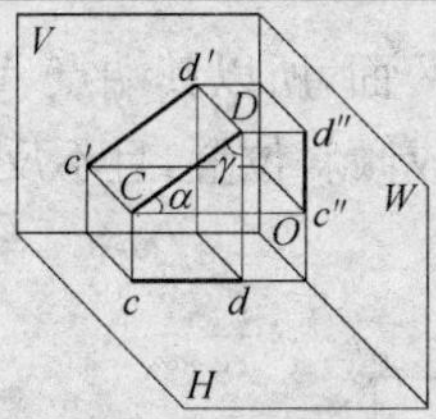	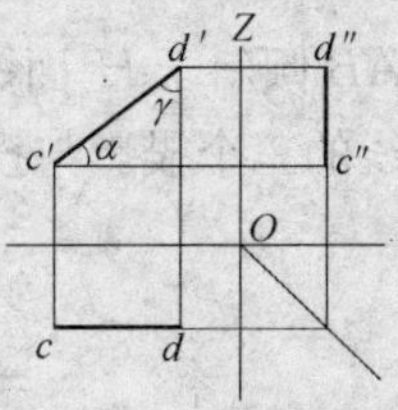	(1)正面投影反映实长 (2)正面投影与 X 轴和 Z 轴的夹角，分别反映直线与 H 面和 W 面的倾角 α 和 γ (3)水平投影及侧面投影分别平行于 X 轴及 Z 轴，但不反映实长
侧平线	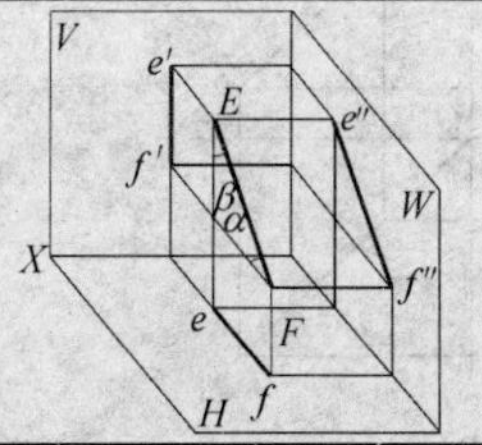	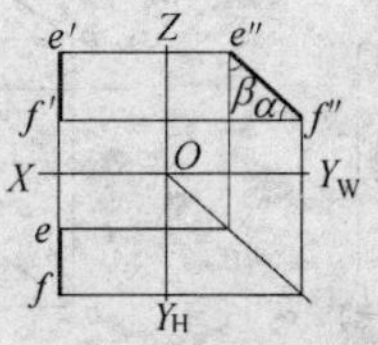	(1)侧面投影反映实长 (2)侧面投影与 Y 轴和 Z 轴的夹角，分别反映直线与 H 面和 V 面的倾角 α 和 β (3)水平投影及正面投影分别平行于 Y 轴及 Z 轴，但不反映实长

2. 投影面垂直线

垂直于一投影面，而平行于另两个投影面的直线，称为投影面垂直线。投影面垂直线分为：

(1)铅垂线。直线垂直于 H 面，平行于 V 面和 W 面。

(2)正垂线。直线垂直于 V 面，平行于 H 面和 W 面。

(3)侧垂线。直线垂直于 W 面，平行于 H 面和 V 面。

投影面垂直线的投影特性见表 1-2。

表 1-2　投影面垂直线的投影特性

名称	直观图	投影图	投影特性
铅垂线	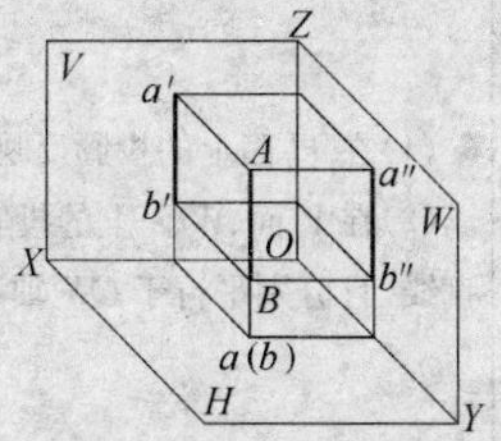	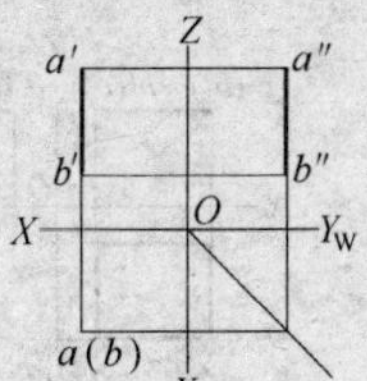	(1)水平投影积聚成一点 (2)正面投影及侧面投影分别垂直于 X 轴及 Y 轴，且反映实长

续表 1-2

名称	直观图	投影图	投影特性
正垂线			(1)正面投影积聚成一点 (2)水平投影及侧面投影分别垂直于 X 轴及 Z 轴，且反映实长
侧垂线			(1)侧面投影积聚成一点 (2)水平投影及正面投影分别垂直于 Y 轴及 Z 轴，且反映实长

3. 一般位置直线

图 1-12 为一般位置直线。由于直线 AB 倾斜于 H 面、V 面和 W 面，所以其端点 A、B 到各投影面的距离都不相等，因此一般位置直线的三个投影与投影轴都成倾斜位置，且不反映实长，也不反映直线对投影面的倾角。

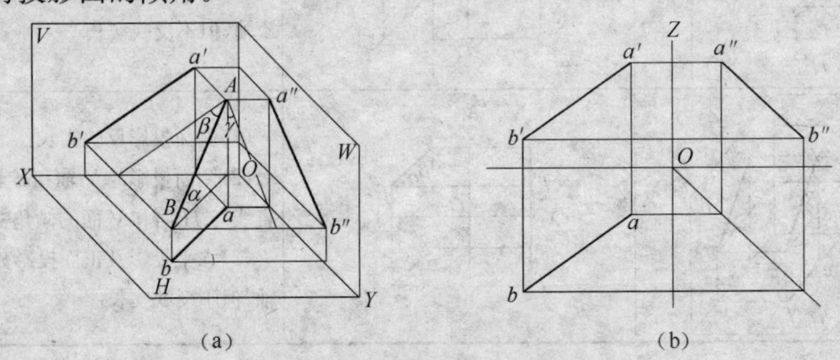

图 1-12　一般位置直线的投影

(a)直观图　(b)投影图

四、平面的三面正投影特性

空间平面与投影面的位置关系有三种：投影面平行面、投影面垂直面、一般位置平面。

1. 投影面平行面

投影面平面平行于一个投影面，同时垂直于另外两个投影面，见表 1-3，其投影特点如下：

表 1-3　投影面平行面的投影特性

名称	直观图	投影图	投影特性
水平面			(1)在 H 面上的投影反映实形 (2)在 V 面、W 面上的投影积聚为一直线，且分别平行于 OX 轴和 OY_W 轴

续表 1-3

名称	直观图	投影图	投影特性
正平面	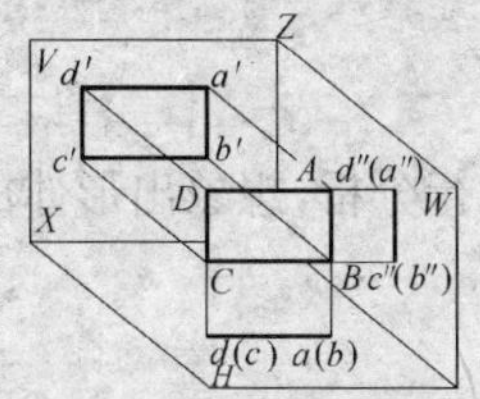	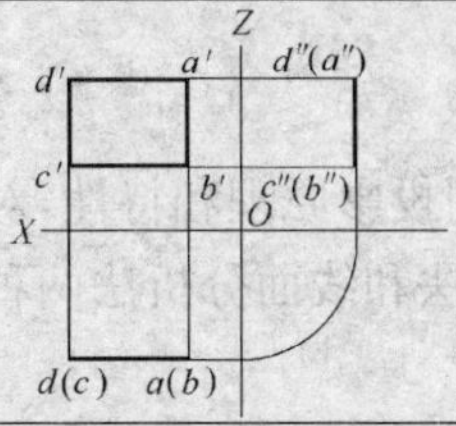	(1)在 V 面上的投影反映实形 (2)在 H 面、W 面上的投影积聚为一直线，且分别平行于 OX 轴和 OZ 轴
侧平面	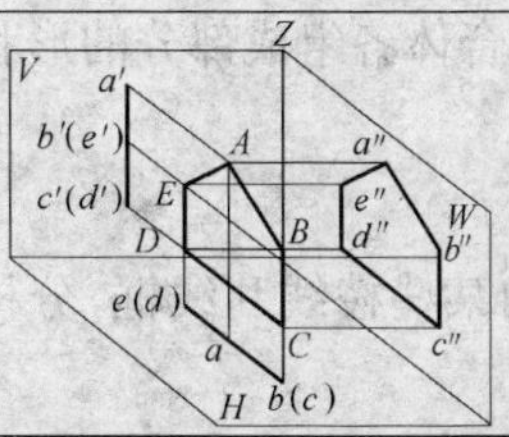	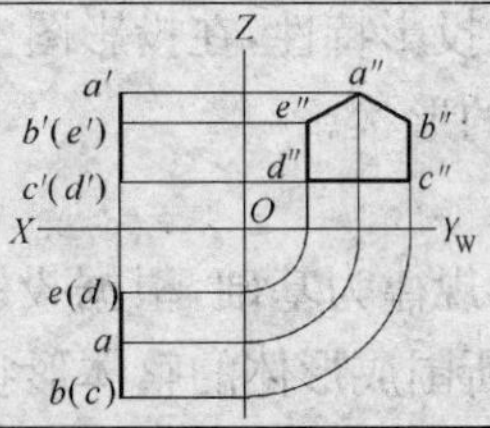	(1)在 W 面上的投影反映实形 (2)在 V 面、H 面上的投影积聚为一直线，且分别平行于 OZ 轴和 OY_H 轴

(1)平面在它所平行的投影面上的投影反映实形。

(2)平面在另两个投影面上的投影积聚为直线，且分别平行于相应的投影轴。

2. 投影面垂直面

此类平面垂直于一个投影面，同时倾斜于另外两个投影面，见表 1-4，其投影图的特征如下：

(1)垂直面在它所垂直的投影面上的投影积聚为一条与投影轴倾斜的直线。

(2)垂直面在另两个面上的投影不反映实形。

表 1-4 投影面垂直面的投影特性

名称	直观图	投影图	投影特性
铅垂面	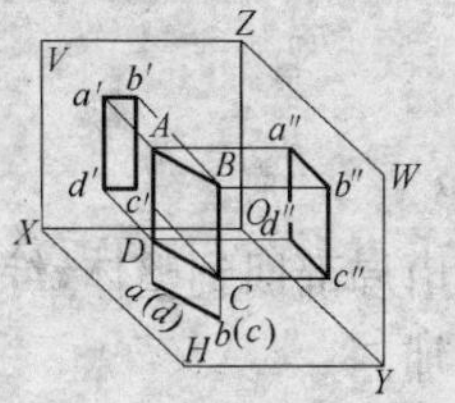	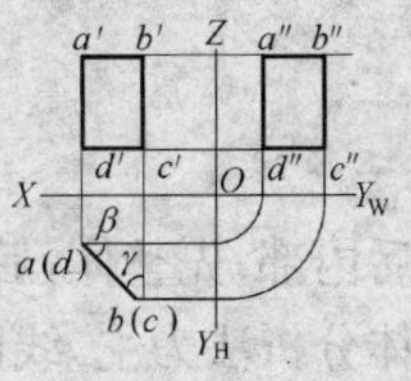	(1)在 H 面上的投影积聚为一条与投影轴倾斜的直线 (2) β 和 γ 反映平面与 V、W 面的倾角 (3)在 V、W 面上的投影小于平面的实形
正垂面	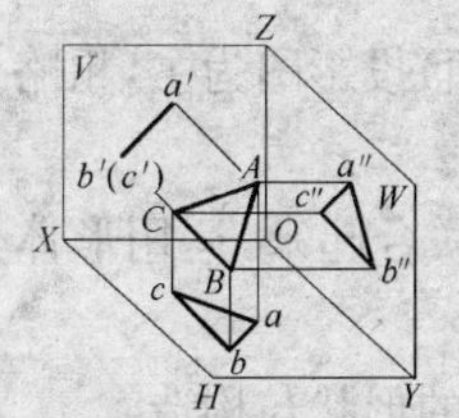	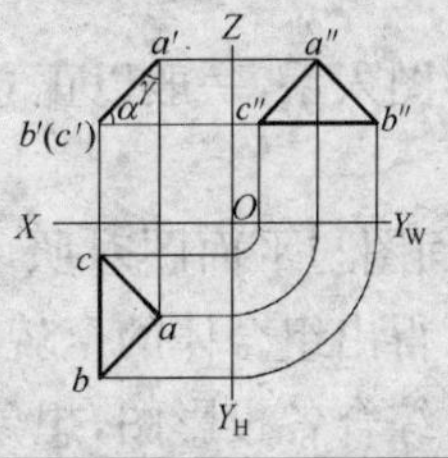	(1)在 V 面上的投影积聚为一条与投影轴倾斜的直线 (2) α 和 γ 反映平面与 H、W 面的倾角 (3)在 H、W 面上的投影小于平面的实形
侧垂面	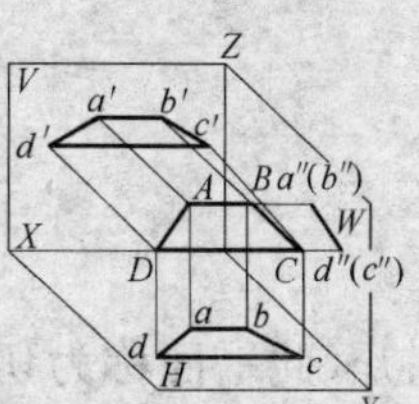	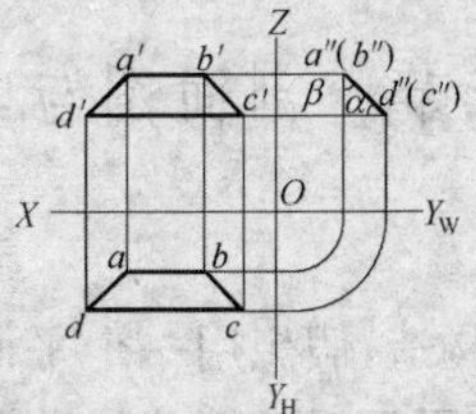	(1)在 W 面上的投影积聚为一条与投影轴倾的直线 (2) α 和 β 反映平面与 H、V 面的倾角 (3)在 V、H 面上的投影小于平面的实形

3. 一般位置平面

对三个投影面都倾斜的平面称一般位置平面，其投影的特点是：三个投影均为封闭图形，于实形没有积聚性，但具有类似性。

五、投影图的识读

读图是根据形体的投影图，运用投影原理和特性，对投影图进行分析，想象出形体的空间形状。识读投影图的方法有形体分析法和线面分析法两种。

1. 形体分析法

形体分析法是根据基本形体的投影特性，在投影图上分析组合体各组成部分的形状和相对位置，然后综合起来想象出组合体的形状。

2. 线面分析法

线面分析法是以线和面的投影规律为基础，根据投影图中的某些棱线和线框，分析它们的形状和相互位置，从而想象出它们所围成形体的整体形状。

为应用线面分析法，必须掌握投影图上线和线框的含义，才能结合起来综合分析，想象出物体的整体形状。

(1)投影图中的图线(直线或曲线)可能代表的含义如下：

①形体的一条棱线，即形体上两相邻表面交线的投影。

②与投影面垂直的表面(平面或曲面)的投影，即为积聚投影。

③曲面的轮廓素线的投影。

(2)投影图中的线框，可能有如下含义：

①形体上某一平行于投影面的平面的投影。

②形体上某平面类似性的投影(即平面处于一般位置)。

③形体上某曲面的投影。

④形体上孔洞的投影。

3. 投影图识读步骤

识读图样的顺序一般是先外形，后内部；先整体，后局部；最后由局部回到整体，综合想象出物体的形状。读图的方法，一般以形体分析法为主，线面分析法为辅。

识读投影图的基本步骤如下：

(1)从最能反映形体特征的投影图入手，一般以正立面(或平面)投影图为主，粗略分析形体的大致形状和组成。

(2)结合其他投影图阅读，正立面图与平面图对照，三个视图联合起来，运用形体分析法和线面分析法，形成立体感，综合想象，得出组合体的全貌。

(3)结合详图(剖面图、断面图)，综合各投影图，想象整个形体的形状与构造。

第三节 剖面图与断面图

一、剖面图

为了能清晰地表达物体的内部构造，假想用一个平面将物体剖开(此平面称为切平面)，移出剖切平面前的部分，然后画出剖切平面后面部分的投影图，这种投影图称为剖面图，如图 1-13

所示。

1. 剖面图的画法

(1)确定剖切平面的位置。画剖面图时，首先应选择适当的剖切位置。使剖切后画出的图形能确切反映所要表达部分的真实形状。

(2)剖切符号。剖切符号也叫剖切线，由剖切位置线和剖视方向所组成。用断开的两段粗短线表示剖切位置，在它的两端画与其垂直的短粗线表示剖视方向，短线在哪一侧即表示向哪一侧方向投影。

(3)编号。用阿拉伯数字编号，并注写在剖视方向线的端部，编号应按顺序由左至右、由下而上连续编排，如图 1-14 所示。

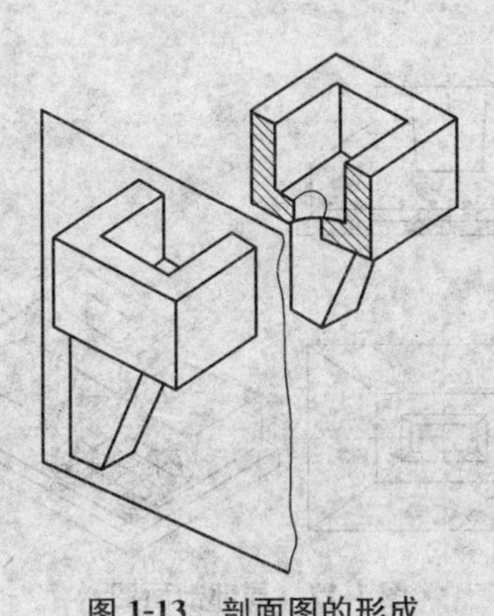

图 1-13　剖面图的形成

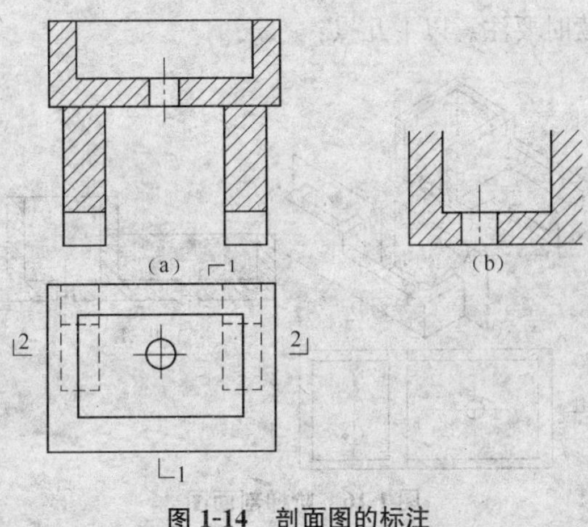

图 1-14　剖面图的标注

(a)2—2 剖面图　(b)1—1 剖面图

(4)画剖面图。剖面图虽然是按剖切位置，移去物体在剖切平面和观察者之间的部分，根据留下的部分画出的投影图，但因为剖切是假想的，因此画其他投影时，仍应完整地画出，不受剖切的影响。

剖切平面与物体接触部分的轮廓线用粗实线表示，剖切平面后面的可见轮廓线用细实线表示。物体被剖切后，剖面图上仍可能有不可见部分的虚线存在，为了使图形清晰易读，对于已经表示清楚的部分，虚线可以省略不画。

(5)画出材料图例。在剖面图上为了分清物体被剖切到和没有被剖切到的部分，在剖切平面与物体接触部分要画上材料图例，表明建筑物各构配件是用什么材料做成的。

2. 剖面图的种类

(1)按剖切位置分类。

①水平剖面图：当剖切平面平行于水平投影面时，所得的剖面图称为水平剖面图，建筑施工图中的水平剖面图称平面图。

②垂直剖面图：若剖切平面垂直于水平投影面所得到的剖面图称垂直剖面图，图 1-14 中的 1-1 剖面称纵向剖面图，2-2 剖面称横向剖面图，二者均为垂直剖面图。

(2)按剖切面的形式分类。

①全剖面图：用一个剖切平面将形体全部剖开后所画的剖面图。图 1-14 所示的两个剖面为全剖面图。

②半剖面图：当物体的投影图和剖面图都是对称图形时，可采用半剖的表示方法，如图 1-15 所示，图中投影图与剖面图各占一半。

③阶梯剖面图：用阶梯形平面剖切形体后得到的剖面图，如图 1-16 所示。

④局部剖面图：形体局部剖切后所画的剖面图，如图 1-17 所示。

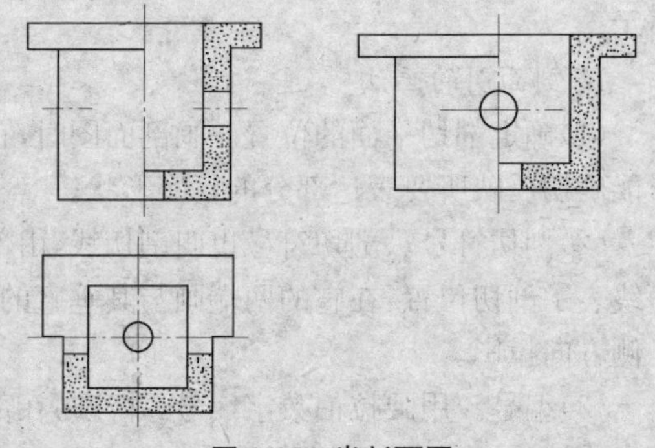

图 1-15 半剖面图

3. 剖面图的识读

剖面图应画出剖切后留下部分的投影图，阅读时要注意以下几点：

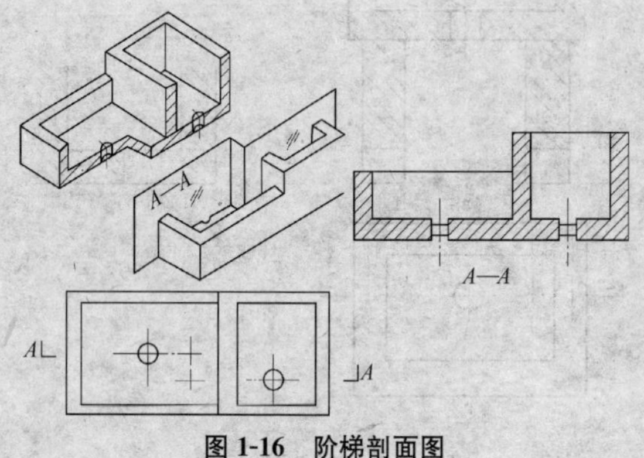

图 1-16 阶梯剖面图

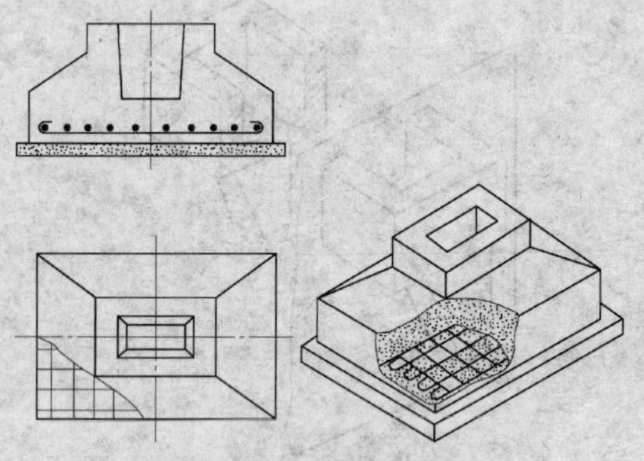

图 1-17 局部剖面图

(1)图线。被剖切的轮廓线用粗实线，未剖切的可见轮廓线为中或细实线。

(2)不可见线。在剖面图中，看不见的轮廓线一般不画，特殊情况可用虚线表示。

(3)被剖切面的符号表示。剖面图中的切口部分(部切面上)，一般画上表示材料种类的图例符号；当不需要示出材料种类时，用 45°平行细线表示；当切口截面比较狭小时，可涂黑表示。

二、断面图

假想用剖切平面将物体剖切后，只画出剖切平面切到部分的图形称为断面图。对于某些单一的杆件或需要表示某一局部的截面形状时，可以只画出断面图。

图 1-18 为断面图的画法。它与剖面图的区别在于，断面图只需画出形体被剖切后与剖切平面相交的那部分截面图形，至于剖切后投影方向可能见到的形体其他部分轮廓线的投影，则不必画出。显然，断面图包含于剖面图之中。

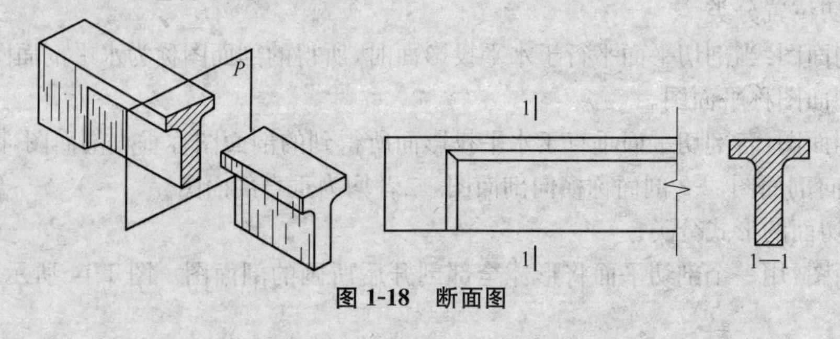

图 1-18 断面图

断面图的剖切位置线端部，不必如剖面图那样要画短线，其投影方向可用断面图编号的注写位置来表示。例如断面图编号写在剖切位置线的左侧，即表示从右往左投影。

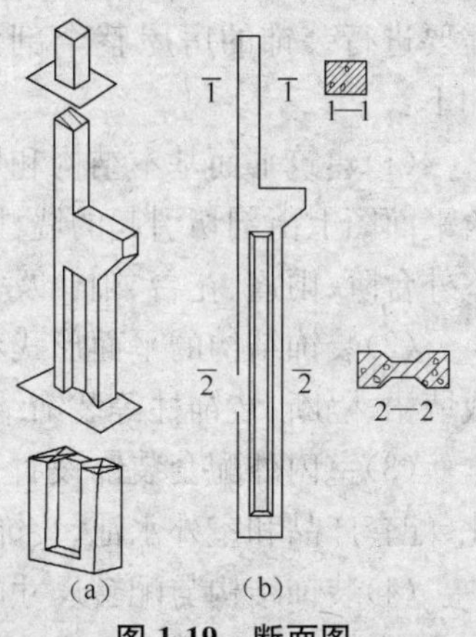

图 1-19　断面图

在实际应用中，断面图的表示方法有下列几种：

(1)将断面图画在视图之外适当位置称移出断面图。移出断面图适用于形体的截面形状变化较多的情况，如图 1-19 所示。

(2)将断面图画在视图之内称折倒断面图或重合断面图。它适用于形体截面形状变化较少的情况。断面图的轮廓线用粗实线，剖切面画材料符号，不标注符号及编号。图 1-20 是现浇楼层结构平面图中表示梁板及标高所用的断面图。

(3)将断面图画在视图的断开处，称中断断面图。此种图适用于形体为较长的杆件且截面单一的情况，如图 1-21 所示。

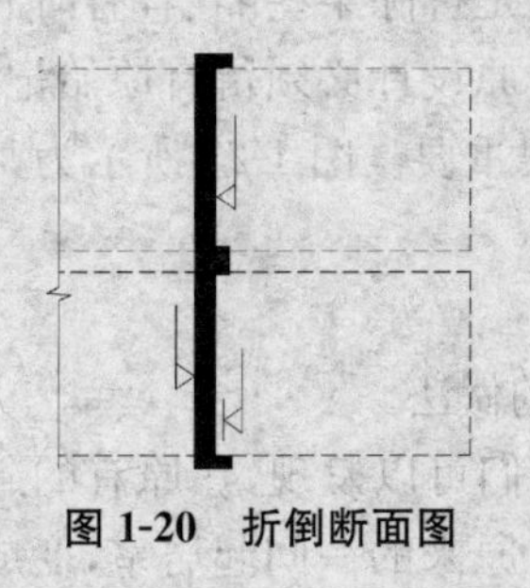
图 1-20　折倒断面图

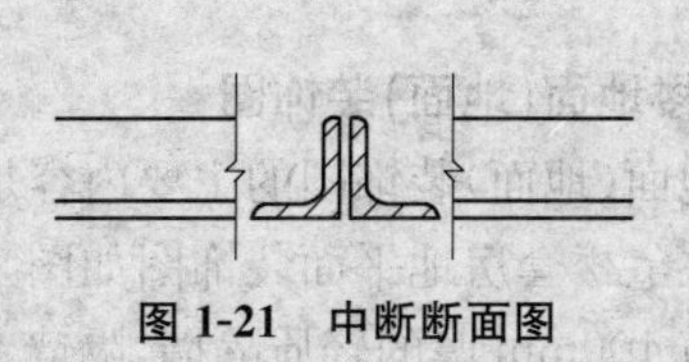
图 1-21　中断断面图

第四节　装饰装修平面图识读

一、装饰装修施工图

1. 装饰装修施工图编排顺序

(1)图纸目录。

(2)设计总说明，门窗表格，固定家具表格等。

(3)效果图。

(4)平面图。内容有原始资料平面图、平面装饰布置图、地面装饰平面图、顶棚图等。

(5)立面图。

(6)剖面图。

(7)大样图。玄关(隔断)大样图，垭口大样图，背景墙大样图，餐厅(背景)大样图，窗套大样图等。

(8)节点详图。

(9)水、电平面图。原始资料平面图，改造后的水、电平面布置图。

(10)设备图等。

2. 平面装饰布置图的主要内容和表示方法

平面装饰布置图基本同建筑平面图，是假想用一个水平的剖切平面，在窗台上方位置，将需要进行装饰的房屋整个剖开，移去以上部分向下所作的水平投影图，其内容和表示方法如下：

(1)建筑平面基本结构和尺寸。平面装饰布置图是在图示建筑平面图的有关内容。包括建筑平面图上由剖切引起的墙柱断面和门窗洞口、定位轴线及其编号、建筑平面结构的各部尺寸、室外台阶、雨篷、花台、阳台及室内楼梯和其他细部布置等。

(2)装饰结构的平面形式和位置。平面装饰布置图需要表明楼地面、门窗和门窗套、护壁板或墙裙、隔断、装饰柱等装饰结构的平面形式和位置。

(3)室内外配套装饰设置的平面形状和位置。平面装饰布置图要标明室内家具、陈设、绿化、配套产品和室外水池、装饰小品等配套设置体的平面形状、数量和位置。

(4)装饰结构与配套尺寸的标注。主要明确装饰结构和配套布置在建筑空间内的具体位置和大小，以及相互关系和尺寸标注等。某别墅一层装饰平面图如图 1-22 所示。

二、原平面图

原平面图表示的主要是建筑物本来面目，保存原有的主体结构的主要信息。因为装饰是为了使原有建筑更实用和美观，在重新布局时免不了要增设或是拆除某些隔墙，有时有门的变动等。而建筑原有主体结构是按原有设计荷载计算设计的，对原设计必须留有原始记录，要改动时需征得有关设计部门的允许，所以设计原始资料的保存很重要。图 1-23 所示为某住宅原平面图。

三、楼地面(地面)装饰图

楼地面(地面)装饰图的主要内容是表示楼地面(地面)的做法。

某住宅楼套房地平面装饰图如图 1-24 所示。从图中我们可以发现，在原有的起居室中增设了一道 100mm 厚的轻质隔墙，隔墙上设有一扇推拉门，由原来的一间起居室，变成了里外两间，它们的使用功能分别为客厅、卧室，地板为单层长条硬木地面楼板；阳台、厨房、卫生间均铺防滑地砖楼面(300mm×300mm)。

四、平面装饰布置图

平面装饰布置图，主要表示各不同使用功能房间的布局，以及固定家具及设施的设计和摆放位置，有的还要做背景墙等。图 1-25 是某住宅楼套房的平面装饰布置图，原来混合使用的起居室功能不明确，故改为两间，房间由原来 17.92m^2 的起居室改为卧室为 9.164m^2、客厅为 8.44m^2 的两间使用功能分明的形式。

五、顶棚装饰图

图 1-26 所示是某住宅楼套房天花板装饰图。

电器方面，厨房和卫生间采用的是防雾灯，走廊、客厅、卧室采用的是吸顶灯，在客厅的装饰柜处有三盏射灯，这三盏射灯是为电视背景墙而设的。

顶棚平面图有两种形成方法：一是假想房屋水平剖开后，移去下面部分向上作直接正投影而成；二是采用镜像投影法，将地面视为镜面，对镜中顶棚的形象作正投影而成。顶棚平面图一般都采用镜像投影法绘制。顶棚平面图的作用主要是用来表明顶棚装饰的平面形式、尺寸和材料，以及灯具和其他各种室内顶部设施的位置和大小等。

楼地面(地面)平面装饰图、平面装饰布置图、顶棚平面装饰图都是建筑装饰施工放样、制作安装、预算和备料，以及绘制室内有关设备施工图的重要依据。

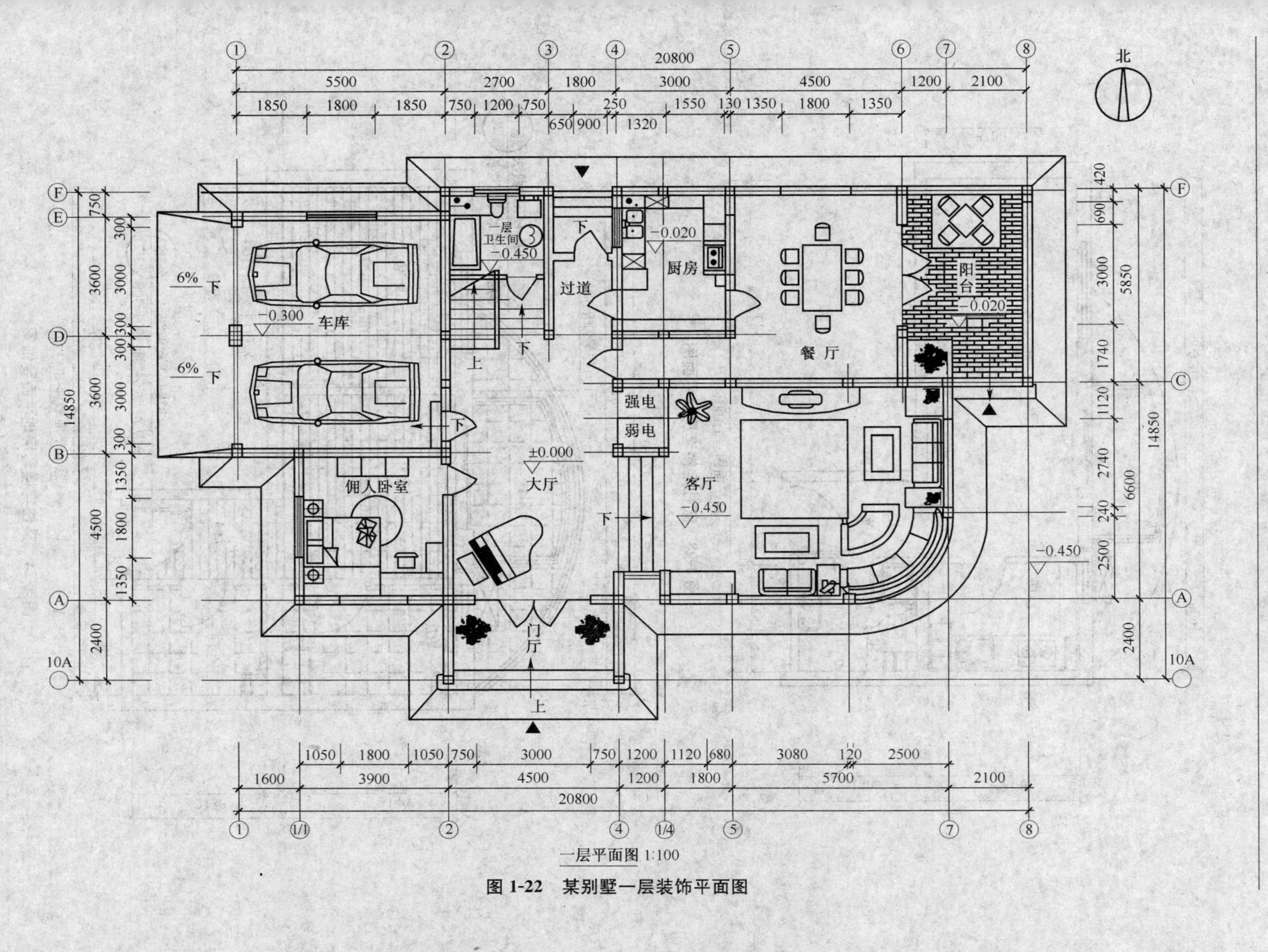

一层平面图 1:100

图 1-22　某别墅一层装饰平面图

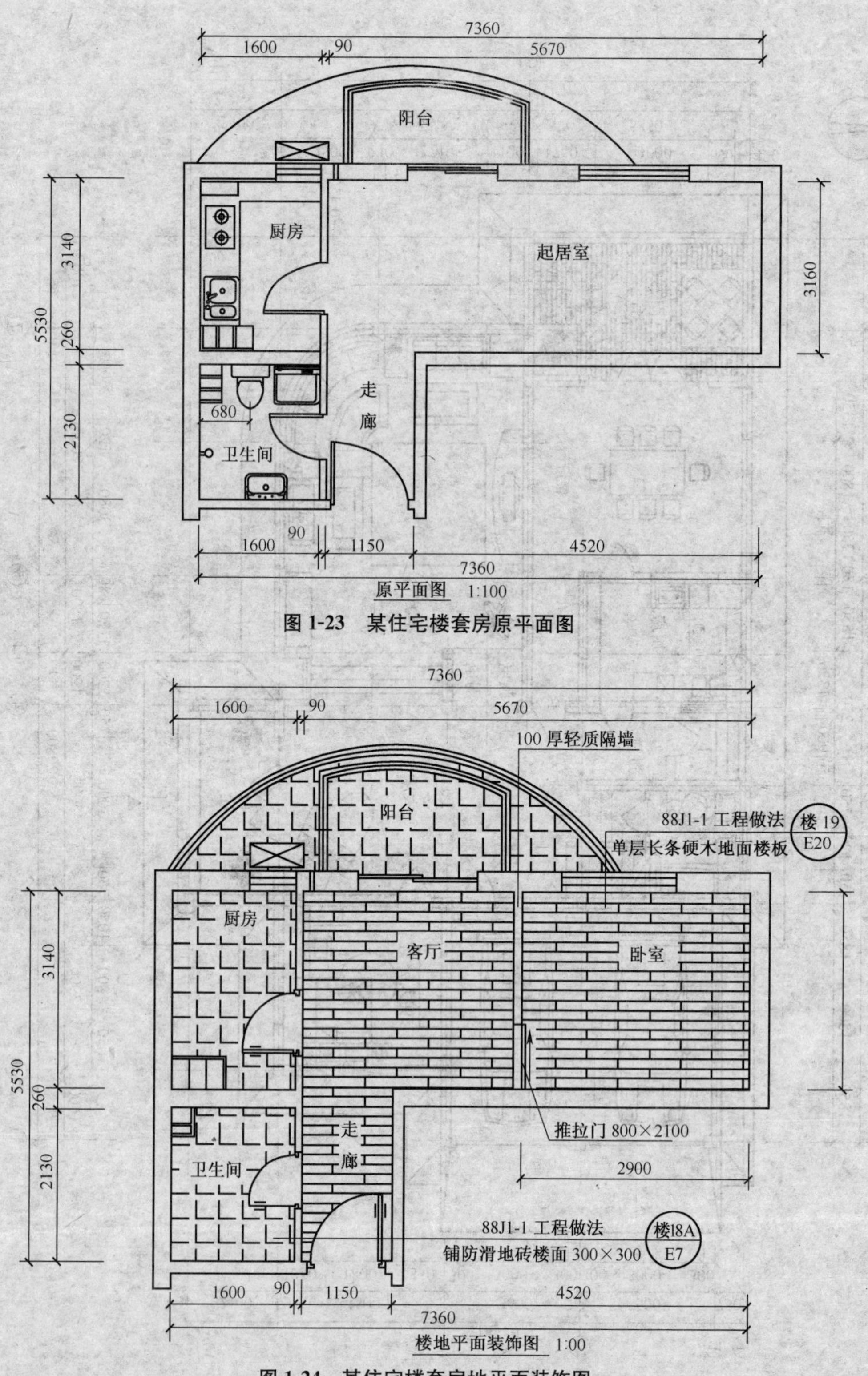

图 1-23　某住宅楼套房原平面图

图 1-24　某住宅楼套房地平面装饰图

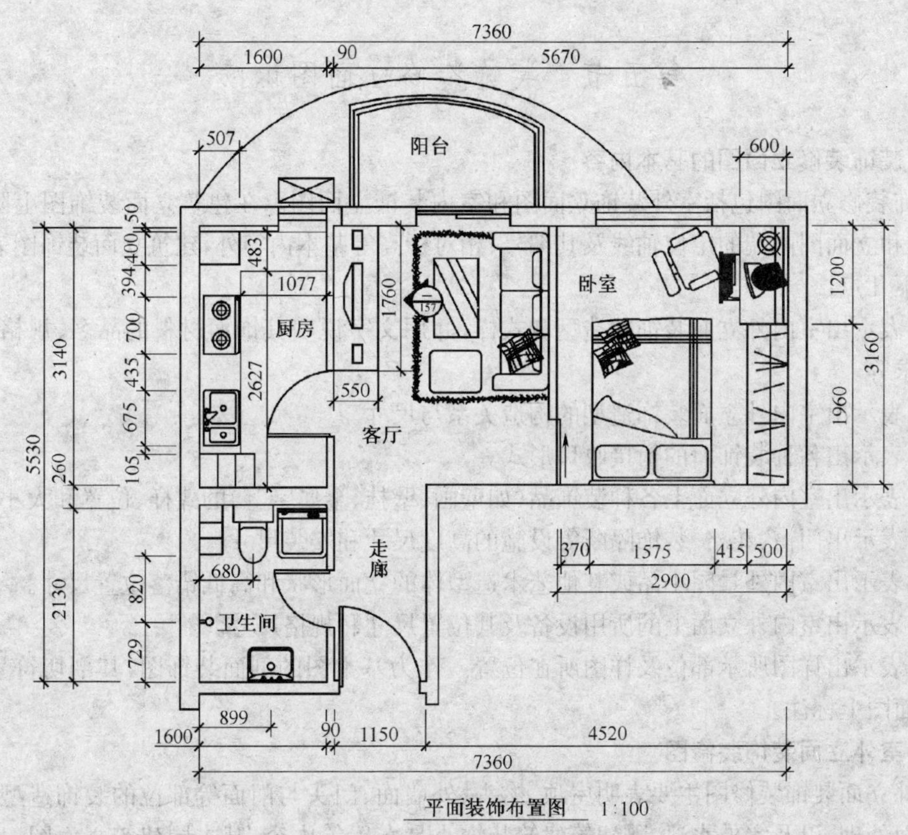

图 1-25　某住宅楼套房平面装饰布置图

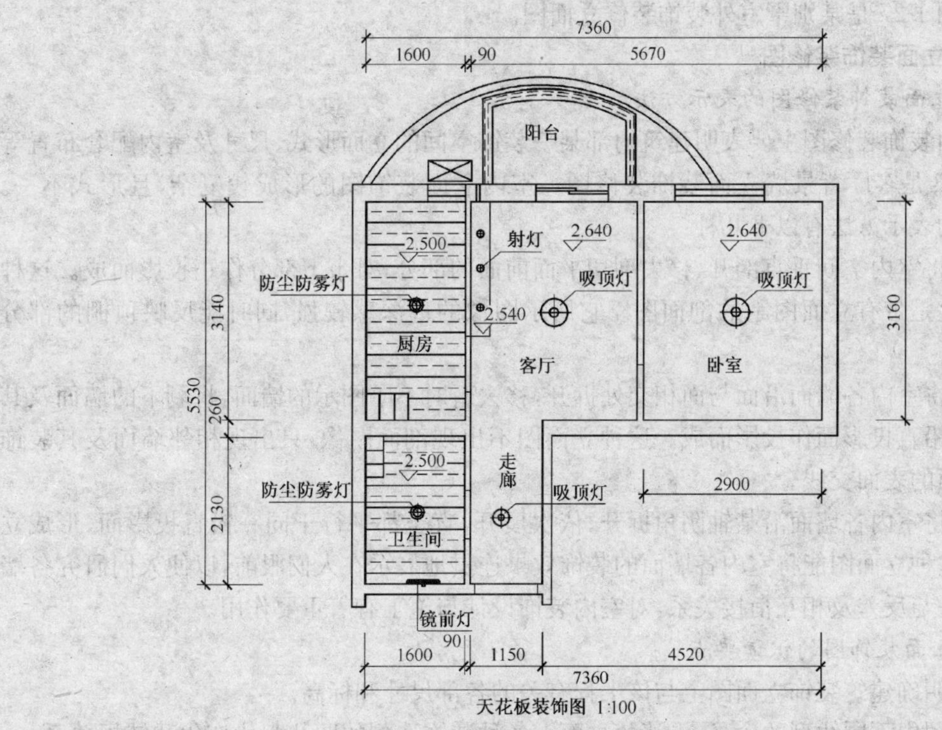

图 1-26　某住宅楼套房顶棚装饰图

第五节 装饰装修立面图识读

一、装饰装修立面图的基本内容

装饰装修立面图包括室外装饰立面图和室内装饰立面图。在建筑立面装饰图上除标注图名、比例和立面图两端的定位轴线及其编号、相对标高等基本内容外，建筑立面装饰图表示的内容有如下几点：

(1)表示出室内外立面装饰的造型和式样，并用文字说明其饰面材料的品名、规格、色彩和工艺要求等。

(2)表示出室内外立面装饰造型的构造关系与尺寸。

(3)表示出各种装饰面的衔接收口形式。

(4)表示出室内外立面上各种装饰品(如壁画、壁挂、金属字等)的式样、位置和大小尺寸。

(5)表示出门窗、花格、装饰隔断等设施的高度尺寸和安装尺寸。

(6)表示出室内外景园小品或其他艺术造型体的立面形状和高低错落位置尺寸。

(7)表示出室内外立面上的所用设备及其位置尺寸和规格尺寸。

(8)表示出详图所示部位及详图所在位置。作为基本图的剖面装饰图，其剖切符号一般不应在立面图上标注。

二、室外立面装饰装修图

室外立面装饰装修图主要表明屋顶、檐头、外墙面、门头与门面等部位的装饰造型、装饰尺寸和饰面处理，以及室外水池、雕塑等建筑装饰小品布置等内容，基本同建筑立面图，只是内容多了一些。图 1-27 是某别墅室外装饰装修立面图。

三、室内立面装饰装修图

1. 室内立面装饰装修图的表示方法

室内立面装饰装修图主要表明建筑内部某一装饰空间的立面形式、尺寸及室内配套布置等内容。图 1-28 是客厅背景墙立面装饰装修图。室内立面装饰图的形成较复杂，且形式不一。目前常采用的表示方法有以下几种：

(1)假想将室内空间垂直剖开，移去剖切平面前面的部分，对余下部分作正投影而成。这种立面图实质上是带有立面图示的剖面图。它所示图像的进深感较强，同时能反映顶棚的部分做法。

(2)假想将室内各墙面沿面与面相交处拆开，移去暂时不予图示的墙面，将剩下的墙面及其装饰布置，向铅直投影面作投影而成。这种立面图不出现剖面图像，只出现相邻墙面及其装饰构件与该墙面的表面交线。

(3)设想将室内各墙面沿某轴阴角拆开，依次展开，直至都平行于同一铅直投影面，形成立面展开图。这种立面图能将室内各墙面的装饰效果连贯地展示在人们眼前，以便人们研究各墙面之间的统一与反差及相互衔接关系，对室内装饰设计与施工有着重要作用。

2. 建筑立面装饰图的识读要点

(1)首先明确建筑装饰立面图上与该工程有关的各部尺寸和标高。

(2)通过图中不同线型的含义，弄清楚立面上各种装饰造型的凹凸起伏变化和转折关系。

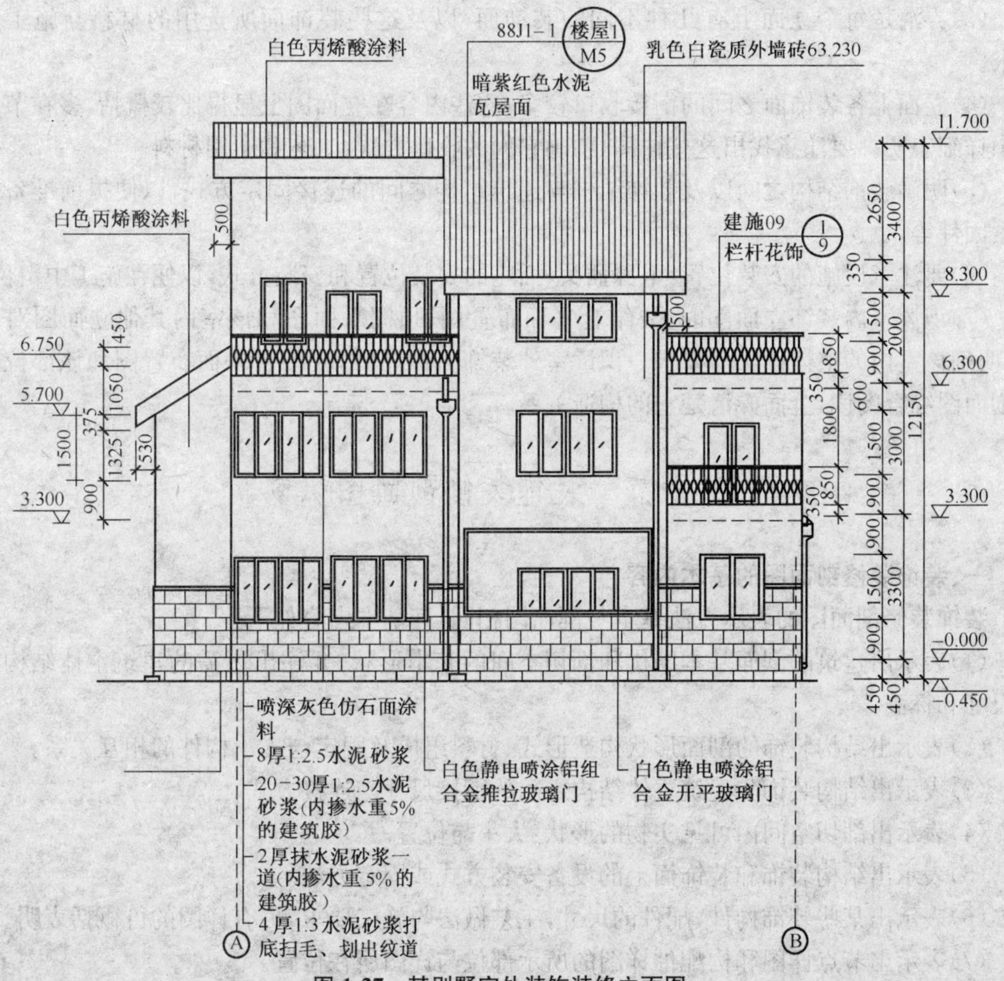

图 1-27　某别墅室外装饰装修立面图

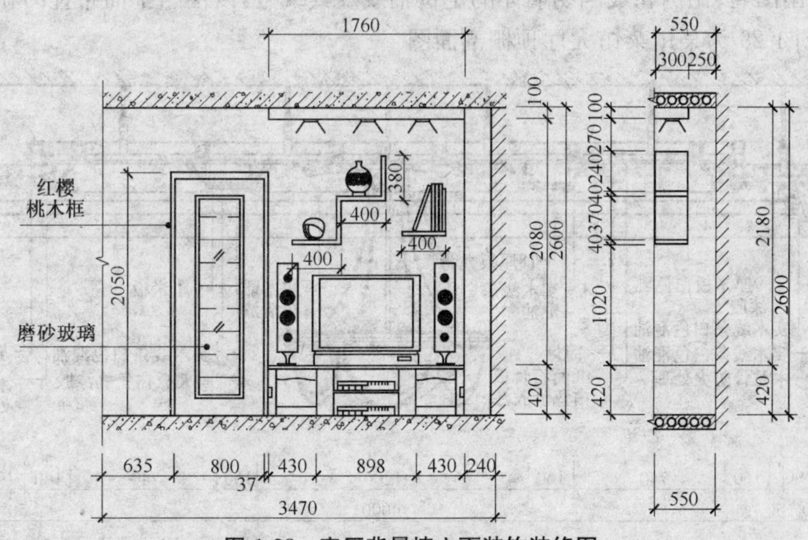

图 1-28　客厅背景墙立面装饰装修图

(3)弄清楚每个立面上有几种不同的装饰面,以及这些装饰面所选用的材料与施工工艺要求。

(4)立面上各装饰面之间的衔接收口较多,这些内容在立面图上显得比较概括,多在节点详图中详细表明。要注意找出这些详图,明确它们的收口方式、工艺和所用材料。

(5)明确装饰结构之间以及装饰结构与建筑结构之间的连接固定方式,以便提前准备预埋和紧固件等。

(6)要注意设施的安装位置,电源插头、插座的安装位置和安装方式,以便在施工中留位。

(7)识读室内装饰立面图时,要结合平面布置图、顶棚平面图和该室内其他立面图对照阅读,明确该室内的整体做法与要求。识读室外装饰立面图时,要结合平面布置图和该部位的装饰剖面图综合阅读,全面弄清楚它的构造关系。

第六节　装饰装修剖面图识读

一、装饰装修剖面图的基本内容

装饰装修剖面图的表示方法基本与剖面图相同,其基本内容如下:

(1)表示出建筑的剖面基本结构和剖切空间的基本形状,并注出所需的建筑主体结构的有关尺寸和标高。

(2)表示出结构装饰的剖面形状构造形式、材料组成及固定与支承构件的相互关系。

(3)表示出结构装饰与建筑主体结构之间的衔接尺寸与连接方式。

(4)表示出剖切空间内可见实物的形状:大小与位置。

(5)表示出结构装饰和装饰面上的设备安装方式或固定方法。

(6)表示出某些装饰构件、配件的尺寸,工艺做法与施工要求,另有详图的可概括表明。

(7)表示出节点详图和构配件详图的所示部位与详图所在位置。

(8)表示出图名、比例和被剖切墙体的定位轴线及其编号,以便与平面布置图和顶棚平面图对照阅读。图1-29为某川菜馆大厅顶棚剖面图。

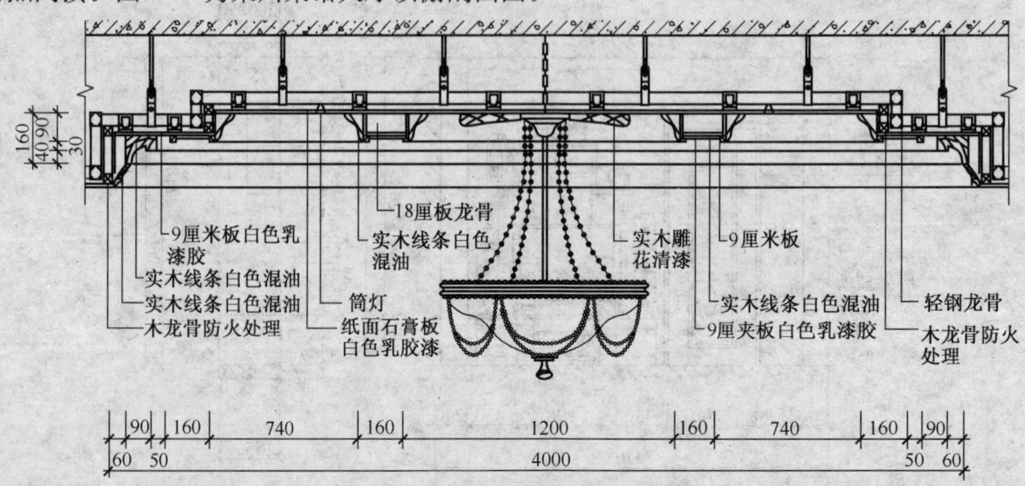

图1-29　某川菜馆大厅顶棚剖面图

二、装饰装修剖面图的识读要点

阅读建筑装饰剖面图要结合平面布置图和顶棚平面图进行，了解该剖面的剖切位置和剖视方向。某些室外装饰剖面图还要结合装饰立面图来综合阅读，才能全方位地了解剖面图示内容。图 1-30 是某别墅室外装饰装修剖面图。

要分清哪些是建筑主体结构的图像和尺寸，哪些是装饰结构的图像和尺寸。通过对剖面图中所示内容的阅读，明确装饰工程各部位的构造方法、构造尺寸，以及材料要求与工艺要求。建筑装饰形式变化多，程式化的做法少。作为基本图的装饰剖面图只能表明原则性的技术构成问题，具体细节还需要详图来补充说明。图 1-31 为某川菜馆收银台 A 剖面图。

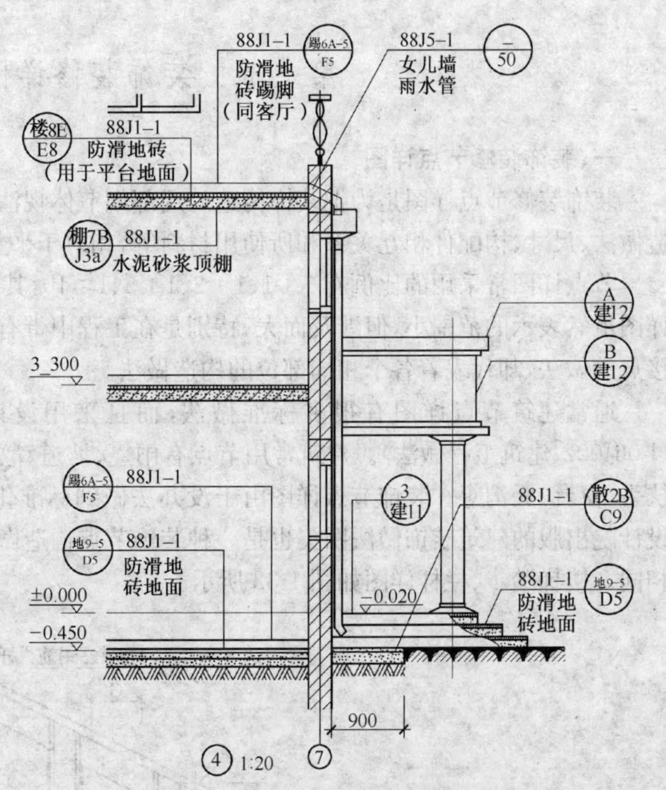

图 1-30　某别墅室外装饰装修剖面图

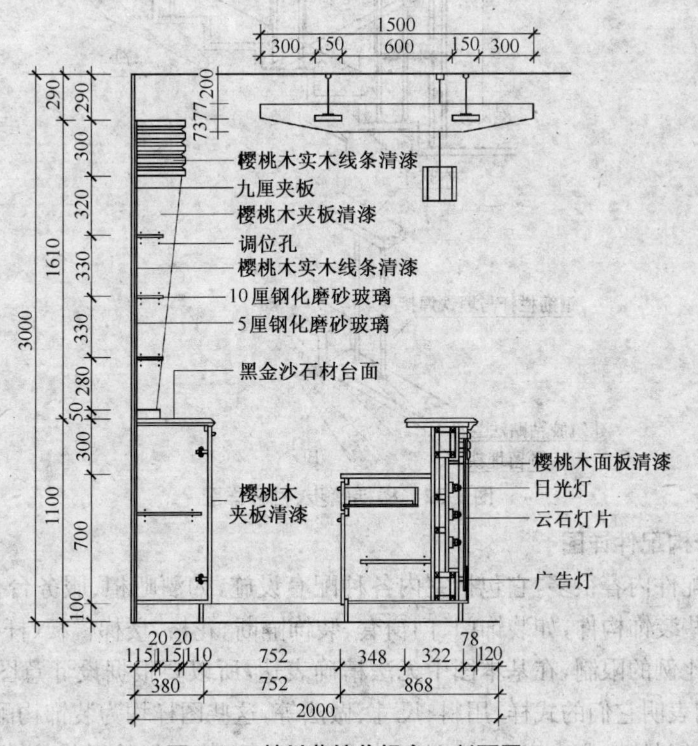

图 1-31　某川菜馆收银台 A 剖面图

第七节　装饰装修详图识读

一、装饰装修节点详图

装饰装修节点详图是为把装饰构造的局部细节体现清楚而用较大比例绘制的图，表达出构造做法、尺寸、构配件相互关系和所使用材料等，相对于平立剖而言，是一种辅助图样。

节点详图常采用的比例有1∶1、1∶2、1∶5、1∶10，其中1∶1的详图又称为足尺图。节点详图虽然表示的范围小，但涉及面大，特别是在工程中带有普遍意义的节点图，表明的是一个连接点的做法，却代表着各个相同部位的构造做法。

通常建筑节点详图有很多标准做法，而且采用设计通用详图集，如山东省标准图集（L06J002 建筑工程做法）。建筑常用节点有雨篷、坡道、散水、女儿墙、伸缩缝、檐口、楼梯、栏杆扶手、窗台、天沟等。装饰节点详图由于没办法做到标准化，所以没有出版的标准图集，但有些设计院出版的建筑装饰做法图集也是一种装饰节点构造做法，其与建筑装饰节点详图所起作用相同。楼梯踏步、栏杆详图如图1-32所示。

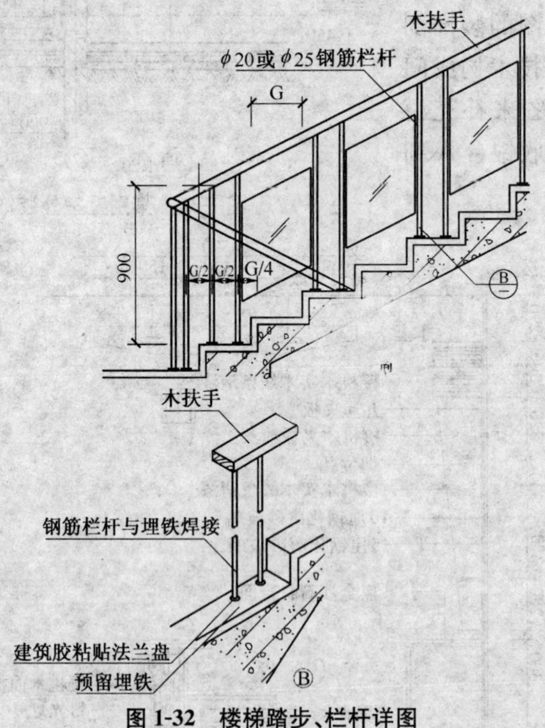

图1-32　楼梯踏步、栏杆详图

二、装饰装修构配件详图

建筑装饰构配件内容很多，它包括室内各种配套设施，如酒吧柜、服务台、售货柜等各种家具和结构上的一些装饰构件，如装饰门、门窗套、装饰隔断、花格、楼梯栏板（杆）等。这些配置体和构件受图幅和比例的限制，在基本图中无法精确表达，所以要根据设计意图另行作出比例较大的图样，来详细表明它们的式样、用料、尺寸、做法等，这些图样均为装饰构配件详图。

装饰构配件详图的主要内容有：详图符号、图名、比例；构配件的形状、详细构造、层次、详细尺寸和材料图例；构配件各部分所用材料的品名、规格、色彩以及施工做法要求等；部分需放大比例详图的索引符号和节点详图。

在阅读装饰构配件详图时，应先看详图符号和图名，弄清从何图索引而来。阅读时要注意联系被索引图样，并进行核对，检查它们之间在尺寸和构造方法上是否相符。通过阅读，了解各部件的装配关系和内部结构，紧紧抓住尺寸、详细做法和工艺要求三个要点。图 1-33 为门立面、节点详图。

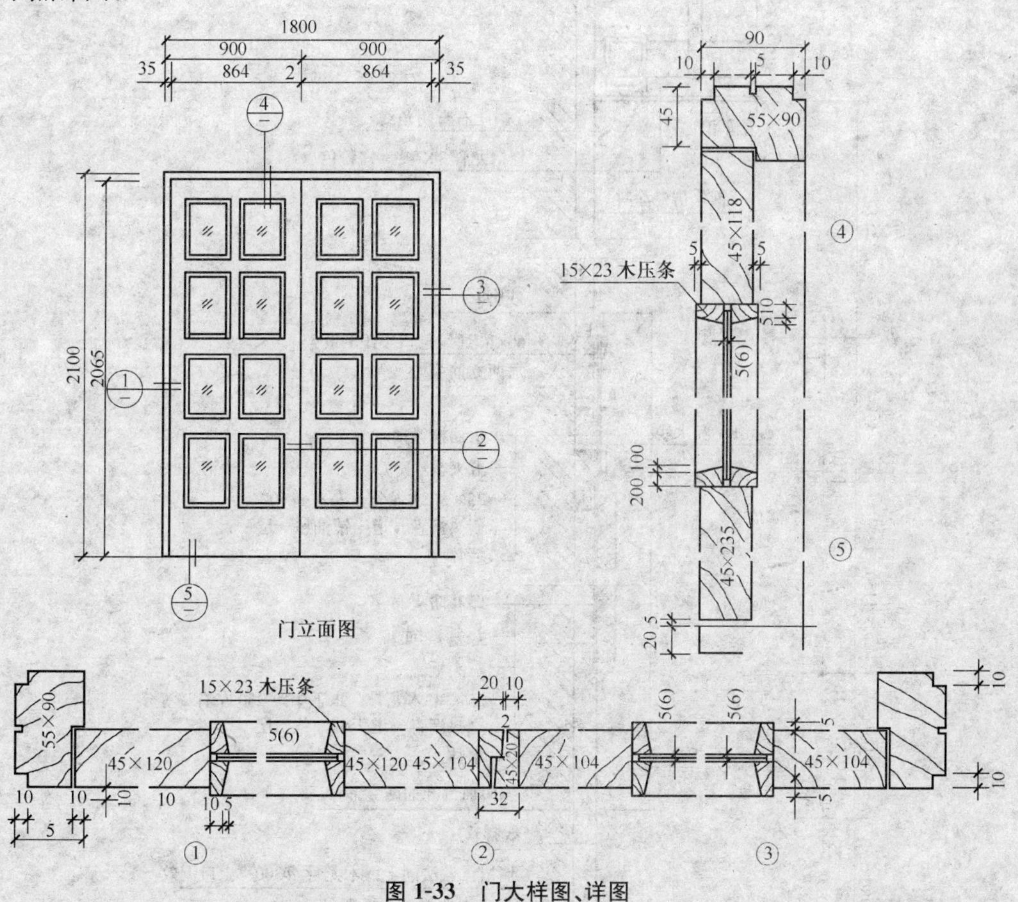

图 1-33　门大样图、详图

三、装饰装修节点详图的识读要点

以内墙剖面节点详图识读为例，说明装饰节点详图的识读要点。内墙装饰剖面节点图，基本同建筑图中的墙体剖面的节点详图。它也是通过多个节点详图组合，将内墙面装饰的做法从上至下依次表示出来。图 1-34 所示为内墙剖面节点详图。

从上至下分别为：

(1)顶棚是轻刚龙骨吊顶、TK 板面层、宫粉色水性立邦漆饰面。顶棚与墙面相交处用 GX-07 石膏阴角线收口，护壁板上口墙面用钢化仿瓷涂料饰面。

(2)墙面中段是护壁板，护壁板面中部凹进 5mm，凹进部分嵌装 25mm 厚海绵，并用印花防火布包面。护壁板面无软包处贴水曲柳微薄木，清水涂饰工艺。薄木与防火布两种不同饰面材料之间用直径为 20mm 的 1/4 圆木线收口，护壁上下用线脚⑩压边。

(3)墙面下段是墙裙，与护壁板连在一起，做法基本相同，通过线脚②区分开来。

(4)木护壁内防潮处理措施及其他内容。护壁内墙面刷热沥青一道，干铺油毡一层。所有水平向龙骨均设有通气孔，护壁上口和锡脚板上也设有通气孔或槽，使护壁板内保持通风干燥。图中还注出了各部尺寸和标高、木龙骨的规格和通气孔的大小和间距、其他材料的规格及品种等内容。

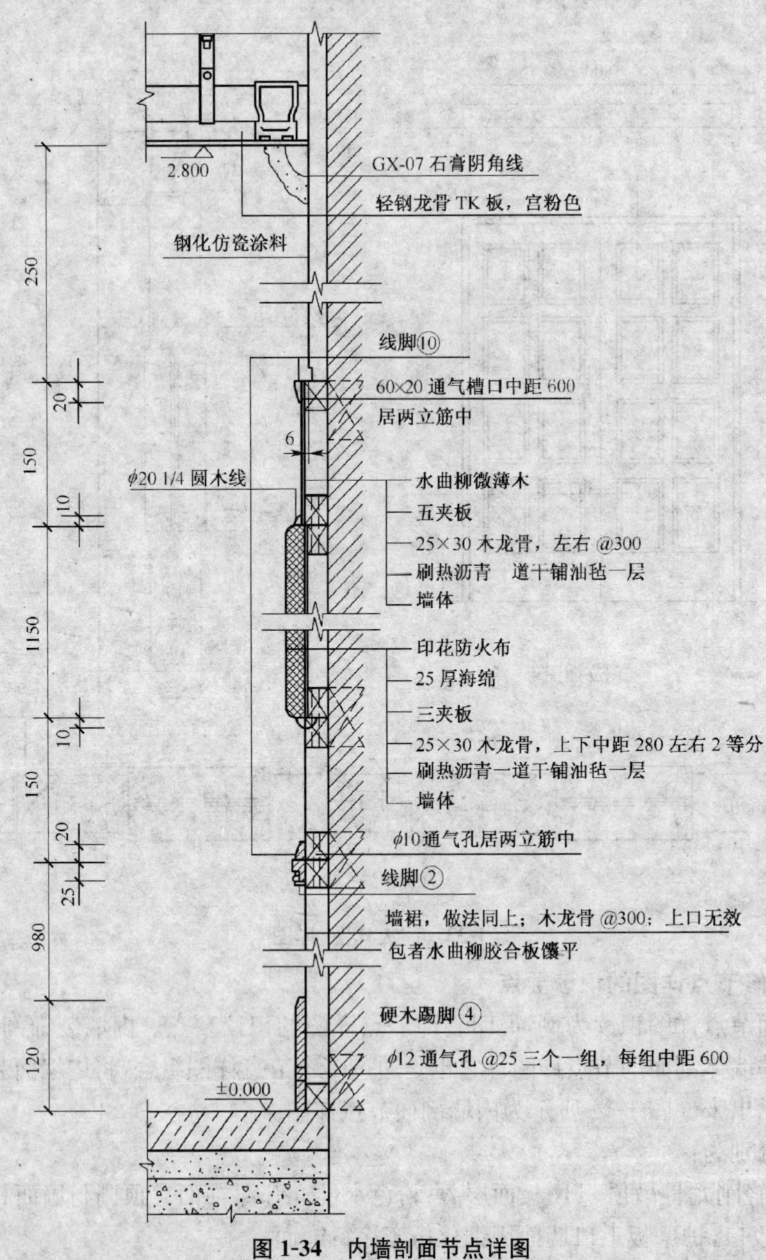

图 1-34　内墙剖面节点详图

第二章　建筑装饰构造工艺说明

内容提要：

1. 了解建筑装饰各构造层次的作用。

2. 掌握楼地面装饰构造、工艺说明；墙、柱面装饰工程构造及工艺说明；顶棚装饰构造、工艺说明；门窗工程构造、工艺说明；油漆、涂料、裱糊工艺说明。

3. 熟悉室内装饰配套木家具、暖气罩、浴厕配件、压条装饰线条、雨篷及其他悬挑构造、招牌灯箱制作工艺、美术字制作安装。

第一节　楼地面装饰构造及工艺说明

楼地面是地面与楼面的统称。无地下室建筑的地面是指首层地面，有地下室建筑的地面是指地下室的最底层；楼地面主要包括结构层、中间层（根据使用和构造要求可增设相应的找平层、防水层和保温隔热层等）和面层，现对楼地面各构造层次的作用简要介绍如下。

一、楼地面各构造层次的作用

(1)面层。直接承受各种物理和化学作用的表面层。分整体和块料两类。

(2)结合层。面层与下层的连接层，分胶凝材料和松散材料两类。

(3)找平层。在垫层、楼板或轻质松散材料上起找平或找坡作用的构造层。

(4)防水层。防止楼地面上液体透过面层的构造层。

(5)防潮层。防止地基潮气透过地面的构造层，应与墙身防潮层相连接。

(6)保温隔热层。改变楼地面热工性能的构造层。设在地面垫层上、楼板上或吊顶内。

(7)隔声层。隔绝楼地面撞击声的构造层。

(8)管道敷设层。敷设设备暗管线的构造层（无防水层的地面也可敷设在垫层内）。

(9)垫层。承受并传布楼地面荷载至地基或楼板的构造层，分刚性和柔性两类。

(10)基层。楼板或地基（当土层不够密实时需做加强处理）。

二、楼地面装饰构造、工艺说明

根据构造方法和施工工艺不同，可将楼地面分为整体类楼地面、块材类楼地面、木地面及人造软制品楼地面等。现将各地面工艺做法介绍如下：

1. 整体类楼地面

以建筑砂浆为主要材料，用现场浇筑法做成整片直接接受各种荷载、摩擦、冲击的表面表层，就称为整体面层。这类楼地面包括水泥砂浆楼地面、水泥混凝土楼地面、现浇水磨石楼地面及涂布楼地面等。

(1)水泥砂浆楼地面。水泥砂浆楼地面是直接在现浇混凝土垫层或水泥砂浆找平层上施工的一种传统整体地面。水泥砂浆楼地面构造做法如图 2-1 所示。

(2)水泥混凝土楼地面。水泥混凝土楼地面面层按粗骨料的粒径不同分为细石混凝土面层和混凝土面层。细石混凝土楼地面构造做法如图 2-2 所示。

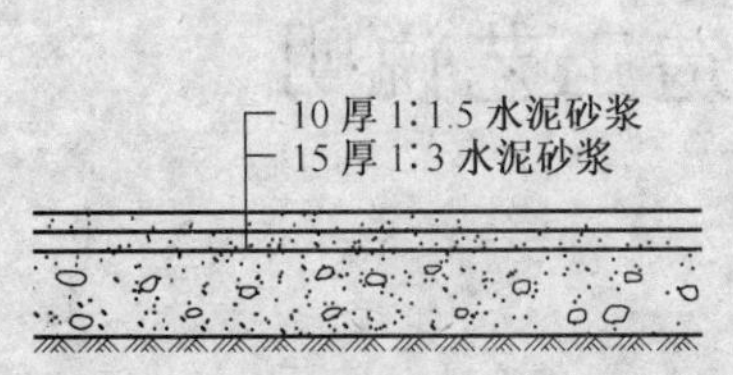

图 2-1　水泥砂浆楼地面构造做法

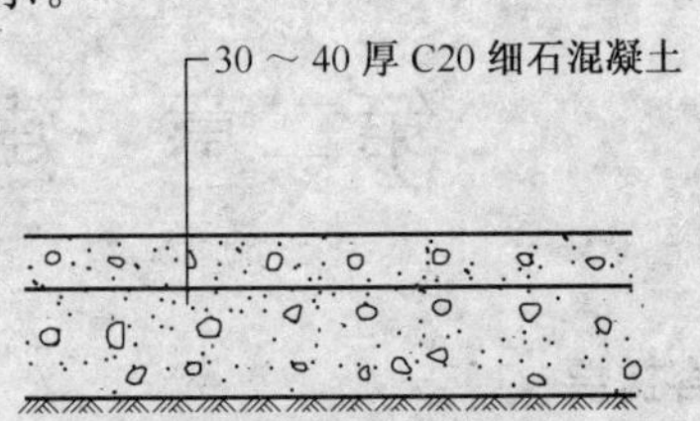

图 2-2　细石混凝土楼地面构造做法

(3)现浇水磨石楼地面。水磨石楼地面是在水泥砂浆或普通混凝土垫层上按设计要求分格、抹水泥石子浆,凝固硬化后,磨光出石渣,并经补浆、细磨、打蜡后制成。现浇水磨石楼地面的构造做法是:首先在基层上用 1∶3 水泥砂浆找平 10～20mm 厚。当有预埋管道和受力构造要求时,应采用不小于 30mm 厚的细石混凝土找平。为实现装饰图案,防止面层开裂,常需给面层分格。因此,应先在找平层上镶嵌分格条;然后,用 1∶1.5～1∶2.5 的水泥石子浆浇入整平,待硬结后用磨石机磨光;最后补浆、打蜡、养护。现浇水磨石楼地面及分格条固定示意图如图 2-3 所示。

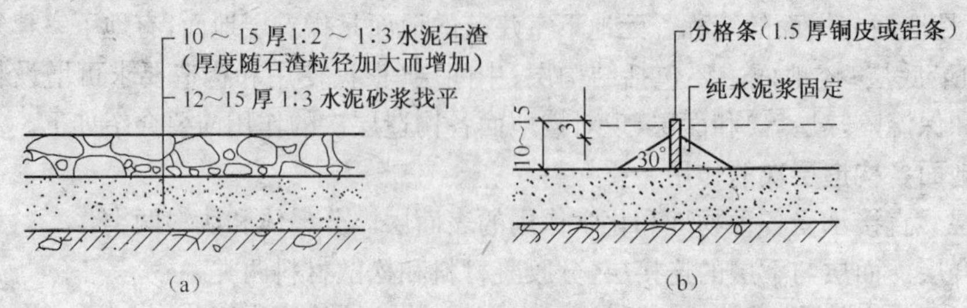

图 2-3　现浇水磨石楼地面及分格条固定示意图

(a)现浇水磨石楼地面　(b)分格条固定示意图

嵌条是在水磨布面层铺设前,在找平层上按设计要求的图案设置的分格条,一般用铜嵌条、铝嵌条或玻璃嵌条和不锈钢嵌条等。水磨石楼地面按做法分普通水磨石和彩色镜面水磨石,彩色镜面水磨石楼地面是指用白水泥彩色石子浆代替白水泥白石子浆而做成的水磨石面层,也称分格调色水磨石楼地面。这种彩色镜面水磨石楼地面是一种高级水磨石面层,除质量要达到规范要求外,表面磨光一般应按"五浆五磨"研磨,七道"抛光"工序施工。

(4)涂布楼地面。涂布楼地面是指在水泥楼地面面层之上,为改善水泥地面在使用与装饰质量方面的某些不足,而加做的各种涂层饰面。主要功能是装饰和保护地面,使地面清洁美观。在地面装饰材料中,涂层材料是较经济和实用的一种,而且自重轻、维修方便、施工简便及工效高。

2. 块材类楼地面

块料面层也称板块面层,是指用一定规格的块状材料,采用相应的胶结料或水泥砂浆结合层(找平层)镶铺而成的面层。常见的铺地块料种类颇多,现将有关项目分述如下:

(1)大理石板、花岗岩板楼地面。大理石板和花岗岩板楼地面一般适用于宾馆的大厅或要求高的卫生间、公共建筑的门厅及营业厅等房间的楼地面。

大理石一般分为天然大理石和人造大理石两种,天然大理石因盛产于云南大理而得名。大理石具有表观致密、质地坚实、色彩鲜艳、吸水率小等优点。装饰用大理石板材,是将荒料经过锯、磨、切、抛光等工序加工而成。大理石一般为白色，纯净大理石，洁白如玉，常称为汉白玉。含有不同杂质的大理石呈黑色、玫瑰色、橘红色、绿色、灰色等多种色彩和花纹，磨光后非常美观。人造大理石是以大理石碎料、石英砂、石粉等为骨料，以聚酯、水泥等作胶粘剂，经搅拌、浇注成型、打磨、抛光而制成。大理石板材的化学稳定性较差，主要用作室内装饰材料。

花岗岩板材是以含有长石、石英、云母等主要矿物晶粒的天然火成岩荒料，经过剁、刨、抛光而成，其色彩鲜明，光泽动人，有镜面感，主要用于室内外墙面、柱面和地面等装饰。

为使铺贴的大理石、花岗岩等块料面层表面更加明亮，富有光泽，需对其进行抛光打蜡。块料、花岗岩、大理石楼地面、楼梯台阶镶贴面层要求酸洗打蜡者，应在项目特征及工程内容中描述，以便计价。

抛光一般是将草酸溶液浇到面层上，用棉纱头均匀擦洗面层，或用软布卷固定在磨石机上研磨，直至表面光滑，再用水冲洗干净。草酸有化学腐蚀作用，在棉纱或软布卷擦拭下，可把表面的突出微粒或细微划痕去掉，故常称酸洗。草酸溶液的配比可为，热水∶草酸＝1∶0.35(重量比)，溶化冷却后待用。

打蜡可使表面更加光亮滑润，同时对表面有保洁作用。蜡液的配比采用，硬石蜡∶煤油∶松节油∶清油＝1∶1.5∶0.2∶0.2(重量比)。打蜡的方法是:在面层上薄薄涂一层蜡，稍干后，用钉有细帆布(或麻布)的木块代替油石，装在磨石机的磨盘上进行研磨，直至光滑明亮为止。

大理石、花岗岩面层，按装饰部位分为楼地面、楼梯、台阶、踢脚线和零星项目。按铺贴用粘结材料分水泥砂浆粘结和粘结剂铺贴。按镶贴面层的图案形式不同，分为单色、多色、拼花和点缀几种。此外，还有碎拼大理石、碎拼花岗岩项目。大理石、花岗岩板楼地面的构造做法如图2-4 所示。

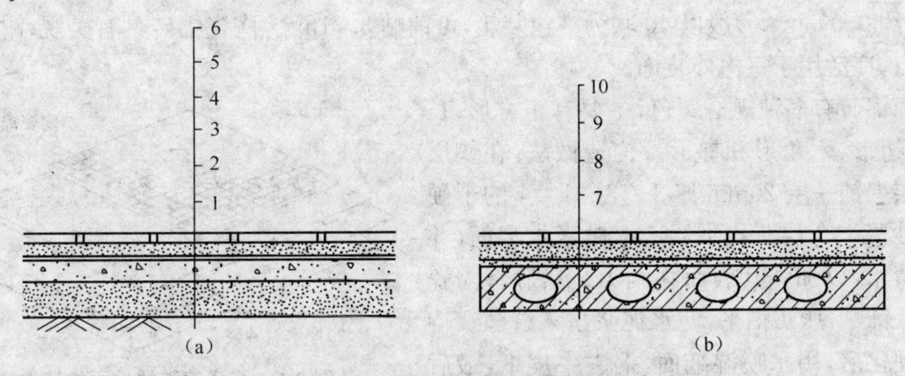

图 2-4　大理石、花岗岩板楼地面构造层次图

(a)地面构造　(b)楼面构造

1. 素土夯实　2. 100厚　3∶7灰土垫层　3. 50厚C10素混凝土基层　4. 素水泥浆结合层
5. 1∶3干硬性水泥砂浆找平层　6. 大理石或花岗岩板面层　7. 钢筋混凝土楼板
8. 素水泥砂浆结合层　9. 1∶3干硬性水泥砂浆找平层　10. 大理石或花岗岩板面层

(2)陶瓷地砖楼地面。陶瓷地砖也称地面砖，是采用塑性较大且难熔的黏土，经精细加工，烧制而成。地砖有带釉和不带釉两类，花色有红、白、浅黄、深黄等，红地砖多不带釉。地面砖有方形、长方形、六角形三种，规格大小不一。砖背面有棱，使砖块能与基层黏结牢固。陶瓷地砖铺贴在20～30mm厚1∶2.5～1∶4的干硬性水泥砂浆结合层上，并用素水泥浆嵌缝。陶瓷地砖楼地面构造做法如图2-5所示。

陶瓷地砖定额按铺贴部位分为楼地面、楼梯、台阶及踢脚线、零星项目五种。本分项计列子项11个。

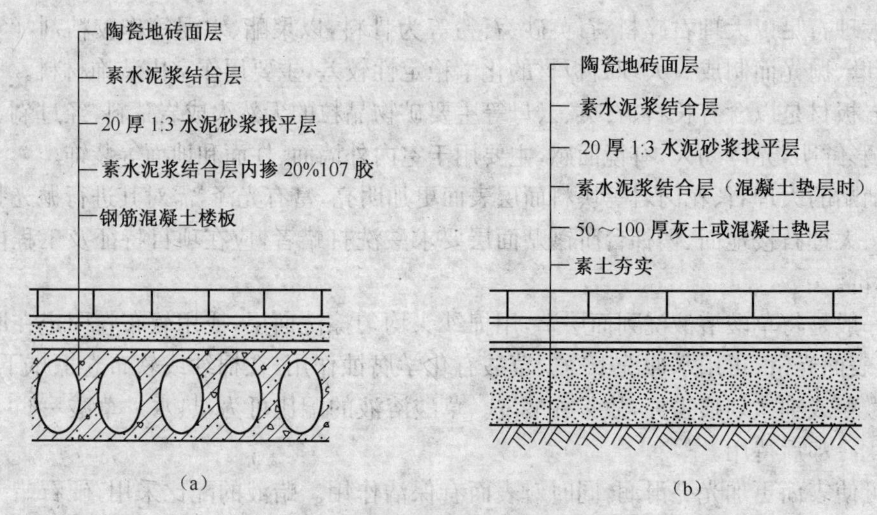

图2-5　陶瓷地砖楼地面构造做法

(a)楼地面　(b)地面

(3)陶瓷锦砖楼地面。陶瓷锦砖俗称马赛克，它是以优质瓷土为主要原料，经压制成型入窑高温焙烧而成的小块瓷砖，有挂釉和不挂釉两种，目前产品多数不挂釉。因尺寸较小，拼图多样化，有“什锦砖”之美称，通常称陶瓷锦砖。单块陶瓷锦砖很小，不便施工，因此生产厂家将其按一定图案单元反贴在305.5mm×305.5mm的牛皮纸上，每张纸称为“一联”，每联面积为1平方英尺，约0.093m²，一般以40联为一包装箱，可铺贴3.71m²。陶瓷锦砖具有美观、耐磨、抗腐蚀等特点，广泛用于室内外装饰。

陶瓷锦砖有多种规格颜色，主要有正方形、长方形、多边形、六角形和梯形。构造做法：在垫层或结构层上铺一层20mm厚1∶3～1∶4的干硬性水泥砂浆结合层兼找平层。上撒素水泥面，并洒适量清水，以加强其表面黏结力。然后将陶瓷锦砖整联铺贴，压实拍平，使水泥浆挤入缝隙。待水泥浆硬化后，用水喷湿纸面，揭去牛皮纸，最后用白泥浆嵌缝。陶瓷锦砖楼地面构造做法如图2-6所示。陶瓷锦砖面层包括楼地面、台阶和踢脚线三种，楼地面又可分拼花和不拼花。

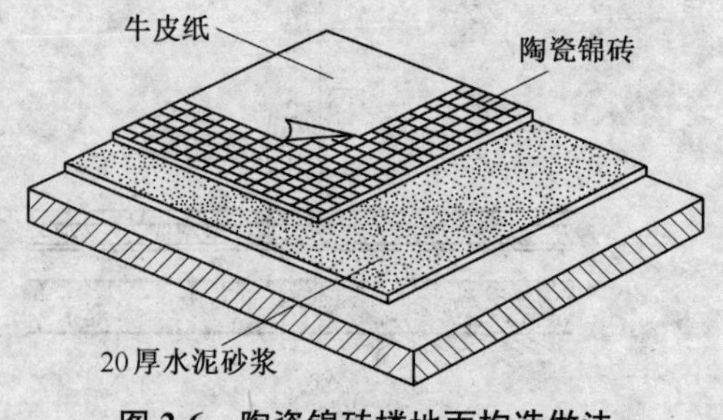

图2-6　陶瓷锦砖楼地面构造做法

(4)缸砖楼地面。缸砖又称地砖或铺地砖，系用组织紧密的黏土胶泥，经压制成型，干燥后入窑焙烧而成。缸砖表面不上釉，色泽常为暗红、浅黄和青灰色，形状有正方形、长方形和六角形等，缸砖一般用于室外台阶、庭院通道和室内厨房、浴厕以及实验室等楼地面的铺贴。

构造做法：20mm厚1∶3水泥砂浆找平，3～4mm厚水泥胶(水泥∶107胶∶水=1∶0.1∶0.2)粘贴缸砖，校正找平后用素水泥浆嵌缝。缸砖面层可用于楼地面、楼梯、台阶、踢脚线和零星项目等，楼地面可为勾缝和不勾缝两种。缸砖楼地面构造做法如图2-7所示。

(5)预制水磨石板、水泥砂浆砖、混凝土预制块楼地面。这类预制板块具有质地坚硬、耐磨性能好等优点，是具有一定装饰效果的大众化地面饰面材料，主要用于室外地面。

预制板块与基层粘贴的方式，一般有两种：一种做法是在板块下干铺一层 20～40mm 厚沙子，待校正平整后，于预制板块之间用沙子或砂浆嵌缝。另一种做法是在基层上抹 10～20mm 厚 1∶3 水泥砂浆，然后在其上铺贴块材，再用 1∶1 水泥砂浆嵌缝。前者施工简便，易于更换，但不易平整，适用于尺寸大而厚的预制板块；后者则坚实、平整，适用于尺寸小而薄的预制板、块。

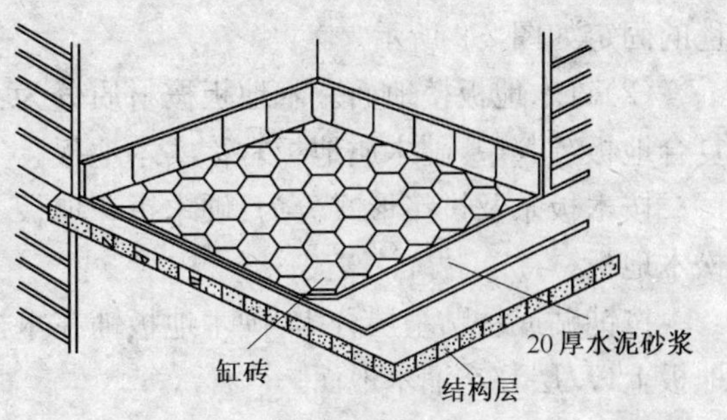

图 2-7 缸砖楼地面构造做法

(6)玻璃楼地面。玻璃地面包括激光玻璃砖地面和幻影玻璃地砖。

激光玻璃是以玻璃为基体，在其表面制成全息光栅或其他几何光栅，在阳光或灯光照射下，会反射出艳丽的七色光彩，给人以美妙出奇的感觉。激光玻璃地砖具有抗老化、抗冲击等特点，且耐磨性及硬度等优于大理石，与高档花岗岩相仿，装饰效果甚优。

3. 橡塑楼地面

(1)塑料板楼地面。塑料地板最常用的产品为聚氯乙烯塑料板(简称 PVC 地板)，它主要以聚氯乙烯树脂(PVC)为原料，掺以增塑剂、稳定剂、润滑剂、填充剂及适量颜料等，经搅拌混合，通过热压、退火等处理制成板材，再切成块料。

塑料地板按产品外形分有块材和卷材两种，分别称塑料板和塑料卷材。塑料地板楼地面构造做法如图 2-8 所示。

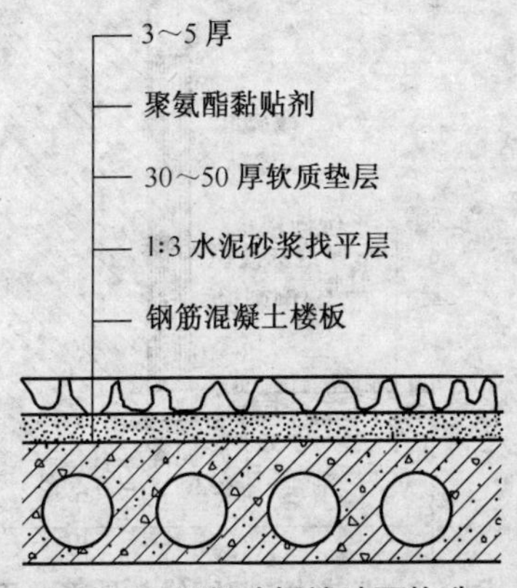

图 2-8 塑料地板楼地面构造

(2)橡胶板楼地面。橡胶地板主要是指以天然橡胶或以含有适量填料的合成橡胶制成的复合板材。它具有吸声、绝缘、耐磨、防滑和弹性好等优点，主要用于对保温要求不高的防滑地面。橡胶板面层分橡胶板楼地面、橡胶卷材楼地面。

4. 其他材料楼地面

(1)地毯楼地面。地毯是目前国内外最常用的楼地面装饰材料之一。地毯可分为两大类：一类为纯毛地毯，另一类为化纤地毯，包括腈纶纤维地毯、锦纶纤维地毯、涤纶纤维地毯、丙纶纤维地毯和混纺纤维地毯等。地毯楼地面具有美观、脚感舒适、富有弹性、吸声、隔声、保温、防滑、施工和更新方便的特点。地毯的铺设分为满铺和局部铺设两种，每种又分固定式和不固定式两种铺设方式。

固定式分带垫和不带垫铺设方式。固定式铺设是先将地毯截边，再拼缝，粘结成一块整片，然后用胶粘剂或倒刺板条固定在地面基层上的一种铺设方法。带垫铺设也称双层铺设，这种地毯无正反面，两面可调换使用，即无底垫地毯，需要另铺垫料。垫料一般为海绵波纹衬底垫料，塑料胶垫，也可用棉(或毛)织毡垫，统称为地毯胶垫。

不固定式即活动式的铺设，即为一般摊铺，它是将地毯明摆浮搁在地面基层上，不作任何固定处理。

地毯在楼梯踏步转角处需用铜质防滑条和铜质压毡杆进行固定处理。倒刺板、踢脚线与地毯的固定如图 2-9 所示。

(2)竹木地板楼地面。木地板按材质分为:硬木地板、软木地板,竹地板、复合木地板、强化复合地板。其中,硬木质地板常称实木地板。

按木板条及拼接形式分为:硬木拼花地板、硬木地板砖、长条复合地板、长条杉木地板、长条松木地板。

按铺贴或粘贴基层分为:硬木地板铺在木楞上或铺在水泥地面上(单层)、硬木地板铺在毛地板上(双层)、空铺木地面。

①空铺木地面:空铺木地面多用于首层地面,它由地垄墙、压沿木、垫木、木龙骨(又称木格栅、木楞)、剪刀撑、木地板(单层或双层)等组成。地垄墙是承受木地面荷载的重要构件,其上铺油毡一层,再上铺压沿木和垫木。木龙骨的两端固定在压沿木或垫木上,在木龙骨之间设剪刀撑,以增强龙骨的稳定性。木龙骨、压沿木、垫木以及木地板的底面均应做防腐处理,满涂沥青或氟化钠溶液。空铺木地面如图 2-10 所示。

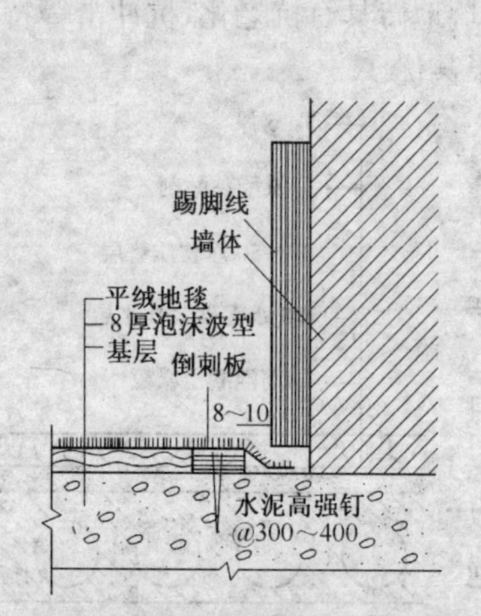

图 2-9　倒刺板、踢脚线与地毯的固定

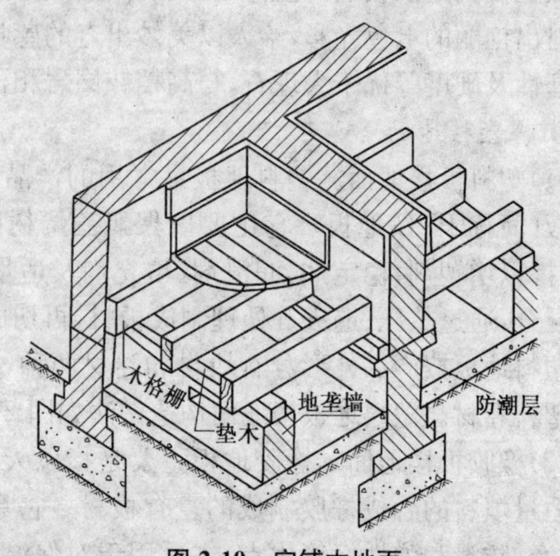

图 2-10　空铺木地面

为了保证木地面下架空层的通风,在每条地垄墙、内横墙和暖气沟墙等处,均应预留 120mm×120mm 的通风洞口,并要求在一条直线上,以利通风顺畅,暖气沟的通风沟口可采用钢护管与外界相通。

木地面的拼缝形式有:平缝、企口缝、嵌舌缝、高低缝及低舌缝等。

木地面的四周墙脚处,应设木踢脚板,其高度 100~200mm,常用的高度为 150mm,厚 20~25mm,其所用的木材一般与木地面面层相同。

②实铺木地面:实铺木地面一般多用于楼层,但也可以用于底层,可以铺钉在龙骨上,也可以直接粘贴于基层上。

a. 双层面层的铺设方法。在地面垫层或楼板层上,通过预埋镀锌钢丝或 U 形铁件,将做过防腐处理的木格栅绑扎。对于没有预埋件的楼地面,通常采用水泥钉和木螺钉固定木格栅。木格栅上铺钉毛木板,背面刷防腐剂,毛木板呈 45°斜铺,上铺油毡一层,表面刷清漆并打蜡。毛木板面层与墙之间留 10~20mm 的缝隙,并用木踢脚板封盖。为了减少人在地板上行走时所产生的空鼓声,改善保温隔热效果,通常还在木格栅与木格栅之间的空腔内填充一些轻质材料,如干焦砟、蛭石、矿棉毡、石灰炉渣等。双层面层实铺木地面如图 2-11a 所示。

b. 单层面层的铺设方法。将实木地板直接与木格栅固定，每块长条板应钉牢在每根木格栅上，钉长应为板厚 2～2.5 倍，并从侧面斜向钉入板中。其他做法与双层面层相同。单层面层实铺木地面如图 2-11b 所示。

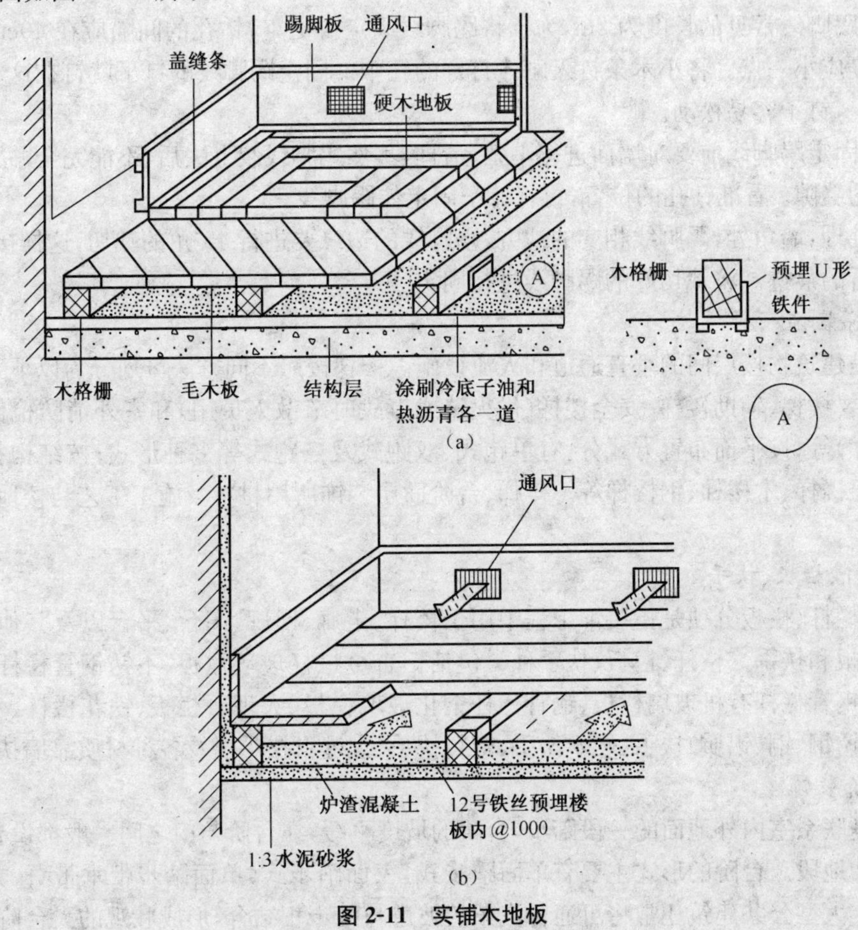

图 2-11　实铺木地板

(a)双层面层实铺木地面　(b)单层面层实铺木地面

(3)抗静电活动地板。抗静电活动地板是一种以金属材料或木质材料为基材，表面覆以耐高压装饰板(如三聚氰胺优质装饰板)，经高分子合成胶粘剂胶合而成的特制地板，再配以专制钢梁、橡胶垫条和可调金属支架装配成活动地板。这种地板具有抗静电、耐老化、耐磨耐烫、装拆迁移方便、高低可调、下部串通、脚感舒适等优点，广泛应用于计算机房、通讯中心、电化教室、实验室、展览台、剧场舞台等。

5. 踢脚线

踢脚线，顾名思义就是脚踢得着的墙面区域，所以较易受到冲击。做踢脚线可以更好地使墙体和地面之间结合牢固，减少墙体变形，避免外力碰撞造成破坏。另外，踢脚线应比较容易擦洗，如果拖地溅上脏水，擦洗非常方便。

(1)踢脚线的分类。目前瓷砖最常用的踢脚线按材质分主要分为：陶瓷踢脚线、玻璃踢脚线、石材踢脚线、木踢脚线、PVC 踢脚线、铝合金踢脚线。其中，陶瓷踢脚线又分为：釉面砖踢脚线和玻化砖踢脚线。

(2)踢脚线的安装流程。施工铺贴时应用以下材料:铺贴水泥砂浆墙壁时,应用107#、108#建筑胶水加双飞粉按比例调成糊状贴即可;铺贴玻璃、瓷砖、木板墙壁时,应用中性玻璃胶铺贴。

钻孔:踢脚线常见的长度为2m,为了将踢脚线固定得更牢,钻孔的间隔应在40cm左右,接口处的间隔应小一点。将小木条钉入刚才打好的孔中。固定踢脚线的钉子就钉在这木条上,直接钉在墙上,钉子容易松动。

固定:固定踢脚线前要对墙面进行平整、清理,不然踢脚线装上去后,不能完全贴紧墙面,会留下难看的缝隙。看准钻孔的位置,再将钉子固定住踢脚线。

边角处理:墙角处,踢脚线相交的地方,踢脚线的边缘要进行45°角的裁切,这样接口处就不会留下难看的痕迹。将裁切好的踢脚线进行固定。

6. 楼梯装饰

楼梯是建筑物楼层间的垂直通道和人流设施。楼梯按照不同方法可划分为以下几类:按用途分:有主要楼梯、辅助楼梯、安全楼梯(供火警或事故时疏散人员用)和室外消防检修梯(一般多为钢制梯)等;按平面布置方式分:有单跑式、双跑式及三跑式等多种形式;按结构材料分:有钢筋混凝土楼梯、木楼梯、钢楼梯等。楼梯、台阶面层装饰所用材料及施工工艺与楼地面做法基本相同。

7. 栏杆、栏板、扶手

扶手、栏杆、栏板分项是指装饰工程中用于楼梯、走廊、回廊、阳台、平台以及其他装饰部位的栏杆、栏板和扶手。栏杆、栏板、扶手种类包括铝合金栏杆玻璃栏板、不锈钢管栏杆钢化玻璃栏板、不锈钢管栏杆有机玻璃栏板、铜管栏杆钢化玻璃栏板、大理石栏板、铁花栏杆、木栏杆;各种金属(不锈钢、铜、铝质)扶手、硬木扶手、塑料扶手、大理石扶手以及各种材质靠墙扶手等。

8. 台阶装饰

台阶是联系室内外地面的一段踏步,台阶的坡度平缓,在台阶与门之间一般都设置有平台,可作为缓冲地段。台阶的形式主要有单面踏步式,三面踏步式,单面踏步带垂带石、方形石、花池等形式。大型公共建筑还常将可通行汽车的坡道与踏步相结合,形成壮观的大台阶。

第二节 墙、柱面装饰工程构造及工艺说明

一、墙、柱面抹灰

1. 墙柱面一般抹灰

(1)分类。按建筑业物的质量标准分为:普通抹灰、中级抹灰和高级抹灰三个等级;

按抹灰砂浆种类分为:白灰砂浆、水泥混合砂浆、水泥砂浆、防水砂浆、白水泥砂浆、聚合物水泥砂浆、膨胀珍珠岩水泥砂浆、纸筋白灰或麻刀石灰浆等。

(2)构造层次及作用。抹灰一般由三层组成,各层的作用和厚度如下:底层主要起与基层粘结和初步找平的作用,底层砂浆可采用白灰砂浆、水泥白灰混合砂浆和水泥砂浆,抹灰厚度一般为10～15mm;中层起进一步找平作用,所用砂浆一般与底层灰相同,厚度为5～12mm;面层主要是使表面光洁美观,以达到装饰效果,室内墙面抹灰,一般还要做罩面。面层厚度因做法而异,一般在2～8mm。抹灰的总厚度通常为:内墙15～20mm,外墙20～25mm。抹灰等级与抹

灰遍数、工序、外观质量及适用范围的对应关系见表2-1。

表2-1　一般抹灰等级、遍数、工序、外观质量和适用范围的对应关系

名称	普通抹灰	中级抹灰	高级抹灰
遍数	二遍	三遍	四遍
主要工序	分层找平、修整表面压光	阳角找方、设置标筋、分层找平、修整、表面压光	阳角找方、设置标筋、分层找平、修整、表面压光
外观质量	表面光滑、洁净，接茬平整	表面光滑、洁净，接茬干整，压线清晰、顺直	表面光滑、洁净，颜色均匀，无抹纹压线，平直方正、清晰美观
适用范围	简易住宅、大型设施和非居住的房屋，以及地下室、临时建筑等	一般居住、公用和工业建筑，以及高级装修建筑物中的附属用房	大型公共建筑、纪念性建筑物，以及有特殊要求的高级建筑

2. 墙、柱面装饰抹灰

墙、柱面装饰抹灰包括：水刷石、水磨石、斩假石（剁斧石）、干粘石、假面砖、拉条灰、拉毛灰、甩毛灰、扒拉石、喷毛灰、喷漆、喷砂、滚涂及弹涂等，现将其工艺做法介绍如下：

（1）水刷石面层。水刷石面层的做法一般需经过分层。抹底层灰→弹线、贴分格条→抹面层石子浆→水刷面层→起分格条、勾缝上色等工序。底层灰常用水泥砂浆或混合砂浆，面层石子浆有水泥豆石浆（如1∶1.25）、水泥白石子浆（1∶1.15）、水泥玻璃碴浆、水泥石碴浆（水泥∶石膏∶小八厘石按1∶0.5∶5）等。

（2）干粘石面层。干粘石面层的做法一般按抹底层砂浆→弹线、粘贴分格条→抹粘石砂浆→粘石子→起分格条、勾缝工序进行。干粘石面层所用的粘石子砂浆可用水泥砂浆或聚合物水泥砂浆（水泥∶石灰膏∶砂∶107胶按1∶1∶22.5∶0.2）；采用的石子粒径宜为4（小八厘）～6mm（中八厘），石子嵌入砂浆的深度不得小于石子粒径的1/2，常用石子为白石子、玻璃碴、瓷粒等。

（3）斩假石面层。斩假石面层的做法是抹底层砂浆→弹线、贴分格条→抹面层水泥石粒浆→斩剁面层→起分格条、勾缝。面层石粒砂浆的配比常用1∶1.25或1∶1.5，稠度为5～6cm。常用石粒为白云石、大理石等坚硬岩石粒，粒径一般采用小八厘（4mm以下），典型的石粒为2mm的白色米粒石内掺粒径在0.3mm左右的白云石屑。面层水泥石屑浆养护到石屑不松动时即可斩剁（常温15～30℃下，2～3天），剁纹深度一般为1/3石粒的粒径为宜，通常应剁两遍，头遍轻斩，后遍稍重些。

二、墙柱面镶贴块料

墙柱面镶贴块料面层，按材料分包括石材饰面板类（大理石、人造大理石、花岗岩、人造花岗岩、凹凸假麻石、预制水磨石饰面板）、陶瓷面砖（陶瓷锦砖、瓷板、内墙彩釉面瓷砖、外墙面砖文化石、大型陶瓷锦面板等）。以下对主要项目作简要叙述：

1. 石材饰面板

大理石板、花岗岩板饰面属于高档饰面装饰，具有饰面光滑如镜，花纹多样，色彩鲜艳夺目，装饰豪华大方，富丽堂皇之美好感觉。大理石板、花岗岩板墙柱面按镶贴基层分为：砖墙面、混凝土墙面、砖柱面、混凝土柱面和零星项目等。按镶贴方法分为：挂贴法、水泥砂浆粘贴法、干粉型粘贴法、干挂法和拼碎等五种基本方法。

(1)挂贴大理石、花岗岩板(挂贴法)。挂贴法又称镶贴法,是对大规格的石材(如大理石、花岗石、青石板等)使用先挂后灌浆固定于墙面或柱面的一种方式,规范中称挂贴方式。通常分传统湿作业灌浆法和新工艺安装法。

①传统挂贴法:

a. 先在墙、柱面上预埋铁件。

b. 绑扎钢筋网。绑扎用于固定面板的钢筋网片,网片为 46 双向钢筋网,竖向钢筋间距不大于 500mm,横向钢筋间距应与板材连接孔网的位置一致,如图 2-12 所示。

c. 钻孔、剔槽、固定不锈钢丝。在石板的上下部位钻孔剔槽(图 2-13 所示),以便穿钢丝或铜丝与墙面钢筋网片绑牢,固定板材。

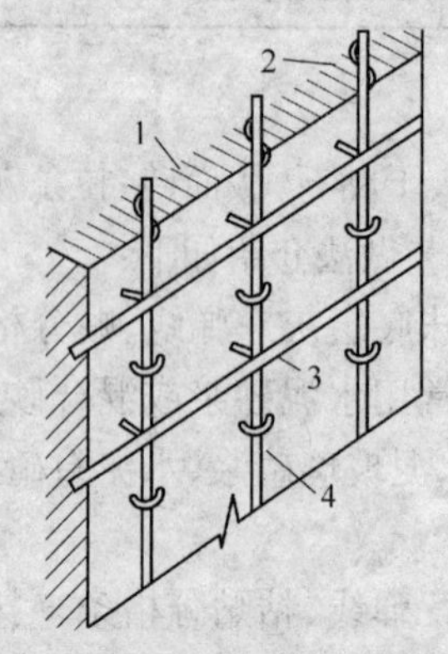

图 2-12　大理石(花岗岩)板镶贴钢筋网绑扎示意图

1. 墙体　2. 预埋件　3. 横向钢筋　4. 竖向钢筋

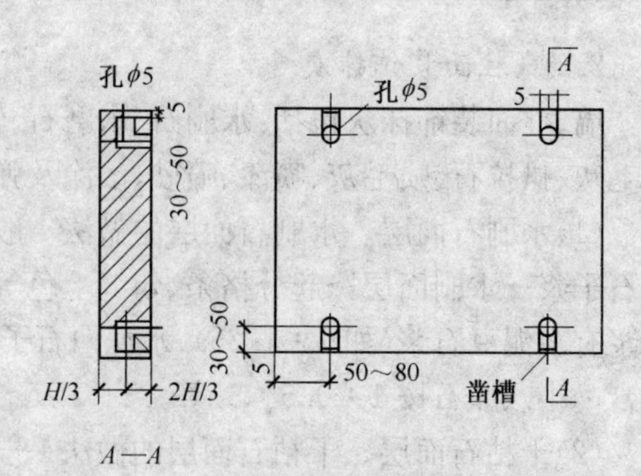

图 2-13　大理石(花岗岩)板钻孔剔槽示意图

d. 安装就位、临时固定。安装石板,用木楔调节板材与基层面之间的间隙宽度;石板找好垂直、平整、方正,并临时固定;

e. 灌浆。用 1∶1.5 或 1∶2 水泥砂浆(稠度一般为 80～120mm)分层灌入石板内侧缝隙中,每层灌浆高度 150～200mm。

f. 嵌缝。全部面层石板安装完毕,灌注砂浆达到设计强度等级的 50%后,用白水泥砂浆或按板材颜色调制的水泥色浆擦缝,最后清洗表面、打蜡擦亮。大理石(花岗岩)板的安装固定如图 2-14 所示。

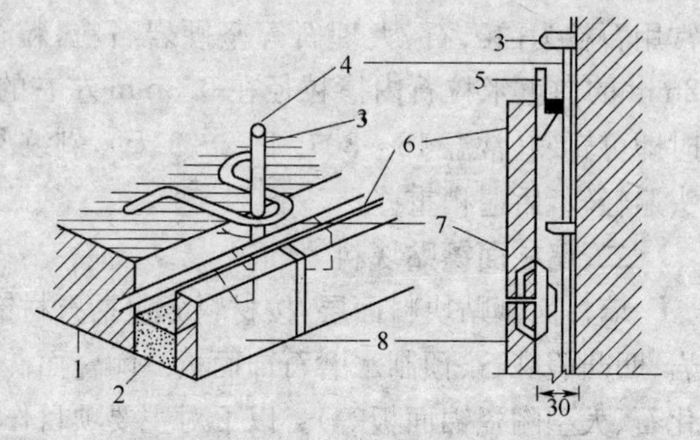

图 2-14　大理石(花岗岩)板材安装固定示意图

1. 墙体　2. 灌注水泥砂浆　3. 预埋件　4. 竖筋　5. 固定木楔　6. 横筋　7. 钢筋绑扎　8. 大理石板

②湿法挂贴新工艺:湿法挂贴新工艺是在传统湿法工艺的基础上发展起来的安装方法,与传统的挂贴法有所不同,其工序操作为:

a. 石板钻孔、剔槽。用手电钻在板上侧两端打直孔,在板两侧的下端打同样孔径的直孔,然后剔槽,如图 2-15 所示。

b. 基体钻孔。在与板材上下直孔对应的基体位置上,钻与板材空数相等的斜孔,斜度为 45°,如图 2-16 所示。

c. 板材安装固定。根据板材与基体相应的孔距，现制直径 5mm 的不锈钢 U 形钉(图 2-17 中 4)，U 形钉的一端钩进石板直孔内，另一端则钩进基体斜孔内，校正、固定、灌浆后即如图 2-17 所示。

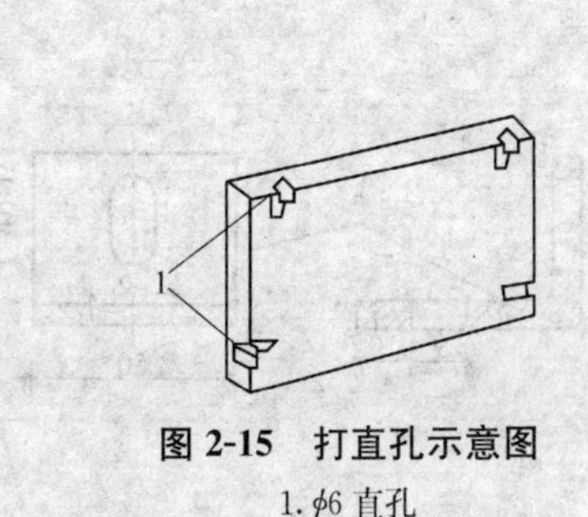

图 2-15　打直孔示意图

1. $\phi6$ 直孔

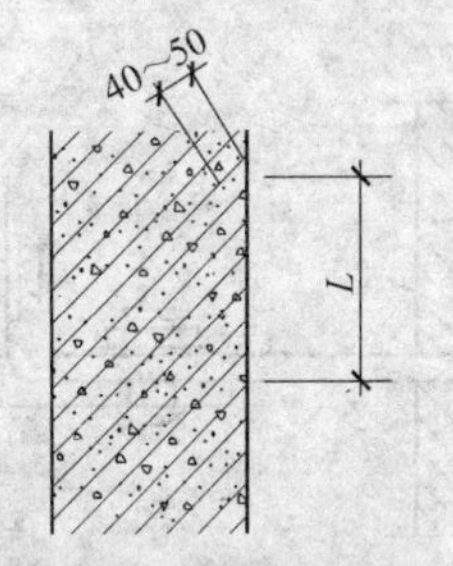

图 2-16　基体钻斜孔

L. U 形钩平直部分长度，等于石板高度减 105mm

(2)粘贴大理石、花岗岩板(粘贴法)。粘贴法包括水泥砂浆粘贴和干粉型粘结剂粘贴两种。

①水泥砂浆粘贴法：先清理基层，在硬基层墙面上刷 YJ-302 粘结剂(混凝土墙面)或 YJ-Ⅲ粘结剂(砖墙面)一道；用 1∶3 水泥砂浆打底、找平，砖墙面平均厚度 12mm，混凝土墙 10mm；1∶2.5 水泥砂浆粘结层贴大理石(花岗岩)板，粘结层厚度 6mm，定额含量为 0.006×1.1=0.067m^3；擦缝、去污、打蜡抛光。定额采用 YJ-Ⅲ型粘结剂与白水泥调制成剂擦缝，草酸抛光。水泥砂浆粘贴法的装饰构造如图 2-18 所示。

②干粉型粘结剂贴法：在砖墙面上粘贴大理石、花岗岩板时，先在砖墙上用 1∶3 水泥砂浆找平，并划出纹道。在大理石或花岗岩板的背面满抹 5～7mm 厚的建筑胶粘剂(干粉型粘结剂)，对准位置粘贴、压平，白水泥或石膏浆擦缝。

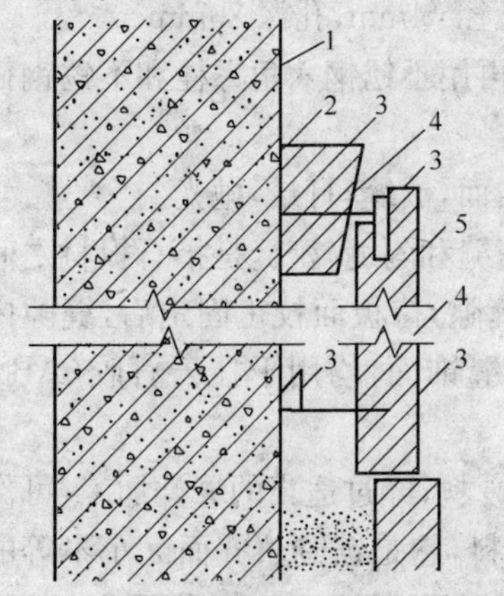

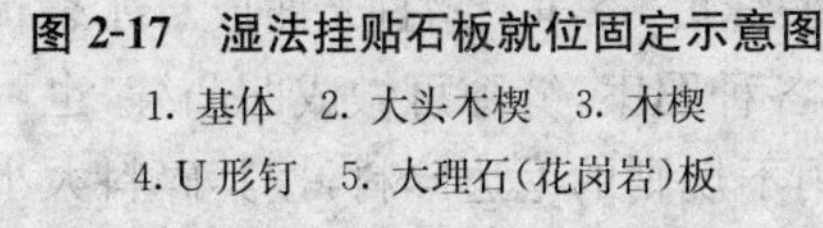

图 2-17　湿法挂贴石板就位固定示意图

1. 基体　2. 大头木楔　3. 木楔
4. U 形钉　5. 大理石(花岗岩)板

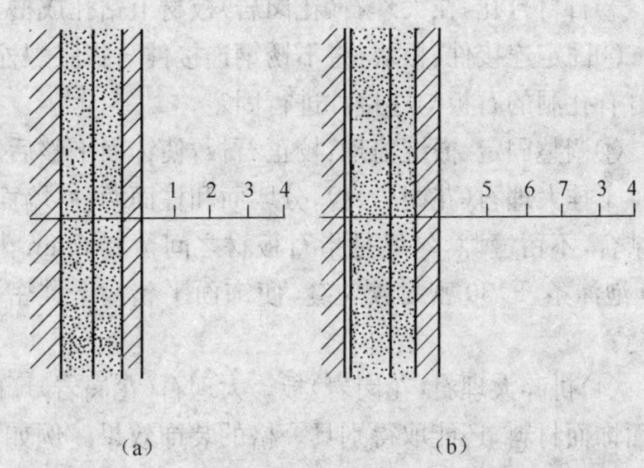

图 2-18　水泥砂浆粘贴大理石(花岗岩)板构造层次图

(a)砖墙　(b)混凝土墙

1. 基层　2. 12 厚 1∶3 水泥砂浆打底　3. 6 厚 1∶2.5 水泥砂浆结合层
4. 大理石(花岗岩)板面层，水泥调剂擦缝、打蜡　5. 凝土墙体
6. J-02 粘结层　7. 10 厚 1∶3 水泥砂浆打底

(3)干挂大理石、花岗岩板(干挂法)。干挂法有直接干挂法和间接干挂法：直接干挂法是通过不锈钢膨胀螺栓、不锈钢挂件、不锈钢连接件、不锈钢钢棍等，将外墙饰面板连接固定在外墙墙面上；间接干挂法是通过固定在墙、柱、梁上的龙骨，再用各种挂件固定外墙饰面板的方法，

“项目特征”中统称干挂方式。

干挂大理石、花岗岩板的构造做法如图 2-19 所示。

①埋设铁件：在硬基层墙、柱面上按大理石（花岗岩）方格，打入膨胀螺栓。

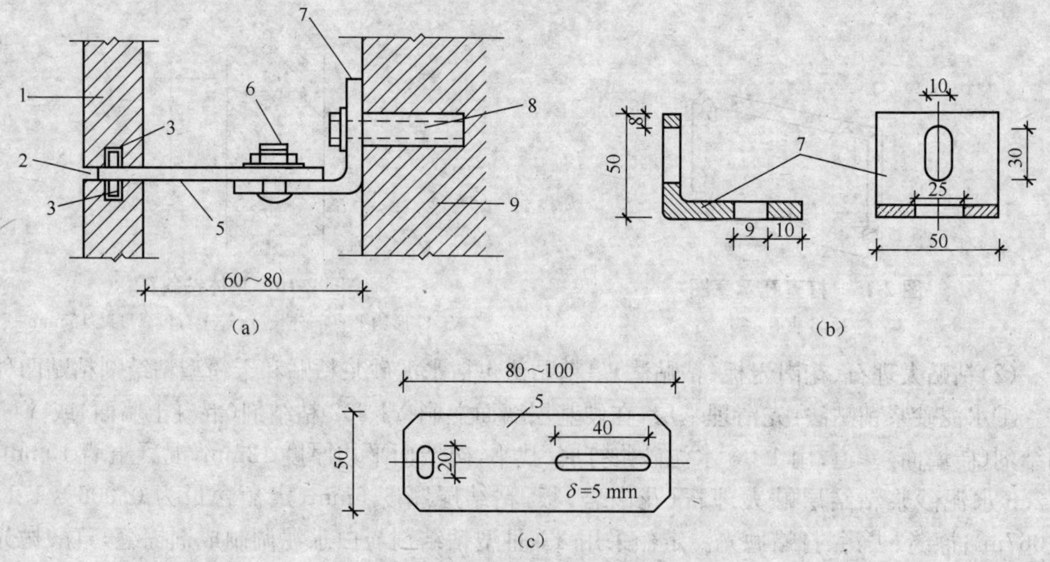

图 2-19　干挂大理石（花岗岩）板示意图

(a)干挂示意图　(b)固定角钢　(c)连接扳

1. 石材　2. 嵌缝　3. 环氧树脂胶　4. 不锈钢插棍　5. 不锈钢连接板　6. 连接螺栓　7. 连接角钢　8. 膨胀螺栓　9. 墙体

②石材打孔：在大理石（花岗岩）板材上钻孔成槽，一般孔径 ϕ4mm，孔深 20mm。

③固定连接件、板块：将不锈钢连接件与膨胀螺栓连接，再用不锈钢六角螺栓和不锈钢插棍将打有孔洞的石板与连接件进行固定。

④调整固定、嵌缝清理：校正石板，使饰面平整后，进行洁面，嵌缝，打蜡，抛光。

干挂大理石（花岗岩）板，分墙面和柱面两种，墙面又分密缝和勾缝，密缝是指石板材之间紧密结合，不留缝隙，勾缝是指石板材之间留有 6mm 内宽的缝隙，待板面校正固定后，缝隙内压 ϕ10 泡沫条，F130 密封胶勾缝，使饰面平整。干挂密缝和勾缝饰面，均用干挂云石胶（AB 胶）擦缝。

(4)拼碎大理石（花岗岩）板。大理石（花岗岩）厂的边角废料，经过适当的分类加工，可作为墙面饰面材料，还能取得别具一格的装饰效果。例如矩形块料，它是锯割整齐而大小不等的边角块料，以大小搭配的形式镶拼在墙面上，用同色水泥色浆嵌缝后，擦净上蜡打光而成。冰裂状块料，是将锯割整齐的各种多边形碎料，可大可小地搭配成各种图案，缝隙可做成凹凸缝，也可做成平缝，用同色水泥浆嵌抹后，擦净，上蜡打光即成。选用不规则的毛边碎料，按其碎料大小和接缝长短有机拼贴，可做到乱中有序，给人以自然优美的感觉。大理石（花岗岩）拼碎可镶拼在砖墙、砖柱，也可在混凝土墙、柱面上拼贴，其做法层次如图 2-20 所示。

(5)镶贴凹凸假麻石。镶贴凹凸假麻石：可分水泥砂浆粘贴和干粉型粘结剂粘贴两种不同粘贴方法，每种粘贴方式都可用于墙面、柱面和零星项目。粘贴做法是先在硬基层上用 1∶3 水泥砂浆打底找平，刷素水泥浆，抹 1∶2 水泥砂浆（或干粉型粘结剂）作结合层，贴假麻石块，最后白水泥浆擦缝即可。

2. 陶瓷面砖

(1)陶瓷锦砖、玻璃马赛克。工艺做法：预选陶瓷锦砖→基层处理→排砖、弹线→铺贴→揭纸拨缝→擦缝、清洗。

①基层处理：基层清理干净，用 1∶3 水泥砂浆打底。

②铺贴砖联：铺贴时，先在墙面上浇水湿润，刷一遍素水泥浆，然后在墙面抹 2mm 厚粘结层，并将锦砖底面朝上，在其缝中灌 1∶2 于水泥细砂，随后再刮上一薄层水泥灰浆，最后用双手执住锦砖联上面两角，对准位置粘贴到墙面上，拍实压平。

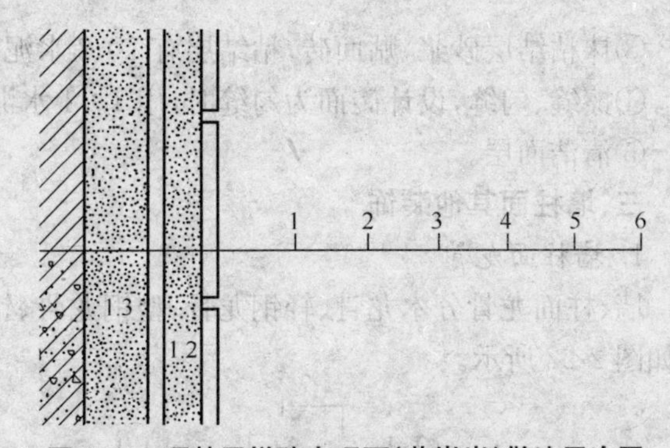

图 2-20　硬基层拼碎大理石(花岗岩)做法层次图

1. 砖墙或混凝土基层　2. 1∶3 水泥砂浆找平层(用于砖基体)　3. 刷素水泥砂浆一道　4. 水泥砂浆(掺 107 胶水)或混合砂浆　5. 碎大理石(花岗岩)面层　6. 1∶1.5 水泥砂浆嵌缝，擦净打蜡

③揭纸、拨缝：待砖联稳固后，用水湿润砖联背纸，将背纸揭尽。若发现砖粒位置不正，可用开刀调整扭曲的缝隙，使其缝隙均匀、平直。

④擦缝、清洗：用与陶瓷锦砖本体同颜色的水泥浆满抹锦砖表面，将缝填满嵌实。然后应及时清理表面，保养。

(2)瓷板、文化石。瓷板，常称瓷砖、内墙瓷砖、饰面花砖等，瓷板规格有 152mm×152mm、200mm×150mm、200mm×200mm、200mm×250mm、200mm×300mm；可分为水泥砂浆粘贴和干粉型粘贴剂粘贴两种粘贴法；分为(内)墙面、柱(梁)面、零星项目。

文化石，近年来出现的一种新型装饰石材。文化石分为天然文化石和人造文化石，天然文化石包括蘑菇石、砂卵石、砂砾石、鹅卵石、砂岩板、石英板、版岩、艺术石等；人造文化石是以天然文化石的精华为母本，以无机材料铸制而成。文化石以其丰富的自然面，多变的外观及鲜明柔和的色彩诱人，日渐进入装饰装修行列。

贴瓷板(瓷砖、饰花面砖)的工作内容和做法是：

①清理、修补基层表面。

②打底抹灰，砂浆找平(定额按 1∶3 水泥砂浆编制)。

③抹结合层砂浆并刷粘结剂，贴饰面砖(定额分别编入 1∶1 水泥砂浆、素水泥浆，以及干粉型粘结剂作为贴面结合层，其中素水泥浆加 107 胶水用作粘结剂)。

④最后擦缝、清洁面层。

(3)贴面砖。按面砖粘贴方法分水泥砂浆粘贴、干粉型粘结剂粘贴、钢丝网挂贴、膨胀螺栓干挂、型钢龙骨干挂等。墙面砖饰面的构造做法如图 2-21 所示。贴墙面砖的工作内容和做法如下：

①清理修补基层。

②打底抹灰，砂浆找平，通常用 1∶3 水泥砂浆打底找平。

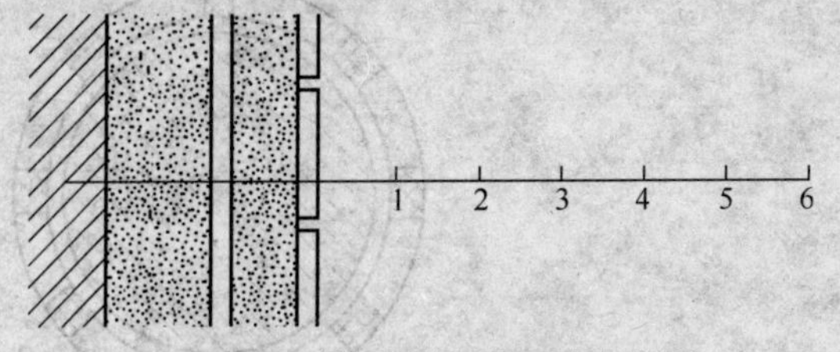

图 2-21　贴墙面砖构造层次示意图

1. 墙基层　2. 1∶3 水泥砂浆打底　3. 素水泥浆粘结层(设计要求时)　4. 1∶2 水泥砂浆　5. 面砖　6. 1∶1 水泥砂浆勾缝

③抹粘结层砂浆，贴面砖，粘结层有 1∶2 水泥砂浆和干粉型粘结剂两种。

④擦缝、勾缝，设计砖面为勾缝时，用 1∶1 水泥砂浆勾缝。

⑤清洁面层。

三、墙柱面其他装饰

1. 墙柱面龙骨

墙、柱面龙骨分木龙骨、轻钢龙骨、型钢龙骨、铝合金龙骨和石膏龙骨等。墙面木龙骨的构造如图 2-22 所示。

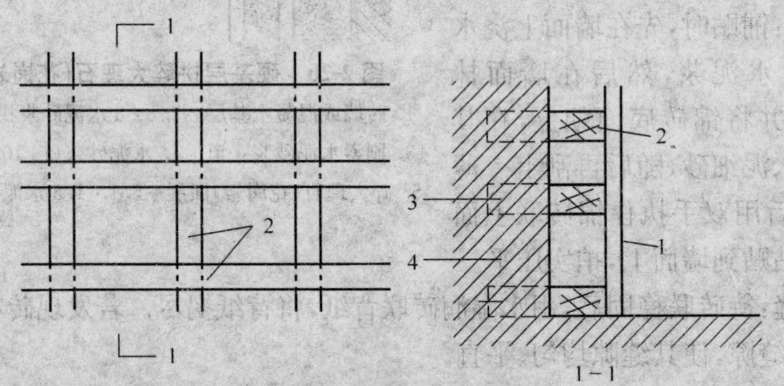

图 2-22 墙面木龙骨构造

1. 面层 2. 木龙骨 3. 木砖 4. 墙体

柱面龙骨：包括方形柱、梁面、圆柱面、方柱包圆形面，其龙骨构造简图如图 2-23、图 2-24 和图 2-25 所示。

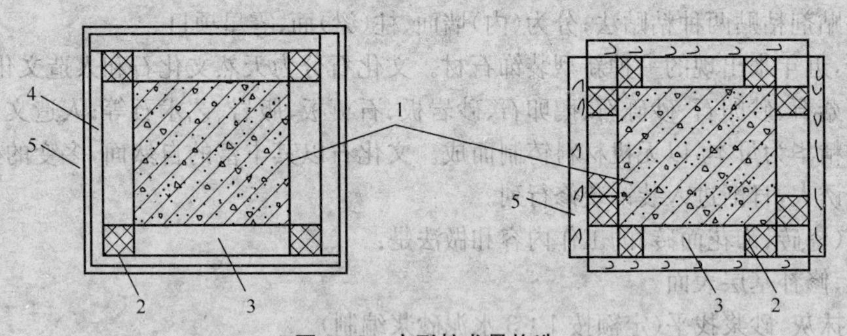

图 2-23 方形柱龙骨构造

1. 结构柱 2. 竖向木此骨 3. 横向木龙骨 4. 衬板 5. 面板

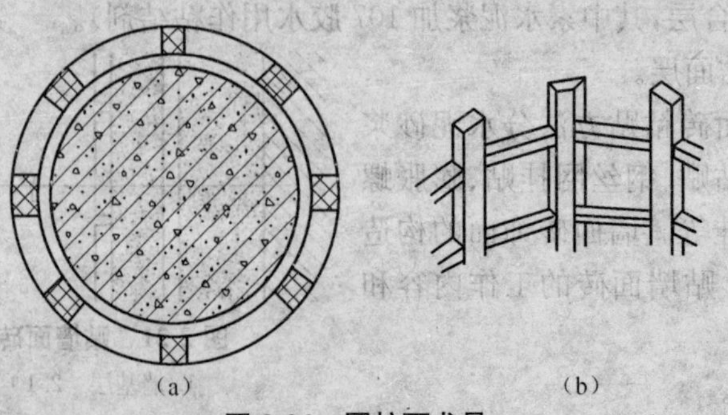

图 2-24 圆柱面龙骨

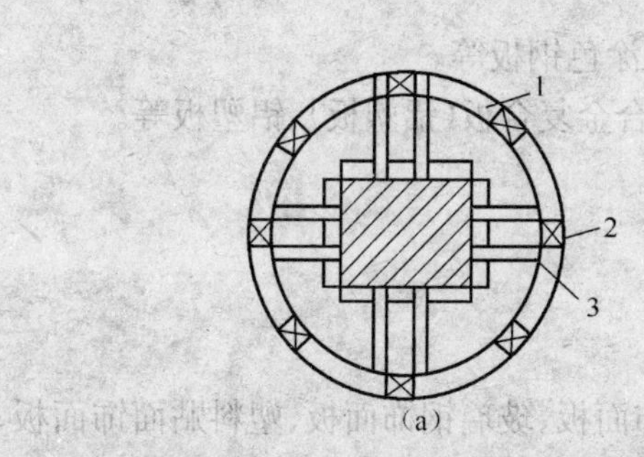

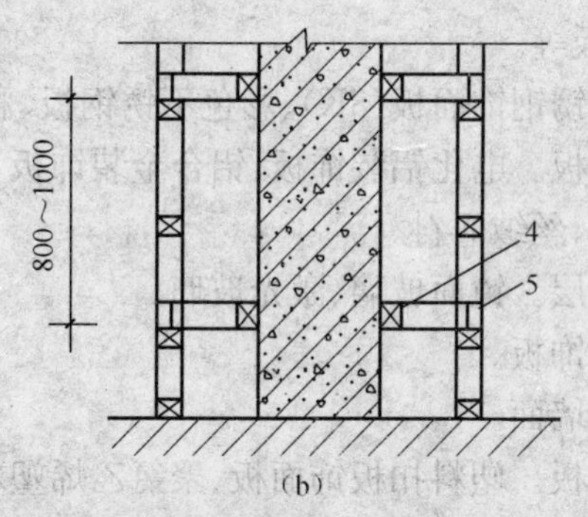

图 2-25 方柱包圆形面龙骨构造简图

1. 横向龙骨 2. 竖向龙骨 3. 支撑杆 4. 支撑杆与建筑柱体固定 5. 直撑杆与装饰柱固定

2. 隔墙龙骨

隔墙龙骨:隔墙或隔断龙骨的骨架形式很多,可大致分为金属骨架和木骨架。金属骨架一般由沿顶龙骨、沿地龙骨、竖向龙骨、横撑龙骨及加强龙骨等组成,断面一般为槽钢、角钢、板条形状,如图 2-26 所示。隔墙木龙骨山上槛、下槛、墙筋(立柱)斜撑(或横档)构成(图 2-27),木料断面视房间高度及所配面层板材规格而定。

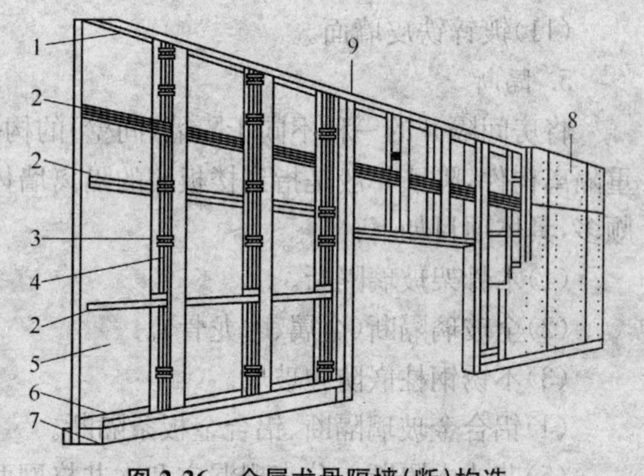

图 2-26 金属龙骨隔墙(断)构造

1. 沿顶龙骨 2. 横撑龙骨 3. 支撑杆 4. 贯通卡 5. 纸面石膏板 6. 沿地龙骨 7. 踢脚板 8. 纸面石膏板 9. 加强龙骨

3. 墙、柱面装饰基层

墙、柱面装饰基层,是指在龙骨与面层之间设置的一层隔离层,常见基层有:5mm、9mm 胶合板基层,石膏饰面板基层,油毡隔离层,玻璃棉毡隔离层以及细木工板基层。

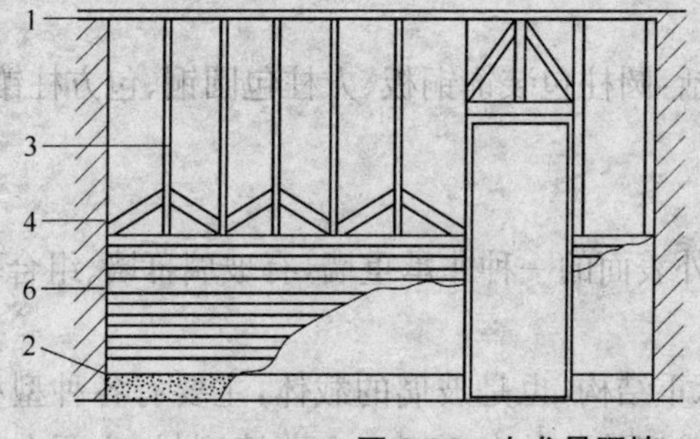

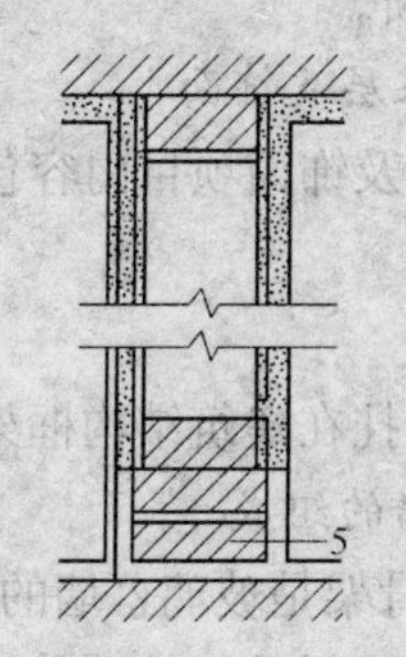

图 2-27 木龙骨隔墙

1. 上槛 2. 下槛 3. 立柱 4. 横档 5. 砌砖 6. 面板

4. 墙、柱(梁)面各种装饰面层

墙、柱(梁)面各种装饰面层包括墙面、墙裙、柱面(圆柱)、梁面、柱帽、柱脚等的饰面层,具体归纳如下:

(1)木质类装饰面层(或称木质饰面板)。胶合板(3mm 夹板、5mm 夹板)、硬质纤维板、细木工板、刨花板、木丝板、杉木薄板、柚木皮、硬木条板、木制饰面板(如榉木夹板 3mm,拼色、拼花)、水泥木屑板等。

(2)镜面不锈钢饰面板(8K)、彩色不锈钢板、彩色涂色钢板等。

(3)铝质面板。电化铝装饰板、铝合金装饰板、铝合金复合板(铝塑板)、铝塑板等。

(4)人造革、丝绒面料。

(5)玻璃面层。镜面玻璃、激光玻璃。

(6)石膏装饰板。

(7)竹片内墙面。

(8)塑料面板。塑料扣板饰面板、聚氯乙烯塑料饰面板、玻璃钢饰面板、塑料贴面饰面板、聚酯装饰板、复塑中密度纤维板等。

(9)岩棉吸声板、石棉板。

(10)超细玻璃棉板、FC板。

(11)镀锌铁皮墙面。

5. 隔断

将房间隔开的一种不同于隔墙(间壁)的构件,称为隔断。隔断与隔墙均指房屋内部的非承重隔离构件,隔墙一般是指到楼板底的隔离墙体,隔断是指不到顶的隔离构件。隔断项目种类颇多,具体项目如下:

(1)木骨架玻璃隔断。

(2)全玻璃隔断(金属、木龙骨)。

(3)不锈钢柱嵌防弹玻璃。

(4)铝合金玻璃隔断、铝合金板条隔断。

(5)花式木隔断。分直栅漏空和木井格网两种。

(6)玻璃砖隔断。分分格嵌缝和全砖。

(7)塑钢隔断。分全玻、半玻、全塑钢板。

(8)浴厕隔断。

6. 柱龙骨基层及饰面

柱龙骨基层及饰面项目内容包括:圆柱包装饰铜板、方柱包圆铜、包方柱镶条、包圆柱镶条、包圆柱、包方柱。

四、幕墙

幕墙是指悬挂在建筑结构框架外表面的一种非承重墙,有玻璃幕墙、组合幕墙等。

1. 玻璃幕墙的组成

(1)骨架。骨架是玻璃幕墙的承重结构,也是玻璃的载体,主要有各种型材,以及连接件和紧固件。铝合金型材是经特殊挤压成型的各种专用铝合金幕墙型材,主要有立柱(也称竖向杆件)、横档(亦称横向杆件)两种类型。

(2)玻璃。玻璃幕墙的功能性玻璃品种很多,主要有热反射玻璃、吸热玻璃、双层中空玻璃、钢化玻璃、夹层(丝)玻璃等。按生产工艺可分为浮法玻璃、真空镀膜玻璃、真空磁溅射镀膜玻璃等。玻璃颜色有白色、蓝色、茶色、绿色等。玻璃的常用厚度为5～15mm。

(3)封缝材料。包括填充材料和密缝材料两种。填充材料主要用于凹槽间隙内的底部,起填充及缓冲作用。密封材料不仅起到密封、防水作用,同时也起缓冲、粘结的作用。常用的封缝材料有橡胶密封条、幕墙双面不干胶条、泡沫条、幕墙结构胶、幕墙耐候胶及玻璃胶等。

2. 玻璃幕墙的结构

玻璃幕墙的结构构造主要分为单元式(工厂组装式)、元件式(现场组装式)和结构玻璃幕墙(又称玻璃墙,一般用于建筑物的一二层,它是不用金属框架的纯大块玻璃墙,高度可达 12m)三种型式。目前大部分玻璃幕墙采用骨架支撑玻璃、固定玻璃,然后通过连接件与建筑物主体结构相连的结构形式。幕墙的具体构造常分明框玻璃幕墙和隐框玻璃幕墙(分全隐框和半隐框)两种类型。

(1)铝合金明框玻璃幕墙。铝合金明框玻璃幕墙通常称为铝合金型材骨架体系,其基本构造是将铝合金型材作为玻璃幕墙的骨架,将玻璃镶嵌在骨架的凹槽内,再用连接板将幕墙立柱与主体结构(楼板或梁)固定,如图 2-28 所示。

(2)铝合金隐框玻璃幕墙。一般称不露骨架结构体系,其基本构造是将玻璃直接与骨架连接,外面不露骨架,也不见窗框,即骨架、窗框隐蔽在玻璃内侧,此种幕墙也称全隐幕墙。图 2-29 是隐框玻璃幕墙构造简图,用特制的铝合金连接件将铝合金封框与立柱相连,再用高强胶粘剂(通称幕墙结构胶)将玻璃固定在封框上。

3. 玻璃幕墙封边

玻璃幕墙封边是指幕墙与建筑物的封边,即幕墙端壁(两端侧面及顶端)与墙面的封边。

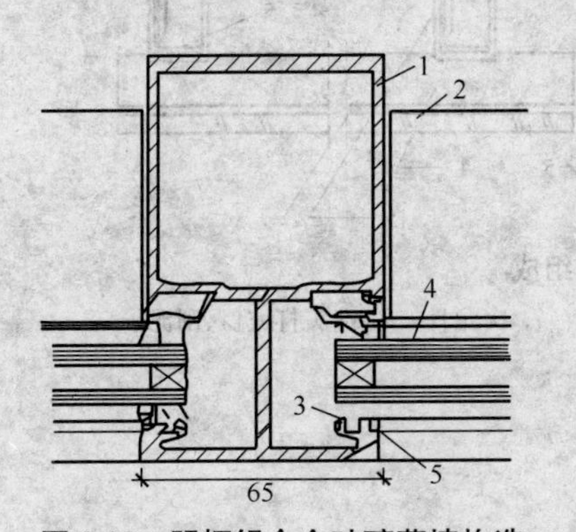

图 2-28　明框铝合金玻璃幕墙构造

1. 幕墙竖向件　2. 固定连接件　3. 橡胶压条　4. 玻璃　5. 密封胶

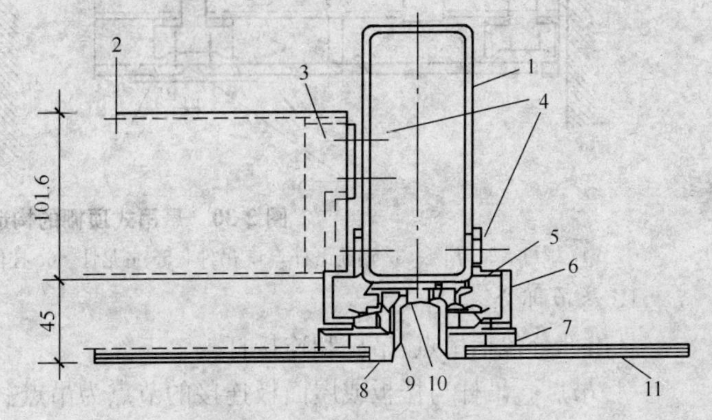

图 2-29　铝合金隐框玻璃幕墙构造

1. 立柱　2. 横向杆件　3. 连接件　4. $\phi6$ 螺栓加垫圈　5. 聚乙烯泡沫压条　6. 固定玻璃连接件　7. 聚乙烯泡沫　8. 高强胶粘剂　9. 防水　10. 铝合金封框　11. 热反射玻璃

第三节　顶棚装饰构造、工艺说明

一、直接式顶棚

直接式顶棚是在屋面板或楼板结构底面直接做饰面材料的顶棚。直接式顶棚按施工方法可分为直接式抹灰顶棚、直接喷刷式顶棚、直接粘贴式顶棚、直接式装饰板顶棚及结构顶棚。

1. 直接式顶棚的分类

(1)抹灰、喷刷、粘贴类顶棚。先在顶棚的基层上刷一遍纯水泥浆,然后用混合砂浆打底找平。要求较高的房间,可在底板增设一层钢板网,在钢板网上再做抹灰。

(2)直接式装饰板顶棚。这类顶棚与悬吊式顶棚的区别是不使用吊挂件,直接在楼板底面铺设固定格栅。

(3)结构顶棚。将屋盖或楼盖结构暴露在外,利用结构本身的韵律做装饰称为结构顶棚。

2. 直接式顶棚的装饰线脚

直接式顶棚的装饰线脚是安装在顶棚与墙顶交界部位的线材,简称装饰线。可采用粘贴法或直接钉固法与顶棚固定,有木线、石膏线、金属线等。

二、悬吊式顶棚

悬吊式顶棚是指顶棚的装饰表面悬吊于屋面板或楼板下,并与屋面板或楼板留有一定距离的顶棚,俗称吊顶。悬吊式顶棚一般由悬吊部分、顶棚骨架、饰面层和连接部分组成,如图 2-30 所示。

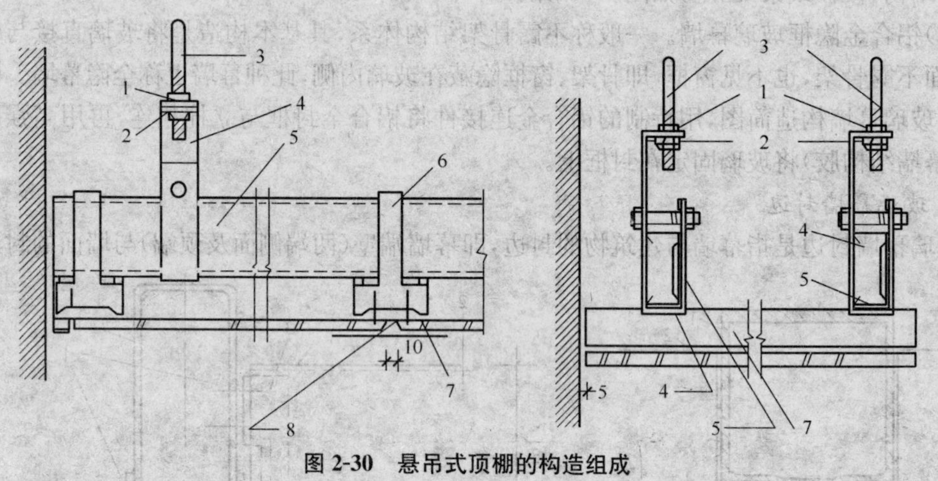

图 2-30 悬吊式顶棚的构造组成

1. 螺母 2. 垫圈 3. 钢筋吊杆 4. 吊件 5. 主龙骨 6. 挂件 7. 次龙骨 8. 端头打坡口、刮泥子

1. 悬吊部分

悬吊部分包括吊点、吊杆和连接杆。

(1)吊点。吊杆与楼板或屋面板连接的节点为吊点。

(2)吊杆。吊杆(吊筋)是连接龙骨和承重结构的承重传力构件,按材料分为钢筋吊杆、型钢吊杆、木吊杆。钢筋吊杆的直径一般为 6~8mm,用于一般悬吊式顶棚;型钢吊杆用于重型悬吊式顶棚或整体刚度要求高的悬吊式顶棚,其规格尺寸要通过结构计算确定;木吊杆用 40mm×40mm 或 50mm×50mm 的方木制作,一般用于木龙骨悬吊式顶棚。

2. 骨架部分

顶棚骨架是由主龙骨、次龙骨、小龙骨(或称主格栅、次格栅;或称大龙骨、中龙骨、小龙骨)横撑龙骨和各种连接件等所形成的网格骨架体系,其作用是承受饰面层的重量,并通过吊杆传递到楼板或屋面板上。

悬吊式顶棚的龙骨按材料分为木龙骨、型钢龙骨、轻钢龙骨及铝合金龙骨。轻钢龙骨配件组合示意图如图 2-31 所示。

悬吊式顶棚的龙骨按主龙骨的承载能力分为三级:轻型大龙骨(不能承受上人荷载);中型大龙骨(能承受偶然上人荷载),亦可在其上铺设简易检修走道;重型大龙骨(能承受上人荷载),并可在其上铺设永久性检修走道。

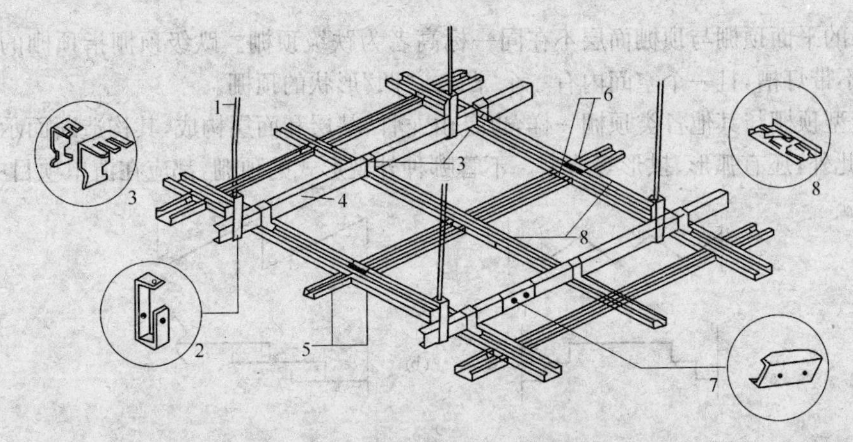

图 2-31 轻钢龙骨配件组合示意图

1. 吊筋 2. 吊件 3. 挂件 4. 主龙骨 5. 次龙骨 6. 龙骨支托(挂插件) 7. 连接件 8. 插接件

3. 连接件

连接件是指悬吊式顶棚龙骨之间、龙骨与饰面层之间、龙骨与吊杆之间的连接件、紧固件。一般有吊挂件、插挂件、自攻螺钉、木螺钉、圆钢钉、特制卡具及胶粘剂等。

(1)垂直吊挂件。是指大龙骨与天棚吊杆的连接件(图 2-32a)及大龙骨与中小龙骨的连接件(图 2-32b)。

(2)平面连接件。是指中小龙骨与横撑相搭接的连接件,如图 2-32d 所示。

(3)纵向连接件。是指大中小龙骨因本身长度不够,而需各自接长所用的连接件,如图 2-32c、e 所示,定额中称为主接件、次接件和小接件。

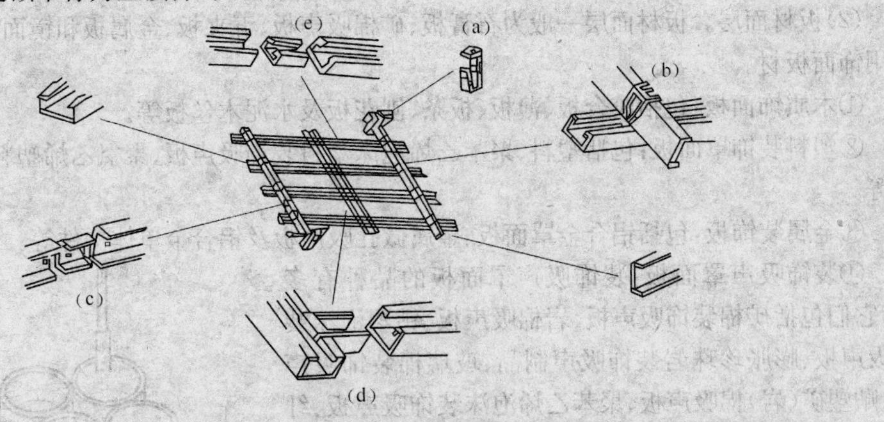

图 2-32 U 型顶棚轻钢龙骨构造示意图

(a)大龙骨垂直吊挂件 (b)中龙骨垂直吊挂件 (c)大龙骨纵向连接件
(d)小龙骨平面连接件 (e)中小龙骨纵向连接件

三、饰面层

饰面层又叫面层,其主要作用是装饰室内空间,并且还兼有吸声、反射、隔热等特定的功能。饰面层一般有抹灰类、板材类及开敞类。

1. 顶棚面层外观造型

顶棚面层从外观造型分,可分为单造型顶棚与艺术造型顶棚。单造型顶棚又分为顶棚面层在同一标高的平面顶棚与顶棚面层不在同一标高者为跌级顶棚。跌级顶棚指顶棚的构造形状比较简单,不带灯槽,且一个空间内有一个“凸”或“凹”形状的顶棚。

艺术造型顶棚与其他各类顶棚一样,也是由龙骨、基层和面层构成,其构造断面示意图如图2-33所示,此外,还有弧形、拱形等造型。不管哪种外观形式的顶棚,都应在清单项目中描述。

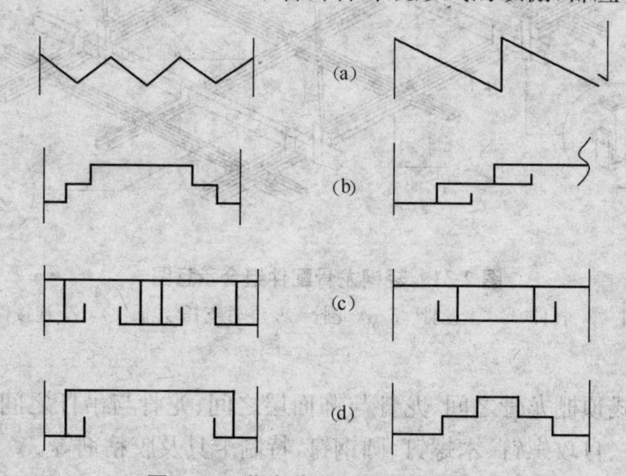

图 2-33　艺术造型天棚断面示意图

(a)锯齿形　(b)阶梯形　(c)吊挂式　(d)藻井式

2. 顶棚面层分类

(1)抹灰面层。抹灰吊顶是由木板条、钢板网抹灰面组成,抹灰层由3～5mm厚的底层(麻刀、水泥、白灰砂浆)、5～6mm厚的中间层(水泥、白灰浆)、2mm厚纸筋灰罩面或喷砂,再喷色浆或涂料。

(2)板材面层。板材面层一般为石膏板、矿棉吸声板、五夹板、金属板和镜面玻璃等,以下是常用饰面板材。

①木质饰面板:包括胶合板、薄板、板条、刨花板及水泥木丝板等。

②塑料装饰罩面板:包括塑料、聚苯乙烯泡沫塑料装饰吸声板、聚氯乙烯塑料天花板及钙塑板等。

③金属装饰板:包括铝合金罩面板、金属微孔吸声板及铝合金单体构件等。

④装饰吸声罩面板:装饰吸声罩面板的品种有多种,它们包括矿棉装饰吸声板、岩棉吸声板、钙塑泡沫装饰吸声板、膨胀珍珠岩装饰吸声制品、玻璃棉装饰吸声板、贴塑矿(岩)棉吸声板、聚苯乙烯泡沫装饰吸声板、纤维装饰吸声板、石膏纤维装饰吸声板以及金属(如铝合金)微孔板等,都是吸声效果良好的顶棚装饰面层板。

(3)立体面吊顶。立体面吊顶就是将面层做成立体形状,例如吊筒吊顶,此种顶棚如图2-34所示。

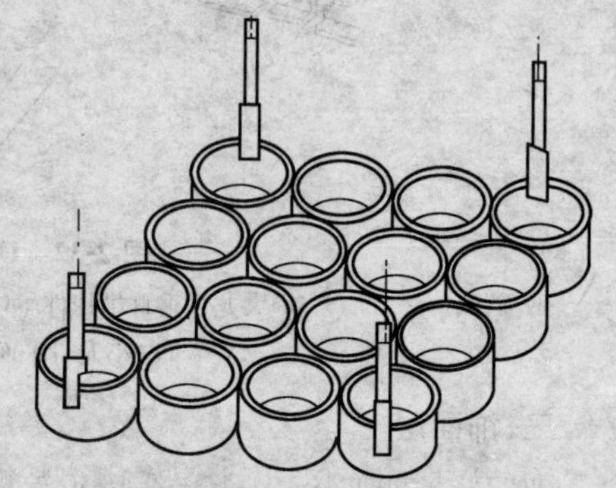

图 2-34　筒形顶棚示意图

(4)花格吊顶。花格吊顶就是将面层用木框或金属编制成各种形式的花格。格栅吊顶顶棚有木格栅吊顶、金属格栅吊顶和塑料格栅吊顶。

①木格栅吊顶顶棚:木格栅吊顶属于敞开式吊顶,它是用木制单体构件组成格栅,其造型可多种

多样，形成各种不同风格的木格栅顶棚。图 2-35 是长板条吊顶；图 2-36 是木制方格子顶棚；图 2-37 是用方块木与矩形板交错布置所组成的顶棚；图 2-38 所示为横、竖板条交错布置形成的顶棚。

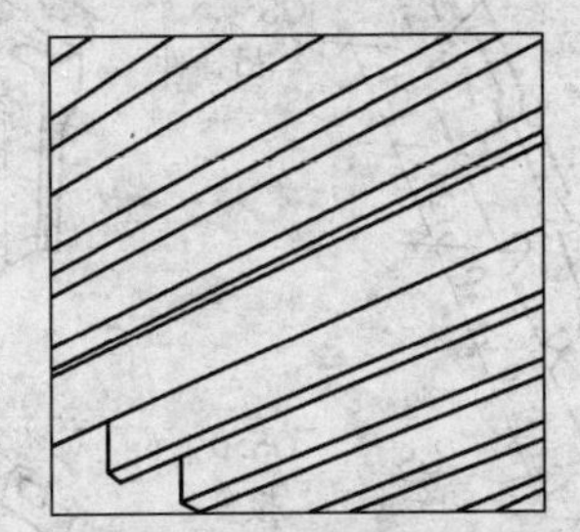

图 2-35　木制长板条顶棚示意图

图 2-36　木制方格子顶棚示意图

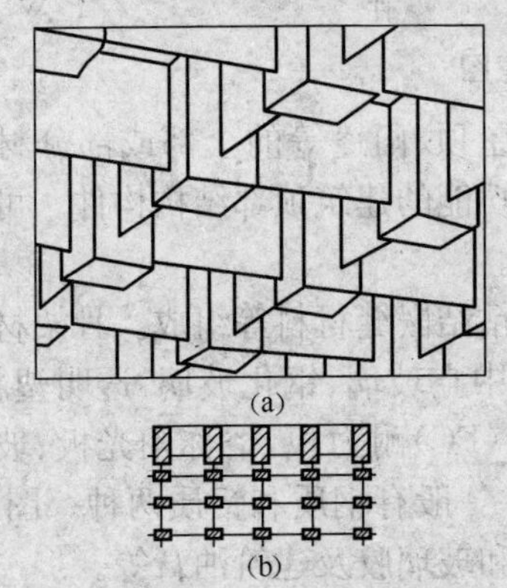

图 2-37　方形木与矩形板组合顶棚

(a)透视图　(b)单元构件平、剖面图

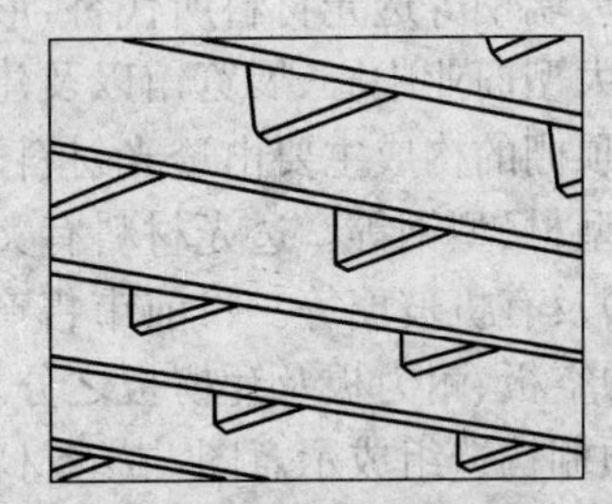

图 2-38　横竖板条交叉布置的顶棚

②铝合金格栅顶棚：铝合金格栅顶棚也是敞开式顶棚的一种，是在藻井式顶棚的基础上发展形成的，吊顶的表面也是开门的。格栅吊顶美观大方，属高档金属吊顶，系由铝格栅板及 U 型龙骨组成。采光效果好，具有质轻、便于组装、拆卸安装方便及通风好等特点。格栅表面处理为喷塑，颜色任选。格栅规格有 50mm、65mm、90mm、110mm、150mm 及 183mm 等(图 2-39)。

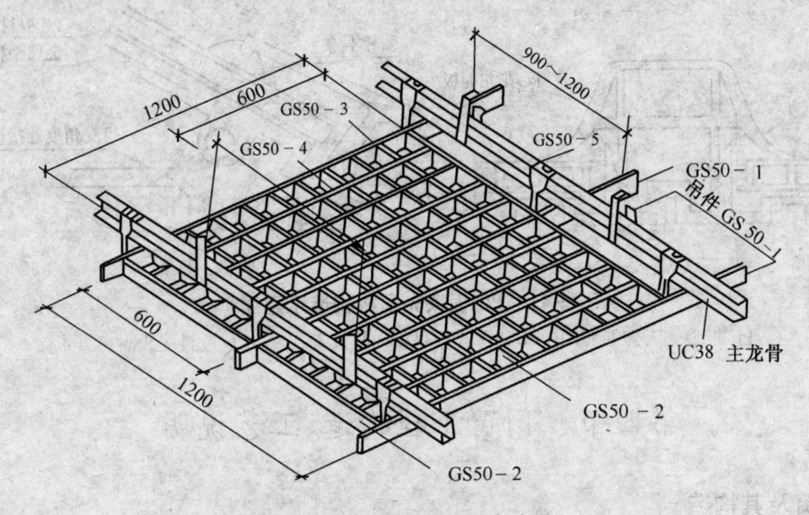

图 2-39　格栅吊顶固定方法

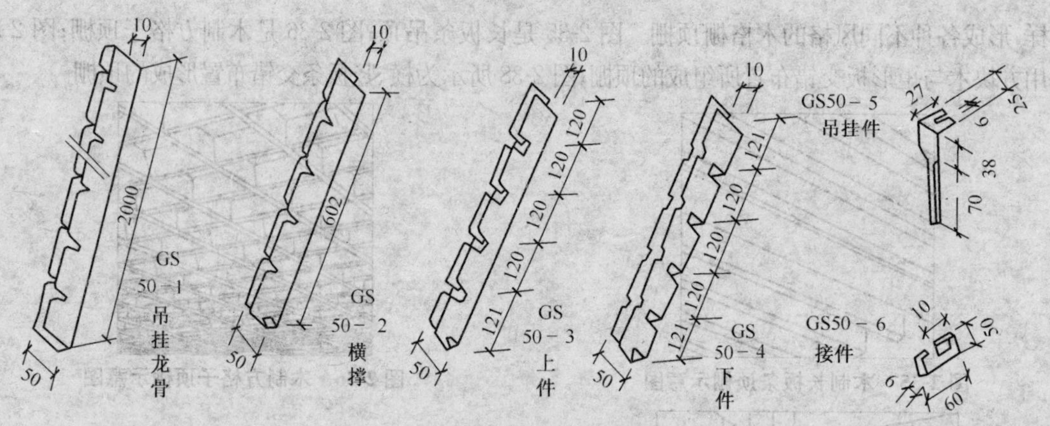

图 2-40　格栅顶棚配件示意图

(5)采光顶棚。采光顶棚也称采光顶，是指建筑物的屋顶、雨篷等的全部或部分材料被玻璃、塑料、玻璃钢等透光材料所代替，形成具有装饰和采光功能的建筑顶部结构构件。可用于宾馆、医院、大型商业中心、展览馆以及建筑物的入口雨篷等。

采光顶棚的构成主要由透光材料、骨架材料、连接件、粘结嵌缝材料等组成。骨架材料主要有铝合金型材、型钢等。透光材料有夹丝玻璃、夹层玻璃、中空玻璃、钢化玻璃、透明塑料片(聚碳酸酯片)及有机玻璃等。目前市售产品主要有聚碳酸酯(PC)耐力板，俗称阳光板、玻璃卡普隆板，有中空板、耐力板及瓦楞板之分。采光顶棚用连接件一般有钢质和铝质两种。图 2-41 是 PC 采光顶棚构造组成示意图，嵌缝材料为橡皮垫条、垫片和玻璃胶及建筑油膏等。

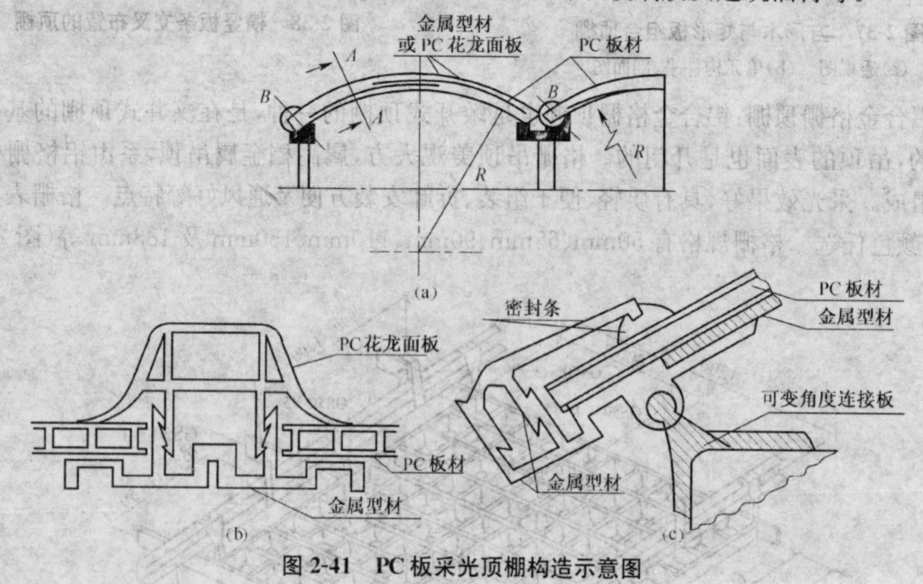

图 2-41　PC 板采光顶棚构造示意图

(a)PC 板采光天幕剖面图　(b)A—A 板材横向拼接方式　(c)B 板材端头封口方式

第四节　门窗工程构造、工艺说明

一、木门窗及其构造

木门窗主要由框、扇、腰头窗(也称亮子)、五金等部分组成，木门的构造如图 2-42 所示。

1. 门框

门框又叫门樘，以此连接门洞墙体或柱身及楼地面与门过梁底，用以安装门扇与亮子。门框一般由竖向的边梃、中梃及横向的上槛、中樘及下槛所组成。

2. 门扇

(1)夹板门。夹板门扇骨架由(32～35)mm×(34～60)mm 方木构成纵横肋条，两面贴面板和饰面层，防火板、微薄木拼花拼色、镶嵌玻璃及装饰造型线条等。

(2)镶板门。镶板门也称框式门，其门扇由框架配上玻璃或木镶板构成。镶板门框架由上、中、下冒头和边框组成，框架内嵌装玻璃称实木框架玻璃门，镶板门的构造如图 2-43a 所示。

(3)拼板门。拼板门较多地用于外门或贮藏室、仓库。制作时先做木框，将木拼板镶入，木拼板可以用 15mm 厚的木板，两侧留槽，用三夹板条穿入。

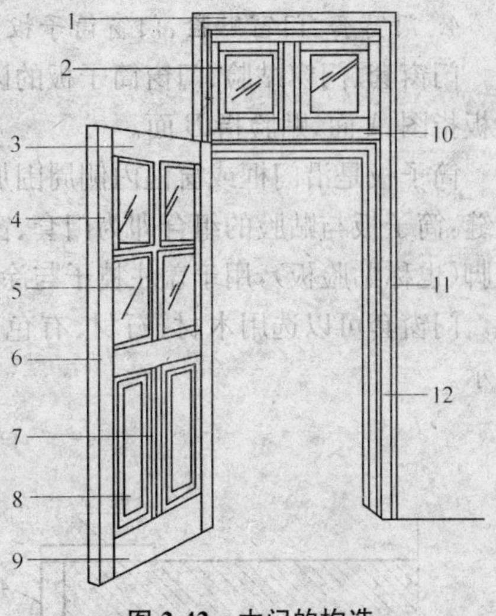

图 2-42　木门的构造

1. 门框冒头　2. 亮子　3. 上冒头　4. 门边框　5. 玻璃　6. 中冒头　7. 门中梃　8. 门心板　9. 下冒头　10. 中贯樘　11. 门贴脸　12. 门框边

(4)实木门。实木门是由胡桃木、柚木或其他实木制成的高档门扇，其高贵稳重、典雅大方。

(5)贴板门。贴板门可用方木做成骨架或采用木工板，外贴板材，利用板材位置的凹凸变化或色彩变化形成装饰图案，应用广泛。贴板门的构造如图 2-43b 所示。

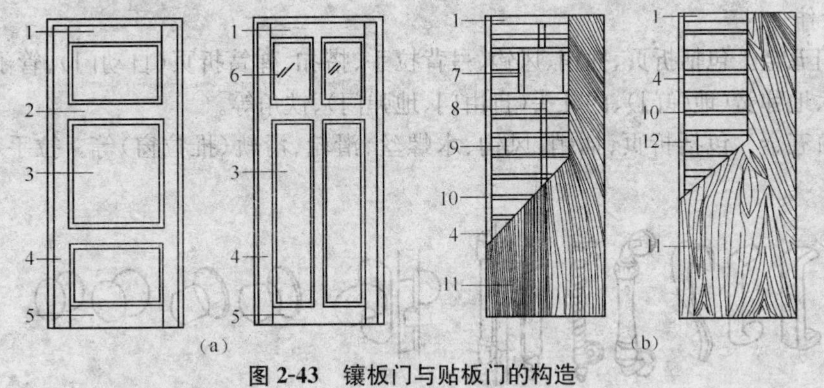

图 2-43　镶板门与贴板门的构造

(a)镶板门的构造　(b)贴板门的构造

1. 上冒头　2. 中冒头　3. 门心板　4. 门边梃　5. 下冒头　6. 门扇窗　7. 门窗框　8. 门中梃　9. 门锁木砖　10. 横木筋　11. 贴板　12. 木砖

(6)推拉门。推拉门也称扯门，是目前装修中使用较多的一种门。推拉门有单扇、双扇和多扇，可以藏在夹墙内或贴在墙面上，占用空间较少。按构成推拉门的材料来分，主要有铝合金推拉门和木推拉门。

3. 亮子

亮子又叫腰头，指门的上部类似窗的部件。亮子的主要功能为通风采光，以扩大门的面积，满足门的造型设计需要。亮子中一般都镶嵌玻璃，其玻璃的种类常与相应门扇中镶嵌的玻璃相一致。

4. 门窗套、门窗贴脸、门窗筒子板

门窗套、门窗贴脸、门窗筒子板的区别如图 2-44 所示，门窗套包括 A 面和 B 面两部分，筒子板指图 A 面，贴脸指 B 面。

筒子板是沿门框或窗框内侧周围加设的一层装饰性木板，在筒子板与墙接缝处用贴脸钉贴盖缝，筒子板与贴脸的组合即为门套、窗套。贴脸也称门头线或窗头线，是沿樘子周边加钉的木线脚（也称贴脸板），用于盖住樘子与涂刷层之间的缝隙，使之整齐美观，有时还再加一木线条封边。门窗套可以选用木材、石材、有色金属、面砖等材料制成。窗套、门套构造大样如图 2-45 所示。

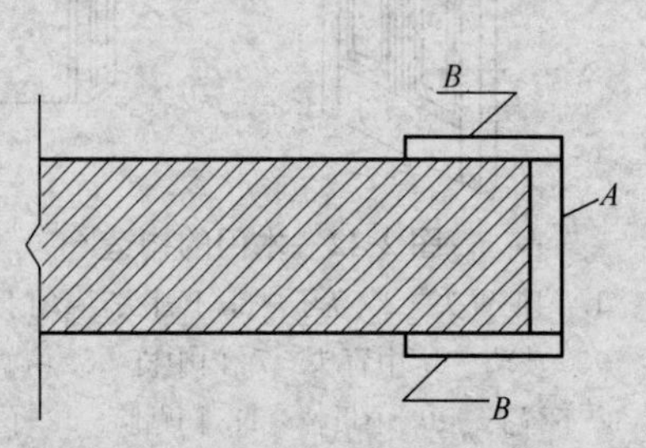

图 2-44　门窗套、筒子板、贴脸的区别

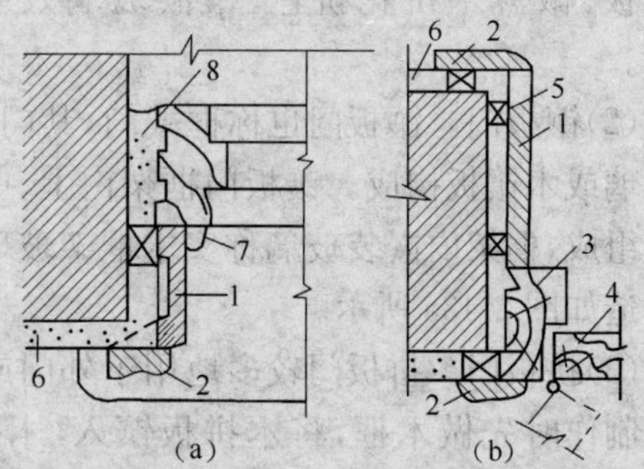

图 2-45　窗套、门套构造大样

(a)窗套　(b)门套

1. 筒子板　2. 贴脸板　3. 木门框　4. 木门扇　5. 木块或木条　6. 抹灰面　7. 盖缝条　8. 沥青麻丝

5. 五金件

(1)木门五金。包括折页、插销、风钩、弓背拉手、搭扣、弹簧折页（自动门）、管子拉手（自由门、地弹门）、地弹簧（地弹门）、门轧头（自由门、地弹门）、铁角等。

(2)木窗五金。包括折页、插销、风钩、木螺丝、滑轮、滑轨（推拉窗）等。拉手和门吸如图 2-46所示。

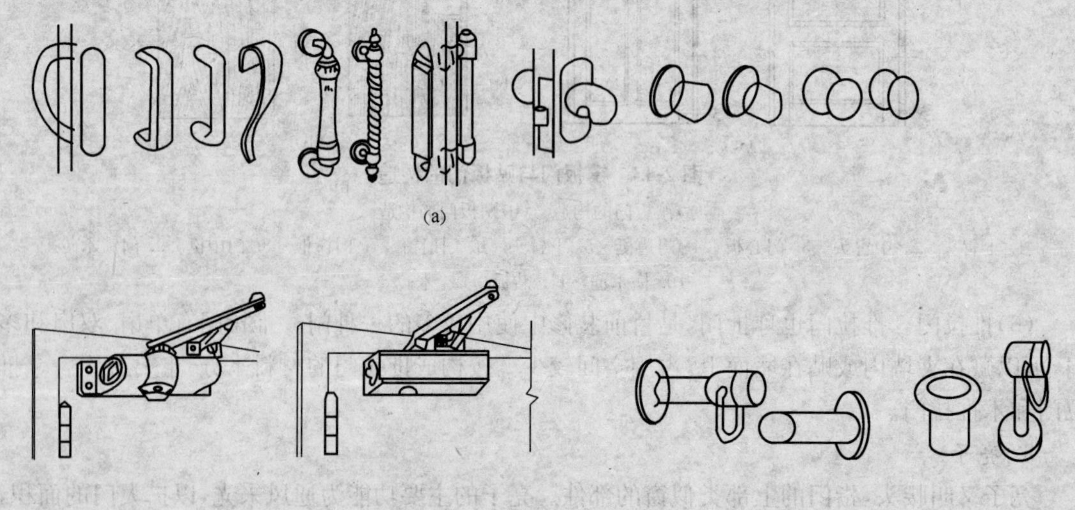

图 2-46　拉手和门吸

(a)拉手　(b)门吸

二、铝合金门窗

铝合金门按开启方式分为地弹门、平开门、推拉门、电子感应门和卷帘门等几种主要类型，它们的代号用汉语拼音表示：DHLM，地弹簧铝合金门；PLM，平开铝合金门；TLM，推拉铝合金门等。铝合金窗按开启方式分为平开窗、推拉窗、固定窗、防盗窗、百叶窗等，其代号为：PK，平开窗；TL，推拉窗；G，固定窗。

铝合金门窗的构造组成包括：门窗框扇料，玻璃，附件及密封材料等部分。门、窗框扇料采用中空铝合金方料型材，常用的外框型材规格有：38 系列；60 系列，壁厚 1.25～1.3mm；70 系列，厚 1.3mm；90 系列，厚 1.35～1.4mm；90 系列，厚 1.5mm 等，其中 60、70、90 等数字系指型材外框宽度，单位为 mm。常用方管规格有：76.2mm×44.5mm×1.5mm 或 2.0mm；101.6mm×44.5mm×1.5mm 或 2.0mm 等。

铝合金推拉窗构造如图 2-47 和图 2-48 所示。

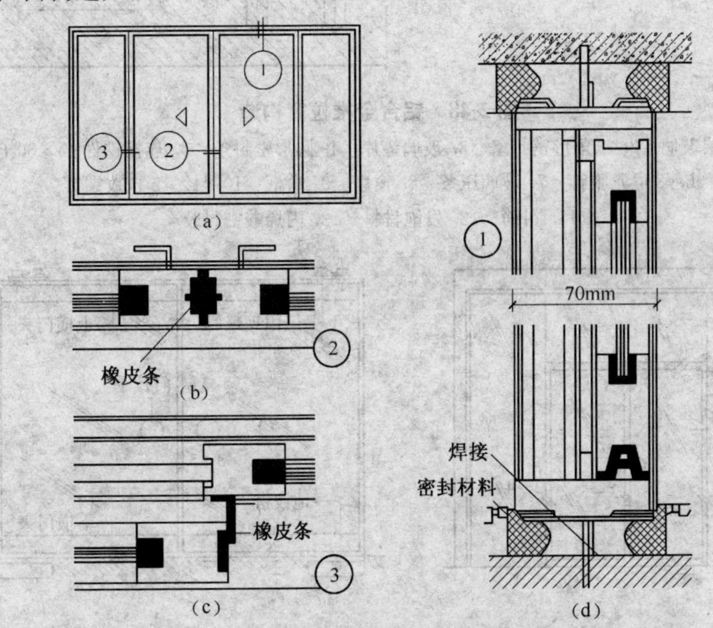

图 2-47　铝合金推拉窗构造

三、塑料门窗

塑料门窗是由硬 PVC 塑料门窗组装而成的。塑料门窗具有防火、阻燃、耐候性好、抗老化、防腐、防潮、隔热（热导率低于金属门窗 7～11 倍）、隔声、耐低温（30～50℃的环境下不变色，不降低原有性能）、抗风压能力强、色泽优美等特性。

四、玻璃装饰门

玻璃装饰门是用 12mm 以上厚度的玻璃板直接做门扇的玻璃门，一般由活动门扇和固定玻璃两部分组合而成。玻璃一般为厚平板白玻璃、雕花玻璃、钢化玻璃及彩印图案玻璃等。

五、自动门

自动门的结构精巧、布局紧凑、运行噪声小、开闭平稳、运行可靠。按门体材料分，有铝合金门、不锈钢门、无框全玻璃门和异型薄壁铜管门；按扇形分，有两扇形、四扇形、六扇形等；按探测传感器分，有超声波传感器、红外线探头、微波探头、遥控探测器、毡式传感器、开关式传感器和拉线开关或手动按钮式传感器；按开启方式分，有推拉式、中分式、折叠式、滑动式和平开式自动门等。无框全玻璃门构造如图 2-49 所示。

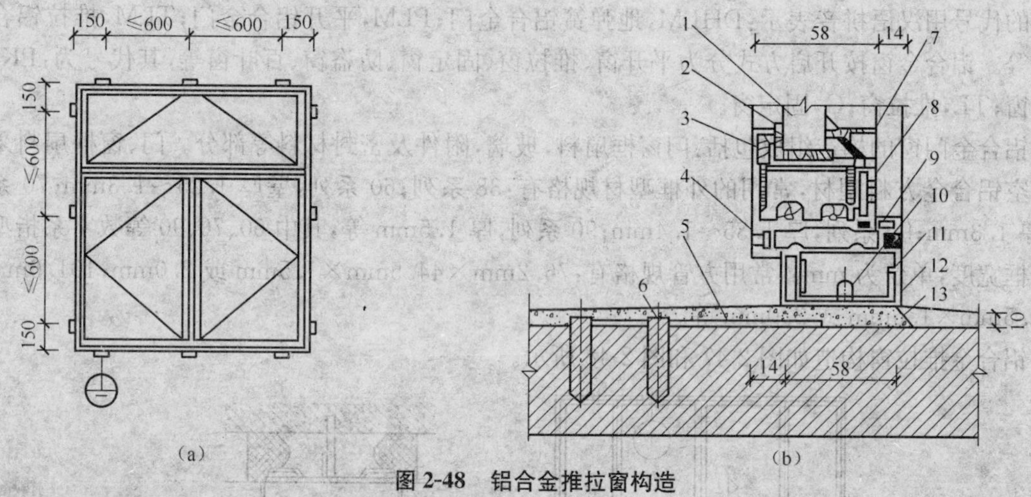

图 2-48 铝合金推拉窗构造

1. 多层或单层玻璃 2. 三角形密封条 3. 玻璃垫片 4. 圆形密封条 5. 连接铁件 $\phi5\times30$ 自攻螺钉 6. $\phi8$ 尼龙胀管 7. 玻璃压条 8. 窗扇 9. 窗框 10. $\phi4\times15$ 自攻螺钉 11. 衬筋 12. 发泡材料 13. 丙烯酸密封胶

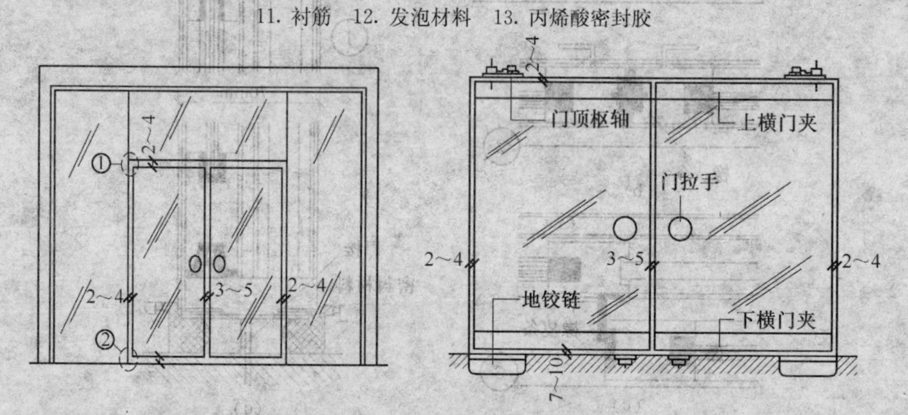

图 2-49 无框全玻璃门构造

六、旋转门

目前，均用金属旋转门，金属旋转门常称转门，有铝合金型材和型钢两类型材结构。金属旋转门的构造组成包括：门扇旋转轴，例如采用不锈钢柱（$\phi76$）；圆形转门顶；底座及轴承座；转门壁，可采用铝合金装饰板或圆弧形玻璃；活动门扇，一般采用全玻璃，玻璃厚度达 12mm。转门的基本结构形式如图 2-50 所示。清单项目中的转门项目适用于电子感应自动门和人力推动转门。

七、卷帘门

卷帘门适用于商店、仓库或其他较为高大洞口的门，其主要构造如图 2-51 所示，包括卷帘板、导轨及传动装置等。卷帘板的形式主要有页片式和空格式两种，其中页片式使用较多。页片（也称闸片）式帘板用铝合金板、镀锌钢板或不锈钢板轧制而成。帘板的下部采用钢板或角钢，便于安装门锁，并可增加刚度。帘板的上部与卷筒连接，便于开启。开户卷帘门时，页板沿门洞两侧的导轨上升，卷在卷筒内。

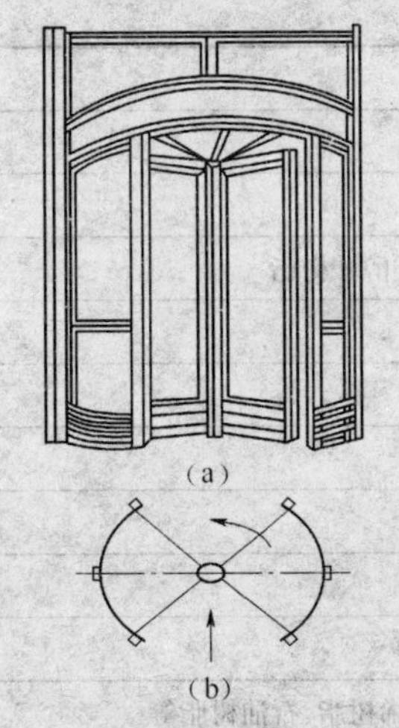

图 2-50　旋转铝合金门示意图

(a)透视图　(b)平面示意图

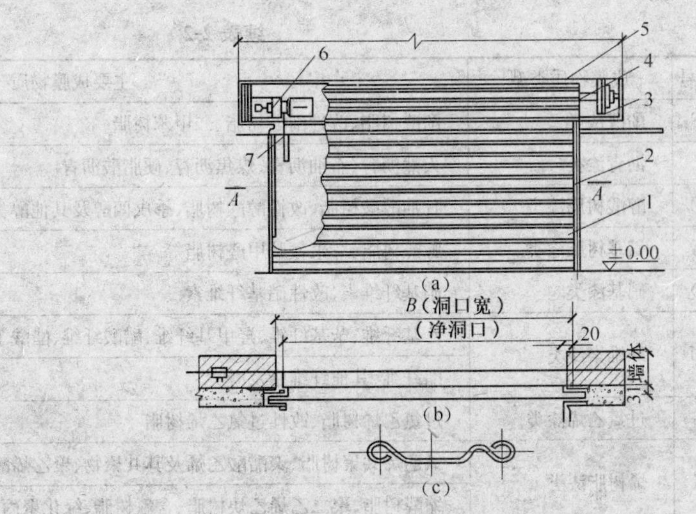

图 2-51　铝合金卷帘门简图

(a)立面　(b)A—A 剖面　(c)闸片

1. 闸片　2. 导轨部分　3. 框架　4. 卷轴部分

5. 外罩部分　6. 电、手动系统　7. 手动拉链

第五节　油漆、涂料、裱糊工艺说明

一、常用建筑装饰油漆涂料基本知识

1. 油漆涂料的命名与编号

油漆的名称有下式组成：

油漆全称＝颜色或颜料名称＋主要成膜物质名称＋基本名称

油漆涂料的颜色位于名称最前面，如果颜色对涂膜性能有显著影响和作用时，则用颜料名称取代其颜色名称；成膜物质名称均为简化；基本名称沿用过去已有的习惯名称，除粉末、感光涂料之外，依旧称为漆，例如绿醇酸磁漆，其中的“绿”即为颜色名称；“醇酸”即为成膜物质名称，“磁漆”即为基本名称。

第一部分成膜物质由汉语拼音字母表示(即分类型号)，第二部分即基本名称，有两位数字表示油漆的品种编号，如 00～13 为基础品种，14～19 代表美术漆，20～29 为轻工用漆，30～39 为绝缘漆，40～49 为船舶漆，50～59 代表防腐漆，60～79 代表特种漆，80～99 代表其他漆；第三部分是序号，表示同类品种间的组成配比或用途的不同，如 C-04-2，C 代表主要成膜物质为醇酸树脂，04 代表基本名称为磁漆，2 为序号，故 C-04-2 代表醇酸磁漆的第二种配方产品。常见油漆涂料的分类见表 2-2，我国国家标准 GB2705—1992，采用以涂料中的成膜物质为基础的分类方法。常见油漆的基本名称及其代号见表 2-3。

表 2-2　常见油漆涂料的分类

序号	代号	成膜物质类型	主要成膜物质
1	Y	油脂漆类	天然植物油、清油、合成油
2	T	天然树脂漆类	松香及其衍生物、虫胶、乳酪素、动物胶、大漆及其衍生物

续表 2-2

序号	代号	成膜物质类型	主要成膜物质
3	F	酚醛漆类	酚醛树脂、改性酚醛树脂、二甲苯树脂
4	L	沥青漆类	天然沥青、石油沥青、煤焦沥青、硬脂酸沥青
5	C	醇酸树脂漆类	甘油醇酸树脂、改性醇酸树脂、季戊四醇及其他醇类醇酸树脂
6	A	氨基树脂漆类	脲醛树脂、三聚氰胺甲醛树脂等
7	Q	硝基漆类	硝基纤维素、改性硝基纤维素
8	M	纤维素漆类	乙基纤维、苄基纤维、羟甲基纤维、醋酸纤维、醋酸丁
			醋纤维、其他纤维脂及醚类
9	G	过氯乙烯漆类	过氯乙烯树脂、改性过氯乙烯树脂
10	X	烯树脂漆类	氯乙烯共聚树脂、聚醋酸乙烯及其共聚物、聚乙烯醇
			缩醛树脂、聚二乙烯乙炔树脂、含氟树脂、绿化聚丙烯树脂、石油树脂等
11	B	丙烯酸漆类	丙烯酸树脂、丙烯酸共聚物及其改性树脂
12	Z	聚酯漆类	饱和聚酯树脂、不饱和聚酯树脂
13	H	环氧树脂漆类	环氧树脂、改性环氧树脂
14	S	聚氨酯漆类	聚氨基甲酸树脂
15	W	元素有机漆类	有机硅、有机钛、有机铝等
16	J	橡胶漆类	天然橡胶及其衍生物、合成橡胶及其衍生物
17	E	其他漆类	未包括以上所列的其他成膜物质
18	—	辅助材料	包括稀释剂、催干剂、脱漆剂、防潮剂、固化剂等

表 2-3 常见油漆涂料的基本名称及编号

代号	基本名称	代号	基本名称	代号	基本名称
00	油漆	17	皱纹漆	40	防污染漆
01	清漆	18	裂纹漆	41	木线漆
02	厚漆	19	晶纹漆	42	甲板漆、甲板防滑漆
03	调和漆	20	铅笔漆	43	船壳漆
04	磁漆	22	木器漆	44	船底漆
05	粉末涂料	23	罐头漆	50	耐酸漆
06	底漆	30	(浸渍)绝缘漆	51	耐碱漆
07	腻子	31	(覆盖)绝缘漆	52	防腐漆
09	大漆	32	(绝缘)磁漆	53	防锈漆
11	电泳漆	33	(粘合)绝缘漆	54	耐油漆
12	乳胶漆	34	漆包线漆	55	耐水漆
13	其他水溶性漆	35	硅钢片漆	60	耐火漆
14	透明漆	36	电容器漆	61	耐热漆
15	斑纹漆	37	电阻漆、电位器漆	62	示温漆
16	锤纹漆	38	半导体漆	63	涂布漆

续表 2-3

代号	基本名称	代号	基本名称	代号	基本名称
64	可剥漆	81	渔网漆	85	调和漆
66	感光涂料	82	锅炉漆	86	标志漆、马路划线漆
67	隔热涂料	83	烟囱漆	98	胶液
80	地板漆	84	黑板漆	99	其他

2. 油漆、涂料的组成

涂料(包括油漆)主要由四部分组成:成膜物质、颜料、溶剂、助剂。

(1)成膜物质。成膜物质是涂料的基础,它对涂料和涂膜的性能起决定性的作用,它具有粘结涂料中其他组分形成涂膜的功能。可以作为成膜物质使用的物质品种很多,当代的涂料工业主要使用树脂。树脂是一种无定型状态存在的有机物,通常指高分子聚合物。过去,涂料使用天然树脂为成膜物质,现代则广泛应用合成树脂,例如:醇酸树脂、丙烯酸树脂、氯化橡胶树脂、环氧树脂等。

(2)颜料。颜料是有颜色的涂料(色漆)的一个主要的组分。颜料使涂膜呈现色彩,使涂膜具有遮盖被涂物体的能力,以发挥其装饰和保护作用。有些颜料还能提供诸如:提高漆膜机械性能、提高漆膜耐久性、提供防腐蚀、导电、阻燃等性能。颜料按来源可以分为天然颜料和合成颜料;按化学成分,分为无机颜料和有机颜料;按在涂料中的作用可分为着色颜料、体质颜料和特种颜料。涂料中使用最多的是无机颜料,合成颜料使用也很广泛,现在有机颜料的发展很快。

(3)溶剂。溶剂能将涂料中的成膜物质溶解或分散为均匀的液态,以便于施工成膜,当施工后又能从漆膜中挥发至大气的物质,原则上溶剂不构成涂膜,也不应存留在涂膜中。很多化学品包括水、无机化合物和有机化合物都可以作为涂料的溶剂组分。现代的某些涂料中开发应用了一些既能溶解或分散成膜物质为液态又能在施工成膜过程中与成膜物质发生化学反应形成新的物质而存留在漆膜中的化合物,被称为反应活性剂或活性稀释剂。溶剂有的是在涂料制造时加入,有的是在涂料施工时加入。

(4)助剂。助剂也称为涂料的辅助材料组分,但它不能独立形成涂膜,它在涂料成膜后可以作为涂膜的一个组分而在涂膜中存在。助剂的作用是对涂料或涂膜的某一特定方面的性能起改进作用。不同品种的涂料需要使用不同作用的助剂;即使同一类型的涂料,由于其使用的目的、方法或性能要求的不同,而需要使用不同的助剂;一种涂料中可使用多种不同的助剂,以发挥其不同作用(例如:消泡剂、润湿剂、防流挂、防沉降、催干剂、增塑剂及防霉剂等)。

二、油漆工艺说明

1. 木材面油漆

木材面油漆可分为混色和清色两种类型:混色油漆(也称色漆、混水油漆),使用的主漆一般为调和漆、磁漆;青色油漆也称清水漆,使用的一般为各种类型的清漆。按装饰标准,一般分为普通涂饰中级和高级涂饰三种。

(1)普通涂刷工艺流程。按质量标准普通涂饰主要施工程序如下:

清扫、起钉子、除油污等→铲去脂囊、修补平整→砂纸磨光→结疤处点漆片 1～2 遍→刷底子漆、局部刮腻子＋砂纸打磨→嵌补腻子→砂纸磨光→刷第一遍油漆→修补腻子→细砂纸磨光

十刷第二遍油漆

(2)中级涂刷工艺流程。

清扫、起钉子、除油污等→铲去脂囊、修补平整→砂纸磨光→结疤处点漆片1～2遍→刷底子漆、局部刮腻子＋砂纸打磨→第一遍满刮腻子→砂纸磨光→刷第一遍油漆→修补腻子→细砂纸磨光、湿布擦净刷→第二遍油漆→细砂纸磨光、湿布擦净刷→第三遍油漆

(3)高级涂刷工艺流程。

清扫、起钉子、除油污等→铲去脂囊、修补平整→砂纸磨光→结疤处点漆片1～2遍→刷底子漆、局部刮腻子＋砂纸打磨→第一遍满刮腻子→砂纸磨光→第二遍满刮腻子→砂纸磨光→刷第一遍油漆→修补腻子→细砂纸磨光、湿布擦净刷→第二遍油漆→细砂纸磨光、湿布擦净刷→第三遍油漆

2. 金属面油漆

金属面油漆按油漆品种分为醇酸磁漆、过氯乙烯磁漆、清漆、沥青漆、防锈漆、银粉漆、防火漆和其他油漆等。其做法一般包括底漆和面漆两部分，底漆一般用防锈漆，面漆通常刷磁漆或银粉漆两遍以上。

金属面油漆的主要工序为：

除锈去污→清扫磨光→刷防锈漆→刮腻子→刷漆等

3. 抹灰面油漆

抹灰面油漆按油漆品种可分为乳胶漆、墙漆王乳胶漆、过氯乙烯漆、真石漆等。适用于内墙、墙裙、柱、梁及顶棚等各种抹灰面，以及混凝土花格、窗栏杆花饰、阳台、雨篷、隔板等小面积的装饰性油漆。

抹灰面油漆的主要工序归纳为：

清扫基层＋磨砂纸＋刮腻子＋找补腻子→刷漆成活等内容

油漆遍数按涂刷要求而定，普通油漆为：

满刮腻子一遍→油漆二遍→中间找补腻子

中级油漆为：

满刮腻子二遍＋油漆三遍成活

三、涂料的工艺说明

1. 涂料施工的基本工艺

涂料施工的基本工艺：

基层处理→打底子→刮腻子＋磨光→涂刷涂料等

其基本做法如下：

(1)基层处理。木材面上的灰尘、污垢等在施工前应清理干净；木材表面的缝隙、毛刺、掀岔和脂囊修整后应用腻子补平，并用砂纸磨光，较大的脂囊应用木纹相同的木料粘胶镶嵌；节疤处应点漆片。金属表面在施涂前应将灰尘、油渍、鳞皮、锈斑、毛刺等清除干净。混凝土和抹灰面表面施涂前应将基层的缺棱掉角处，用1∶3水泥砂浆修补；表面的麻面及缝隙应用腻子填补齐平；基层表面上的灰尘、污垢、溅沫和砂浆残痕应清除干净。

(2)打底子。

①木材面：木材面涂刷混色油漆时，一般用自配的清油打底；若涂刷清漆，则应用油粉或水

粉进行润粉，使表面平滑并有着色作用。

②金属表面应刷防锈漆打底。

③抹灰或混凝土表面涂刷油性涂料时，一般可用清油打底。

(3)刮腻子、磨光。刮腻子的作用是使表面平整。腻子应按基层、底层涂料和面层涂料的性质配套使用，腻子应具有塑性和易涂性，干燥后应坚固。刮腻子的次数依涂料质量等级的高低而定，一般以三道为限。先是局部刮腻子，然后再满刮腻子，头道要求平整，二道、三道要求光洁。每刮一道腻子待其干燥后，都应用砂纸磨光一遍。对于做混色涂料的木材面，头道腻子应在刷过清油后才能批嵌；做清漆的木材面，则应在润粉后才能批嵌；金属面应等防锈漆充分干燥后才能批嵌。

2. 涂料施涂方法

涂料可用刷涂、喷涂、滚涂、弹涂、抹涂等方法施工。

(1)刷涂。刷涂是用排笔、棕刷等工具蘸上涂料直接涂刷于装饰物表面上。涂刷应均匀、平滑一致；涂刷方向、距离长短应一致。刷涂一般不少于两道，应在前一道涂料表面干后再涂刷下一道，两道涂料的间隔时间，一般为 2～4h。

(2)喷涂。喷涂是借助喷涂机具将涂料成雾状(或粒状)喷出，均匀分散地沉积在装饰物表面上。喷涂施工中要求喷枪运行时，喷嘴中心线必须与墙面、顶棚面垂直，喷枪相对于墙、顶棚有规则地平行移动，运行速度应一致；涂层的接茬应留在分格缝处；门窗等不喷涂料的部位，应认真遮挡。喷涂操作一般应连续进行，一次成活，不得有漏喷、流淌。室内喷涂一般先喷涂顶棚，后喷涂墙面，两遍成活，间隔时间约 2h。

彩色喷涂的基本施工工艺为：清理基层、补小洞孔、刮腻子、遮盖不喷部位，喷涂、压平、清铲、清洗喷污的部位等。彩色喷涂要求基面平整(达到普通抹灰标准)，若基面不平整，应先填补小洞口，并用 107 胶、水泥腻子找平后再喷涂。

(3)喷塑。喷塑就是用喷塑涂料在物体表面制成一定形状的喷塑膜，以达到保护、装饰作用的一种涂饰施工工艺。喷塑涂料是以丙烯酸酯乳液和无机高分子材料为主要成膜物质有骨料的新型建筑涂料。适用于内外墙、顶棚、梁、柱等饰面，与木板、石膏板、砂浆及纸筋灰等表面均有良好的附着力。

喷塑涂层的结构：按涂层的结构层次分为三部分，即底层、中层和面层；按使用材料分为底料、喷点料和面料三个组成部分，并配套使用。

①底料：也称底油、底层巩固剂、底漆或底胶水，用作基层打底，可用喷枪喷涂，也可涂刷。它的作用是渗透到基层，增加基层的强度，同时又对基层表面进行封闭，并消除基层表面有损于涂层附着力的因素，增加骨架与基层之间的结合力，底油的成分为乙烯—丙烯酸酯共聚乳液。

②喷点料：即中(间)层涂料，又称骨料，是喷涂工艺特有的一层成型层，是喷塑涂层的主要构成部分。此层为大小颗粒混合的糊状厚涂料，用空压机喷枪或喷壶喷涂在底油之上，分为平面喷涂(即无凹凸点)和花点喷涂两种。花点喷涂又分大、中、小三种，即定额中的大压花、中压花、喷中点、幼点。大、中、小花点由喷壶的喷嘴直径控制，它与定额规定的对应关系见表 2-4。喷点料 10～15min 后，用塑料辊筒滚压喷点，即可形成质感丰富、新颖美观的立体花纹图案。

③面料：又称面油或面层高光面油、面漆，一般加有耐晒材料，使喷塑深层带有柔和色泽。面油有油性和水性两种，在喷点料后 12～24h 开始罩面，可喷涂，也可涂刷，一般要求喷涂不低

于二道，即通常的一塑三油（一道底油、二道面油、一道喷点料）。

表 2-4 喷点面积与喷嘴直径间的关系

名称	喷点面积	喷嘴直径(mm)
大压花	喷点压平，点面积在 1.2cm² 以上	8～10
中压花	喷点压平，点面积在 1～1.2cm² 以内	6～7
中点、幼点	喷点面积在 1cm² 以下	4～5

(4)滚涂。滚涂是利用长毛绒辊、泡沫塑料辊、橡胶辊等辊子蘸上少量涂料，在待涂物件表面施加轻微压力，上下垂直来回滚动而成。

滚花涂饰是使用刻有花纹图案的胶皮辊在上好涂料的墙面上进行滚印图案的施工工艺。主要操作工序为：

基层处理→批刮腻子→涂刷底层涂料→弹线→滚花→划线

(5)弹涂。弹涂先在基层刷涂 1～2 道底层涂料，干燥后进行弹涂。弹涂时，弹涂器的喷出口应垂直正对墙面，距离保持在 300～500mm，按一定速度自上而下、由左至右弹涂。

(6)抹涂。抹涂是先在基层刷涂或滚涂 1～2 道底层涂料，待其干燥后（常温下 2h 以上），用不锈钢抹子将涂料抹到已涂刷的底层涂料上，一般抹 1～2 遍（总厚度 2～3mm），间隔 1h 后再用不锈钢抹子压平。

3. 地面涂料

地面涂料是以高分子合成树脂等材料为基料，加入颜料、填料、溶剂等组成的一种地面涂饰稠料。

常用的地面涂料主要有：苯乙烯地面涂料、HC-1 地面涂料、过氯乙烯地面涂料、多功能聚氨酯弹性地面涂料、H80-环氧地面涂料、777 型水性地面涂料等，其基本工艺流程为：

基层处理→涂底层涂料→打磨→涂两遍涂料→按设计要求次数涂刷涂料→划格→表面处理

四、裱糊饰面

裱糊墙纸包括在墙面、柱面、天棚面裱糊墙纸或墙布。裱糊装饰材料品种繁多，花色图案各异，色彩丰富，质感鲜明，美观耐用，具有良好的装饰效果。常用的裱糊饰面材料有：装饰墙纸、金属墙纸和织锦缎等。

1. 墙纸

墙纸又称壁纸，有纸质墙纸和塑料墙纸两大类。纸质型透气、吸声性能好；塑料型光滑、耐擦洗，一般有大、中、小三种规格。

(1)大卷：幅宽 920～1200mm，长 50m，40～60m²/卷。

(2)中卷：幅宽 760～900mm，长 25～50m，20～45m²/卷。

(3)小卷：幅宽 530～600mm，长 10～11m，5～8m²/卷。

2. 织锦缎墙布

织锦缎墙布是用棉、毛、麻、丝等天然纤维或玻璃纤维制成各种粗、细纱或织物，经不同纺纱编织工艺和印色拈线加工，再与防水防潮纸粘贴复合而成。它具有耐老化、无静电、不反光、透气性能好等优点，其规格为：幅宽 500mm×1000mm，长 10～40m。

3. 裱糊饰面的基本施工方法

裱糊饰面的施工操作过程如下：

清扫基层→批补→刷底油→找补腻子→磨砂纸→配置贴面材料，裁墙纸(布)→裱糊刷胶→贴装饰面等

(1)基层表面处理。基层表面清扫要严格，做到干燥、坚实、平滑；局部麻点需先用腻子补平，再视情况满刮一遍腻子或满刮两遍腻子，而后用砂纸磨平。使墙面平整、光洁，无飞刺、麻点、砂粒和裂缝，阴、阳角处线条顺直。这一工序是保证裱糊质量的关键，否则，在光照下会出现阴阳面、变色、脱胶等质量缺陷。裱糊墙纸前，宜在基层表面刷一道底油，以防止墙身吸水太快使粘结剂脱水而影响墙纸粘贴。

(2)弹线。为便于施工，应按设计要求，在墙、柱面基层上弹出标志线，即弹出墙纸裱糊的上口位置线和弹出垂直基准线，作为裱糊的准线。

(3)裁墙纸(布)。根据墙面弹线找规矩的实际尺寸，确定墙纸的实际长度，下料长度要预留尺寸，以便修剪，一般比实贴长度略长 30～50mm。然后按下料长度统筹规划裁割墙纸，并按裱糊顺序编号，以备逐张使用。若用贴墙布，则墙布的下料尺寸，应比实际尺寸大 100～150mm。

(4)闷水。塑料墙纸遇到水或胶液，开始则自由膨胀，约 5～10min 胀足，而后自行收缩。掌握和利用这个特性，是保证裱糊质量的重要环节。为此，须先将裁好的墙纸在水中浸泡约 5～10min，或在墙纸背面刷清水一道，静置，也可将墙纸刷胶后叠起静置，使其充分胀开，上述过程俗称闷水或浸纸。玻璃纤维墙布、无纺墙布、锦缎和其他纤维织物墙布，一般由玻璃纤维、化学纤维和棉麻植物纤维的织物为基材，遇水不胀，故不必浸纸。

(5)涂刷胶粘剂。将浸泡后膨胀好的墙纸，按所编序号铺在工作台上，在其背面薄而均匀地刷上胶粘剂。宽度比墙纸宽约 30～50mm，且应自上而下涂刷。使用最多的裱糊胶粘剂有聚醋酸乙烯乳液和聚乙烯醇缩甲醛(107 胶)等。

注意，在涂刷织锦缎胶粘剂时，由于锦缎质地柔软，不便涂刷，需先在锦缎背面裱衬一层宣纸，使其挺括而不变形，然后将粘结剂涂刷在宣纸上即成。也有织锦缎连裱宣纸的，这样施工时就不需再裱衬宣纸了。

(6)裱糊贴饰面。墙纸上墙粘贴的顺序是从上到下。先粘贴第一幅墙纸，将涂刷过胶粘剂的墙纸胶面对胶面折叠，用于握墙纸上端两角，对准上口位置线，展开折叠部分，沿垂直基准线贴于基层上，然后由中间向外用刷子铺平，如此操作，再铺贴下一张墙纸。

墙纸裱贴有对花和不对花之分。墙纸裱糊拼缝的方法一般有四种：对接拼缝、搭接拼缝、衔接拼缝和重叠裁切拼缝。

(7)修整。裱糊完后，应及时检查，展开贴面上的皱折、死折。一般方法是用干净的湿毛巾轻轻揩擦纸面，使墙纸湿润，再用手将墙纸展平，用压滚或胶皮刮板赶压平整。对于接缝不直、花纹图案拼对不齐的，应撕掉重贴。

第六节　其他工程装饰说明

一、室内装饰配套木家具施工说明

1. 选料、配件与刨削加工

(1)选料与配件。

①选料要根据家具或装饰设置的施工图进行，按其指定规格、结构式样列出所需木方料与

胶合板或其他人造板的数量及种类。

②木方料是用于制作骨架的基本材料，应选用木质较好、无潮湿、无扭曲变形的合格材料。

③胶合板有三大类，即普通薄夹板（5mm以下）、木纹美观的饰面胶合板和可用于板式结构的厚木夹板（9mm以上）。普通薄夹板可选择不潮湿并无脱胶开裂的板材；饰面胶合板应选择木纹一致、无疤痕、不潮湿、无脱胶的板材。

④在装饰工程中，一些家具或配套装饰设置多是根据档次要求选用柚木、檀木及花梨木之类的高级木材，在必要时应由有经验人员对木材进行识别，尤其是对市售高档木材，须鉴别其真伪。

⑤根据家具的连接方式选择五金配件，如拉手、铰链、镶边条等。并按家具的色彩选择五金配件的色泽，特别是重要部位的拉手和镶边条等，应以金、银、白色为主，以适应各种彩色的家具使用。

⑥配料应根据家具结构与木料的使用方法进行安排，主要包括木方料的选配和胶合板开料布置两个方面。应先配长料和宽料后配小料；先配长板材，后配短板材，顺序搭配安排。对于木方料的选配，应先测量木方料的长度，然后再按家具的竖框、横档和腿料的长度尺寸要求放长30～50mm截取（留有加工余量）。木方料的截面尺寸在开料时应按实际尺寸的宽、厚各放大3～5mm，以便刨削加工。

（2）刨削加工。对于木方料进行刨削加工时，应首先识别木纹。不论机械或手工刨削，均按顺木纹方向。先刨大面，再刨小面，两个相邻的面刨成90°角。构件的结合面（或称工作面）应选平直并不显节疤的面向树心的一面，尽可能将面向树皮的一面用于构件的背面。

2. 划线

（1）首先检查加工件的规格、数量，并根据各工件的表面颜色、纹理、节疤等因素确定其正反面，并作好临时标记。

（2）在需要对接的端头留出加工余量，用直角尺和木工铅笔画一条基准线。若端头平直，又属作开榫一端，即不画此线。

（3）根据基准线，用量尺度量划出所需的总长尺寸线或榫肩线。再以总长线和榫肩线为基准，完成其他所需的榫眼线。

（4）可将两根或两块相对应位置的木料，拼合在一起进行划线，画好一面后，用直角尺把线引向侧面。

（5）所画线条必须准确、清楚。划线之后，应将空格相等的两根或两块木料颠倒并列进行校对，检查划线和空格是否准确相符，如有差别即说明其中有误，应及时查对纠正。

3. 凿榫眼

选择与榫眼宽度相适应的凿子，先从木料的工作面开凿，凿至1/2深度时翻转至背面将榫眼凿通。木料的正面即工作面上的榫眼划线应保留两端处的各半条线，透孔背面的榫眼孔膛应稍大于划线以外1mm左右，以避免装榫头时发生劈裂，榫眼孔的两端中部要略微凸起，以便挤紧榫头。凿半孔榫眼时，在榫眼画划线内边3～5mm处下凿，凿至所需深度后即将榫眼孔壁垂直切齐，剔出木屑。

4. 框架组装

（1）木方框架组装。用木方组装家具的框架，一般是先装侧边框，后装底框和顶框，最后装边框、底框、顶框，连接装配成整体框架。每种框架以榫结构钉接方式组装后，都需要对角测量并校正其垂直度和水平度，合格后首先钉上后首先钉上后板定位。

(2)板式框架组装。板式家具的框架组装时，一般是先从横向板与竖直侧板开始连接。横向板与竖向板组装连接完成后，进行检查和校正其方正度，然后再安装再安装顶板与底板，最后安装背板。板式家具对板件的基本要求是：在长、宽、厚三个方面有准确的尺寸，板面平整光洁，能够承受一定的荷重，能够装置各种连接件而不会影响自身的强度。

5. 搁板的安装

根据承载能力大小，家具的分层搁板安装可分为固定式和活动式两种。固定式是用钉和胶将搁板固定于家具内的横档木方上；活动式是将搁板不加固定而平放在横档木方或分层定位销上，可自由调整搁板的摆置间隔。

6. 抽屉安装

(1)抽屉的组装。抽屉由面板、侧板、后板、底板结合而成。为使抽屉推拉顺滑，其后板、侧板和外形的高度、宽度应小于框架留洞尺寸并小于面板。

抽屉的夹角结构，一般采用马牙榫或对开交接钉固的方法，定接的同时施胶粘结。其底板的安装是在面板、侧边组成基本结构之后，从后面的下边推入两侧边的槽内，最后装配抽屉的后板。

(2)抽屉滑道的安装。抽屉的滑道有嵌槽式、滚轮式和底托式三种主要形式。

①嵌槽式：是在抽屉侧板的外侧开出通长凹槽，在家具内里面板上，安装木角或铁角滑道，然后将抽屉侧板的槽口对准滑道端头推入。

②滚轮式：是在抽屉侧板外侧安装滑道槽，在家具内立面板上安装滚轮条，然后将抽屉侧板的滑道槽对准滚轮条推入。

③底托式：为普通的广泛应用形式，采用木方条或角钢条安装在抽屉下面作滑道，将抽屉侧板底面涂蜂蜡用烙铁烤融，使抽屉推拉滑动自如。

7. 面板安装

如果家具的表面作油漆涂饰，其框架的外封板一般即是面板；如果家具的表面是使用装饰细木夹板（如水曲柳夹板或柚木夹等）进行饰面，或是用塑料板作贴面，那么家具框架外封板就是其饰面的基层板。饰面板与基层板之间多是采用胶粘贴合。细木夹板与基层板的黏贴常用白乳胶；塑料贴面板与基层板的粘合多是采用 309 胶或立时得胶。饰面板与基层粘合后，需在其侧边使用封边木条、木线、塑料条等材料进行封边收口，其原则是：凡直观的边部都应封堵严密和美观。如门扇的四个边、侧板的前沿和上下边、抽屉面板的上沿和左右两边、搁板的前缘等处。

二、浴厕配件施工

1. 洗漱台安装说明

洗漱台是卫生间内用于支承台式洗脸盆，搁放洗漱卫生用品，同时装饰卫生间的台面。洗漱台面一般用纹理、颜色均具有较强装饰性的花岗岩、大理石或人造板材，经磨边、开孔制作而成。台面的厚度一般为 20mm，宽度约 500～600mm，长度视卫生间大小而定，另设侧板。为了加强台面的抗弯能力，台面下需用角钢焊接架子加以支承。台面两端若与墙相接，则可将角钢架直接固定在墙面上，否则需砌半砖墙支承。洗漱台安装示意如图 2-52 所示。

洗漱台面常要磨成缓变的角度，称磨边、削角。洗漱台面与镜面玻璃下边沿间及侧墙与台面接触的部位所配置的竖板，称挡板或竖挡板(一般挡板与台面使用相同的材料，如为不同品种材料应另行列项计算)。洗漱台面板的外边沿下方的竖挡板，称吊沿。

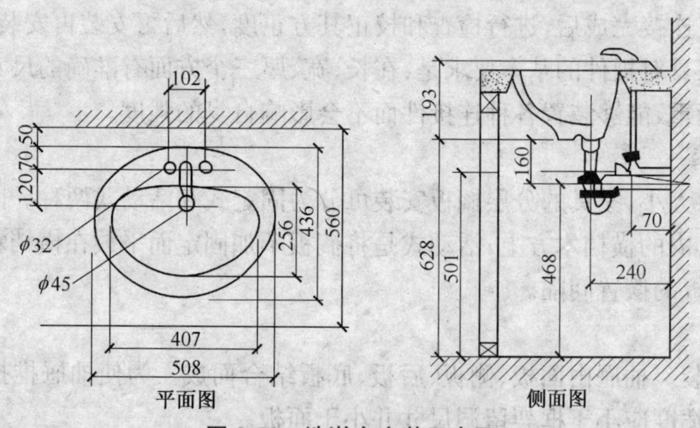

图 2-52　洗漱台安装示意图

2. 帘子杆、浴缸拉手、毛巾杆(架)安装

帘子杆、浴缸拉手、毛巾杆(架)均为市场采购成品，仅需在墙上埋入胀管，用木螺钉固定即可。

3. 镜面玻璃安装说明

镜面玻璃分为车边防雾镜面玻璃和普通镜面玻璃。玻璃安装有带框和不带框之分，带框时，一般要用木封边条、铝合金封边条或不锈钢封边条。当镜面玻璃的尺寸不很大时，可在其四角钻孔，用不锈钢玻璃钉直接固定在墙上。当镜面玻璃尺寸较大($1m^2$ 以上)或墙面平整度较差时，通常要加木龙眉木夹板基层，使基面平整。

(1)基层处理。对于混凝土或砌砖墙、柱体，一般是在土建施工时预先埋入防腐木砖，横向布置与玻璃镜宽度相等，竖向与镜面高度相等；大面积的墙面镶贴时应在横竖双向每隔 500mm 埋木砖。

(2)立筋。即装设木骨架，通常是采用 40mm×40mm 或 50mm×50mm 的木方条或厚胶合板条，以铁钉钉入预埋木砖或事先打入的木楔上。安装小块镜面多为双向立筋，大面积镜面可以单向布置；安装时应挂水平线和垂直线，使立筋保持横平竖直，以便于衬板和镜面的固定。立筋钉好后要用长靠尺检查平整度。

(3)铺钉衬板。衬板为 15mm 厚木板或 5mm 厚胶合板，用圆钉钉入木筋，钉头冲入板面；或采用打钉枪将胶合板与木筋连接。要求衬板表面无翘曲等现象，表面平整、清洁，板块与板块之间的接缝应是在立筋处。

(4)玻璃镜面安装。

①玻璃镜面的切割和处理：装饰玻璃镜一般在订购时已由厂家按设计要求的造型尺寸裁割、加工完毕，并不存在裁割及其边部倒棱、磨边和车边等处理问题。对于大块装饰镜，其墙筋、衬板和边框等均依玻璃镜的尺寸在墙、柱面准确做好。

②镜面钻孔：以螺钉固定的玻璃镜应事先在其边角位置钻孔。现场钻孔时，应首先将镜面置于台案，按钻孔位置量好尺寸，用笔标好钻孔点或用玻璃钻一个小孔作标记。然后在拟钻孔

部位浇水，在电钻上安装合适的钻头，钻头钻孔直径应略大于螺钉直径。双手持玻璃钻垂直于玻璃面，启动开关，稍用力下按并轻微摇动钻头，直至钻透为止。钻孔时要不断向钻孔处浇水，待接近钻透时可减轻力量。

③镜面的固定：在墙、柱立面安装装饰玻璃镜时，可根据安装位置、造型形式、镜面厚度和单块尺寸及装饰效果等因素，选择较合适的固定方式。如可选用螺钉固定。螺钉固定就是采用专用的玻璃钉固定镜面，图 2-53 所示为普通平头与圆头螺钉固定玻璃镜构造节点示意。

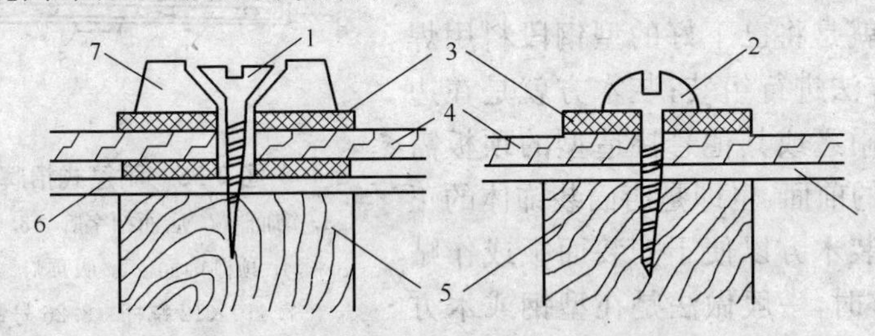

图 2-53　普通平头与圆头螺钉固定玻璃镜构造节点示意

1. 平头螺钉　2. 圆头螺钉　3. 橡胶垫圈　4. 玻璃镜　5. 木筋　6. 木衬板　7. 钉头饰件

三、压条、装饰线条

压条和装饰线条是用于各种交接面、分界面、层次面的封边封口等的压顶线和装饰条，起封口、封边、压边、造型和连接的作用。

(1)按材质分，主要有木线条、铝合金线条、铜线条、不锈钢线条和塑料线条、石膏线条等。

(2)按用途分，有大花角线、天花线、压边线、挂镜线、封边角线、造型线、槽线等。

(3)按形状分，板条、平线、角线、角花、槽线欧式装饰线等。

①板条：指板的正面与背面均为平面而无造型者。

②平线：指其背面为平面，正面为各种造型的线条。

③角线：指线条背面为三角形，正面有造荆的阴、阳角装饰线条。

④角花：指呈直角三角形的工艺造型装饰件。

⑤槽线：指用于嵌缝的 U 型线条。

⑥欧式装饰线：指具有欧式风格的各种装饰线。

四、雨篷及其他悬挑构造

1. 构造形式

传统的店面雨篷，一般都承担雨篷兼招牌的双重作用。现代店面往往以丰富入口及立面造型为主要目的，但在构造做法上与一般吊挂装饰体的制作和安装方法相同，即框架组装、框架与建筑基体连接、基面板安装和最后的面层装饰等几个基本工序。传统的店面雨篷式招牌形式如图 2-54 所示，其安装构造如图 2-55 所示。

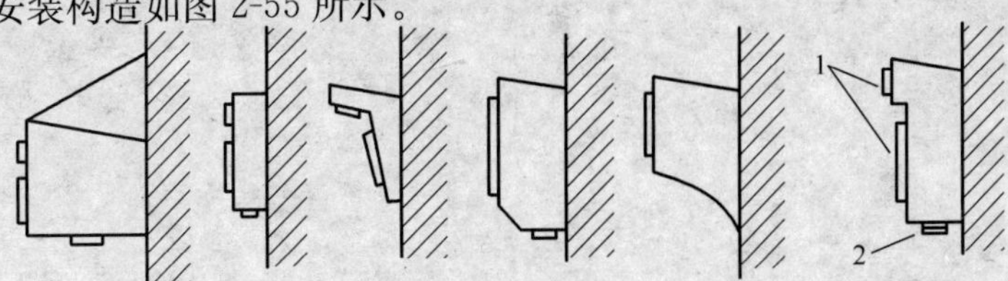

图 2-54　传统的雨篷式招牌形式

1. 店面招字牌　2. 灯具

2. 框架制作

无论是雨篷还是其他不同形式的造型构造，其主要受力构件都是骨架边框，边框一般由角钢和木方组成其制作工艺：下料→边框组装→装木方。

下料即用型材切割机或钢锯按设计要求的尺寸切割；边框组装就是将已下好的型钢段料用焊接或螺栓连接的方法进行组装；装木方就是在边框的下面，为安装雨篷或其他悬挑造型的顶板需安放方木；在边框的前面，也即是店面装饰体的正立面，也需要先安装木方以便于安装面板或作贴面装饰。安装木方时，一般做法是在型钢或木方上钻孔，以螺栓将木方拧紧于角钢边框上。

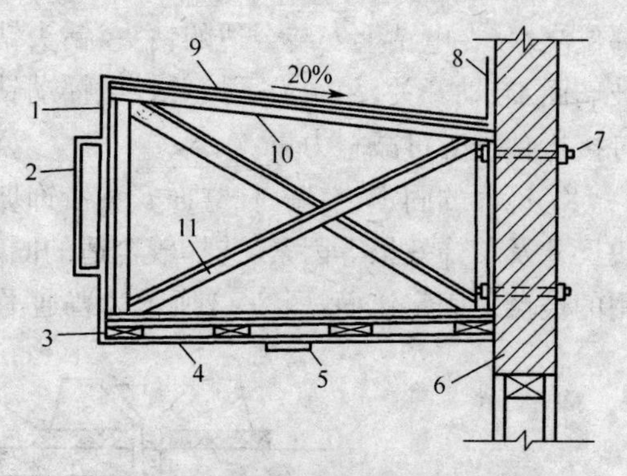

图 2-55　雨篷式招牌构造示意

1. 饰面　2. 店面招字牌　3. 40×50 吊顶木筋　4. 顶棚饰面　5. 吸顶灯　6. 建筑墙体　7. 410×12 螺杆　8. 26 号镀锌铁皮泛水　9. 玻璃钢屋面瓦　10. L30X3 危钢　11. 角钢剪刀撑

3. 埋设埋件、框架与建筑基体连接

在拟安装框架的部位，需先在墙体中埋入木砖或铁件。在墙上用电锤开通孔，用螺栓穿过通孔与边框上的钻孔紧固；或者以螺钉将框架与埋设的木砖连接；或者是以射钉或螺栓与墙体内埋设的铁件连接。连接方式的选择，取决于雨篷或其他悬挑结构的重量，其原则是牢固和安全。

第二部分　建筑工程计价理论

第三章　装饰装修工程定额计价基本原理

内容提要：

1. 了解建筑工程预算定额的概念、定额水平、工作时间研究及分类的意义。

2. 熟悉计时观察法的含义、主要用途、实施步骤。

3. 掌握工程定额原理——人工、材料、机械台班消耗量的确定，人工、材料、机械台班单价的确定。

4. 了解《全国统一建筑装饰装修工程基础定额》(GYD—901－2002)的组成。

第一节　装饰装修工程预算基本知识

一、装饰装修工程预算的作用

装饰装修工程施工图预算（以下简称施工图预算）是确定建筑工程造价的经济文件。施工图预算是在装修工程施工之前，预算出装修工程完成后需要花多少钱的特殊计价方法。因此，施工图预算的主要作用就是确定建筑装饰装修工程预算造价。

首先应该知道，施工图预算由谁来编制、什么时候编制。

房子产权拥有的单位或个人称为业主；装修房子的施工单位叫承包商。一般情况下，业主在确定承包商时就要谈妥工程承包价。这时，承包商就要按业主的要求将编好的施工图预算报给业主，业主认为价格合理时，就按工程预算造价签订承包合同。所以，施工图预算一般由承包商在签订工程承包合同之前编制。

二、装饰装修工程预算的分类

(1)投资估算。投资估算是建设项目在投资决策阶段，根据现有的资料和一定的方法，对建设项目的投资数额进行估计的经济文件。一般由建设项目可行性研究主管部门或咨询单位编制。

(2)设计概算。设计概算是在初步设计阶段或扩大初步设计阶段编制。设计概算是确定单位工程概算造价的经济文件，一般由设计单位编制。

(3) 施工图预算。施工图预算是在施工图设计阶段，施工招标投标阶段编制。施工图预算是确定单位工程预算造价的经济文件，一般由施工单位或设计单位编制。

(4)施工预算。施工预算是在施工阶段由施工单位编制。施工预算按照企业定额（施工定额）编制，是体现企业个别成本的劳动消耗量文件。

(5)工程结算。工程结算是在工程竣工验收阶段由施工单位编制。工程结算是施工单位根据施工图预算、施工过程中的工程变更资料、工程签证资料、施工图预算等编制、确定单位工程造价的经济文件。

(6)竣工决算。竣工决算是在工程竣工投产后，由建设单位编制，综合反映竣工项目建设成果和财务情况的经济文件。

三、建设预算各内容之间的关系

投资估算是设计概算的控制数额，设计概算是施工图预算的控制数额，施工图预算反映行业的社会平均成本，施工预算反映企业的个别成本，工程结算根据施工图预算编制，若干个单位工程的工程结算汇总为一个建设项目竣工决算。建设预算各内容相互关系示意如图 3-1 所示。

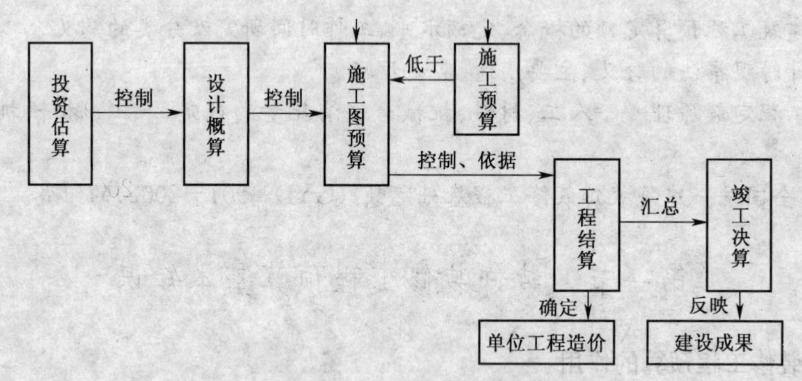

图 3-1　建设预算各内容相互关系示意图

四、装饰装修工程造价的概念

1. 工程造价

结合日常工作的实际来说，“工程总价”是指一项工程建造所耗物化劳动和活劳动价值的货币表现，即：是指建设工程预期开支或实际开支的全部费用总和。

从不同的角度来说，工程造价还有不同的含义与内容。对于投资(业主)者来说，工程造价指投资决策开始至竣工投入使用为止这一投资管理活动过程中发生的一切费用，在这一投资管理活动过程中所支付的全部费用构成了有形资产和无形资产；对于承包工程项目某一部分建设任务的承包商、设备材料供应商而言，他们所承包工程的承包价格，则是另一种意义上的工程造价。这种工程造价是由工程承包商、设备材料供应商的直接成本、间接成本、利润和税金构成的工程造价。这个“工程造价”是以社会主义商品经济和市场经济为前提，通过编制工程量清单计价或工程预算与市场竞争形成的。

工程造价按发生的不同阶段可分为：投资估算造价、概算造价、施工图预算造价、竣工结算价；按不同专业可分为：建筑工程造价、装饰工程造价、安装工程造价、园林工程造价等。

2. 装饰装修工程造价

装饰装修工程造价是指专门反映房屋建筑装饰装修工程中物化劳动和活劳动消耗量的货币表现，即建筑装饰产品价格。建筑装饰产品价格按照建筑装饰装修工程不同设计阶段的设计文件的具体内容和装饰工程定额等资料为依据，通过一系列程序，预先计算和确定每项新建或改建装饰装修工程所需全部资金数额。同样，建筑装饰工程造价，根据同一工程的不同阶段，也分为装饰概算造价和施工图预算造价。

3. 建筑装饰工程造价含义辨析及其与建筑装饰工程预算关系

"工程造价"是工程项目造价管理的主要研究对象。对"工程造价"概念的理解和理论研究是工程项目造价管理的基础研究工作。"工程造价"中的"造价"既有"成本"(cost)的含义,也有"买价"(price)的含义。目前理论界对工程造价的理解已经从单纯的"费用"观点逐步向"价格"和"投资"观点转化,并且出现了与之相关的"工程价格(承发包价格)"和"工程投资(建设成本)"。

工程造价的两层含义之间既存在区别又存在联系。

(1)工程投资是对投资方(即业主或项目法人)而言的。此含义的工程造价属于投资理论范畴。

(2)工程价格是对于承发包双方而言的。工程承发包价格形成于发包方和承包方的承发包关系中,即合同的买卖关系中。这时的工程造价属于价格理论范畴。

(3)工程造价的两种含义关系密切。工程投资涵盖建设项目的所有费用,而工程价格只包括建设项目的局部费用,如承发包工程部分的费用。在总体数额及内容组成上,建设项目投资费用总是高于工程承发包价格的。工程投资不含业主的利润和税金,它形成了投资者的固定资产;而工程价格则包含了承包方的利润和税金。同时,工程价格以"价格"形式进入建设项目投资费用,是工程投资费用的重要组成部分。

第二节　装饰装修工程定额基本知识

一、装饰装修工程预算定额的概念

装饰装修工程预算定额是指在正常合理的施工技术与建筑艺术综合创作下,采用科学的方法,确定完成一定计量单位质量合格的建筑装饰分项工程所需消耗的人工、材料和机械台班的数量标准,或以货币表现出的价值。在建筑装饰工程预算定额中,除了规定上述各项资源和资金消耗的数量外,还规定了应完成的工程内容和相应的质量标准。

装饰装修工程定额是经济生活中诸多定额中的一类。它的研究对象是装饰工程范围内的生产消费规律。在市场经济中,信息是其中不可或缺的要素,它的可靠性、完备性和灵敏性是市场成熟和市场效率的标志。工程装饰装修定额就是把处理过的工程造价数据积累转化成的一种工程造价信息,它主要是指资源要素消耗量的数据,包括人工、材料、施工机械的消耗量。定额管理是对大量市场信息的加工,也是对大量信息进行市场传递,同时也是市场信息的反馈。

二、定额水平

定额水平是指完成单位合格产品所需的人工、材料、机械台班消耗标准的高低程度,是在一定的生产、技术、管理水平下,规定的活劳动和物化劳动的消耗水平。

定额水平的高低反映一定时期社会生产力水平的高低,与操作人员的技术水平、机械化程度、新材料、新工艺、新技术的发展与应用有关,与企业的管理水平和社会成员的劳动积极性有关。所谓定额水平高是指单位产量提高,活劳动和物化劳动消耗降低,反映了单位产品的造价低;反之,定额水平低是指单位产量降低,消耗提高,反映为单位产品的造价高。

三、装饰装修工程定额的特点

(1)新工艺、新材料的项目较多。

(2)文字说明难以表达清楚的部分,以图示说明较多(如栏杆、栏板、扶手、艺术造型顶棚、货架、收银台、展台、吧台、柜类等)。

(3)采用系数计算的项目较多。

(4)因为装饰的工艺需要定额中增加了一些拆除项目。

(5)由于装饰材料的品种、规格繁多,价格差异较大,因此建筑装饰工程预算定额按"量"、"价"分离的原则编制,以便于正确计算工程造价。

四、装饰装修工程定额分类

建筑装饰工程定额的种类很多,根据内容、形式、用途和使用范围的不同,分类如图 3-2 所示。

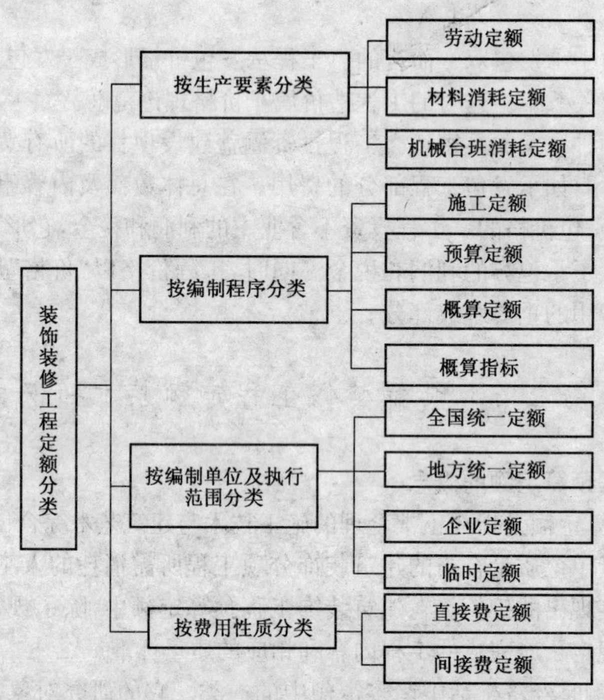

图 3-2 装饰装修工程定额分类示意图

直接费是指施工过程中耗费的构成工程实体和有助于工程形成的各项费用。间接费是指组织和管理施工生产而发生的费用。

第三节 工作时间研究及测定

一、工作时间研究

(一)工作时间研究的含义及目的

工作时间是指工作班延续时间(不包括午休)。

时间研究,也称为时间衡量,它是在一定标准测定的条件下,确定人们作业活动总量的一套程序和方法。

研究工作时间,最主要的目的是确定施工的时间定额或产量定额,也称为确定时间标准。施工工时研究还可以用于编制施工使用计划、检查劳动效率和定额执行的情况,决定机械操作人员组成。组织均衡生产、选择更好的施工方法和机械设备,决定工人和机械的调配、确定工程的计划成本以及作为计算工人劳动报酬的基础。但是这些用途和目的只有在确定了时间定额或产量定额的基础上才能达到。

(二)施工过程及其分类

1. 施工过程的含义

施工过程就是在建设工地范围内所进行的生产过程,其最终目的是要建造、恢复、改建、移动或拆除工业、民用建筑物和构筑物的全部或一部分。

建筑装饰施工过程也与其他物质生产过程一样,也包括一般所说的生产力三要素,即:劳动者、劳动对象、劳动工具,也就是说,施工过程完成必须具备以下三个条件:

(1)施工过程是由不同工种、不同技术等级的建筑安装工人完成的。

(2)必须具有一定的劳动对象——建筑材料、半成品、配件、预制品等。

(3)必须具有一定的劳动工具——手动工具、小型机具和机械等。

每个施工过程的结束,得到了一定的产品,这种产品或者是改变了劳动对象的外表形态、内部结构或性质(由于制作和加工的结果),或者是改变了劳动对象在空间的位置(由于运输和安装的结果)。所得到的产品数量可用一定的计量单位来表示。

2. 施工过程的分类

(1)按使用的工具、设备的机械化程度不同,分为手工施工过程、机械施工过程和机手并动施工过程。

(2)按照工艺特点,施工过程可以分为循环施工过程和非循环施工过程。

(3)按施工过程组织上的复杂程度不同可分为工序、工作过程和综合工作过程。

①工序:工序是指在组织上不可分割而在技术操作上又属于同一类的施工过程。工序的基本特点是工人、工具和使用的材料均不发生变化。在工作时,若其中任一条件发生了变化,都表明施工已由一个工序转入另一个工序。

②工作过程:工作过程是由同一工人或同一小组完成的,技术操作上相互联的工序组合。其特点是人员编制不变,工作地点不变,而材料和工具可以变换。例如,门窗油漆,属于个人施工过程,三人小组墙面抹灰,属于小组工作过程。

③综合工作过程:综合工作过程又称复合施工过程,它是为完成一个最终产品,由几个在组织上有直接关系并在同一时间进行的工作过程组合起来的施工过程。例如,实木装饰门工程是由门的制作、运输及安装,五金玻璃的安装,刷防护材料和油漆等工作过程组成的一个综合工作过程。

(三)工人工作时间的分类

国家现行制度规定为 8h 工作制,即日工作时间为 8h。

工人工作时间的分类一般如图 3-3 所示:

二、测定时间消耗的基本方法——计时观察法

(一)计时观察法的含义

计时观察法是研究工作时间消耗的一种技术测定方法。它以研究工时消耗为对象,以观察测时为手段,通过密集抽样和粗放抽样等技术进行直接的时间研究。计时观察法用于建筑施工中,是以现场观察为特征,所以也称为现场观察法。

计时观察法的特点是能够把现场工时消耗情况和施工组织技术条件联系起来加以考察。

它在施工过程分类和工作时间分类的基础上，利用一整套方法对选定的过程进行全面观察、测时、计量、记录、整理和分析研究，以获得该施工过程的技术组织条件和工时消耗的有技术根据的基础资料，分析出工时消耗的合理性和影响工时消耗的具体因素，以及各个因素对工时消耗影响的程度。

计时观察法适宜于研究人工手动过程和机手并动过程的工时消耗。

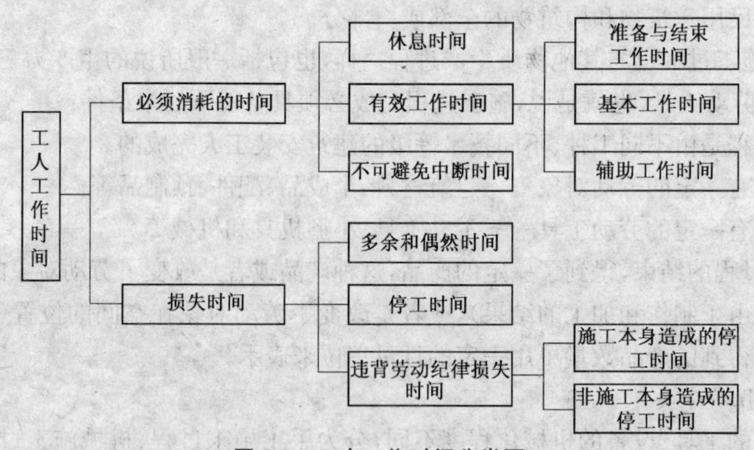

图 3-3 工人工作时间分类图

(二)计时观察法的主要用途

(1)取得编制劳动定额和机械定额所需要的基础资料和技术根据。

(2)研究先进工作法和先进技术操作对提高劳动生产率的具体影响，并应用和推广先进工作法和先进技术操作。

(3)研究减少工时消耗的潜力。

(4)研究定额执行情况，包括研究大面积、大幅度超额和达不到定额的原因，积累资料、反馈信息。

(三)计时观察法的实施步骤

1. 确定需要进行计时观察的施工过程

计时观察之前的第一个准备工作，是研究并确定有哪些施工过程需要进行计时观察，对于需要进行计时观察的施工过程，要编出详细的目录，拟定工作进度计划，制定组织技术措施，并组织编制定额的专业技术队伍，按计划认真开展工作。

2. 对施工过程进行预研究

对施工过程进行预研究，把施工过程划分为若干个组成部分(一般划分道工序)。目的是便于计时观察。划分组成部分要特别注意确定定时点和各组成部分以及施工过程产品的计量单位。

定时点即是上下两个相衔接的组成部分之间的分界点。确定定时点，对于保证计时观察的精确性是不容忽略的因素。确定产品计量单位，要能具体地反映产品的数量，并具有最大限度的稳定性。

3. 选择施工的正常条件

选择施工的正常条件，应该具体考虑下列问题：

(1)所完成的工作和产品的种类，以及对其质量的技术要求。

(2)所采用的建筑材料、制品和装配式结构配件的类型。

(3)采用的劳动工具和机械的类型。

(4)工作的组成,包括施工过程地各个组成部分。

(5)工人的组成,包括小组成员的专业、技术等级和人数。

(6)施工方法和劳动组织,包括工作地点的组织、工人配备和劳动分工、技术操作过程和完成主要工序的方法等。

4. 选择观察对象

观察对象就是对其进行计时观察的施工过程和完成该施工过程的工人。选择计时观察对象必须注意所选择的施工过程要完全符合正常施工条件;所选择的建筑安装工人,应具有与技术等级相符的工作技能和熟练程度,所承担的工作与其技术等级相等,同时应该能够完成或超额完成现行的施工劳动定额。

5. 调查所测定施工过程的影响因素

施工过程的影响因素包括技术、组织及自然因素。例如:产品和材料的特征(规格、质量、性能等);工具和机械性能、型号;劳动组织和分工;施工技术说明(工作内容、要求等),并附施工简图和工作地点平面布置图。

6. 其他准备工作

此外,还必须准备好必要的用具和表格。如测时用的秒表或电子计时器,测量产品数量的工、器具,记录和整理测时资料用的各种表格等。如果有条件并且也有必要,还可配备电影摄像和电子记录设备。

7. 观察测时

略。

8. 整理和分析观察资料

略。

9. 编制定额

略。

(四)计时观察方法的分类

计时观察法种类很多,其中最主要的如图 3-4 所示。

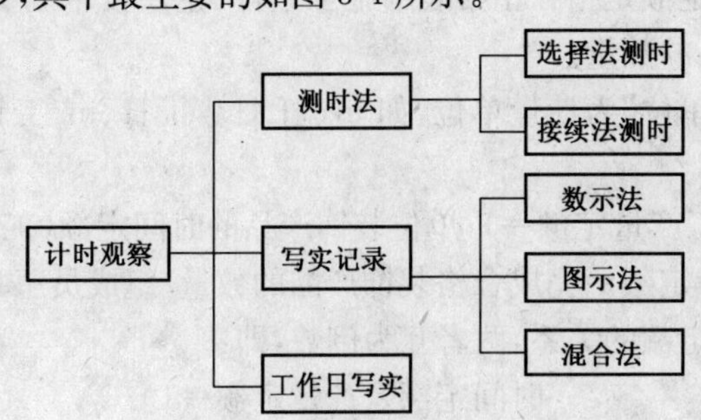

图 3-4 计时观察法的种类

1. 测时法

测时法主要适用于测定那些定时重复的循环工作的工时消耗,是精确度比较高的一种计时观察法。有选择法和接续法两种。

2. 写实记录法

写实记录法是一种研究各种性质的工作时间消耗的方法。采用这种方法，可以获得分析工作时间消耗的全部资料，是一种值得提倡的方法。写实记录法的观察对象，可以是一个工人，也可以是一个工人小组。测时用普通表进行，详细记录在一段时间内观察对象的各种活动及其时间消耗(起止时间)，以及完成的产品数量。写实记录法按记录时间的方法不同分为数示法、图示法、混合法三种。

3. 工作日写实法

工作日写实法，是一种研究整个工作班内的各种工时消耗的方法。运用工作日写实法主要有两种目的：一种是取得编制定额的基础资料；二是检查定额的执行情况，找出缺点，改进工作。

第四节　工程定额的确定

一、人工消耗定额的确定

1. 人工消耗定额的概念

人工消耗定额也称劳动定额，它是表示建筑装饰工人劳动生产率的一个先进合理的指标，反映的是建筑装饰工人劳动生产率的社会平均先进水平，是施工定额的重要组成部分。

人工消耗定额(劳动定额)的形式为时间定额和产量定额。

(1)时间定额。时间定额是指在正常装饰施工条件(生产技术和劳动组织)下，工人为完成单位合格装饰产品所必须消耗的工作时间。定额时间包括人工的有效工作时间(准备与结束时间、基本工作时间、辅助工作时间)、必需的休息与生理需要时间和不可避免的中断时间。

时间定额以“工日”为单位，按现行制度规定，每个工日工作时间为8h。如工日/m^3、工日/、工日/m、工日/t、工日/件等。

时间定额的计算公式如下：

单位产品的时间定额(工日)＝1/每工日的产量(每工产量)　　(3-1)

或　单位产品的时间定额(工日)＝小组成员工日数之和/小组台班产量(班组完成产品数量)　　(3-2)

(2)产量定额。产量定额是指在正常装饰施工条件(生产技术和劳动组织)下，工人在单位时间内完成合格装饰产品的数量。

产量定额以“产品的单位”为计量单位，如m^3/工日、/工日、m/工日、t/工日、件/工日等，其计算公式如下：

每工产量定额＝1/单位装饰产品的时间定额(工日)　　(3-3)

每工产量定额＝完成合格装饰产品的数量/组成员工日数之和　　(3-4)

(3)时间定额与产量定额的关系，两者互为倒数，即：

时间定额×产量定额＝1　　(3-5)

2. 人工消耗定额的编制依据

劳动定额既是技术定额，又是重要的经济法规。因此，劳动定额的制定必须以国家的有关技术、经济政策和可靠的科学技术资料为依据。

(1)国家的经济政策和劳动制度。主要有《建筑安装工人技术等级标准》、工资标准、工资奖励制度、劳动保护制度、人工工作制度等。

(2)技术资料。技术资料可分为有关技术规范和统计资料两部分。

①技术规范:主要包括《建筑装饰工程施工验收规范》、《建筑装饰工程操作规范》、《建筑装饰工程质量检验评定标准》、《建筑装饰工人安全技术操作规程》、《国家建筑材料标准》等。

②统计资料:主要包括现场技术测定数据和工时消耗的单项或综合统计资料。

3. 人工消耗定额(劳动定额)的测定方法

劳动定额及其定额水平的测定方法较多,比较常用的方法有技术测定法、经验估计法、统计分析法和比较类推法四种。

(1)技术测定法(计时观察法)。技术测定法是指根据施工过程的特点和技术测定的目的、对象和方法的不同,应用测时法、写实记录法、工作日写实法等几种计时观察法获得工作时间的消耗数据,进而制定人工消耗定额。

拟定出时间定额,即可以计算出产量定额。时间定额是在拟定基本工作时间、辅助工作时间、不可避免中断时间、准备与结束的工作时间,以及休息时间的基础上制定的。

①拟定基本工作时间:基本工作时间在必需消耗的时间中占的比重最大、最重要的时间。在确定基本工作时间时,必须细致、精确。基本工作时间消耗一般根据计时观察资料来确定。其做法是,首先确定工作过程每一组成部分的工时消耗,然后再综合出工作过程的工时消耗。如果组成部分的产品计量单位和工作过程的产品计量单位不符,就需先求出不同计量单位的换算系数,进行产品计量单位的换算,然后再相加,求得工作过程的工时消耗。

②拟定辅助工作时间和准备与结束工作时间:辅助工作和准备与结束工作时间的确定方法与基本工作时间相同。但是,如果这两项工作时间在整个工作班工作时间消耗中所占比重不超过5%～6%,则可归纳为一项。如果在计时观察时不能取得足够的资料,也可采用工时规范或经验数据来确定。

③拟定不可避免的中断时间:不可避免中断时间也需要根据测时资料,通过整理分析获得。在实际测定时由于不容易获得足够的相关资料,一般可以根据经验数据,以占基本工作时间的百分比表示此项工时消耗的时间。

在确定这项时间时,必须分析不同工作中断情况,分别加以对待。一种情况是由于工艺特点所引起的不可避免中断,此项工作时间消耗,可以列入工作过程的时间定额;另一种是由于工人任务不均、组织不善而引起的中断,这种工作中断就不应列入工作过程的时间定额,而要通过改善劳动组织、合理安排劳力分配来克服。

④拟定休息时间:休息时间应根据工作班作息制度、经验资料、计时观察资料,以及对工作的疲劳程度作全面分析来确定。同时,应考虑尽可能利用不可避免中断时间作为休息时间。

从事不同工种、不同工作的工人,疲劳程度有很大差别。划分出疲劳程度的等级,就可以合理规定休息需要的时间。在上面引用的规范中,按六个等级其休息时间见表3-1。

表3-1　休息时间占工作日的比重

疲劳程度	最沉重	沉重	较重	中等	较轻	轻便
等级	6	5	4	3	2	1
占工作日的比重	22.9	16.7	11.45	8.33	6.25	4.16

⑤拟定定额时间：确定的基本工作时间、辅助工作时间、准备与结束工作时间、不可避免中断时间和休息时间之和，就是劳动定额的时间定额。计算公式如下：

$$定额工作延续时间=基本工作时间+其他工作时间 \tag{3-6}$$

式中，其他工作时间=辅助工作时间+准备与结束工作时间+不可避免中断时间+休息时间

在实际应用中，其中的工作时间一般有两种表达方式：

第一种方法：其他工作时间以占工作延续时间的比例表达，计算公式为：

$$定额工作延续时间=基本工作时间/(1-其他各项时间所占百分比)$$

第二种方法：其他工作时间以占基本工作时间的比例表达，则计算公式为：

$$定额工作延续时间=基本工作时间\times(1+其他各项时间所占百分比)$$

【例 3-1】 某型钢支架工作，测时资料表明，焊接每吨（t）型钢支架需基本工作时间为 50h，辅助工作时间、准备与结束工作时间、不可避免中断时间、休息时间分别占工作延续时间的 3%、2%、2%、16%。试确定该支架的人工时间定额和产量定额。

【解】 工作延续时间=50/[1-(3%+2%+2%+16%)]=64.94(h)

时间定额=64.94/8=8.12(工日/t)

产量定额=1/8.12=0.12(t/工日)

(2)经验估计法。经验估计法是由定额测定员、老工人、施工技术员根据个人的实践经验，并参照有关技术资料，结合施工图样、施工工艺、施工技术组织条件和操作方法等进行分析、座谈讨论和反复平衡来制定定额的方法。

由于估计人员的经验和水平的差异，同一项目往往会提出一组不同的定额数据。此时应对提出的各种不同数据进行认真的分析处理，反复平衡，并根据统筹法原理进行优化，以确定出平均先进的指标，计算公式如下：

$$t=(a+4m+b)/6$$

式中 t——定额优化时间（平均先进水平）；

a——先进作业时间（乐观估计）；

m——一般作业时间（最大可能）；

b——后进作业时间（保守估计）。

经验估计法具有工作过程短、工作量较小、省时和简便易行等特点，但是，其准确度在很大程度上取决于参加估计人员的经验。因此，只适用于产品品种多、批量小的施工过程以及某些次要的定额项目。

(3)统计分析法。统计分析法是指把过去一定时期内实际施工中的同类工程或生产同类产品的实际工时消耗和产品数量的统计资料（如施工任务书、考勤报表和其他有关的统计资料）与当前生产技术水平相结合，进行分析研究制定定额的方法。统计分析法简便易行，与经验估计法相比有较多的原始统计资料。采用统计分析法时，应注意剔除原始资料中相差悬殊的数值，并将数值均换算成统一的定额单位，用加权平均的方法求出平均修正值。该方法适用于条件正常、产品稳定、批量较大和统计工作制度健全的施工过程。

(4)比较类推法。比较类推法又称“典型定额法”，它是以同类产品或工序定额作为依据，经过分析比较，以此推算出同一组定额中相邻项目定额的一种方法。

采用这种方法编制定额时，对典型定额的选择必须恰当。通常采用主要项目和常用项目作为典型定额来进行比较类推。对用来对比的工序、产品的施工工艺和劳动组织等特征必须是“类推”或“近似”，这样才具有可比性，才可以做到提高定额的准确性。另外，这种方法简便易行、工作量小，适用于产品品种多、批量小的施工过程。

二、材料消耗定额的确定

1. 材料消耗定额的概念

材料消耗定额，是指在合理和节约使用材料前提下，完成单位合格产品所必需消耗的建筑装饰材料数量标准，其中包括主要材料、辅助材料、零星材料和周转性材料等。

建筑及装饰材料是消耗于建筑产品中的物化劳动，建筑、装饰材料的品种繁多，耗用量大，在一般的工业和民用建筑中，材料消耗占工程成本的60％～70％。材料消耗量多少，消耗是否合理，直接关系到资源的有效利用，对建筑工程的造价确定和成本控制有决定性影响。

2. 材料消耗定额的组成

施工中材料的消耗，可分为必需的材料消耗和损失的材料消耗两类。

必须消耗的材料，是指在合理使用材料的条件下，生产单位合格产品所需消耗的材料数量。它包括直接用于建筑和装饰工程的材料、不可避免的施工废料和不可避免的材料损耗（包括厂内运输、加工、操作损耗）。其中，直接构成建筑装饰工程实体的材料用量称为材料净用量；不可避免的施工废料和材料损耗数量，称为材料损耗量。

材料的消耗量由材料净用量和材料损耗量组成，其公式如下：

$$材料消耗量=材料净用量+材料损耗量 \tag{3-7}$$

材料损耗量用材料损耗率（％）来表示，即材料的损耗量与材料净用量的比值。可用下式表示：

$$材料损耗率=(材料损耗量/材料净用量)\times 100\% \tag{3-8}$$

材料损耗率确定后，材料消耗定额也可用下式表示：

$$材料消耗量=材料净用量\times(1+材料损耗率) \tag{3-9}$$

3. 材料消耗定额的编制

根据建筑装饰施工材料消耗工艺要求，建筑装饰材料分为一次性材料和周转材料两大类。

（1）一次性材料消耗定额编制。一次性材料也称直接性消耗材料，它是指在建筑装饰工程施工中，一次性消耗并直接用于工程实体的材料。如墙面砖、水泥砂浆、大理石等。确定一次性材料消耗量的基本方法，主要有现场观察法、实验室试验法、统计分析法和理论计算法。

①现场观察法：指在合理与节约使用材料的条件下，对施工过程中实际完成产品的数量与所消耗的各种材料数量进行现场观察、测定，通过分析整理和计算确定建筑材料消耗定额的方法。这种方法最适宜用来制定材料的损耗定额。

采用观测法制定材料消耗定额时，所选择的观察对象应符合下列要求：

a. 建筑物应具有代表性。

b. 施工技术和条件应符合技术规范的要求。

c. 建筑材料的规格和质量应符合技术规范的要求。

d. 被观测对象的技术操作水平、工作质量和节约用料情况良好。

e. 做好观测前的准备工作。如准备好测定工具设备等。

②试验室试验法:指通过专门的试验仪器和设备,在实验室内进行观察和测定,再通过整理计算出材料消耗定额的一种方法。

这种方法只适用于在试验室条件下测定混凝土、沥青、砂浆、油漆涂料的消耗定额。

③统计分析法:指在施工过程中,对分部分项工程所拨发材料的数量、竣工后的材料剩余量和完成产品的数量,进行统计、整理、分析研究和计算,以确定材料消耗定额的方法。这种方法简便易行,但应注意统计资料的真实性和系统性,还应注意和其他方法结合使用,以提高所制定定额的精确程度。

④理论计算法:是根据施工图样和其他技术资料用理论计算公式制定材料消耗定额的方法。这种方法主要适用于计算按件论块的现成制品材料和砂浆混凝土等半成品。例如,砌砖工程中的砖、块料镶贴中的块料,如瓷砖、面砖、大理石、花岗石等。这种方法比较简单,先按一定公式计算出材料净用量,再根据损耗率计算出损耗量,然后将两者相加即为材料消耗定额。

(2)周转消耗定额的制定。周转性材料是指在施工过程中多次使用、周转的工具性材料,如脚手架和模板等。这类材料在施工中不是一次消耗完,而是随着使用次数增多,逐渐消耗,多次使用,反复周转,并在使用过程中不断得到补充。周转性材料分别用一次使用量和摊销量两个指标表示。

一次使用量是指材料在不重复使用的条件下的一次使用量,一般供业主和承包商申请备料和编制施工作计划之用。

摊销量是指多次使用的材料分摊到每一计量单位分项工程或结构件上的材料消耗数量。

三、机械台班消耗定额的确定

1. 机械台班消耗定额的概念

机械台班消耗定额,是指在正常施工、合理的劳动组织和合理使用施工机械的条件下,生产单位合格产品所必需的一定品种、规格施工机械作业时间的消耗标准。

所谓"台班"就是一台机械工作一个工作班(即8h)。

2. 机器工作时间消耗的分类

在机械化施工过程中,对时间消耗的分析和研究,除了要对工人工作时间的消耗进行分类研究之外,还需要分类研究机器工作时间的消耗。机器工作时间也分为必需消耗的时间和损失时间两大类,如图3-5所示。

(1)必需消耗的时间。在必需消耗的工作时间里,包括有效工作、不可避免无负荷工作和不可避免中断三项时间消耗。

(2)损失的时间。损失的工作时间中,包括多余工作、停工和违背劳动纪律所消耗的工作时间。机器的多余工作时间,是机器进行任务内和工艺过程内未包括的工作而延续的时间。如工人没有及时供料而使机器空运转的时间。

3. 机械台班定额编制

(1)拟定机械工作的正常施工条件。施工机械台班定额是施工机械效率的反映。编制机械台班定额首先要确定正常的施工条件,主要是拟定工作地点的合理组织和合理的工人编制。

①确定正常的工作地点:确定正常的工作地点,是指将施工地点、机械、材料和构件堆放的位置及工人从事操作的条件做出科学合理的平面布置和空间安排,使之有利于机械运转和工人操作,减轻工人的劳动强度,使工时得到充分利用,以便最大限度地发挥机械的生产效率。

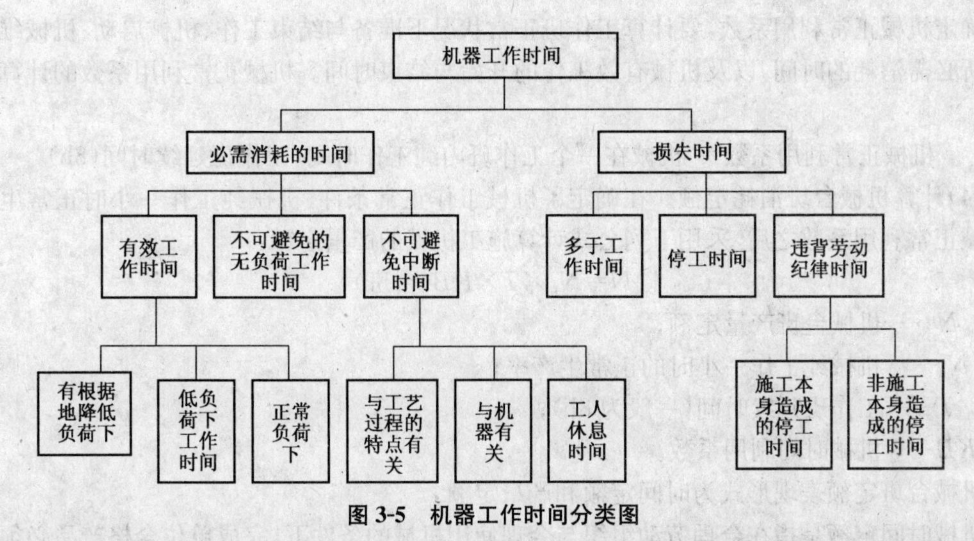

图 3-5　机器工作时间分类图

②拟定正常的工人编制：根据施工机械性能和设计能力，以及工人的专业分工和劳动工资，合理地确定操作机的工人（如司机、维修工等）和直接参加机械化施工过程的工人（如混凝土搅拌机装料、卸料工人）的配备，确定正常的工人编制人数。

（2）确定机械一小时纯工作的正常生产效率（N）。机械纯工作时间，就是机械必须消耗时间。机械纯工作一小时的正常生产效率，是指在正常的施工条件下，由具备机械操作知识和技术技能的工人操纵机械工作一小时应达到的生产效率。建筑机械可分为循环和连续动作两种类型。

①确定循环机械纯工作一小时的正常生产效率的步骤：

a. 确定循环组成部分的延续时间：指根据机械说明书计算出来的延续时间和计时观察所得到的延续时间；或者根据技术规范和操作规程，确定其循环组成部分的延续时间。

b. 确定机械完整循环一次的正常延续时间：机械循环一次各组成部分的正常延续时间之和，即 $t_1+t_2+t_3+\cdots+t_n=t$。

机械纯工作一小时的正常循环次数（n）可由下列公式计算：

$$n=3600/(t_1+t_2+t_3+\cdots+t_n=t)$$

c. 确定机械纯工作一小时的正常生产率（N_n）：

$$N_n=n\times m$$

式中　N_n——机械一小时纯工作的正常生产率；

n——机械一小时纯工作的正常循环次数；

m——机械每循环一次所生产的产品数量。

②确定连续动作机械纯工作一小时的正常生产效率的步骤：连续动作机械是指机械工作时无规律性的周期界线，是不停地做某一动作，如皮带运输机等。

连续动作机械纯工作一小时正常生产率＝工作时间内生产的产品数量/工作时间（h）

（3）确定施工机械的正常利用系数。确定施工机械的正常利用系数，是指机械在工作班内对工作时间的利用率。机械的利用系数和机械在工作班内的工作状况有着密切的关系。要确定机械的正常利用系数，首先要拟定机械工作班的正常工作状况。

确定机械正常利用系数，要计算工作班正常状况下准备与结束工作、机械启动、机械维护等工作所必需消耗的时间，以及机械有效工作的开始与结束时间。机械正常利用系数的计算公式如下：

机械正常利用系数＝机械在一个工作班内纯工作时间/工作班延续时间(8h)

(4)计算机械台班消耗定额。在确定了机械工作正常条件、机械纯工作一小时正常生产率和机械正常利用系数之后，采用下列公式计算施工机械的产量定额：

$$N=N_n\times T\times KB(台班)$$

式中 N——机械台班产量定额；

N_n——机械纯工作一小时的正常生产率；

T——工作班延续时间(一般为8h)；

KB——机械时间利用系数。

机械台班定额表现形式为时间定额和产量定额。

机械时间定额是指在合理劳动组织与合理使用机械的条件下，完成单位合格产品必须消耗的工作时间。机械时间定额以“台班”或“台时”为单位。

单位产品的机械时间定额(台班)＝1/机械台班产量

第五节 《全国统一建筑装饰装修工程消耗量定额》编制与应用

一、《全国统一建筑装饰装修工程消耗量定额》GYD—901—2002的组成

装饰工程预算定额是编制装饰施工图预算的主要依据。2002年版本《全国统一建筑装饰装修工程消耗量定额》GYD—901—2002的组成如图3-6所示。

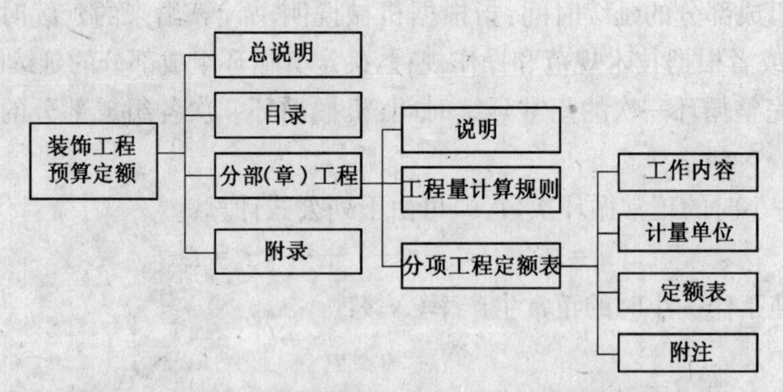

图3-6 全国统一建筑装饰装修工程消耗量定额组成框图

建筑装饰工程预算定额的组成和内容一般包括：总说明；分部分项工程定额说明及计算规则；定额项目表；定额附录等。

1. 建筑装饰工程预算定额总说明内容

(1)装饰工程消耗量定额的含义和功能作用。

(2)装饰工程消耗量定额的适用范围和编制依据。

(3)装饰工程消耗量定额工、料、机三项耗用量指标的制定原则和方法。

(4)装饰工程消耗量定额中木材的分类及定额运用应遵循的原则。

(5)装饰工程消耗量定额中已考虑和未考虑的因素及处理方法。装饰工程消耗量定额与

《全国统一建筑工程基础定额》相同的项目，均以本消耗量定额为准；本定额未列项目（如找平层、垫层等），则按《全国统一建筑工程基础定额》相应项目执行。

2. 分部工程（章）定额的说明及计算规则

(1)说明该分部工程（章）所包括的定额项目内容和子目数量。

(2)该分部工程（章）各定额项目工程量的计算规则。

(3)该分部工程（章）定额内综合的内容及允许和不允许换算的界限及特殊规定。

(4)使用本分部工程（章）允许增减系数范围规定。

3. 分项工程（节）工程内容

在本定额项目表表头上方说明各分项工程（节）的工作内容及施工工艺标准；说明本分项工程（节）项目包括的主要工序及操作方法。

文字说明是定额正确使用的纲领性依据，应用前必须仔细阅读，深刻领会，否则就会造成错套、漏套及重套定额的现象发生。

4. 定额项目表

定额项目表是建筑装饰工程预算定额的核心内容。它反映了完成一定计量单位的分项工程所消耗的各种人工、材料、机械台班数额标准或基价的数值。装饰工程预算定额项目表由下列内容组成：

(1)定额节（项）名称及定额项目名称。

(2)定额项目的工作内容（即：分节说明）。

(3)定额项目的计量单位。

(4)定额项目的定额编号。

有的定额表下面还列有与本节定额有关的说明和附注。说明设计与本定额规定不符时如何调整，以及说明其他应明确的但在定额总说明和分部说明不包括的问题。

5. 定额附录

装饰预算定额内容最后一部分是附录或称为附表，是配合本定额使用不可缺少的组成部分，一般包括以下内容：

(1)各种不同强度等级的混凝土和砂浆的配合比表，不同体积比的砂浆，装饰油漆、涂料等混合材料的配合比用量表。

(2)各种材料成品或半成品场内运输及施工操作损耗率表。

(3)常用的建筑装饰材料名称及规格、表观密度换算表。

(4)材料、机械综合取定的预算价格表。

6.《全国统一建筑装饰装修工程消耗量定额》定额册的项目排列与编号

工程定额项目的排列，一般是按照建筑装饰结构及施工顺序等，按章、节、项等次序进行排列。2002 年建筑装饰工程消耗量定额排列的顺序为：第一章 楼地面工程，第二章 墙柱面工程，第三章 天棚工程，第四章 门窗工程，第五章 油漆、涂料、被糊工程，第六章 其他工程，第七章 装饰装修脚手架及项目成品保护费，第八章 垂直运输及超高增加费。

二、《全国统一建筑装饰装修工程消耗量定额》GYD—901—2002 的编制

1. 预算定额的编制原则

(1)按平均水平确定装饰预算定额。装饰预算定额是确定装饰产品预算价格的工具，其编制应遵守价值规律的客观要求,就是说,应在正常的施工条件下,以社会平均的技术熟练程度和平均的劳动强度,并在平均的技术装备条件下,确定完成单位合格产品所需的劳动消耗量,作为定额的消耗量水平,即社会必要劳动时间的平均水平。这种定额水平,是大多数施工企业能达到和超过的水平。

(2)简明、准确、方便和适用的原则。预算定额中所列工程项目必须满足施工生产的需要,便于计算工程量。每个定额子目的划分要恰当才能方便使用,预算定额编制中,对施工定额所划分的工程项目要加以综合或合并,尽可能减少编制项目。对于那些主要的、常用的、价值量大的项目,分项工程划分宜细;次要的、不常用的、价值量相对较小的项目则可以放粗一些。

定额项目的多少,与定额的步距有关。步距大,定额的子目就会减少,精确度就会降低;步距小,定额子目则会增加,精确度会提高。简明适用核心是定额项目划分要粗细恰当,步距合理。这里的步距是指同类型产品(或同类工程)相邻项目之间的定额水平的差距。步距大小同定额的简明适用程度关系极大。

2. 预算定额的编制依据

(1)现行国家建筑装饰工程施工及验收规范、质量标准、技术安全操作规程和有关装饰标准图。

(2)全国统一建筑装饰工程劳动定额、施工定额。

(3)现行有关设计资料(各种装饰通用标准图集,构件、产品的定型图集)。

(4)现行的人工工资标准、材料预算价格、机械台班预算价格,其他有关设备及构配件等价格资料。

(5)新技术、新材料、新结构和先进经验资料等。

(6)施工现场测定资料、实验资料和统计资料。

3. 预算定额的编制步骤

(1)准备阶段。调集人员、成立编制小组,收集编制资料,拟定编制方案,确定定额项目、水平和表现形式。

(2)编制初稿阶段。对调查和收集的各种资料,进行认真测算和深入细致的分析研究。按确定编制的项目,由选定的设计图纸计算工程量,根据取定的各项消耗和编制依据,计算各定额项目的人工、材料和施工机械台班消耗量,制定项目表。最后,汇总形成预算定额初稿。在定额的编制工作中,将所有“定额项目劳动力计算表”和“定额项目材料及机械台班计算表”中所有计算结果数值转抄在事先构思好的定额表式中,并经过按照一定排列顺序的整理、章、节编号和定额项目编号后,再加上编制说明、目录等内容,经过审批、印刷、装订而成的定额表集合册就称作定额手册,简称为定额。

预算定额初稿编成后,应将新编定额与原定额进行比较,测算新定额的水平,并进行适当调整,直到符合社会平均水平。

(3)审定阶段。广泛征求意见,修改初稿后,定稿并写出编制说明和送审报告报送上级主管部门审批。

4. 定额计量单位的选定

在装饰工程定额编制过程中,确定了定额项目名称和工程内容及施工方法后,就要确定定额项目的计量单位。定额计量单位的选择原则见表 3-2。

表 3-2　定额计量单位的选择原则

根据物体特征及变化规律	定额计量单位	实例
断面形状固定，长度不定	延长米	木装饰、踢脚线等
厚度固定、长宽不定	m^2	楼地面、墙、面、屋面、门窗等
长、宽、高都不固定	m^3	土石方、砖石、混凝土等
面积或体积相同，质量和价格差异大	t 或 kg	金属构件等
形体变化不规律者	台、件、套、个	零星装修、给排水管道工程等

注：扩大计量单位在定额中可表示为 $10m^2$、$100m^2$、10m 等。

5. 确定预算定额消耗量指标

(1)预算定额中人工消耗量确定。人工消耗量指标，一般按以下步骤进行确定：

①按选定的典型工程施工图及有关资料计算工程量：计算工程量的目的是综合不同类型工程在本定额项目中实物消耗量的比例数，使定额项目的消耗量更具有广泛性、代表性。

②确定人工消耗指标：预算定额中的人工消耗指标是指完成该分项工程必须消耗的各种用工量。包括基本用工、材料超运距用工、辅助用工和人工幅度差。

a. 基本用工。它是指完成该分项工程的主要用工。例如，大理石地面的调制砂浆、运料、弹线、贴砖等的用工。

b. 材料超运距用工。拟定预算定额项目的材料、半成品平均运距要比劳动定额中确定的平均运距远。因此在编制预算定额时，比劳动定额远的那部分运距，要计算超运距用工。

c. 辅助用工。它是指施工现场发生的加工材料的用工，如筛沙子、淋石灰膏的用工。这类用工在劳动定额中是单独的项目，但在编制预算定额时要综合进去。

d. 人工幅度差。主要指在正常施工条件下，预算定额项目中劳动定额没有包含的用工因素，以及预算定额与劳动定额的水平差。例如，各工种交叉作业的停歇时间，工程质量检查和隐蔽工程验收等所占的时间。预算定额的人工幅度差系数一般在10%～15%之间。人工幅度差的计算公式为：

人工幅度差＝(基本用工＋超运距用工＋辅助用工)×人工幅度差系数　(3-10)

(2)预算定额中的材料消耗量指标。预算定额中所列材料，可分为主要材料(主材)、辅助材料(辅材)、周转性材料和其他零星材料四类。各种材料的消耗指标可采用理论计算、现场测算、施工定额指标分析等方法分别确定，实际工作一般是采用理论计算与实际测定相结合，图纸计算与施工现场测算相结合等方法确定。预算定额的净用量与施工定额一致，而损耗量要比施工定额适当增加(损耗率略大)。

(3)确定预算定额机械消耗指标。机械消耗量是指在正常条件下，完成单位分项工程或构建，所需消耗的机械工作时间。它由实际消耗量和影响消耗量两部分组成，实际消耗量可根据施工定额中机械产量定额的指标换算求出，而影响消耗是指考虑正常停歇、质检、场内转移等因素影响所增加的台班消耗，用机械幅度差系数确定。

机械台班消耗指标＝实际消耗量＋影响消耗量＝实际消耗量(1＋机械幅度差系数%)　(3-11)

三、预算定额的应用

在应用建筑装饰工程预算定额时，通常会遇到三种情况：定额的直接套用、定额的换算和定额的缺项补充。下面以《全国统一建筑装饰装修工程消耗量定额》GYD－901－2002 为例，阐述建筑装饰工程预算定额的具体应用。

1. 预算定额的直接套用

当建筑装饰施工图的设计要求与预算定额项目的工程内容相一致时，可以直接套用预算定额。

在编制建筑装饰施工图预算的过程中，大多数项目可以直接套用预算定额，其方法如下：

(1)熟悉预算定额手册中文字说明部分的各条规定、定额项目表部分的使用方法和附录部分的具体内容。

(2)根据施工图、设计说明和标准图做法说明，从工程内容、技术特征和施工方法上仔细核对，选择与施工图相对应的定额项目。施工图中分项工程的名称、工程内容和计量单位要与预算定额项目一致。

(3)根据施工图计算出的分项工程工程量，分别乘以相应定额项目的人工、材料、机械台班消耗量，求得所需分项工程的人工、材料和施工机械台班数量。

(4)将分项工程的人工、材料和施工机械台班数量乘以本地区当期的人工单价、材料、机械台班单价(或预算定额基价)，即求出分项工程直接工程费。

【例 3-2】 某宾馆大厅地面面积为 332m²，施工图纸设计要求用 1∶3 水泥砂浆铺贴大理石板(1000mm×1000mm，多色)。

【解】 ①根据题意查找相应的定额项目，确定定额编号，直接套用定额项目的人工、材料、施工机械台班消耗量。定额编号 1-004，大厅铺贴多色大理石地面，定额消耗量见表 3-3。

②根据定额 1-004 确定的定额消耗量及工程量，计算该分项工程消耗的人工、材料、机械台班数量：

人工消耗数量＝工程量×预算定额的人工消耗量

材料消耗数量＝工程量×预算定额的材料消耗量

机械台班消耗数量＝工程量×预算定额的机械台班消耗量

表 3-3 定额消耗量

综合工日	0.2680 工日/m²	水	0.260m³/m²
白水泥	0.1030kg/m²	1∶3 水泥砂浆	0.0303m³/m²
大理石板 1000×1000(综合)	1.0200m²/m²	素水泥浆	0.0010m³/m²
石料切割锯片	0.0035 片/m²	200L 灰浆搅拌机	0.0052 台班/m²
棉纱头	0.0100kg/m²	石料切割机	0.0168 台班/m²
锯木屑	0.0060m³/m²		

计算见表 3-4。

表 3-4 计算

综合工日	332m²×0.2680 工日/m²＝ 88.98 工日
白水泥	332m²×0.1030kg/m²＝ 34.20kg
大理石板 1000×1000(综合)	332m²×1.0200m²/m²＝338.64m²
石料切割锯片	332m²×0.0035 片/m²＝ 1.162 片
棉纱头	332m²×0.0100kg/m²＝ 3.32kg
锯木屑	332m²×0.0060m³/m²＝1.992m³

续表 3-4

综合工日	$332m^2 \times 0.2680$ 工日$/m^2 = 88.98$ 工日
水	$332m^2 \times 0.260m^3/m^2 = 86.32m^3$
1∶3 水泥砂浆	$332m^2 \times 0.0303m^3/m^2 = 10.06m^3$
素水泥浆	$332m^2 \times 0.0010m^3/m^2 = 0.332m^3$
200L 灰浆搅拌机	$332m^2 \times 0.0052$ 台班$/m^2 = 1.726$ 台班
石料切割机	$332m^2 \times 0.0168$ 台班$/m^2 = 5.58$ 台班

③计算该分项工程直接工程费：查 2009 年某市《建筑装饰工程预算定额》，定额编号 BA004 中：人工费为 6.968 元$/m^2$，材料费为 4.803 元$/m^2$（大理石板未计价），机械费为 0.1937 元$/m^2$。

查当地造价信息价：20mm 厚大花白大理石（意大利 A）：600 元$/m^2$

20mm 厚紫罗红大理石（土耳其 A）：800 元$/m^2$

该分项工程直接工程费＝(6.968＋4.803＋0.1937)×332＋600 元$/m^2$×166＋800 元$/m^2$×166＝236372.28（元）

2. 预算定额的换算

当建筑装饰施工图的设计要求与预算定额项目的工程内容、材料规格、施工方法等条件不相一致时，不可以直接套用预算定额，必须根据预算定额文字说明部分的有关规定进行换算后再套用定额。

预算定额的换算主要有砂浆换算、块料用量换算、系数换算和其他换算几种类型。

(1)砂浆换算。《全国统一建筑装饰装修工程消耗量定额》—GYD—901—2002 规定：定额注明的砂浆种类、配合比、饰面材料及型号规格与设计不同时，可按设计规定调整，但人工、机械消耗量不变；抹灰砂浆厚度，如设计与定额取定不同时，除定额有注明厚度的项目可以换算外，其他一律不作调整。

①砂浆换算原因：当设计图纸要求的抹灰砂浆配合比或抹灰厚度与预算定额的抹灰厚度或配合比不同时，就要进行抹灰砂浆换算。

②砂浆换算形式：

第一种形式：当抹灰厚度不变，只有配合比变化时，人工、机械台班用量不变，只调整砂浆中原材料的用量。

第二种形式：当扶灰厚度发生变化且定额允许换算时，砂浆用量发生变化，因而人工、材料、机械台班用量均要调整。

③换算公式：

第一种形式：人工、机械台班、其他材料不变：

换入砂浆用量＝换出的定额砂浆用量

换入砂浆原材料用量＝换入砂浆配合比用量×换出的定额砂浆用量

第二种形式：人工、材料、机械台班用量均要调整：

k＝换入砂浆总厚度/定额砂浆总厚度

换算后人工用量＝k×定额工日数

换算后机械台班用量＝k×定额台班数

换算后砂浆用量＝换入砂浆厚度/定额砂浆厚度×定额砂浆用量

换入砂浆原材料用量＝换入砂浆配合比用量×换算后砂浆用量

【例 3-3】 1∶3 水泥砂浆底,1∶2.5 水泥白石子浆窗套面水刷石。

【解】 按第一种形式换算。

查找定额:定额编号:2-008;定额名称为:水刷白石子零星项目;定额做法为:1∶3 水泥砂浆底,1∶1.5 水泥白石子浆面层。

人工、机械台班、其他材料不变,只调整水泥白石子浆的材料用量。

1∶2.5 水泥白石子浆用量＝ 0.0112m^3/m^2

1∶2.5 水泥白石子浆的原材料用量:

42.5MPa 水泥:567×0.0112＝6.35(kg/m^2)

白石子:1519×0.0112＝17.01(kg/m^2)

【例 3-4】 1∶2 水泥砂浆底 22mm 厚,1∶2.5 水泥白石子浆 12mm 厚毛石墙面水刷石。

【解】 按第二种形式换算。

查找定额:定额编号:2-006,定额名称为:水刷白石子毛石墙面,定额做法为:1∶3 水泥砂浆底 20 厚,1∶1.5 水泥白石子浆面层 10 厚。

k＝换入砂浆总厚度/定额砂浆总厚度＝(22＋12)/(20＋10)＝1.133

换算后人工用量＝ 1.133×0.3818 ＝ 0.433(工日/m^2)

换算后台班用量＝ 1.133×0.0058 ＝ 0.0066(台班/m^2)

换算后原材料用量:

42.5MPa 水泥:22÷20×0.0232×557＋12÷10×0.0116×567 ＝ 22.11(kg/m^2)

粗砂:22÷20×0.0232×0.94＝0.024(m^3/m^2)

白石子:12÷10×0.0116×1519＝21.14(kg/m^2)

其他材料不变。

(2)块料用量换算。当设计图纸规定的块料规格品种与预算定额的块料规格品种不同时,就要进行块料用量换算。

【例 3-5】 设计要求,外墙面贴 100mm×100m 无釉面砖,灰缝 5mm,面砖损耗率 1.5%,试计算每 100 ㎡外墙贴面砖的总消耗量。

【解】 查找定额子目,定额编号:2-130;定额名称为:150×75 面砖(灰缝 5mm)。

每 100m^2 的 100mm×100m 面砖消耗量＝100/[(0.1＋0.005)×(0.1＋0.005)]×(1＋1.5%)

＝100/0.011025×1.015 ＝9206.35(块/100m^2)

其他材料用量不变,均按原定额。

(3)系数换算。系数换算是指按定额规定,定额的人工、材料、机械台班乘以一定系数。例如,轻钢龙骨、铝合金龙骨定额为双层结构,如实际设计是单层结构时,人工乘以 0.85 系数。又如,定额中的单层木门刷油是按双面刷油考虑的,如采用单面刷油,其定额含量乘以 0.49 系数计算。顶棚面安装圆弧装饰线条人工乘 1.6 系数,材料乘 1.1 系数。

【例 3-6】 装配式 T 型铝合金顶棚龙骨(不上人),单层结构,面层规格(单位:mm) 600×600,平面。

【解】 查找定额子目,定额编号:3-043,定额名称为:装配式 T 型铝合金顶棚龙骨(不上人）。该子目定额内容为600600T型铝合金顶棚龙骨双层结构，现为单层结构，根据定额规定换算。

人工：0.1400工日/m^2×0.85 = 0.119(工日/m^2)

材料、机械用量不变。

【例3-7】 单层木门单面刷油：底油一遍，刮腻子、调和漆二遍，磁漆一遍。

【解】 查找定额子目，定额编号：5－001；定额名称为：单层木门油漆；该子目定额内容为底油一遍，刮腻子、调和漆二遍，磁漆一遍，根据定额规定换算。

换算后结果见表3-5。

表3-5　换算后结果

人工	0.2500工日/m^2×0.49=0.1225工日/m^2
石膏粉	0.0540kg/m^2×0.49=0.0265kg/m^2
砂纸	0.4800张/m^2×0.49=0.2352张/m^2
豆包布0.9m宽	0.0040m/m^2×0.49 = 0.0020m/m^2
醇酸磁漆	0.2143kg/m^2×0.49 = 0.1050kg/m^2
无光调和漆	0.5093kg/m^2×0.49 = 0.2496kg/m^2
清油	0.0180kg/m^2×0.49 = 0.0088kg/m^2
醇酸稀释剂	0.0110kg/m^2×0.49 = 0.0054kg/m^2
熟桐油	0.0430kg/m^2×0.49 = 0.0211kg/m^2
催干剂	0.0110kg/m^2×0.49 = 0.0054kg/m^2
油漆溶剂油	0.1130kg/m^2×0.49 = 0.0554kg/m^2
酒精	0.0040kg/m^2×0.49 = 0.0020kg/m^2
漆片	0.0007kg/m^2×0.49 = 0.0003kg/m^2

(4)其他换算。其他换算是指不属于上述几种换算情况的换算，例如：

①隔墙（间壁）、隔断（护壁）、幕墙等定额中龙骨间距、规格如与设计不同时，定额用量允许调整。

②铝合金地弹门制作型材（框料）按101.6mm×44.5mm、厚1.5mm方管制定，如实际采用的型材断面及厚度与定额取定规格不符者，可按图示尺寸乘以线密度加6%的施工损耗计算型材重量。

3. 定额缺项基价的确定

凡国家、各省、自治区颁发的统一定额和专业部门主编的专业性定额如有缺项，可编制补充定额。

(1)考虑基本因素。补充定额分部工程范围划分（所属分部）、计量单位、编制内容及工程说明等应与相应定额一致，对一些较复杂的整体构件，可适当扩大其工程范围，以简化编制预算工作，对分部范围属几道工序完成的，应以占其比重较大者为主。人工、材料及机械台班用量的确定，可根据设计图，施工定额或者现场实测资料以及类似工程项目进行计算。

(2)编制方法。根据施工图，对需编制补充定额的分项工程或构配件，其编制范围及计量单位，要同所计算的工程量取得一致，以便对号入座。如编制“美术水磨石地面”的补充定额时，其编制范围应包括：清扫、刮底、弹线、嵌条、扫浆、配色、找平、滚压、抹面、磨光、擦浆、补砂眼、理光、上草酸打蜡、擦光等全部操作过程。

①计算材料数量，以美术水磨石为例，主要材料可按理论计算法；次要材料参照类似定额用

量根据比例计算，比如水磨石用金刚石、助磨剂草酸、打蜡使用石蜡等。

②计算人工数量，方法有两种：一种可根据劳动定额计算方法，该法较复杂，首先按编制补充定额的范围分别列出所需操作工序及其内容，再按劳动定额找出每一道工序需用工种、工人数、等级、计算出需用人工数量。最后相加得到所需全部人工数量。另一种是比照类似定额计算方法，该方法较简易，工作量小，但准确性差，其方法可将各部分比照类似项目计算出人工消耗数量，最后将各部分相加即得人工消耗总数量。

③计算机械台班数量，该方法亦有两种：一种是采用劳动定额的机械台班来确定所需台班数量，另一种是比照类似预算定额项目中的机械台班数量来确定。

按上述步骤及方法，确定出人工、材料以及机械台班数量后，把结果填在定额相应栏目中，其价值计算与一般定额单价计算相同。

【例 3-8】 某工程设计铁岭红美术水磨石地面，配合比为水泥与色石子 1：2.6，其中白水泥占 20%，青水泥占 80%，氧化铁红占水泥质量 1.5%，求各材料用量及定额基价。水泥体积密度为 1200kg/m³，色石子堆积密度为 1510kg/m³，色石子密度为 26501kg/m³，色石子损耗率为 4%，水泥损耗率为 1%，颜料损耗率为 3%。

【解】 ①主要材料用量计算：

色石子空隙率＝(1－1510/2650)×100%＝43%

色石子用量＝色石子之比/(配合比之和－色石子之比×石子空隙率)

＝2.6/(1＋2.6－2.6×0.43)＝1.05m³＞1m³(取 1m³)

色石子总消耗量＝[1×(1＋0.04)×1510]kg＝1570.40(kg)

水泥用量＝水泥之比×水泥堆积密度/色石子之比×色石子用量

＝1×1200/2.6m³×1m³＝333.33(kg)

白水泥消耗量＝461.54×20%×(1＋1%)kg＝93.23(kg)

青水泥消耗量＝461.54×80%×(1＋1%)kg＝372.92(kg)

氧化铁红(颜料)消耗量＝461.54×1.5%×(1＋3%)kg＝7.13(kg)

以上即为每 m³ 色石子浆的主要材料用量，列出配合比表见 3-6。

表 3-6 铁岭红色石子浆配合比表

项目		单位	数量	单价/元	合价/元	计算依据
基价					810.60	
材料	水泥 325 号	kg	372.92	0.28	104 41	按理论质量计算
	白水泥	kg	93.23	0.59	55.01	按理论质量计算
	色石子	kg	1570.4	0.39	612.46	按理论质量计算
	氧化铁红	kg	7.13	5.41	38.57	按理论质量计算
	水	m³	0.30	0.50	0.15	参照类似定额

②次要材料、人工和机械台班使用量计算：为简化编制工作，主要材料按理论重量计算，但对次要材料、人工和机械台班数量等均可套用定额项目。

③铁岭红美术水磨石地面基价计算(单位：100m²)见表 3-7。

工作内容：清理基层；调制水泥砂浆和水泥色石子浆；素水泥浆打底，嵌铜条、水泥色石子浆找平；磨光清洗、打蜡、上光蜡、抛光、养护等。

表 3-7　铁岭红美术水磨石地面基价计算表

	项目	单位	数量	单价/元	合价/元	计算依据
	基价				4638.78	
	其中：人工费 材料费 机械费				795.84 3582.06 260.88	
人工	综合工日	工时	57.42	13.86	795.84	参照定额人工用量 52.20 工日，因增加上光蜡抛光，人工增加 10% 52.20 工日×(1＋10%)＝57.42 工日
材料	水泥砂浆 1∶3	m^3	1.52	170.00	258.40	按定额计算
	素水泥浆	m^3	0.12	461.70	55.40	按定额计算
	色石子浆 1∶2.6	m^3	1.43	810.60	1159.16	—
	水泥 325 号	kg	26.00	0.28	7.28	按定额计算
	金刚石(三角)	块	35.00		155.40	按定额计算
	铜条	kg	61.66	26.13	1661.18	铜条厚度 1.8mm，$4.03m^2\times 15.30kg/m^2=61.66kg$
	草酸	kg	1.00	8.49	8.49	按定额计算
	硬白蜡	kg	2.65	106.11	281.19	按定额计算
	煤油	kg	4.00	11.24	11.24	按定额计算
	溶剂油	kg	0.53	3.28	1.74	按定额计算
	上光蜡	kg	3.00	5.62	16.86	$100m^2\times 0.03kg/m^2=3kg$
	水	m^3	5.80	0.50	2.90	按定额计算
	其他材料费	元			12.82	按定额计算
机械	砂浆搅拌机(200L)	台班	0.25	15.92	3.98	按定额计算
	卷扬机简单快速	台班	0.51	28.84	14.71	按定额计算
	磨石机	台班	12.77	19.04	242.19	参照定额机械台班用量，增加 10% 台班为换布轮抛光

注：1. 铁岭红美术水磨石地面基价未含踢脚线工料。
　　2. 单价根据不同地区、时间做相应调整，此表仅为参考。

第六节　装饰装修人工、材料、机械台班单价的确定

一、人工单价编制方法

1. 人工单价的概念

人工单价是指工人一个工作日应该得到的劳动报酬。一个工作日一般指工作 8 小时。

2. 人工单价的组成内容

人工工日单价反映了一定技术等级的建筑装饰生产工人在一个工作日中可以得到的报

酬，一般组成如下：

(1)生产工人基本工资。是指发给直接从事生产的工人的基本工资。包括岗位工资、技能工资、年终工资等。

(2)生产工人工资性补贴。是指为了补偿工人额外或特殊的劳动消耗及为了保证工人的工资水平不受特殊条件影响，而以补贴形式支付给工人的劳动报酬。它包括按规定标准发放的煤/燃气补贴、交通费补贴、流动施工津贴、住房补贴、工资附加、地区津贴、物价补贴等。

(3)生产工人辅助工资。是指生产工人年有效施工天数以外非作业天数的工资。包括职工在职学习、培训期间的工资，调动工作、探亲、法定休假期间的工资，女工哺乳期间的工资，病假在6个月以内的工资及产、婚、丧期间工资，因气候影响的停工工资等。

(4)职工福利费。指按规定标准计提的职工福利费。包括生产工人的书报费、洗理费、取暖费等。

(5)生产工人劳动保护费。是指按规定标准发放的劳动保护用品的购置费及修理费，徒工服装补贴，防暑降温费，在有害环境下施工的保健费用等。

(6)劳动保障费。是指工人在工作期间所交养老保险、失业保险费、医疗保险费、住房公积金所发生的费用。

3. 人工单价的编制方法

(1)根据劳务市场行情确定人工单价。目前，根据劳务市场行情确定人工单价已经成为计算工程劳务费的主流，这是社会主义市场经济发展的必然结果。根据劳务市场行情确定人工单价应注意以下几个方面的问题：

①要尽可能掌握劳动力市场价格中长期历史资料，这对于我们以后采用数学模型预测人工单价成为可能。

②在确定人工单价时要考虑用工的季节性变化。当大量聘用农民工时，要考虑农忙季节时人工单价的变化。

③在确定人工单价时要采用加权平均的方法综合各劳务市场的劳动力单价。

④要分析拟建工程的工期对人工单价的影响。如果工期紧，那么人工单价按正常情况确定后要乘以大于1的系数。如果工期有拖长的可能，那么也要考虑工期延长带来的风险。根据劳务市场行情确定人工单价的数学模型描述如下：

人工单价$=\sum$(某劳务市场人工单价×权重)I×季节变化系数×工期风险系数　(3-12)

【例3-9】 据市场调查取得的资料分析，抹灰工在劳务市场的价格分别是：甲劳务市场35元/工日，乙劳务市场38元/工日，丙劳务市场34元/工日。调查表明，各劳务市场可提供抹灰工的比例分别为，甲劳务市场40%，乙劳务市场26%，丙劳务市场34%，当季节变化系数、工期风险系数均为1时，试计算抹灰工的人工单价。

【解】 抹灰工的人工单价＝(35.00×40%＋38.00×26%＋34.00×34%)×1×1

＝(14＋9.88＋11.56)×1×1＝35.44(元/工日)(取35.50元/工日)

(2)根据以往承包工程的情况确定。如果在本地以往承包过同类工程，可以根据以往承包工程的情况确定人工单价。例如，以往在某地区承包过三个与拟建工程基本相同的工程，木工每个工日支付了40.00～45.00元，这时我们就可以进行具体对比分析，在上述范围内(或超过一点范围)确定投标报价的木工人工单价。

(3)根据预算定额规定的工日单价确定。凡是含有基价的预算定额,都明确规定了人工单价,我们可以以此为依据确定拟投标工程的人工单价。

二、材料单价编制方法

1. 材料单价的概念

材料单价是指材料从采购地运到工地仓库或堆放场地后的出库价格。

2. 构成材料单价费用的几种方式

(1)材料供货到工地现场。当材料供应商将材料供货到施工现场或施工现场的仓库时,材料单价由材料原价、采购保管费构成。

(2)在供货地点采购材料。当需要派人到供货地点采购材料时,材料单价由材料原价、运杂费、采购保管费构成。

(3)需二次加工的材料。当某些材料采购回来后,还需要进一步加工的,材料单价除了上述费用外,还包括二次加工费。

3. 材料原价的确定

材料原价是指付给材料供应商的材料单价。当某种材料有两个或两个以上的材料供应商供货且材料原价不同时,要计算加权平均材料原价。加权平均材料原价的计算式如下:

$$加权平均材料原价=\sum(材料原价\times材料数量)i/\sum(材料数量)i \quad (3\text{-}13)$$

注:①式中 i 是指不同的材料供应商。

②包装费及手续费均已包含在材料原价中。

【例3-10】 某工地所需的三星牌墙面面砖由三个材料供应商供货,其数量和原价见表3-8,试计算墙面砖的加权平均原价。

表3-8　面砖数量及价格

供应商	面砖数量(m^2)	供货单价(元/m^2)
甲	1500	68.00
乙	800	64.00
丙	730	71.00

【解】 墙面砖加权平均原价=(68×1500+64×800+71×730)/(1500+800+730)

=205030/3030 =67.67(元/m^2)

4. 材料运杂费计算

材料运杂费是指在材料采购后运回工地仓库所发生的各项费用。包括装卸费、运输费和合理的运输损耗费等。

(1)材料装卸费按行业市场价支付。

(2)材料运输费按行业运输价格计算,若供货来源地点不同且供货数量不同时,需要计算加权平均运输费,其计算式如下:

$$加权平均运费=\sum(运输单价\times材料数量)i/\sum(材料数量)i \quad (3\text{-}14)$$

(3)材料运输损耗费是指在运输和装卸材料过程中,不可避免产生的损耗所发生的费用,一般按下式计算:

材料运输损耗费＝(材料原价＋装卸费＋运输费)×运输损耗率 (3-15)

【例 3-11】 上例中墙面砖由三个地点供货，根据表 3-9 中的资料计算墙面砖运杂费。

表 3-9 墙面砖运杂费计算资料

供应商	面砖数量(m^2)	运输单价(元/m^2)	装卸费(元/m^2)	运输损耗率(%)
甲	1500	1.10	0.50	1
乙	800	1.60	0.55	1
丙	730	1.40	0.65	1

【解】 ①计算加权平均装卸费：

墙面砖加权平均装卸费＝(0.5×1500＋0.55×800＋0.65×730)/(1500＋800＋730)

＝1664.5/3030＝0.55(元/m^2)

②计算加权平均运输费：

墙面砖加权平均运输费＝(1.10×1500＋1.60×800＋1.40×730)/(1500＋800＋730)

＝3952/3030 ＝1.30(元/m^2)

③计算运输损耗费：

墙面砖运输损耗费＝(材料原价＋装卸费＋运输费)×运输损耗率

＝(67.67＋0.55＋1.30)×1% ＝0.70(元/m^2)

④运杂费小计：

墙面砖运杂费＝装卸费＋运输费＋运输损耗费 ＝0.55＋ 1.30＋0.70＝2.55(元/m^2)

5. 采购保管费计算

材料采购保管费是指施工企业在组织采购材料和保管材料过程中发生的各项费用，包括采购人员的工资、差旅交通费、通讯费、业务费、仓库保管费等。

采购保管费一般按前面计算的与材料有关的各项费用之和乘以一定费率计算，通常取1%～3%之间，计算式如下：

材料采购保管费＝(材料原价＋运杂费)×材料采购保管费率 (3-16)

【例 3-12】 上述墙面砖的采购保管费率为 2%，根据前面墙面砖的二项计算结果，计算墙面砖采购保管费。

【解】 墙面砖采购保管费＝(67.67＋2.55)×2%＝70.22×2% ＝1.40(元/m^2)

6. 材料单价确定

通过上述分析，我们知道，材料单价的计算公式为：

材料单价＝加权平均材料原价＋采购保管费＋加权平均材料运杂费 (3-17)

或

材料单价＝(加权平均材料原价＋加权平均材料运杂费)×(1＋采购保管费率) (3-18)

【例 3-13】 根据以上计算出的结果，汇总成材料单价。

【解】 墙面砖材料单价＝(67.67＋2.55)×(1＋2%)＝71.62(元/m^2)

或 墙面砖材料单价＝67.67＋2.55＋1.40＝71.62(元/m^2)

三、机械台班单价编制方法

机械台班单价是指在单位工作班中为使机械正常运转所分摊和支出的各项费用。

按有关规定机械台班单价由七项费用构成，这些费用按其性质划分为第一类费用和第二类费用。

(1)第一类费用。第一类费用也称不变费用，是指属于分摊性质的费用，包括折旧费、大修理费、经常修理费、安拆及场外运输费等。从简化计算的角度出发，我们提出以下计算方法：

①折旧费：折旧费＝购置机械全部费用×(1－残值率)/耐用总台班　(3-19)

耐用总台班＝预计使用年限×年工作台班　(3-20)

其中，购置机械全部费用是指机械从购买运到施工单位所在地发生的全部费用，包括原价、购置税、保险费及牌照费、运费等。

②大修理费：大修理费是指机械设备按规定到了大修理间隔台班所需进行大修理，以恢复正常使用功能所需支出的费用，计算式如下：

台班大修理费＝一次大修理费×(大修理周期－1)/耐用总台班　(3-21)

③经常修理费：经常修理费是指机械设备除大修理外的各级保养及临时故障维修所需支出的费用。它包括为保障机械正常运转所需替换设备，随机配置的工具、附具的摊销及维护费用，机械正常运转及日常保养所需润滑、擦拭材料费用和机械停置期间的维护保养费用等。

台班经常修理费可以用下列简化公式计算：

台班经常修理费＝台班大修理费×经常修理费系数　(3-22)

④安拆费及场外运输费：安拆费是指机械在施工现场进行安装、拆卸所需人工、材料、机械费和试运转费，以及机械辅助设施(如行走轨道、枕木等)的折旧、搭设、拆除等费用。

场外运输费是指机械整体或分体自停置地点运至施工现场或由一工地运至另一工地的运输、装卸、辅助材料及架设费用。该项费用，在实际工作中可以采用两种方法计算。一是当发生时在工程报出价中已经计算了这些费用，那么编制机械台班单价就不再计算。二是根据往年发生的费用的年平均数，除以年工作台班计算，计算式如下：

台班安拆及场外运输费＝历年统计安拆费及场外运输费的年平均数/年工作台班　(3-23)

(2)第二类费用。第二类费用也称可变费用，是指属于支出性质的费用，包括燃料动力费、人工费、养路费及车船使用税等。

①燃料动力费：燃料动力费是指机械设备在运转过程中所耗用的各种燃料、电力、风力、水等的费用，计算式如下：

台班燃料动力费＝每台班耗用的燃料或动力数×燃料或动力单价　(3-24)

②人工费：人工费是指机上司机、司炉和其他操作人员的工日工资，计算式如下：

台班人工费＝机上操作人员人工工日数×人工单价　(3-25)

③养路费及车船使用税：养路费及车船使用税是指按国家规定应缴纳的机动车养路费、车船使用税、保险费及年检费。

第七节　建筑装饰工程定额计价模式

一、建筑装饰工程费用构成及其内容

建筑装饰工程在施工过程中，不仅要发生装饰材料和装饰机械与机具的价值转移，同时还发生体力与脑力劳动价值的转移并为社会创造新价值。所以，装饰工程产品具有商品特征，其

价格应包括活劳动与物化劳动的价值转移和通过劳动所创造的价值两部。其中价值转移可分为装饰工程施工生产所消耗的以及装饰施工企业为组织和管理工程施工所必须消耗的价值两部分，即直接费和间接费。活劳动为社会创造的价值就是税金和利润两部分。因此，建筑装饰工程造价或价格由直接费、间接费、利润和税金四部分构成。我国现行建筑装饰工程费用的具体构成见表3-10。

表3-10 我国现行建筑装饰工程费用构成

<table>
<tr><td rowspan="6">建筑装饰工程费用组成</td><td rowspan="2">直接费</td><td>直接工程费</td><td>(1)人工费
(2)材料费
(3)施工机械使用费</td></tr>
<tr><td>措施费</td><td>(1)环境保护 (2)文明施工
(3)安全施工 (4)临时设施
(5)夜间施工 (6)二次搬运
(7)大型机械设备进出场及安拆
(8)空气检测费
(9)脚手架
(10)已完工程及设备保护</td></tr>
<tr><td rowspan="2">间接费</td><td>规费</td><td>(1)工程排污费
(2)工程定额测定费
(3)社会保障费：养老保险费，失业保险费，医疗保险费
(4)住房公积金
(5)危险作业意外伤害保险</td></tr>
<tr><td>企业管理费</td><td>(1)管理人员工资 (2)办公费
(3)差旅交通费 (4)固定资产使用费
(5)工具用具使用费 (6)劳动保险费
(7)工会经费 (8)职工教育经费
(9)财产保险费 (10)财务费
(11)税金 (12)其他</td></tr>
<tr><td>利润</td><td colspan="2"></td></tr>
<tr><td>税金</td><td colspan="2"></td></tr>
</table>

（一）直接费

直接费由直接工程费和措施费两大内容组成。

1. 直接工程费的构成

直接工程费是指直接消耗在建筑装饰工程施工过程中，构成工程实体的各项费用，包括人工费、材料费、施工机械使用费。直接工程费是建筑装饰工程中的一项基础费用。

(1)人工费。人工费是指直接从事建筑装饰工程施工生产的工人(包括辅助工人)开支总和。构成人工费的基本要素有人工消耗量和人工单价。

预算定额中的人工消耗量，在本章第三节已有详细论述。

生产工人的日工资单价包括：基本工资、工资性补贴、生产工人辅助、工资职工福利费、劳动保护费等。

(2)材料费。材料费是指直接消耗在施工生产上构成工程实体的原材料、辅助材料、构配件、零件、半成品的费用和周转材料的摊销(或)租赁等费用的总称。构成材料费的三个基本要素是材料消耗量、材料单价、检验试验费。

①预算定额中的材料消耗量,在本章第三节已有详细论述。

②材料单价包括材料原价(或供应价格)、运杂费、运输损耗费、采购及保管费(采购费、仓储费、工地保管费、仓储损耗)。

③检验试验费是指对建筑材料、构件和建筑安装物进行一般鉴定、检查所发生的费用,包括自设试验室进行试验所耗用的材料和化学药品等费用。不包括新结构、新材料的试验费和建设单位对具有出厂合格证明的材料进行检验,对构件做破坏性试验及其他特殊要求检验试验的费用。

材料费中不包括施工机械、运输工具使用或修理过程中的动力、燃料和材料等费用,以及组织和管理项目施工生产所搭设的大小临时设施耗用的材料等费用。

(3)施工机械使用费。施工机械使用费是指施工机械作业所发生的机械使用费以及机械安拆费和场外运费。构成施工机械的基本要素是机械台班消耗量和机械台班单价。

①预算定额中的机械台班消耗量,在本章第三节已有详细论述。

②施工机械台班单价由下列七项费用组成:折旧费、大修理费、经常修理费、安拆费及场外运费、人工费、燃料动力费、养路费及车船使用税。

在施工机械使用费中,不包括建筑装饰企业经营管理及实行独立经济核算的加工厂等所需要的各种机械的费用。

2. 措施费的构成

措施费是指为完成装饰工程项目施工,发生于该工程施工前和施工过程中非工程实体项目的费用,具体内容如下:

(1)环境保护费。是指施工现场为达到环保部门要求所需要的各项费用。

(2)文明施工费。是指施工现场文明施工所需要的各项费用。

(3)安全施工费。是指施工现场安全施工所需要的各项费用。

(4)临时设施费。是指施工企业为进行建筑工程施工所必须搭设的生活和生产用的临时建筑物、构筑物和其他临时设施费用等。

(5)夜间施工费。是指因夜间施工所发生的夜班补助费、夜间施工降效、夜间施工照明设备摊销及照明用电等费用。

(6)二次搬运费。是指因施工场地狭小等特殊情况而发生的二次搬运费用。

(7)大型机械设备进出场及安拆费。是指机械整体或分体自停放场地运至施工现场或由一个施工地点运至另一个施工地点,所发生的机械进出场运输及转移费用及机械在施工现场进行安装、拆卸所需的人工费、材料费、机械费、试运转费和安装所需的辅助设施的费用。

(8)脚手架费。是指施工需要的各种脚手架搭、拆、运输费用及脚手架的摊销(或租赁)费用。

(9)已完工程及设备保护费。是指竣工验收前,对已完工程及设备进行保护所需费用。

(10)空气检测费。

(二)间接费

间接费是用于不构成工程实体但有利于工程实体形成而支出的一些费用，由规费和企业管理费组成。

1. 规费的构成

规费是指政府和有关权力部门规定必须缴纳的费用(简称规费)，包括以下内容：

(1)工程排污费。是指施工现场按规定缴纳的工程排污费。

(2)工程定额测定费。是指按规定支付工程造价(定额)管理部门的定额测定费。

(3)社会保障费。

①养老保险费：是指企业按规定标准为职工缴纳的基本养老保险费。

②失业保险费：是指企业按照国家规定标准为职工缴纳的失业保险费。

③医疗保险费：是指企业按照规定标准为职工缴纳的基本医疗保险费。

(4)住房公积金。是指企业按规定标准为职工缴纳的住房公积金。

(5)危险作业意外伤害保险。是指按照建筑法规定，企业为从事危险作业的建筑安装施工人员支付的意外伤害保险费。

2. 企业管理费构成

企业管理费是指建筑安装企业组织施工生产和经营管理所需费用。包括以下内容：

(1)管理人员工资。是指管理人员的基本工资、工资性补贴、职工福利费、劳动保护费等。

(2)办公费。是指企业管理办公用的文具、纸张、账表、印刷、邮电、书报、会议、水电、烧水和集体取暖(包括现场临时宿舍取暖)用煤等费用。

(3)差旅交通费。是指职工因公出差、调动工作的差旅费、住勤补助费，市内交通费和误餐补助费，职工探亲路费，劳动力招募费，职工离退休、退职一次性路费，工伤人员就医路费，工地转移费以及管理部门使用的交通工具的油料、燃料、养路费及牌照费。

(4)固定资产使用费。是指管理和试验部门及附属生产单位使用的属于固定资产的房屋、设备仪器等的折旧、大修、维修或租赁费。

(5)工具用具使用费。是指管理使用的不属于固定资产的生产工具、器具、家具、交通工具和检验、试验、测绘、消防用具等的购置、维修和摊销费。

劳动保险费：是指由企业支付离退休职工的易地安家补助费、职工退职金、六个月以上的病假人员工资、职工死亡丧葬补助费、抚恤费、按规定支付给离休干部的各项经费。

(6)工会经费。是指企业按职工工资总额计提的工会经费。

(7)职工教育经费。是指企业为职工学习先进技术和提高文化水平，按职工工资总额计提的费用。

(8)财产保险费。是指施工管理用财产、车辆保险。

(9)财务费。是指企业为筹集资金而发生的各种费用。

(10)税金。是指企业按规定缴纳的房产税、车船使用税、土地使用税、印花税等。

(11)其他。包括技术转让费、技术开发费、业务招待费、绿化费、广告费、公证费、法律顾问费、审计费、咨询费等。

(三)利润与税金

(1)利润。是指施工企业完成所承包工程获得的盈利。

(2)税金。是指国家税法规定的应计入建筑安装工程造价内的营业税、城市维护建设税及教育费附加等。

二、直接费的计算

直接费由直接工程费和措施费两大内容组成,即直接费＝直接工程费＋措施费。

1. 直接工程费计算

直接工程费是根据施工图纸、工程量计算规则、建筑装饰工程预算定额等资料计算出的各分项工程量,分别乘以预算定额中的预算基价,计算出分项工程直接工程费;或根据施工图计算出的各分项工程量,分别乘以预算定额中的人工、材料和机械台班消耗量,再乘以当时、当地的人工单价、各种材料单价、机械台班单价,计算出分项工程直接工程费。

直接工程费的算式为:

直接工程费＝人工费＋材料费＋机械费＝∑(分项工程量×相应子目预算定额基价)

其中:

人工费＝∑(分项工程工程量×相应预算定额人工消耗量指标×人工单价)

材料费＝∑(分项工程工程量×相应预算定额材料消耗量指标×材料单价)＋检验试验费

施工机械使用费＝∑(分项工程工程量×相应预算定额相应机械消耗量指标×机械台班单价)

(1)分项工程项目内容是选套定额子目的依据。查选定额子目编号时,必须在熟悉施工图和定额项目划分的前提下,清楚界定内容。

(2)定额编号必须与基价相对应。凡经过调整或换算过的定额基价,应在调价的定额编号后,加“调”或“换”字,以示区别。采用补充定额的基价,应自行编号,并将补充定额的单位估价表作为附件,编入预(结)算书内。

(3)定额计量单位是定额基价的单位产品量。必须保证“计量单位”与“工程量”两栏协调一致。

(4)整个装饰工程的直接工程费和人工费、机械费,是调整价差及计算其他各项费用的基础。因此,直接工程费计算的精确度,影响到整个工程预算费用的准确性。

2. 措施费计算

措施费的计算方法一般有以下几种:

(1)定额分析法。定额分析法是指凡是可以套用定额的项目,通过先计算工程量,然后再套用定额分析出工料机消耗量,最后根据各项单价计算出措施费的方法。例如,脚手架搭拆费可以根据施工图算出搭设的工程量,然后套用定额、选定单价,计算脚手架搭拆所用人工费、材料费、机械费费用。

(2)费率计算法。费率计算法是以直接工程费中的人工费为计算基础,乘以措施项目相应费率,求得措施项目费。根据费率计算的措施项目,见表3-11。

(3)方案分析法。方案分析法是通过编制具体的措施实施方案,对方案所涉及的各项费用进行分析计算后,汇总成某个措施项目费。

三、间接费、利润及税金计算

1. 间接费计算

间接费由规费与企业管理费构成。

表 3-11　建筑装饰工程费用计算程序

费用名称	序号	费用项目	计算公式
直接费	(一)	直接工程费 其中人工费为 R1	直接工程费＝人工费＋材料费＋施工机械使用费 ＝∑(分项工程工程量×定额基价)
	(二)	人工、材料、机械差价调整	计算公式见前述
	(三)	措施费 其中措施费中人工费为:R2	(1)环境保护＝定额人工费 R1×环境保护费率
			(2)文明施工＝定额人工费 R1×文明施工费率
			(3)安全施工＝定额人工费 R1×安全施工费率
			(4)临时设施＝定额人工费 R1×临时设施费率
			(5)夜间施工＝定额人工费 R1×夜间施工增加费费率
			(6)二次搬运＝定额人工费 R1×二次搬运费率
			(7)大型机械设备进出场及安拆:按措施项目定额计算
			(8)空气检测费＝定额人工费 R1×空气检测费率
			(9)脚手架:按措施项目定额计算
			(10)已完工程及设备保护＝定额人工费 R×保护费率
			(11)其他措施费:方案分析法
间接费	(四)	企业管理费	(R1＋R2)×企业管理费率
	(五)	规费	(1)工程排污费:按规定计算
			(2)工程定额测定费:【(一)＋(三)】×费率
			(3)社会保障费:(R1＋R2)×社会保障费率
			(4)住房公积金:(R1＋R2)×相应费率
			(5)危险作业意外伤害保险:(R1＋R2)×相应费率
利润	(六)	利润	(R1＋R2)×利润率
税金	(七)	营业税	[(一)～(六)]之和×营业税率/(1－营业税率)
	(八)	城市维护建设税	(七)×城市维护建设税率
	(九)	教育费附加	(七)×教育费附加税率率
工程造价		(一)～(九)之和	

(1)规费计算。规费是指在工程建设中必须缴纳的有关费用,如工程排污费、工程定额测定费、社会保障费等。这类费用属于不可竞争费用,其计算方法如下:

规费＝规定计算基础(注)×相应规定费率(%)

(注):规费的计算基础各地区规定不同,如陕西省规定为"分部分项工程费＋措施项目费＋……",而山东省规定为"直接工程费＋措施费＋企业管理费"。

(2)企业管理费的计算。企业管理费是指建筑装饰企业组织装饰工程施工和经营管理所需支出的有关费用,如管理人员工资、办公费、固定资产使用费、劳动保险、工会经费等 10 多项内容。企业管理费属于一种竞争性费用,即在招标投标成建制中可以自由报价。企业经营管理科学、完善,其费用消耗就少,工程成本就低,反之,耗费就多,成本也高。建筑装饰工程的企业管理费多以"人工费"或"人工费＋机械费"为基数计算,建筑装饰工程企业管理费的计算方法如下:

企业管理费＝人工费(或人工费＋机械费)×规定费率(%)

2. 利润计算

建筑装饰企业生产经营活动支出获得补偿后的余额称为利润。建筑装饰工程的利润计算方法如下:

利润＝人工费(或人工费＋机械费)×规定费率(%)

3. 税金计算

税金是指国家税法规定的应计入建筑装饰工程造价内的营业税、城市维护建设税及教育费附加。建筑装饰工程应计的税金计算方法如下：

税金=(直接费+间接费+利润+…)×税率(%)

(1) 纳税地点在市区的企业。

税率(%)=1/[1-3%-(3%×7%)-(3%×3%)]-1

(2) 纳税地点在县城、镇的企业。

税率(%)=1/[1-3%-(3%×5%)-(3%×3%)]-1

(3) 纳税地点不在市区、县城、镇的企业。

税率(%)=1/[1-3%-(3%×3%)-(3%×3%)]-1

间接费、利润、税金的计算公式见表 3-11。

四、工料机分析及差价调整

1. 工料机分析

工料机分析是分析完成一个装饰工程项目中所需消耗的各种劳动力、各种种类和规格的装饰材料、机械的数量。工料机分析的基本资料，包括施工图、工程预算表、定额三大主要内容。工料机分析以算得的工程量和已经填好的预算表为依据，按定额编号从预算定额手册中查出各分项工程定额计量单位人工、材料、机械数量，并以此计算出相应分项工程所需人工和各种材料、机械的消耗量，最后汇总计算出该装饰工程所需各工种人工、各种不同规格的材料、机械的总消耗量。

和其他单位工程一样，装饰工程的工料分析，一般也以表格的形式进行，其步骤如下：

(1)将各分部分项工程名称、定额编号和工程量分别填入表中，并从预算定额中查出各分项工程的计量单位、所需人工和各种材料的消耗量，分别填入表中各栏内。

(2)根据计算出的各分项工程的人工、材料消耗量，按工种、材料规格进行分析汇总，计算出分部工程所需相应人工、材料的消耗量。

(3)将各分部工程相应的人工、材料消耗量进行汇总，即可计算出该装饰工程所需人工、不同种类不同规格材料的总消耗量，并分别列入表中。

工料机分析的基本计算公式为：

分项工程人工消耗量=∑(分项工程工程量×人工定额消耗量)

分项工程材料消耗量=∑(分项工程工程量×材料定额消耗量)

分项工程机械台班的消耗量=∑(分项工程工程量×机械台班定额消耗量)

【例 3-14】 某室内装饰工程楼地面铺设晚霞红花岗石 (600mm×600mm)，工程量 150，试按预算定额指标分析计算人工、材料的消耗量。

【解】

①查 2002 年《全国统一建筑装饰装修工程消耗量定额》，定额编号 1-008，定额工日 0.253 工日/m^2，定额材料消耗量如下：

花岗石饰面　1.02/m^2

白水泥　0.103kg/m^2

棉纱头　0.01kg/m^2

锯木屑 0.006m^3/m^2

水 0.026m^3/m^2

素水泥浆 0.001m^3/m^2

其中：32.5级水泥：0.001m^3/m^2×1539kg/m^3＝1.539(kg/m^2)

水： 0.001m^3/m^2×0.52m^3/m^3＝0.00052(m^3/m^2)

1∶3水泥砂浆： 0.0303m^3/m^2

其中：32.5级水泥 0.0303m^3×465kg/m^3＝14.0895(kg/m^2)

特细砂 0.0303m^3×1.488t/m^3＝0.0451(t/m^2)

水 0.0303m^3/m^2×0.3m^3/m^3＝0.0091(m^3/m^2)

石料切割锯片： 0.0042片/m^2

灰浆搅拌机200L 0.0052台班/m^2

石料切割机 0.0201台班/m^2

②计算如下。

a. 人工消耗量 150×0.253工日/m^2＝37.95(工日)

b. 花岗石饰面 150×1.02/m^2＝153

c. 白水泥 150×0.103kg/m^2＝15.45(kg)

d. 棉纱头 150×0.01kg/m^2＝1.5(kg)

e. 锯木屑 150×0.006m^3/m^2＝0.9(m^3)

f. 水 150×(0.00052m^3/m^2＋0.0091m^3/m^2)＝1.443(m^3)

g. 32.5级水泥(素水泥浆、1∶3水泥砂浆)150×(1.539kg/m^2＋14.0895kg/m^2)＝2344.28(kg)

h. 特细砂 150×0.04511/m^2＝6.76(t)

i. 石料切割锯片 150×0.0042片/m^2＝0.63(片)

j. 灰浆搅拌机200L 150×0.0052台班/m^2＝0.78(台班)

k. 石料切割机 150×0.0201台班/m^2＝3.015(台班)

注：本例题中砂浆半成品所需原材料(水泥、特细砂)的定额消耗量，从"混凝土及砂浆配合比表"中分析而来。列表计算方法见表3-12。

表3-12 某工程主要工料机分析表

定额编号	项目名称	工程量	计量单位	综合人工(工日)		红花岗石(600×600)		32.5级水泥(kg)		特细砂(t)		石料切割机(台班)	
				定额	耗量	定额	耗量	定额	耗量	定额	耗量	定额	耗量
1-008	楼地面贴	150		0.253	37.95	1.020	153	15.6285	2344.28	0.0042	6.76	0.0201	3.015

2. 人工、材料、机械差价调整

工程建设项目由于建设周期长，人工、材料、机械台班单价随时间的推移及供求关系的变化而变动。当工程合同价采用可调合同价时，工程造价在合同实施期间应随价格变化而调整，以体现建设工程造价的真实性，使工程造价能反映工程本身实际发生的费用。因此，需按照市场实际结算单价与预算编制期单价之间差额，对预算费用进行调整。

(1)人工费价差的调整。在直接费的计算中，人工费是按照"劳动量(工日)×预算编制期工资标准(元/工日)"确定的，当现行工资结算标准与编制期工资标准不一致时，就出现了人工费价差。其计算公式为：

人工费价差＝人工消耗量×(现行工资结算标准－预算编制期工资标准)

【例 3-15】 某办公楼装饰工程预算造价为 906600 元，其中人工消耗量为 2409 工日，人工预算单价为 40 元/工日。该工程合同中约定工程结算时人工费按 45 元/工日进行结算，试确定该工程实际造价。

【解】 ①人工费价差＝ 2409×(45－40) ＝ 12045(元)

②该工程实际造价＝ 906600＋ 12045 ＝ 918645(元)

(2)材料费价差的调整。建筑装饰工程造价采用可调合同价来确定时，由于物价水平和供求关系的影响，使编制期材料基价与材料实际结算价之间出现差异，且材料费所占的比重很大，因此必须进行材料费价差调整。其调整方式主要有两种，即单项材料价差调整法和材料价差综合系数调整法。

①单项材料价差调整法:其调整公式如下：

材料费价差＝材料消耗量×(材料实际结算价－编制期材料预算基价)

【例 3-16】 列表分析某工程预算中装配式塑料踢脚板、轻钢龙骨上安装石膏板两个装饰分项工程材料价差并计算，结果见表 3-13。

表 3-13 材料价差分析与计算表

定额编号	工程项目	计量单位	工程量	材料价差分析与计算							
				材料名称	规格	单位	定额指标	消耗量	材料基价		材料差价
									实际结算基价	编制期基价	
BA011	装配式塑料踢脚线	10	56.5	锯材		m^3	0.15	8.48	1300	1000	2544
				棉纱头		kg	0.167	9.44	8.49	8.49	0
				木螺丝		个	340.00	19210	0.05	0	960.50
				上光蜡		kg	0.187	10.57	20.00	7.12	136.14
				预埋铁件		kg	15.823	894.00	4	4	0
BC167	轻钢龙骨上安装石膏板	10	25.3	塑料踢脚板	100m高	m	10.20	576.30	35	25	5763
				石膏板	600×600		11.50	290.95	28.80	8	6051.76
				自攻螺钉		个	370.00	9361	0.08	0.02	561.66
合计											16017.06

②综合系数调整法：这种方法是以工程预算编制期的材料费为基础乘以综合上调系数来计算材料价差，从而确定实际发生的材料费。调整对象为地方大宗材料，综合调价系数一般可参照当地工程造价管理部门所公布的数据。其计算公式如下：

$$材料费价差=\sum定额材料费\times综合调价系数$$

【例3-17】 某大楼装饰工程，其施工图预算中编制的材料费为3807750元。工程竣工结算时采用综合系数调整地方材料价差，综合系数为2.559%，求该工程的地方材料价差。

【解】 材料费价差＝3807750×2.559%＝97097.63(元)

(3)机械费价差的调整。建筑装饰工程中机械费暂不实行价差调整，主要原因是装饰工程施工以小型电动机具为主，所消耗的机械费占直接工程费的比例极小，且近年来施工机械台班单价的变化也不大。

第八节　建筑装饰工程(概)预算编制

一、建筑装饰工程(概)预算书的内容及编制依据

1. 装饰工程(概)预算书的内容

一份完整的装饰工程(概)预算书应包括以下内容：

(1)封面。按造价管理管理部门印制的样品。

(2)编制说明。包括工程概况和编制依据。

(3)费用计算程序表。

(4)分项工程预算书。

(5)工料分析表(人材机差价调整表)。

(6)主要材料汇总表。

(7)工程量计算书。

2. 装饰工程(概)预算书的编制依据

(1)审批后的设计施工图(设计文件)和说明书。经设计单位自审与审图中心审核的施工图和说明书，是编制装饰工程(概)预算的重要依据之一。它主要包括装饰工程施工图纸说明，总平面布置图、平面图、立面图、剖面图，梁、柱、地面、楼梯、屋顶、门窗等各种详图，以及门窗和材料明细表等。这些资料表明了装饰工程的主要工作对象和主要工作内容，以及结构、构造、零配件等尺寸，材料的品种、规格和数量等。

(2)批准的工程项目设计总概算文件。主管单位在批准拟建(或改建)项目的总投资概算后，将在拟建项目投资最高限额的基础上，对各单项工程也规定了相应的投资额。因此，在编制装饰工程(概)预算时，必须以此为依据，使其预算造价不能突破单项工程概算中所规定的限额。

(3)施工组织设计资料。装饰施工组织设计具体地规定了装饰工程中各分项工程的施工方法、施工机具零配件加工方式、技术组织措施和现场平面布置图等内容。它直接影响整个装饰工程的预算造价，是计算工程量、选套预算定额或单位估价表和计算其他费用的重要依据。

(4)现行装饰工程(概)预算定额。现行装饰工程(概)预算定额是编制装饰工程(概)预算的基本依据。编制(概)预算时，从分部分项工程项目的划分到工程量的计算，都必须以此为标准。预算定额及有关的手册是准确、迅速地计算工程量、进行工料分析、编制装饰工程预算的主要基

础资料。

(5)地区单位估价表。地区单位估价表是根据现行的装饰工程(概)预算定额、建设地区的工资标准、材料预算价格、机械台班价格以及水、电、动力资源等价格进行编制的。它是现行(概)预算定额中各分项工程及其子目在相应地区价值的货币表现形式,是地区编制装饰工程(概)预算的最基本依据之一。

(6)材料预算价格。工程所在地区不同,运费不同,必将导致材料预算价格的不同。因此,必须以相应地区的材料预算价格进行定额调整或换算,以作为编制装饰工程预算的依据。

(7)有关的标准图和取费标准。编制装饰工程(概)预算除应具备全套的施工图纸以外,还必须具备所需的一切标准图(包括国家标准图、地区标准图)和相应地区的其他直接费、间接费、利润及税金等费率标准,作为计算工程量、计取有关费用、最后确定工程造价的依据。

(8)其他资料。其他资料一般是指国家或地区主管部门,以及工程所在地区的工程造价管理部门所颁布的编制预算的补充规定(如项目划分、取费标准和调整系数等)、文件和说明等资料。

(9)施工合同。施工合同是发包单位和承包单位履行双方各自承担的责任和分工的经济契约,也是当事人按有关法令、条例签订的权利和义务的协议。它明确了双方的责任及分工协作、互相制约、互相促进的经济关系。经双方签订的合同包括双方同意的有关修改承包合同、设计及变更文件,具体包括:承包范围、结算方式、包干系数的确定,材料量、质和价的调整,协商记录,会议纪要,以及资料和图表等。这些都是编制装饰工程(概)预算的主要依据。

二、装饰施工图预算编制步骤

建筑装饰工程费用计算程序没有全国统一的格式,一般由省、市、自治区工程造价主管部门结合本地区具体情况制定。

(一)建筑装饰工程费用计算程序的拟定

拟定建筑装饰工程费用计算程序主要有两个方面的工作。

1. 建筑装饰工程费用项目及其计算顺序的拟定

各地区应参照国家主管部门规定的建筑装饰工程费用项目和取费基础,结合本地区实际情况拟定计算顺序,并规定在本地区范围内使用的建筑装饰工程费用计算程序表。

2. 费用计算基础和费率的拟定

拟定建筑装饰工程费用计算基础,必须遵守国家的有关规定,必须遵守确定工程造价的客观经济规律,使工程造价的计算较准确地反映本行业的生产力水平。当取费基础确定以后,就可以根据有关资料测算出各项费用的费率,以满足计算工程造价的需要。

(二)建筑装饰工程预算书的编制方法

1. 装饰工程(概)预算书的编制方法

装饰工程(概)预算通常由承包商负责编制,其编制的方法主要有以下两种。

(1)单位估价法。单位估价法又称"工程预算单价法",是根据各分部分项工程的工程量,按当地人工工资标准、材料预算价格及机械台班费等预算定额基价或地区单位估价表,计算工程定额直接费、其他直接费,并由此计算企业管理费、利润、税金及其他费用,最后汇总得出整个工程预算造价的方法。

(2)实物造价法。装饰工程多采用新材料、新工艺、新构件和新设备,有些项目在现行装饰工程定额中没有包括编制临时定额，同时在时间上又不允许，则通常采用实物造价法编制预算。实物造价法，是根据实际施工中所用的人工、材料和机械等单价，按照现行的定额消耗量计算人工费、材料费和机械费，并汇总后计算其他直接费用，然后再按照相应的费用定额计算间接费、利润、其他费用和税金，最后汇总形成工程预算造价的方法。

2. 装饰工程(概)预算书的编制程序

编制装饰工程(概)预算，在满足编制条件的前提下，一般可按下列程序进行。

(1)收集相关的基础资料。收集相关的基础资料主要包括经过交底会审后的施工图纸、批准的设计总概算书、施工组织设计和有关技术组织措施、国家和地区主管部门颁发的现行装饰工程预算定额、工人工资标准、材料预算价格、机械台班价格、单位估价表(包括各种补充规定)及各项费用的收费率标准、有关的预算工作手册、标准图集、工程施工合同和现场情况等资料。

(2)熟悉审核施工图样。施工图样是编制(概)预算的主要依据。预算人员在编制预算之前应充分、全面地熟悉、审核施工图样，了解设计意图，掌握工程全貌，这是准确、迅速地编制装饰工程施工图预算的关键，只有在对设计图样进行了全面详细的了解并结合预算定额项目划分的原则正确而全面地分析该工程中各分部分项工程以后，才能准确无误地对工程项目进行划分，以保证正确地计算出工程量和工程造价。

(3)熟悉施工组织设计。施工组织设计是承包商根据施工图纸、组织施工的基本原则和上级主管部门的有关规定以及现场的实际情况等资料编制的，用以指导拟建工程施工过程中各项活动的技术、经济组织的综合性文件。它具体地规定了组成拟建工程各分项工程的施工方法、施工进度和技术组织措施等。因此，编制装饰工程(概)预算前应熟悉并注意施工组织设计中影响工程预算造价的有关内容，严格按照施工组织设计所确定的施工方法和技术组织措施等要求，准确计算工程量，套用相应的定额项目，使施工图预算能够反映客观实际。

(4)熟悉预算定额或单位估价表。预算定额或单位估价表是编制装饰工程施工图预算基础资料的主要依据，因此在编制预算之前熟悉和了解装饰工程预算定额或单位估价表的内容、形式和使用方法，是结合施工图纸迅速、准确地确定工程项目和计算工程量的根本保证。

(5)确定工程量的计算项目。在装饰工程预算编制步骤中，项目划分具有极其重要的作用，它可使工程量计算有条不紊，避免漏项和重项。下面将详细地介绍装饰工程分部分项子目的划分和确定。

装饰工程分部分项工程的划分：根据《全国统一建筑装饰装修工程消化量定额》，装饰工程可划分为楼地面工程，天棚工程，墙面柱面工程，门窗工程，油漆涂料、裱糊工程，脚手架工程，以及垂直运输和超高费等8章，即8个分部工程。

装饰工程分项子目列项：对一个装饰工程分部、分项、子目的具体名称进行列项，可按照下列步骤进行：认真阅读工程施工图，了解施工方案、施工条件及建筑用料说明，参照《建设工程预算定额》，先列出各分部工程的名称，再列出分项工程的名称，最后逐个列出与该工程相关的定额子目名称。

分项工程名称的确定：分项工程名称的确定需要根据具体的施工图纸来进行，不同的工程其分项工程也不同。例如，有的工程在楼地面工程中会列出垫层、找平层和整体面层等分项工程；有的工程在楼地面工程中会列出垫层、找平层、块料面层等分项工程。

(6)计算工程量。工程量是以规定的计量单位(自然计量单位或法定计量单位)所表示的各分项工程或结构件的数量，是编制预算的原始数据。

在建筑装饰工程中，有些项目采用自然计量单位，例如淋浴隔断以"间"为单位；而有些则是采用法定计量单位，例如，楼梯栏杆扶手等以"m"为单位，墙面、地面、柱面、顶棚和铝合金工程等以"m^2"为单位。

(7)工程量汇总。各分项工程量计算完毕并经仔细复核无误后，应根据概(预)算定额手册或单位估价表的内容、计量单位的要求，按分部分项工程的顺序逐项汇总、整理，以防止工程量计算时对分项工程的遗漏或重复，为套用预算定额或单位估价表提供良好条件。

(8)套用预算定额或单位估价表。根据所列计算项目和汇总整理后的工程量，就可以进行套用预算定额或单位估价表的工作，即汇总后求得直接费。

(9)计算各项费用。定额直接费求出后，按有关的费用定额即可进行其他直接费、间接费、其他费用和税金等的计算。

(10)比较分析。各项费用计算结束，即形成了装饰工程预算造价。此时，还必须与设计总概算中装饰工程概算部分进行比较，如果前者没有突破后者，则进行下一步；否则，要查找原因，纠正错误，保证预算造价在装饰工程概算投资额内。因工程需要的改变而突破总投资所规定的百分比，必须向有关部门重新申报。

(11)工料分析。

(12)编制装饰工程施工预算书。根据上述有关项目求得相应的技术经济指标后，就要编制装饰工程(概)预算书，一般包括以下几个步骤：

①编写装饰工程(概)预算书封面。

②编制工程预算汇总表。

③编写编制说明：主要包括工程概况，编制依据和其他有关说明等。

④编制工程预算表：将装饰工程概预算书封面、工程预算汇总表、编制说明、工程预算表格和工程量计算表等按顺序装订成册，即形成了完整的装饰工程施工预算书。

第四章　工程量清单计价基础知识

内容提要：

1. 了解工程量清单计价基本概念。
2. 熟悉《建设工程工程量清单计价规范》内容。
3. 掌握工程量清单编制、工程量清单计价编制内容、综合单价确定方法。

第一节　工程量清单计价基本概念

一、工程量清单计价特点

1. 工程量清单计价的规定性

工程量清单的规定性是指通过制定《建设工程工程量清单计价规范》(GB 50500—2008)，统一了建设工程量清单计价办法，统一了工程量计量规则，统一了工程量清单项目设置，达到规范计价行为的目的。这些规则和办法是强制性的，工程建设各有关方面都应该遵照执行，不得各行其是。

2. 工程量清单计价的实用性

《建设工程工程量清单计价规范》(GB 50500—2008)中，工程量清单的项目名称表现的是工程实体项目，项目名称明确清晰，工程量计算规则简洁明了，特别还标列有项目特征和工程内容，易于编制工程量清单时确定具体项目名称和投标报价。如“水磨石楼地面”分项工程，在清单项目表中可以看到它的计量单位是“m^2”，计算规则是“按实铺面积计算，不扣除 0.1m^2 以内孔洞所占面积”，备注栏还列有“分不同构造要求、型号规格、颜色、品牌”等。

3. 工程量清单计价的竞争性

(1)计价办法中的措施项目，在工程量清单中只列“措施项目”一栏，具体采用什么措施，如大型机械安装、拆除和进出场、脚手架、垂直运输机械使用、临时设施等详细内容由投标人根据企业的施工组织设计或施工方案，视具体情况报价，因这些项目在各企业间各有不同，是企业竞争项目，是留给企业的空间。

(2)计价办法中人工、材料和施工没有具体的消耗量，将工程消耗量定额中的工、料、机价格和利润、管理费全面放开，由市场的供求关系自行确定价格。投标企业可以依据企业的定额和市场价格信息，也可以参照建设行政主管部门发布的社会平均消耗量定额进行报价，计价办法将报价权还给厂企业。

二、实行工程量清单计价的意义

(1)是深化工程造价管理改革的重要举措。

(2)是推进建筑市场化的重要途径和适应社会主义市场经济发展的需要。

(3)是为促进建筑市场有序竞争和企业健康发展的需要。

(4)是适应我国加入世界贸易组织(WTO)，融入世界大市场的需要。

三、工程量清单计价基本理论

我们知道，工程量清单报价是一种确定建筑产品价格的计价方式，其费用也应由 C+V+m 三部分构成。现行的《建设工程工程量清单计价规范》将这三个部分的费用表达为分部分项工程量清单费、措施项目清单费、其他项目清单费、规费和税金五部分费用。

工程量清单计价方式的基本理论。

1. 市场竞争理论

竞争是市场经济的有效法则，是市场经济有效性的根本保证。市场机制正是通过优胜劣汰的竞争，迫使企业降低成本、提高质量、改善管理、积极创新，从而达到提高效率、优化资源配置的目的。

2. 市场均衡理论

西方经济学认为，价格由供求关系决定，即商品的价格由市场供求均衡时的价格确定。市场均衡理论是工程量清单计价方式的重要基础理论。

四、工程量清单计价与定额计价的区别

1. 计价依据不同

(1)依据不同定额。定额计价按照政府主管部门颁发的预算定额计算各种消耗量；工程量清单计价按照企业定额计算各项消耗量，也可以选择政府主管部门颁发的计价定额或消耗量定额计算工料机消耗量。选择何种定额，由投标人自主确定。

(2)采用的单价不同。定额计价的人工单价、材料单价、机械台班单价采用预算定额基价中的单价或政府指导价；工程量清单计价的人工单价、材料单价、机械台班单价采用市场价或政府指导价，由投标人自主确定。

(3)费用项目不同。定额计价的费用计算，根据政府主管部门颁发的费用计算程序所规定的项目和费率计算；工程量清单计价的费用除清单计价规范和文件规定强制性的项目外，可以按照工程量清单计价规范的规定，根据拟建工程和本企业的具体情况自主确定费用项目和费率。

2. 费用构成不同

定额计价方式的工程造价费用构成一般由直接费(包括直接工程费和措施费)、间接费(包括规费和企业管理费)、利润和税金(包括营业税、城市维护建设税和教育费附加)构成；工程量清单计价的工程造价费用由分部分项工程项目费、措施项目费、其他项目费、规费和税金构成。

3. 计价方法不同

定额计价方式常采用单位估价法和实物金额法计算直接费，然后再计算间接费、利润和税金。而工程量清单计价则采用综合单价的方法计算分部分项工程量清单项目费，然后再计算措施项目费、其他措施项目费、规费和税金。

4. 本质特性不同

定额计价方式确定的工程造价，具有计划价格的特性；工程量清单计价方式确定的工程造价具有市场价格的特性。

第二节　工程量清单编制的规定及方法

一、工程量清单编制的一般规定

(1)工程量清单应由具有编制能力的招标人或受其委托，具有相应资质的工程造价咨询人

编制(本条规定了工程量清单的编制主体)。

(2)采用工程量清单方式招标,工程量清单必须作为招标文件的组成部分,其准确性和完整性由招标人负责(本条规定了工程量清单是招标文件的组成部分及其编制责任)。

(3)工程量清单是工程量清单计价的基础,应作为编制招标控制价、投标报价、计算工程量、支付工程款、调整合同价款、办理竣工结算以及工程索赔等的依据之一。

二、工程量清单编制的方法

1. 分部分项工程量清单

一般,每个分部分项工程量清单项目由项目编码、项目名称、项目特征、计量单位和工程量五个要素构成。

(1)项目编码。项目编码是指分部分项工程量清单项目名称的数字标志。分部分项工程量清单的项目编码,应采用十二位阿拉伯数字表示。一至九位应按附录的规定设置。十至十二位应根据拟建工程的工程量清单项目名称设置,同一招标工程的项目编码不得有重码。图 4-1 所示为具体示例,各级编码的含义如下:

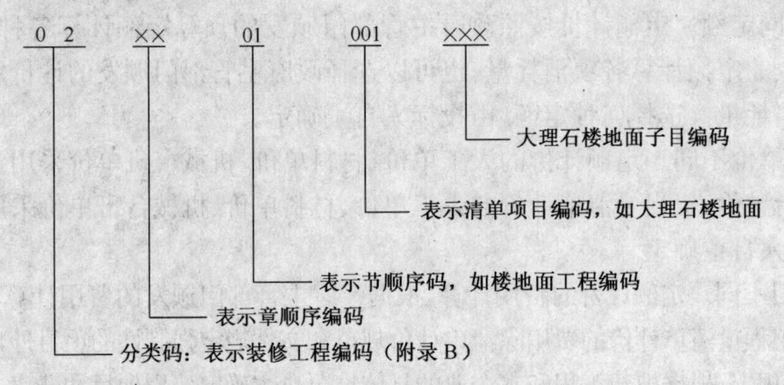

图 4-1 项目编码示例

①第一级(1、2 位)表示分类码,建筑工程 01;装修工程编码 02;安装工程 03;市政工程 04;园林绿化工程 05。

②第二级表示章顺序码(分两位)。

③第三级表示节顺序码(分两位)。

④第四级表示清单项目码(分三位)。

⑤第五级表示具体清单项目编码(分三位)。

同一招标工程的项目编码不得有重码。例如一个标段(或合同段)的工程量清单中含有三个单位工程,每一单位工程中都有项目特征相同的楼地面,在工程量清单中又需反映三个不同单位工程的楼地面工程量时,此时工程量清单应以单位工程为编制对象,则第一个单位工程的楼地面的项目编码应为 020101001001,第二个单位工程的楼地面的项目编码应为 020101001002,第三个单位工程的楼地面的项目编码应为 020101001003,并分别列出各单位工程楼地面的工程量。

补充项目的编码由附录的顺序码与 B 和三位阿拉伯数字组成,并应从 B001 起顺序编制,同一招标工程的项目不得重码。工程量清单中需附有补充项目的名称、项目特征、计量单位、工程量计算规则、工程内容等。

(2)项目名称。分部分项工程量清单的项目名称应按《建设工程工程量清单计价规范》(GB

50500—2008)附录的项目名称,结合拟建工程的实际情况确定。

(3)项目特征。项目特征是指构成分部分项工程量清单项目的自身价值本质特征。

分部分项工程量清单的综合单价,应根据本规范规定的综合单价组成,按设计文件或参照附录中的“项目特征”确定,并与本规范附录中“项目特征”栏对应。因为决定一个分部分项工程量清单项目价值大小的是“项目特征”,而非“工程内容”。理由是计价规范附录中“项目特征”与“工程内容”是两个不同性质的规定。

①项目特征必须描述,因为其讲的是工程项目的实质,直接决定工程的价值:例如砖砌体的实心砖墙,按照计价规范“项目特征”栏的规定,就必须描述砖的品种:是页岩砖、还是煤灰砖;砖的规格:是标砖还是非标砖,是非标砖就应注明规格尺寸;砖的强度等级:是 MU10. MU15 还是 MU20;因为砖的品种、规格、强度等级直接关系到砖的价格。还必须描述墙体的厚度:是 1 砖(240mm),还是 1 砖半(370mm)等;墙体类型:是混水墙,还是清水墙,清水是双面,还是单面,或者是一斗一卧、围墙等;因为墙体的厚度、类型直接影响砌砖的工效以及砖、砂浆的消耗量。还必须描述是否勾缝:是原浆,还是加浆勾缝;如是加浆勾缝,还需注明砂浆配合比。还必须描述砌筑砂浆的种类:是混合砂浆,还是水泥砂浆;还应描述砂浆的强度等级:是 M5、M7. 5 还是 M10 等,因为不同种类、不同强度等级、不同配合比的砂浆,其价格是不同的。由此可见,这些描述均不可少,因为其中任何一项都影响了实心砖墙项目综合单价的确定。

②工程内容无需描述,因为其主要讲的是操作程序:例如计价规范关于实心砖墙的“工程内容”中的“砂浆制作、运输,砌砖,勾缝,砖压顶砌筑,材料运输”就不必描述。因为,发包人没必要指出承包人要完成实心砖墙的砌筑还需要制作、运输砂浆,还需要砌砖、勾缝,还需要材料运输。不描述这些工程内容,承包人也必然要操作这些工序,才能完成最终验收的砖砌体。需要指出的是,计价规范中关于“工程内容”的规定来源于原工程预算定额,实行工程量清单计价后,由于两种计价方式的差异,清单计价对项目特征的要求才是必需的。

还需要说明的是,计价规范在“实心砖墙”的“项目特征”及“工程内容”栏均包含有勾缝,但两者的性质完全不同。“项目特征”栏的勾缝体现的是实心砖墙实体特征,是个名词,体现的是用什么材料勾缝。而“工程内容”栏内的勾缝表述是操作工序或称操作行为,在此处是个动词,体现的是怎么做。因此,如果需要勾缝,就必须在项目特征中描述,而不能以工程内容有而不描述,否则,将视为清单项目漏项,而可能在施工中引起索赔,类似的情况在计价规范中还有,必须引起注意。

由此可见,招标人应高度重视分部分项工程量清单项目特征的描述,任何不描述或描述不清,均会在施工合同履约过程中产生分歧,导致纠纷、索赔。但有的项目特征用文字往往又难以准确和全面地描述清楚,因此为达到规范、简捷、准确、全面描述项目特征的要求,在描述工程量清单项目特征时应按以下原则进行:

项目特征描述的内容按本规范附录规定的内容,项目特征的表述按拟建工程要求,以能满足确定综合单价的需要为前提。

对采用标准图集或施工图纸能够全部或部分满足项目特征描述要求的,项目特征描述可直接采用详见××图集或××图号的方式。但对不能满足项目特征描述要求的部分,仍应用文字描述进行补充。

(4)计量单位。分部分项工程量清单的计量单位应按附录中规定的计量单位确定。工程量清单项目的计量单位是按照能够较准确地反映该项目工程内容的原则确定的。

(5)工程量。工程量即工程的实物数量。分部分项工程量清单项目的计算依据有:施工图纸、《建设工程工程量清单计价规范》(GB 50500—2008)等。

分部分项工程量清单中所列工程量应按附录中规定的工程量计算规则计算。

分部分项工程量清单项目的工程量是一个综合的数量。综合的意思是指一项工程量中,相对消耗量定额综合了若干项工程内容,这些工程内容的工程量可能是相同的,也可能是不相同的。例如,"石膏板吊顶"这个项目中,综合了轻钢龙骨的工程量、铺设细木工板基层的工程量、石膏板面层工程量。当这些不同工程内容的工程量不相同时,除了应该算出项目实体的(主项)工程量外,还要分别算出相关工程内容的(附项)工程量。例如,根据某拟建工程实际情况,算出的石膏板吊顶面层(主项)工程量为 125.51m^2 时,算出的细木工板基层(造型层,附项)工程量为 8.25m^2,这时,该项目的主项工程量可以确定为石膏板吊顶工程量为 125.51m^2,但分析综合单价计算材料、人工、机械台班消耗量时,应分别按各自的工程量计算。只有这样计算,才能为计算综合单价提供准确的依据。

还需指出,在分析工、料、机消耗量时套用的定额时,必须与所采用的消耗量定额的工程量计算规则的规定相对应。这是因为工程量计算规则与编制定额确定消耗量有着内在的对应关系。

2. 措施项目清单

措施项目清单应根据拟建工程的实际情况列项。通用措施项目可按表 4-1 选择列项,专业工程的措施项目可按附录中规定的项目选择列项。

表 4-1 通用措施项目一览表

序号	项目名称	序号	项目名称
1	安全文明施工(含环境保护、文明施工、安全施工、临时设施)	6	施工排水
2	夜间施工	7	施工降水
3	二次搬运	8	地上、地下设施,建筑物的临时保护设施
4	冬雨季施工	9	已完工程及设备保护
5	大型机械设备进出场及安拆	—	—

3. 其他项目清单

工程建设项目标准的高低、工程的复杂程度、工程的工期长短、工程的组成内容等直接影响其他项目清单中的具体内容。

其他项目清单应根据拟建工程的具体情况确定。一般包括暂列金额、暂估价、计日工、总承包服务费等。

(1)暂列金额设置主要考虑可能发生的工程量变更而预留的资金。工程量变更主要指工程量清单漏项、有误所引起工程量的增加或施工中的设计变更引起标准提高或工程量的增加等。

(2)暂估价是指招标阶段直至签订合同协议时,招标人在招标文件中提供的用于支付必然要发生但暂时不能确定价格的材料以及需另行发包的专业工程金额。其类似于 FIDIC 合同条款中的 Prime Cost Items,在招标阶段预见肯定要发生,只是因为标准不明确或者需要由专业承包人完成,暂时无法确定其价格或金额。

一般而言,为方便合同管理和计价,需要纳入分部分项工程量清单项目综合单价中的暂估价最好只是材料费,以方便投标人组价。以"项"为计量单位给出的专业工程暂估价一般应是综合暂估价，应当包括除规费、税金以外的管理费、利润等。

(3)计日工是为了解决现场发生的零星工作的计价而设立的。国际上常见的标准合同条款中，大多数都设立了计日工(Daywork)计价机制。计日工以完成零星工作所消耗的人工工时、材料数量、机械台班进行计量，并按照计日工表中填报的适用项目的单价进行计价支付。计日工适用的所谓零星工作一般是指合同约定之外的或者因变更而产生的、工程量清单中没有相应项目的额外工作，尤其是那些时间不允许事先商定价格的额外工作。计日工为额外工作和变更的计价提供了一个方便快捷的途径。但是，在以往的实践中，计日工经常被忽略。其中一个主要原因是因为计日工项目的单价水平一般要高于工程量清单项目单价的水平。

为了获得合理的计日工单价，计日工表中一定要给出暂定数量，并且需要根据经验，尽可能估算一个比较贴近实际的数量。当然，尽可能把项目列全，防患于未然，也是值得充分重视的工作。计日工应根据拟建工程的具体情况，详细列出人工、材料、机械的名称、计量单位和相应数量。例如，某办公楼建筑工程，在设计图纸以外发生的零星工作项目，家具搬运用工30个工日。

(4)总承包服务费是为了解决招标人在法律、法规允许的条件下进行专业工程发包以及自行采购供应材料、设备时，要求总承包人对发包的专业工程提供协调和配合服务(如分包人使用总包人的脚手架、水电接剥等)；对供应的材料、设备提供收、发和保管服务以及对施工现场进行统一管理；对竣工资料进行统一汇总整理等发生并向总承包人支付的费用。招标人应当预计该项用并按投标人的投标报价向投标人支付该项费用。总承包服务费包括配合协调招标人工程分包和材料采购所需的费用，此处提出的分包是指国家允许的分包工程。

4. 规费项目清单

规费是政府和有关权力部门规定必须缴纳的费用，主要包括工程排污费、工程定额测定费、社会保障费、住房公积金、危险作业意外伤害保险等。

5. 税金项目清单

税金项目清单是根据目前国家税法规定应计入建筑安装工程造价内的税种，包括营业税、城市建设维护税及教育费附加税等。

第三节　工程量清单计价编制内容

一、工程量清单计价的编制依据

(1)《建设工程工程量清单计价规范》(GB 50500—2008)。清单计价规范中的项目编码、项目名称、计量单位、计算规则、项目特征、工程内容等，是计算清单工程量和计算计价工程量的依据。清单计价规范中的费用划分是计算综合单价、措施项目费、其他项目费、规费和税金的依据。

(2)工程招标文件。工程招标文件包括对拟建工程的技术要求、分包要求、材料供货方式的要求等，是确定分部分项工程量清单、措施项目清单、其他项目清单的依据。

(3)建设工程设计文件及相关资料。建设工程设计文件是计算清单工程量、计价工程量、措施项目清单等的依据。

(4)企业定额，国家或省级、行业建设主管部门颁发的计价定额。该定额是计算计价工程量的工料机消耗量后，确定综合单价的依据。

(5)工料机市场价。工料机市场价是计算综合单价的依据。

(6)工程造价管理机构发布的管理费率、利润率、规费费率、税率等造价信息。它们分别是计算管理费、利润、规费、税金的依据。

二、工程量清单计价编制内容

(1)计算清单项目的综合单价。

(2)计算分部分项工程量清单计价表。

(3)计算措施项目清单计价表(包括表一和表二)。

(4)计算其他项目清单计价汇总表(包括暂列金额明细表、材料暂估单价表、专业工程暂估价表、计日工表、总承包服务费计价表)。

(5)计算规费、税金项目清单计价表。

(6)计算单位工程技标报价汇总表。

(7)计算单项工程投标报价汇总表。

(8)编写总说明。

(9) 填写投标总价封面。

三、工程量清单计价编制

从工程量清单计价过程的可以看出,其编制过程可以分为两个阶段:工程量清单格式的编制和利用工程量清单编制投标报价。投标报价是在业主提供的工程量计算结果的基础上,根据承包商自身所掌握的各种信息、资料,结合企业定额编制得出的,一般有如下公式:

单位工程报价计算公式:

单位工程报价=分部分项工程费+措施项目费+其他项目费+规费+税金

单项工程报价计算公式:

单项工程报价=∑单位工程报价

建设项目总报价计算公式:

建设项目总报价=∑单项工程报价

(一)分部分项工程量清单费的确定

1. 综合单价的编制方法

(1)计价定额法。是以计价定额为主要依据计算综合单价的方法。

该方法是根据计价定额分部分项的人工费、材料费、机械费、管理费和利润来计算综合费。其特点是能方便地利用计价定额的各项数据。

该方法采用2008年清单计价规范推荐的"工程量清单综合单价分析表"(称为用"表式一"计算)的方法计算综合单价。

(2)消耗量定额法。是以企业定额、预算定额等消耗量定额为主要依据计算的方法。

该方法只采用定额的工料机消耗量,不用任何货币量。其特点是较适合于由施工企业自主确定工料机单价,自主确定管理费、利润的综合单价确定。该方法采用"表式二"计算综合单价。

2. 采用计价定额法(表式一)的综合单价编制步骤与方法

(1)根据分部分项工程量清单将清单编码、项目名称、计量单位填入"表式一"的第一行。

(2)将清单项目(计价工程量的主项项目)名称填入"清单综合单价组成明细"的定额名称栏目第一行。

(3)将主项项目选定的定额编号、定额单位、工料机单价、管理费和利润填入对应栏目,将一个单位的工程数量填入“数量”栏目内。

(4)将计价工程量附项项目选定的定额编号、定额单位、工料机单价、管理费和利润填入第二行的对应栏目，将附项工程量除以主项工程量的系数填入本行的“数量”栏目内，如果还有计价工程量附项项目就按上述方法接着填完。

(5)将主项项目、附项项目所套用定额的材料名称、规格、型号、单位、单价等 填入“工程量清单综合单价分析表”下部分的“材料费明细”中对应的栏目内。将材料消耗量以主项工程量为计算基数，经计算和汇总后分别填入“数量”栏目内。数量乘以单价计算出合价，再汇总成材料费。

(6)计算主项项目和全部附项项目人工费、材料费、机械费、管理费和利润的合价并汇总成小计，再加未计价材料费后成为该项目的综合单价。

说明：如果人工单价、材料单价、管理费、利润发生了变化，需要调整后再计算各项费用。

3. 采用“表式一”的综合单价编制实例

(1)综合单价编制条件。

①清单计价定额：某地区清单计价定额见表 4-2。

②清单工程量项目编码：010301001001。

③清单工程量项目名称及工程量：砖基础 86.25m³。

表 4-2　预算定额(摘录)

工程内容：略

定额编号				AC004	AG0523
项目		单位	单价	M7.5 水泥砂浆砌砖基础	1∶2 水泥砂浆基础防潮层
				10m³	100m²
综合单价		元		1843.41	1129.61
其中	人工费	元		605.80	455.68
	材料费	元		1092.46	656.65
	机械费	元		6.10	3.97
	综合费	元		139.05	104.31
材料	M7.5 水泥砂浆	m³	127.80	2.38	
	红砖	块	0.15	5240	
	水泥 32.5	kg	0.30	(599.76)	(1242.00)
	细砂	m³	45.00	(2.761)	
	水	m³	1.30	1.76	4.42
	防水粉	kg	1.20		66.38
	1∶2 水泥砂浆	m³	232.00		2.07
	中砂	m³	50.00		(2.153)

注：人工单价 50 元/工日。

④计价工程量项目及工程量：主项，M7.5 水泥砂浆砌砖基础 86.25m³；附项，1∶2 水泥砂浆墙基础防潮层。

(2)综合单价编制过程。根据上述条件，采用“表式一”计算综合单价。

“表式一”详细步骤如下(表4-3)：

表4-3　工程量清单综合单价分析表(表式一)

工程名称：　　××工程标段：　　　　　　　　　　　　第1页共1页

项目编码	010301001001			项目名称		砖基础		计量单位		m³	
工程量清单组成明细											
定额编号	定额名称	定额单位	数量	单价(元)				合价(元)			
				人工费	材料费	机械费	管理费和利润	人工费	材料费	机械费	管理费和利润
AC0004	M7.5水泥砂浆砌砖基础	10m³	0.100	605.80	1092.46	6.10	139.05	60.58	109.25	0.61	13.91
AG0523	1∶2水泥砂浆基础防潮层	100m²	0.00464	455.68	565.65	3.97	104.31	2.11	2.62	0.02	0.48
人工单价		小计						62.69	111.87	0.63	14.39
		为计价材料费									
清单项目综合单价								189.58			

材料费明细	主要材料名称、规格、型号	单位	数量	单价(元)	合价(元)	暂估单价(元)	暂估合价(元)
	M7.5水泥砂浆	m³	0.238	127.80	30.41		
	红砖	块	524	0.15	78.60		
	水泥32.5	kg	(65.74)	0.30	(19.72)		
	细砂	m³	(2.761)	45.00	(12.42)		
	水	m³	0.1965	1.30	0.26		
	防水粉	kg	0.308	1.20	0.37		
	1∶2水泥砂浆	m³	0.0096	232.00	2.23		
	中砂	m³	(0.010)	50.00	(0.50)		
	其他材料费			—		—	
	材料费小计			—	111.87	—	

①在“表式一”中填入清单工程量项目的项目编码、项目名称、计量单位。

②在“表式一”“清单综合单价组成明细”部分的定额编号栏、定额名称栏、定额单位栏中对应填入计价工程量主项选定的定额，编号“AC004”、“M7.5水泥砂浆砌砖基础”、“10m³”。

③在单价大栏的人工费、材料费、机械费、管理费和利润栏目内填入“AC004”、定额号、人工费单价“605.80”、材料费单价“1092.46”、机械费单价“6.10”、管理费和利润单价“139.05”。

④将主项工程量1m³填入对应的数量栏目内。注意。由于定额单位是10m³，所以实际填入的数据是“0.10”。

⑤根据数量和各单价计算合价。0.100×605.80＝60.58的计算结果“60.58”填入人工费合价栏内，0.100×1092.46＝109.25的计算结果“109.25”填入材料费合价栏，将0.100×6.10＝0.61的计算结果“0.61”填入机械费合价栏内，将0.100×139.05＝13.91的计算结果“13.91”填入管理费和利润合价栏内。

⑥计价工程量的附项各项费用的计算方法同第②步到第⑤步的方法。应该指出附项最重要的不同点是附项的工程量要通过公式换算后才能填入对应的“数量”栏内，即：

附项数量＝附项工程量÷主项工程量

例如，1∶2水泥砂浆墙基防潮层数量＝38.50÷86.25＝0.464(m^2) 由于AG0523定额单位是100m^2，所以填入该项的数量栏目的数据是：0.464÷100＝0.00464，该数据也可以看成是附项材料用量与主项材料用量相加的换算系数。

⑦根据定额编号“AC0004、AG0523”中“材料”栏内的各项数据对应填入“表式一”的“材料费明细”各栏内。例如，将“M7.5水泥砂浆”填入“主要材料名称、规格、型号”栏内；将“m^3”填入“单位”栏内；将“0.238”填入“数量”栏内；将单价“127.80”填入“单价”栏内。然后在本行中将“0.238×127.80＝30.41”的计算结果“30.41”填入“合价”栏内。

⑧当遇到某种材料是主项和附项都发生时，就要进行换算才能计算出材料数量。例如，水泥32.5用量＝1242.00×0.00464(系数)＋599.76÷10(m^3)＝65.74(kg)。

⑨各种材料的合价计算完成后，就加总没有括号的材料合价，将“111.87”填入材料费小计栏目。该数据应该与“清单综合单价组成明细”部分的材料费合价小计“111.87”是一致的。

⑩最后，将“清单综合单价组成明细”“小计”那行中的人工费、材料费、机械费、管理费和利润汇总。得出该清单项目的综合单价“189.58”，将该数据填入“清单项目综合单价”栏内。

4. 采用消耗量定额法(表式二)确定综合单价的数学模型

我们知道，清单工程量乘以综合单价等于该清单工程量对应各计价工程量发生的全部人工费、材料费、机械费、管理费、利润、风险费之和，其数学模型如下：

清单工程量×综合单价＝[∑(计价工程量×定额用工量×人工单价)$_i$＋∑(计价工程量×定额材料量×材料单价)$_j$＋∑(计价工程量×定额台班量×台班单价)$_k$](1＋管理费率＋利润率)(1＋风险率)

上述公式整理后，变为综合单价的数学模型：

综合单价＝{[∑(计价工程量×定额用工量×人工单价)$_i$＋∑(计价工程量×定额材料量×材料单价)$_j$＋∑(计价工程量×定额台班量×台班单价)$_k$](1＋管理费率＋利润率)(1＋风险率)÷清单工程量

5. 采用消耗量定额法(表式二)编制综合单价的步骤及方法

(1)根据分部分项工程量清单将清单编码、项目名称、计量单位、清单工程量填入“表式二”、表的上部各对应栏目内。

(2)根据计价工程量的主项及选定的消耗量定额，将定额编号、定额名称、定额单位、计价工程量填入“表式二”、“综合单价分析”部分的第一列对应位置。

(3)根据主项选定的消耗量定额，将人工工日、单位填入“人工”栏目对应的位置，将一个定额单位的人工消费量填入“耗量”对应的栏目，将确定的人工单价填入“单价”对应的栏目，然后再计算人工耗量小计和人工合价，该部分的计算方法为：

人工耗量小计＝计价工程量×人工定额消费量

人工合价＝人工耗量小计×人工单价

(4)根据主项选定的消耗量定额，将各材料名称、单位、一个定额单位的材料消费量填入“材料”栏目对应的位置内，将确定的各材料单价填入各材料对应的“单价”栏目内，然后再计算各材料耗量小计和各材料合价，该部分费用的计算方法为：

材料耗量小计＝计价工程量×材料定额消费量

材料合价＝材料耗量小计×材料单价

(5)机械费计算分两种情况。第一种情况是定额列出了机械台班消费量；第二种情况是定额只列出了机械使用费。

第一种情况时：根据主项选定的消耗量定额，将各机械名称、单位、一个定额单位的机械台班消耗量填入“机械”栏目对应的位置内，将确定的各机械台班单价填入各机械对应的“单价”栏目内，然后再计算各机械台班耗量小计和各机械费合价，该部分费用的计算方法为：

机械台班耗量小计＝计价工程量×机械台班定额消费量

机械费合价＝机械台班耗量小计×机械台班单价

第二种情况时：根据主项选定的消耗量定额，将各机械名称、单位、一个定额单位的机械费耗用量填入“机械”栏目的“单价”栏内，然后再乘以计价工程量得出机械费合价，该部分费用的计算方法为：

机械费合价＝计价工程量×机械费单价

(6)将主项大栏内的人工、材料、机械各合价位置上的数据汇总后，填入工料机小计栏目内。

(7)各计价工程量的附项工料机小计计算方法同第(2)步到第(6)步。

(8)计价工程量的主项和各附项工料机小计计算出来后汇总填入工料机合价栏目内。

(9)根据工料机合计和确定的管理费率、利润率计算出管理费和利润填入对应的栏目内，将工料机合计、管理费、利润汇总后填入清单合价栏目内。

(10)清单合价除以清单工程量就得到了该清单项目的综合单价。

6. 采用“表式二”的综合单价编制实例

(1) 综合单价编制条件。

① 清单计价定额：某地区清单计价定额见表 4-4。

表 4-4 预算定额(摘录)

工程内容：略

定额编号				C0004	H0523
项目		单位	单价	M7.5 水泥砂浆砌砖基础	1∶2 水泥砂浆基础防潮层
				10m³	100m²
综合单价		元		1311.56	740.41
其中	人工费	元		273.92	207.34
	材料费	元		1031.49	529.07
	机械费	元		6.15	4.00
材料	M7.5 水泥砂浆	m³	124.50	2.38	
	红砖	块	0.14	5240	
	水泥 42.5	kg	0.30	(711.62)	(1242.00)
	细砂	m³	30.00	(2.761)	
	水	m³	0.90	1.76	4.42
	防水粉	kg	1.00		66.38
	1∶2 水泥砂浆	m³	221.60		2.07
	中砂	m³	40.00		(2.153)

注：人工单价 20 元/工日。

②清单工程量项目编码：010301001001。

③清单工程量项目名称及工程量：砖基础 86.25 m³。

④计价工程量项目及工程量：主项，M7.5 水泥砂浆砌砖基础 86.25m³；附项，1：2 水泥砂浆墙基础防潮层。

⑤人工单价：50 元/工日。

⑥材料单价：

红(青)砖：0.4 元/块

水泥 42.5：0.45 元/kg

细砂：60.00 元/m³

水：2.00 元/m³

防水粉：2.10 元/kg

中砂：65.00 元/m³

⑦机械费按预算定额数据。

⑧管理费率及利润率：5%、3%。

(2)综合单价编制过程。根据上述条件，采用"表式二"计算综合单价。"表式二"详细的计算步骤如下(表 4-5)：

①在"表式二""清单编码、清单项目名称、计量单位、清单工程量"栏目内分别填入 010301001001、砖基础、m³、86.25 等内容。

②根据预算定额在综合单价分析大栏的第一列"定额编号、定额名称、定额单位、计价工程量"栏目内分别填入 C0004、M7.5 水泥砂浆砌砖基础、m³、86.25 等内容，在"工料机名称"栏内填入"人工"，"单位"栏填入"工日"，"耗量"(在分子位置)栏填入定额用工"1.37"(1.37＝273.92÷20 元/ 工日÷10m³)，将人工单价 50 元填入对应的单价栏(在分子位置)，将"耗量小计＝计价工程量×耗量＝86.251.37＝118.16"的结果"118.16"填入对应的"小计"内(在分母位置)，将"合价＝耗量小计×人工单价＝118.16×50＝5908.00"的计算结果"5908.00"填入对应的"合价"内(在分母位置)。

③根据预算定额在综合单价分析大栏的第一列的材料栏目的"材料名称、单位、定额耗量(在分子位置)"内按材料品种分别填入"红砖、块、524"，"水泥、42.5kg、71.16"，"细砂、m³、0.276"，"水、m³、0.176"，将上述材料的单价"0.40、0.45、60.00、2.00"分别填入对应的单价栏内(在分子位置)，将"耗量小计＝计价工程量×耗量"的结果分别填入对应的"小计"内(在分母位置)，将"合价＝耗量小计×材料单价"的计算结果分别填入对应的"合价"内(在分母位置)。

④根据预算定额在综合单价分析大栏的第一列的机械栏目的"机械名称、单位、单价(在分子位置)"内填入"机械费、元、0.62"。将"合价＝计价工程量×机械费单价＝86.25×0.62＝53.48"的计算结果"53.08"填入对应的"合价"内(在分母位置)。

⑤将主项工程量计算出来的合价汇总后填入该列的"工料机小计"栏目内。

⑥附项工程量工料机费用计算方法同第②步到第⑤步的方法。

⑦在一个清单项目范围内的计价工程量的主项和各附项工料机小计计算出来后汇总填入工料机合价栏目内。

⑧根据工料机合计和确定的管理费率、利润率计算出管理费和利润，并填入对应的栏目内，

将工料机合计、管理费、利润汇总后填入清单合价栏目内。

⑨清单合价除以清单工程量就得到了该清单项目的综合单价。

表 4-5 工程量清单综合单价计算表(表式二)

工程名称:某工程　　　　第 1 页共 1 页

序号			1			
清单编码			010301001001			
清单项目名称			砖基础			
计量单位			m^3			
清单工程量			86.25			
综合单价分析						
定额编号			C0004		H0523	
定额名称			M7.5 水泥砂浆砌砖基础		1∶2 水泥砂浆基础防潮层	
定额单位			m^3		m^2	
计价工程量			86.25		38.50	
工料机名称		单位	耗量	单价(元)	耗量	单价(元)
			小计	合价(元)	小计	合价(元)
人工		工日	1.37	50.00	0.104	50.00
			118.16	5908.00	4.004	200.20
材料	红砖	块	524	0.40		
			45195	18078.00		
	水泥 42.5	kg	71.16	0.45	12.42	0.45
			6137.55	2761.90	478.17	215.18
	细砂	m^3	0.276	60.00		
			23.81	1428.60		
	水	m^3	0.176	2.00	0.044	2.00
			15.18	30.36	1.694	3.39
	防水粉	kg			0.664	2.10
					25.56	53.68
	中砂	m^3			0.0215	65.00
					0.829	53.89
机械		元		0.62		0.004
				53.48		1.54
工料机合计		28786.48				
管理费(元)		1439.32				
利润(元)		863.59				
清单合价(元)		31089.39				
综合单价		360.46				
	其中	人工费	材料费	机械费	管理费与利润	
		70.82	262.32	0.64	26.70	

注:管理费=工料机合价×5%;利润=工料机合价×3%。

(二)措施项目费计算方法

1. 定额分析法

定额分析法是指凡是可以套用定额的项目,通过先计算工程量,然后再套用定额分析出工料机消耗量,最后根据各项单价和费率计算出措施项目费的方法。

2. 系数计算法

系数计算法是以与措施项目有直接关系的分部分项清单项目费为计算基础,乘以措施项目费系数,求得措施项目费。措施项目费的各项系数是根据已完工程的统计资料,通过分析计算得到的。

按收费规定计算,室空气污染测试费、环境保护费等可以按有关规定计取费用。

3. 方案分析法

方案分析法是通过编制具体的措施实施方案,对方案所涉及的各项费用进行分析计算后,汇总成某个措施项目费。

(三)其他项目费

1. 其他项目费的概念

其他项目费是指暂列金额、材料暂估价、总承包服务费、计日工项目费等估算金额的总和。包括:人工费、材料费、机械台班费、管理费、利润和风险费。

2. 其他项目费的确定

(1)暂列金额。暂列金额主要指考虑可能发生的工程量变化和费用增加而预留的金额。引起工程量变化和费用增加的原因很多,一般主要有以下几个方面:

①清单编制人员错算、漏算引起的工程量增加。

②设计深度不够、设计质量较低造成的设计变更引起的工程量增加。

③在施工过程中应业主要求,经设计或监理工程师同意的工程变更增加的工程量。

④其他原因引起应由业主承担的增加费用,如风险费用和索赔费用。

暂列金额由招标人根据工程特点,按有关计价规定进行估算确定,一般可以按分部分项工程量清单费的10%~15%作为参考。

暂列金额作为工程造价的组成部分计入工程造价。但暂列金额应根据发生的情况和必须通过监理工程师批准方能使用。未使用部分归业主所有。

(2)暂估价。暂估价根据发布的清单计算,不得更改。暂估价中的材料必须按照暂估单价计入综合单价;专业工程暂估价必须按照其他项目清单中列出的金额填写。

(3)计日工。计日工应按照其他项目清单列出的项目和估算的数量,自主确定各项综合单价并计算费用。

(4)总承包服务费。总包服务费应该依据招标人在招标文件列出的分包专业工程内容和供应材料、设备情况,按照招标人提出的协调、配合与服务要求和施工现场管理需要自主确定。

(四)规费

1. 规费的概念

规费是指根据省级政府或省级有关权力部门规定必须缴纳的,应计入建筑安装工程造价的费用。

2. 规费的内容

(1)工程排污费。是指按规定缴纳的施工现场的排污费。

(2)定额测定费。是指按规定支付给工程造价(定额)管理部门的定额测定费用。

(3)养老保险费。是指企业按规定标准为职工缴纳的养老保险费(指社会统筹部分)。

(4)失业保险费。是指企业按照国家规定标准为职工缴纳的失业保险费。

(5)医疗保险费。是指企业按规定标准为职工缴纳的基本医疗保险费。

(6)住房公积金。是指企业按规定标准为职工缴纳的住房公积金。

(7)危险作业意外伤害保险。是指按照《中华人民共和国建筑法》规定,企业为从事危险作业的建筑安装施工人员支付的意外伤害保险费。

3. 规费的计算

规费可以按“人工费”或“人工费+机械费”作为基数计算。投标人在投标报价时必须按照国家或省级、行业建设主管部门的规定计算规费。规费的计算公式如下:

规费=计算基数×对应的费率

(五)税金

税金是指国家税法规定的应计入建筑安装工程造价内的营业税、城市维护建设税以及教育费附加等。投标人在投标报价时必须按照国家或省级、行业建设主管部门的规定计算税金,其计算公式如下:

税金=(分部分项清单项目费+措施项目费+其他项目费+规费+税金项目费)×税率

上述公式变换后成为:

税金=(分部分项清单项目费+措施项目费+其他项目费+规费)×税率/(1-税率)

第四节 工程量清单计价与定额计价的关系

一、清单计价与定额计价之间的联系

从发展过程来看,我们可以把清单计价方式看成是在定额计价方式的基础发展而来的。是在其基础上发展成的适合市场经济条件的新的计价方式。从这个角度讲,在掌握了定额计价方法的基础上再来学习清单计价方法比直接学习清单计价方法显得较为容易和简单,因为这两种计价方式之间具有传承性。

(1)两种计价方式的编制程序主线基本相同。清单计价方式和定额计价方式都要经过识图、计算工程量、套用定额、计算费用、汇总工程造价等主要程序来确定工程造价。

(2)两种计价方式的重点都是准确计算工程量。工程量计算是两种计价方法共同的重点。因为该项工作涉及的知识面较宽,计算的依据较多,花的时间较长,技术含量较高。

两种计价方式计算工程量的不同点主要是,项目划分的内容不同、采用的工程量计算规则不同。清单工程量依据计价规范的附录进行列项和计算工程量;定额计价工程量依据预算定额来列项和计算工程量。应该指出,在清单计价方式下,也会产生上述两种不同的工程量计算,即清单工程量依据计价规范计算;计价工程量依据采用的定额计算。

(3)两种计价方法发生的费用基本相同。不管是清单计价或者是定额计价方式,都必然要计算直接费、间接费、利润和税金。其不同点是,两种计价方式划分费用的方法不一样,计算基

数不一样，采用的费率不一样。

(4)两种计价方法的取费方法基本相同。通常，所谓取费方法就是指应该取哪些费、取费基数是什么、取费费率是多少等。在清单计价方式和定额计价方式中都有存在如何取费、取费基数的规定、取费费率的规定的问题。不同的是各项费用的取费基数及费率有所差别。

二、清单计价的特点

几十年来，我国一直采用定额计价方式来确定工程造价。已经有成千上万的人掌握了该传统的计价方法。定额计价方法有良好的群众基础，已被人们广泛接受。人们也会长时间地使用该方法。为此，我们应该利用这一惯性特点来学习清单计价方法。只要我们在较成熟的定额计价方式的基础上认真学习清单计价方法，那么，我们就可以在较短的时间内掌握好清单计价方法。

(1)掌握本质特征是理解清单计价方法的钥匙。清单计价方法的本质特征是通过市场竞争形成建筑产品价格。这一本质特征决定了该方法必须符合市场经济规律，必须体现清单报价的竞争性。竞争性带来了自主报价。自主报价就决定了投标工程的人工、材料等价格由企业自主确定，决定了自主确定工程实物消耗量，决定了自主确定措施项目费、管理费、利润等费用。理解了这一本质特点是学好清单计价方法的基本前提。

(2)两种计价方式的目标相同。不管是何种计价方式，其目标都是正确确定建筑工程造价。不管造价的计价形式、方法有什么变化，从理论上来讲，工程造价均由直接费、间接费、利润和税金构成。如果说不同，只不过具体的计价方式及费用的归类方法不同而已，其各项费用计算的先后顺序不同而已，其计算基础和费率的不同而已。因此，只要掌握了定额计价方式，就能在短期内较好地掌握清单计价方法。

(3)熟悉工程内容和掌握工程量计算规则是关键。熟悉工程内容和掌握工程量计算规则是正确计算工程量的关键。我们知道定额计价的工程量计算规则和工程范围与清单计价方式是不相同的。从历史上看由于定额计价在先，清单计价在后，其工程量计算规则具有一定的传承性。了解了这一点，我们就可以通过在掌握定额计价方式的基础上，了解清单计价方式的不同点后，较快地掌握清单计价方式下的计算规则和立项方法。

(4)综合单价编制是清单计价方式的关键技术。定额计价方式，一般是先计算分项工程直接费，汇总成单位工程直接费后再计算间接费和利润。而清单计价方式将管理费和利润分别综合在了每一个分部分项工程量清单项目中。这是清单计价方式的重要特点，也是清单报价的关键技术。所以我们必须在定额计价方式的基础上掌握综合单价的编制方法，就可以把握清单报价的关键技术。

综合单价编制之所以说是关键技术，是因为有两个难点，一是如何根据市场价和自身企业的特点确定人工、材料、机械台班单价及管理费率和利润率；二是要根据清单工程量和所选定的定额计算计价工程量，以便准确报价。

(5)自主确定措施项。与施工有关和与工程有关的措施项目费是企业根据自己的施工生产水平和管理水平及工程具体情况自主确定的。因此清单计价方式在计算措施项目费上与定额计价方式相比，具有较大的灵活性，当然也有相当的难度。

第三部分　装饰装修工程计价与应用

第五章　楼地面工程计价

内容提要：

1. 了解楼地面工程定额说明及清单项目释义。
2. 掌握楼地面装饰工程工程量清单计算规则及定额计算规则。
3. 能够完成楼地面装饰工程计价文件编制。

第一节　楼地面工程定额说明及清单项目释义

一、清单与定额内容及项目划分

《建设工程工程量清单计价规范》(GB 50500—2008)的内容，主要分为“正文”和“附录”两大部分。其中，附录B为“装饰装修工程工程量清单项目及计算规则”，内容包括楼地面工程、墙柱面工程、顶棚工程、门窗工程、油漆涂料裱糊工程、其他工程共六章47节214个项目，具体见表5-1～表5-6。这些清单项目适用于采用工程量清单计价的装饰装修工程。

《全国统一建筑装饰装修工程消耗量定额》(GYD—901—2002)及一般地区《建筑装饰工程消耗量定额》的相应内容，主要包括楼地面工程，墙柱面工程，顶棚工程，门窗工程，油漆、涂料、裱糊工程，其他工程，装饰装修脚手架及项目成品保护费，垂直运输及超高增加费等八个方面内容。

二、定额与清单计价方式工程量计算的对比

传统的定额计价方式的分部分项工程一般按施工工序进行设置，包含的工程内容较单一，并据此规定了相对应的工程量计算规则；工程量清单计价方式分部分项工程的划分，是以一个“综合实体”考虑的，一般包括多个施工工序的内容，因此，两者的内涵有明显的区别，见表5-1。

表5-1　工程量项目包含内容的对比表

序号	工程量清单项目	施工图预算分项工程项目
1	现浇水磨石楼地面 (项目编码:020101002×××)	混凝土垫层(定额子目:1-7) 水泥砂浆找平层(定额子目:1-14) 美术水磨石镶条(定额子目:1-058)
2	顶棚吊顶 (项目编码:020302001×××)	U形轻钢龙骨安装 450＊450(定额子目:3-023) 纸面石膏板面层(定额子目:3-097) 顶棚面层耐擦洗涂料(定额子目:5-226)

三、楼地面工程定额说明及清单项目释义

1. 楼地面装饰工程定额说明

(1)《全国统一建筑装饰装修工程消耗量定额》(GYD—901—2002)楼地面装饰装修工程定

额项目共分为15节242个项目。包括:天然石材、人造大理石、水磨石、陶瓷锦砖、玻璃地砖、水泥花砖、分隔嵌条、防滑条、塑料、橡胶板、地毯及附件、竹木地板、防静电活动地板、钛金不锈钢复合地砖、栏杆及扶手等项目。

(2)同一铺贴面上有不同种类、材质的材料,应分别按本章相应子目执行。

(3)扶手、栏杆、栏板适用于楼梯、走廊、回廊及其他装饰性栏杆、栏板。

(4)零星项目适用于楼梯侧面、台阶的牵边,小便池、蹲台、池槽以及面积在1.0m^2以内且定额未列项目的工程。

(5)整体面层、块料面层中的楼地项目、楼梯项目,均不包括踢脚板、楼梯侧面、牵边;台阶不包括侧面、牵边;设计有要求时,按相应定额项目,整体面层、块料面层中踢脚板、侧面、牵边应单独计算。

(6)大理石、花岗岩楼地面拼花按成品考虑。

(7)镶拼面积小于0.015m^2的石材执行点缀定额。

(8)楼梯装饰定额中,包括踏步、休息平台,但不包括楼梯底面抹灰和楼梯踢脚线。

(9)台阶包括面层的工料费用,不包括垫层,其垫层按图示做法执行相应子目。

(10)石材面刷养护液。石材面刷养护液主要起到保护石材面不受周围环境腐蚀性物质侵蚀的作用。定额按石材光面和粗面设置项目。石材底面刷养护液按底面面积加四个侧面面积,以平方米计算。

(11)块料面酸洗打蜡:通过酸洗打蜡对块料表面起到清洁、保护的作用。

2. 楼地面装饰工程清单说明

(1)楼地面装饰装修工程清单项目共分为9节43个项目。包括整体面层、块料面层、橡塑面层、其他材料面层、踢脚线、楼梯装饰、扶手、栏杆、栏板装饰、台阶装饰、零星装饰等项目。适用于楼地面、楼梯及台阶等装饰工程。

(2)楼地面工程的列项及工程量计算与楼地面的构造做法息息相关,列项时应详细了解各不同用途的房间楼面、地面的构造层次、装饰做法及材料选择,以便准确列项。

(3)特别应注意在同一房间内,地面(或楼面)出现不同做法时(如地面的构造层次不同或面层材料的种类、规格不同时)一定要分别列项。例如,包括垫层的地面和不包括垫层的楼面应分别计算工程量,分别编码(第五级编码)列项。

(4)楼地面的项目特征描述一定要完整、准确,并与工程实际做法相结合。

(5)注意楼梯面层与楼面面层的划分界限,台阶面层与平台面层的划分界限。

(6)楼梯踢脚线应单独列项。

第二节 楼地面工程量清单计算规则与定额计算规则对照

一、楼地面装饰工程量清单计算规则

1. 楼地面面层工程量清单项目计算规则

楼地面装饰工程分为:整体面层、块料面层、橡塑面层及其他材料面层,计算规则见表5-2～表5-5。

表 5-2　整体面层(编码:020101)工程量清单项目及计算规则

项目编码	项目名称	项目特征	计量单位	工程量计算规则	工程内容
020101001	水泥砂浆楼地面	(1)垫层材料种类、厚度 (2)找平层厚度、砂浆配合比 (3)防水层厚度、材料种类 (4)面层厚度、砂浆配合比	m^2	按设计图示尺寸以面积计算。扣除凸出地面构筑物、设备基础、室内铁道、地沟等所占面积。不扣除间壁墙和 $0.3m^2$ 以内的柱、垛、附墙烟囱及孔洞所占面积。门洞、空圈、暖气包槽、壁龛的开口部分不增加面积	(1)基层清理 (2)垫层铺设 (3)抹找平层 (4)防水层铺设 (5)抹面层 (6)材料运输
020101002	现浇水磨石楼地面	(1)垫层材料种类、厚度 (2)找平层厚度、砂浆配合比 (3)防水层厚度、材料种类 (4)面层厚度、水泥石子浆配合比 (5)嵌条材料种类、规格 (6)石子种类、规格、颜色 (7)颜料种类、颜色 (8)图案要求 (9)磨光、酸洗、打蜡要求			(1)基层清理 (2)垫层铺设 (3)抹找平层 (4)防水层铺设 (5)面层铺设 (6)嵌缝条安装 (7)磨光、酸洗、打蜡 (8)材料运输
020101003	细石混凝土楼地面	(1)垫层材料种类、厚度 (2)找平层厚度、砂浆配合比 (3)防水层厚度、材料种类 (4)面层厚度、混凝土强度等级			(1)基层清理 (2)垫层铺设 (3)抹找平层 (4)防水层铺设 (5)面层铺设 (6)材料运输
010101004	菱苦土楼地面	(1)垫层材料种类、厚度 (2)找平层厚度、砂浆配合比 (3)防水层厚度、材料种类 (4)面层厚度 (5)打蜡要求			(1)清理基层 (2)垫层铺设 (3)抹找平层 (4)防水层铺设 (5)面层铺设 (6)打蜡 (7)材料运输

表 5-3　块料面层(编码:020102)工程量清单项目及计算规则

项目编码	项目名称	项目特征	计量单位	工程量计算规则	工程内容
020102001	石材楼地面	(1)垫层材料种类、厚度 (2)找平层厚度、砂浆配合比 (3)防水层材料种类 (4)填充材料种类、厚度 (5)结合层厚度、砂浆配合比 (6)面层材料品种、规格、品牌、颜色 (7)嵌缝材料各类 (8)防护层材料种类 (9)酸洗、打蜡要求	m^2	按设计图示尺寸以面积计算。扣除凸出地面构筑物、设备基础、室内铁道、地沟等所占面积,不扣除间壁墙和 $0.3m^2$ 以内的柱、垛、附墙烟囱及孔洞所占面积。门洞、空圈、暖气包槽、壁龛的开口部分不增加面积	(1)基层清理、铺设垫层、抹找平层 (2)防水层铺设、填充层铺设 (3)面层铺设 (4)嵌缝 (5)刷防护材料 (6)酸洗、打蜡 (7)材料运输
010101002	块料楼地面				

表 5-4　橡塑面层(编码:020103)工程量清单项目及计算规则

项目编码	项目名称	项目特征	计量单位	工程量计算规则	工程内容
020103001	橡胶板楼地面	(1)找平层厚度、砂浆配合比 (2)填充材料种类、厚度 (3)黏结层厚度、材料种类 (4)面层材料品种、规格、品牌、颜色 (5)压线条种类	m^2	按设计图示尺寸以面积计算。门洞、空圈、暖气包槽、壁灾的开口部分并入相应的工程量内	(1)基层清理、抹找平层 (2)铺设填充层 (3)面层铺贴 (4)压线条装钉 (5)材料运输
020103002	橡胶卷材楼地面				
20103003	塑料板楼地面				
202103004	塑料卷材楼地面				

表 5-5　其他材料面层(编码:020104)工程量清单项目及计算规则

项目编码	项目名称	项目特征	计量单位	工程量计算规则	工程内容
020104001	楼地面地毯	(1)找平层厚度砂浆配合比 (2)填充材料种类、厚度 (3)面层材料品种、规格、品牌、颜色 (4)防护材料种类 (5)粘结材料种类 (6)压线条种类	m^2	按设计图示尺寸以面积计算。门洞、空圈、暖气包槽、壁龛的开口部分并入相应的工程量内	(1)基层清理、抹找平层 (2)铺设填充层 (3)铺设面层 (4)刷防护材料 (5)装钉压条 (6)材料运输
020104002	竹木地板	(1)找平层厚度、砂浆配合比 (2)填充材料种类、厚度,找平层厚度、砂浆配合比 (3)龙骨材料种类、规格、铺设间距 (4)基层材料种类、规格 (5)面层材料品种、规格、品牌、颜色 (6)粘结材料种类 (7)防护材料种类 (8)油漆品种、刷漆遍数	m^2	按设计图示尺寸以面积计算。门洞、空圈、暖气包槽、壁龛的开口部分并入相应的工程量内	(1)基层清理、抹找平层 (2)铺设填充层 (3)龙骨铺设 (4)铺设基层 (5)面层铺贴 (6)刷防护材料 (7)材料运输
020104003	防静电活动地板	(1)找平层厚度、砂浆配合比 (2)填充材料种类、厚度,找平层厚度、砂浆配合比 (3)支架高度、材料种类 (4)面层材料品种、规格、品牌、颜色 (5)防护材料种类	m^2	按设计图示尺寸以面积计算。门洞、空圈、暖气包槽、壁龛的开口部分并入相应的工程量内	(1)清理基层、抹找平层 (2)铺设填充层 (3)固定支架安装 (4)活动面层安装 (5)刷防护材料 (6)材料运输

项目编码	项目名称	项目特征	计量单位	工程量计算规则	工程内容
020104004	金属复合地板	(1)找平层厚度、砂浆配合比 (2)填充材料种类、厚度,找平层厚度、砂浆配合比 (3)龙骨材料种类、规格、铺设间距 (4)基层材料种类、规格 (5)面层材料品种、规格、品牌 (6)防护材料种类	m^2	按设计图示尺寸以面积计算。门洞、空圈、暖气包槽、壁龛的开口部分并入相应的工程量内	(1)基层清理、抹找平层 (2)铺设填充层 (3)龙骨铺设 (4)基层铺设 (5)面层铺贴 (6)刷防护材料 (7)材料运输

2. 踢脚线装饰工程量清单项目计算规则

踢脚线工程量清单项目设置及工程量计算规则,应按表 5-6 执行。

表 5-6 踢脚线(编码:020105)工程量清单项目及计算规则

项目编码	项目名称	项目特征	计量单位	工程量计算规则	工程内容
020105001	水泥砂浆踢脚线	(1)踢脚线高度 (2)底层厚度、砂浆配合比 (3)面层厚度、砂浆配合比	m^2	按设计图示长度乘以高度以面积计算	(1)基层清理 (2)底层抹灰 (3)面层铺贴 (4)勾缝 (5)磨光、酸洗、打蜡 (6)刷防护材料 (7)材料运输
020105002	石材踢脚	(1)踢脚线高度 (2)底层厚度、砂浆配合比 (3)粘贴层厚度、材料种类 (4)面层材料品种、规格、品牌、颜色 (5)勾缝材料种类 (6)防护材料种类			
020105003	块料踢脚				
020105004	现浇水磨石脚线	(1)踢脚线高度 (2)底层厚度、砂浆配合比 (3)面层厚度、水泥石砂浆配合比 (4)石子种类、规格、颜色 (5)颜料种类、颜色 (6)磨光、酸洗、打蜡要求	m^2	按设计图示长度乘以高度以面积计算	(1)基层清理 (2)底层抹灰 (3)面层铺贴 (4)勾缝 (5)磨光、酸洗、打蜡 (6)刷防护材料 (7)材料运输
020105005	塑料板踢脚线	(1)踢脚线高度 (2)底层厚度、砂浆配合比 (3)粘结层厚度、材料种类 (4)面层材料品种、规格、品牌、颜色			
020105006	木质踢脚线	(1)踢脚线高度 (2)底层厚度、砂浆配合比 (3)基层材料种类、规格 (4)面层材料品种、规格、品牌、颜色 (5)防护材料种类 (6)油漆品种、刷漆遍数			
020105007	金属踢脚线				
020105008	防静电踢脚线				

3. 楼梯装饰工程量清单项目计算规则

楼梯装饰工程量清单项目设置及工程量计算规则，应按表 5-7 执行。

表 5-7　楼梯装饰(编码:020106)工程量清单项目及计算规则

项目编码	项目名称	项目特征	计量单位	工程量计算规则	工程内容
020106001	石材楼梯面层	(1)找平层厚度、砂浆配合比 (2)粘结层厚度、材料种类 (3)面层材料品种、规格、品牌、颜色 (4)防滑条材料种类、规格 (5)勾缝材料种类 (6)防护层材料种类 (7)酸洗、打蜡要求	m^2	按设计图示尺寸以楼梯(包括踏步、休息平台及 500mm 以内的楼梯井)水平投影面积计算。楼梯与楼地面相连时，算至梯口梁内侧边沿；无梯口梁者，算至最上一层踏步边沿加 300mm	(1)基层清理 (2)抹找平层 (3)面层铺贴 (4)贴嵌防滑条 (5)勾缝 (6)刷防护材料 (7)酸洗、打蜡 (8)材料运输
020106002	块料楼梯面层				
020106003	水泥砂浆楼梯面	(1)找平层厚度、砂浆配合比 (2)面层度、砂浆配合比 (3)防滑条材料种类、规格	m^2	按设计图示尺寸以楼梯(包括踏步、休息平台及 500mm 以内的楼梯井)水平投影面积计算。楼梯与楼地面相连时，算至梯口梁内侧边沿；无梯口梁者，算至最上一层踏步边沿加 300mm	(1)基层清理 (2)抹找平层 (3)抹面层 (4)抹防滑条 (5)材料运输
020106004	现浇水磨石楼梯面	(1)找平层厚度、砂浆配合比 (2)面层厚度、水泥石子浆配合比 (3)防滑条材料种类、规格 (4)石子种类、规格、颜色 (5)颜料种类、颜色 (6)磨光、酸洗、打蜡要求			(1)基层清理 (2)抹找平层 (3)抹面层 (4)贴嵌防滑条 (5)磨光、酸洗、打蜡 (6)材料运输
020106005	地毯楼梯面	(1)基层种类 (2)找平层厚度、砂浆配合比 (3)面层材料品种、规格、品牌、颜色 (4)粘结材料种类 (5)防护材料种类 (6)固定配件材料种类、规格			(1)基层清理 (2)抹找平层 (3)铺贴面层 (4)固定配件安装 (5)刷防护材料 (6)材料运输
020106006	木板楼梯	(1)找平层厚度、砂浆配合比 (2)基层材料种类、规格 (3)面层材料品种、规格、品牌、颜色 (4)防护材料种类 (5)粘结材料种类 (6)油漆品种、刷漆遍数			(1)基层清理 (2)抹找平层 (3)基层铺贴 (4)面层铺贴 (5)刷防护材料、油漆 (6)材料运输

4. 扶手、栏杆、栏板装饰工程量清单项目计算规则

扶手、栏杆、栏板装饰，工程量清单项目设置及工程量计算规则，应按表 5-8 执行。

5. 台阶装饰工程量清单项目计算规则

台阶装饰工程量清单项目设置及工程量计算规则，应按表 5-9 执行。

6. 零星装饰项目工程量计算

零星装饰项目是指适用于楼梯、台阶侧面装饰及面积在 0.5m² 以内的少量分散的楼地面装饰，其工程部位或名称应在项目中进行描述。零星装饰工程量清单项目设置及工程量计算规则，应按表 5-10 执行。

表 5-8　扶手、栏杆、栏板装饰(编码:020107)工程量计算规则

项目编码	项目名称	项目特征	计量单位	工程量计算规则	工程内容
020107001	金属扶手带栏杆、栏板	(1)扶手材料种类、规格、品牌、颜色 (2)栏杆材料种类、规格、品牌、颜色 (3)栏板材料种类、规格、品牌、颜色 (4)固定配件种类 (5)防护材料种类 (6)油漆品种、刷漆遍数	m²	按设计图示尺寸以扶手中心线长度(包括弯头长度)计算	(1)制作 (2)运输 (3)安装 (4)刷防护材料 (5)刷油漆
010107002	硬木扶手带栏杆、栏板				
020107003	塑料扶手带栏杆、栏板				
020107004	金属靠墙扶手	(1)扶手材料种类、规格、品牌、颜色 (2)固定配件种类 (3)防护材料种类 (4)油漆品种、刷漆遍数			
020107005	硬木靠墙扶手				
020107006	塑料靠墙扶手				

表 5-9　台阶装饰(编码:020108)工程量计算规则

项目编码	项目名称	项目特征	计量单位	工程量计算规则	工程内容
020108001	石材台阶面	(1)垫层材料种类、厚度 (2)找平层厚度、砂浆配合比 (3)粘结层材料种类 (4)面层材料品种规格、品牌、颜色 (5)勾缝材料种类 (6)防滑条材料种类、规格 (7)防护材料种类	m²	按设计图示尺寸以台阶(包括最上层踏步边沿加300mm)水平投影面积计算	(1)基层清理 (2)铺设垫层 (3)抹找平层 (4)面层铺贴 (5)贴嵌防滑条 (6)勾缝 (7)刷防护材料 (8)材料运输
02010802	块料台阶面				
020106003	水泥砂浆台阶面	(1)垫层材料种类、厚度 (2)找平层厚度、砂浆配合比 (3)面层厚度、砂浆配合比 (4)防滑条材料种类			(1)清理基层 (2)铺设垫层 (3)抹找平层 (4)抹面层 (5)剁假石 (6)材料运输

续表 5-9

项目编码	项目名称	项目特征	计量单位	工程量计算规则	工程内容
020106004	现浇水磨石台阶面	(1)垫层材料种类、厚度 (2)找平层厚度、砂浆配合比 (3)面层厚度、水泥石子浆配合比 (4)防滑条材料种类、规格 (5)石子种类、规格、颜色 (6)颜料种类、颜色 (7)磨光、酸洗、打蜡要求	m^2	按设计图示尺寸以台阶(包括最上层踏步边沿加300mm)水平投影面积计算	(1)清理基层 (2)铺设垫层 (3)抹找平层 (4)抹面层 (5)贴嵌防滑条 (6)打磨、酸洗、打蜡 (7)材料运输
020106005	剁假石台阶面	(1)热层材料种类、厚度 (2)找平层厚度、砂浆配合比 (3)面层厚度、砂浆配合比 (4)剁假石要求	m^2	按设计图示尺寸以台阶(包括最上层踏步边沿加300mm)水平投影面积计算	(1)清理基层 (2)铺设垫层 (3)抹找平层 (4)抹面层 (5)剁假石 (6)材料运输

表 5-10　零星装饰项目(编码:020109)工程量计算规则

项目编码	项目名称	项目特征	计量单位	工程量计算规则	工程内容
020109001	石材零星项目	(1)工程部位 (2)找平层厚度、砂浆配合比 (3)结合层厚度、材料种类 (4)面层材料品种、规格、品牌、颜色 (5)勾缝材料种类 (6)防护材料种类 (7)酸洗、打蜡要求	m^2	按设计图示尺寸以面积计算	(1)清理基层 (2)抹找平层 (3)面层铺贴 (4)勾缝 (5)刷防护材料 (6)酸洗、打蜡 (7)材料运输
020109002	碎拼石材零星项目				
020109003	块料零星项目				
020109004	水泥砂浆零星项目	(1)工程部位 (2)找平层厚度、砂浆配合比 (3)面层厚度、砂浆厚度			(1)清理基层 (2)抹找平层 (3)抹面层 (4)材料运输

二、楼地面装饰工程量清单计算规则与定额计算规则对照

1. 整体面层装饰工程量计算规则比较

整体面层清单工程量按设计图示尺寸以面积平方米为计量单位计算。应扣除凸出地面构筑物、设备基础、室内铁道、地沟等所占面积，不扣除间壁墙和 0.3m^2 以内的柱、垛、附墙烟囱及孔洞所占面积。门洞、空圈、暖气包槽、壁龛的开口部分不增加面积。

整体面层定额工程量按饰面的净面积计算，不扣除 0.1m^2 以内的孔洞所占面积。

2. 块料面层工程量计算比较

(1)工程量计算规则比较。块料面层工程量清单计算规则与定额计算规则有所不同：块料面层清单工程量按设计图示尺寸以面积平方米为计量单位计算。应扣除凸出地面构筑物、设备基础、室内铁道、地沟等所占面积，不扣除间壁墙和 0.3m^2 以内的柱、垛、附墙烟囱及孔洞所占

面积。门洞、空圈、暖气包槽、壁龛的开口部分不增加面积。

块料面层定额工程量按饰面的净面积计算，不扣除 0.1m² 以内的孔洞所占面积，拼花部分按实贴面积计算，点缀按个计算，计算主体铺贴地面面积时，不扣除点缀所占面积。

(2)定额规则说明。

①凡大于 0.1m² 和不小于 120mm 厚间隔墙等所占面积应予扣除。

②门洞、空圈、壁龛等开口部分的面积应并入相应的楼地面装饰面积内计算。

③本章新增加项目：增加了胶粘剂楼地面块料面层、楼地面点缀、图案周边异形块料加工、方整石楼地面、防静电地毯、防静电踢脚板、钛金不锈钢复合地砖、块料面层养护等。

④楼地面块料面层(大理石、花岗岩)的拼花、点缀、分色项目，应注意它们的区别。

3. 橡塑面层工程量计算规则对比

橡塑面层工程量清单计算规则与定额计算规则相同：均按设计图示尺寸以面积平方米为计量单位计算。门洞、空圈、暖气包槽、壁龛的开口部分并入相应的工程量内。

4. 其他材料面层工程量计算规则对比

其他材料面层工程量清单计算规则与定额计算规则相同：均按设计图示尺寸以面积平方米为计量单位计算。门洞、空圈、暖气包槽、壁龛的开口部分并入相应的工程量内。

5. 踢脚线装饰工程量计算规则比较

(1)工程量计算规则比较。踢脚线工程量清单计算规则与定额计算规则相同：均按设计图示长度乘以高度以面积计算，即按实贴长乘高以平方米计算，柱的踢脚板工程量应合并计算。定额规则中，成品踢脚线按实贴延长米计算。

(2)定额规则说明。

①计算踢脚线工程量时，应按不同的构造要求、材料品种、型号规格、颜色、品牌分别计算。

②楼梯踢脚线是随楼梯一起向上倾斜的、保护楼梯踢脚的斜线，一般情况下层高按 3m 设置双跑楼梯的楼层，其斜线长度是其水平投影的 1.15 倍，因此楼梯踢脚线按定额项目乘以 1.15 系数折合成斜线长度(或延长米)后，套用本定额。

③踢脚板根据不同材质单套相应定额子目，整体面层、块料面层中均不包括踢脚板工料，楼梯踢脚线应另行计算。

6. 楼梯装饰工程量计算规则比较

(1)工程量计算规则比较。楼梯工程量清单计算规则与定额计算规则相同：均按设计图示尺寸以楼梯(包括踏步、休息平台及 500mm 以内的楼梯井)水平投影面积计算。楼梯与楼地面相连时，算至梯口梁内侧边沿；无梯口梁者，算至最上一层踏步边沿加 300mm。

(2)定额规则说明。

①楼梯面层包括踏步、平台以及小于 50mm 宽的楼梯井，按楼梯间水平投影净面积计算，不包括楼梯踢脚线、底面侧面抹灰。

②楼梯与走廊连接的，以楼梯踏步梁或平台梁外缘为界，界内为楼梯面层，线外为走廊面积。

③石质板材铺贴楼梯踏步，设计要求中间与两边采用不同颜色石材铺贴时(即所谓“三接板”)，按相应定额人工及机械费乘以系数 1.20，白水泥用量乘以系数 1.10。

④定额内楼梯只考虑一般防滑槽，若设计用金属防滑条或其他防滑方式时，材料另计，其他工料机械用量不变。

⑤对于螺旋楼梯的水平投影面积，可按下式计算：

$$螺旋楼梯水平投影面积=BH\sqrt{1+\left(\frac{2\pi R_{平}}{h}\right)^{2}}$$

式中　B——楼梯宽度；

H——螺旋梯全高；

h——螺距；

$R_{平}$——$\frac{R+r}{2}$，r为内圆半径，R为外圆半径。

螺旋楼梯的内外侧面面积等于内（外）边螺旋长乘侧边面高。

$$内边螺旋长=H\sqrt{1+\left(\frac{2\pi r}{h}\right)^{2}}$$

$$外边螺旋长=H\sqrt{1+\left(\frac{2\pi R}{h}\right)^{2}}$$

7. 扶手、栏杆、栏板装饰工程量计算规则对照

（1）工程量计算规则比较。楼梯工程量清单计算规则与定额计算规则相同：均按设计图示尺寸以扶手中心线长度（包括弯头长度）计算，即栏杆、栏板、扶手均按其中心线长度以延长米计算，计算扶手时不扣除弯头所占长度。定额中需另外套项计算，弯头按个计算。栏杆、栏板装饰工程的定额工作内容包括制作、放样、下料、焊接、安装清理等。

栏杆、栏板、扶手工程量=各跑楼梯水平投影长度×斜长系数+平台栏杆、栏板、扶手长度

（2）定额规则说明。

①在计算栏板长度时，按斜面中心线长度（最长边与最短边之和平均值）计算。栏板有空花栏杆、实心栏板以及两者组合三种。

②楼梯扶手的长度，可按扶手水平投影的总长度乘以系数1.15计算。计算扶手长度时，不扣除弯头所占长度。

③如设计栏杆、栏板、扶手与定额取定的材料规格不一致，可以换算。

④扶手的弯头需另列项目计算，套用相应定额。一个拐弯计2个弯头，顶层加1个弯头。

8. 台阶装饰工程量计算对比

（1）工程量计算规则比较。台阶工程量清单计算规则与定额计算规则相同：均按按设计图示尺寸以台阶（包括最上层踏步边沿加300mm）水平投影面积平方米为计量单位计算。计算公式：台阶面层工程量=（台阶水平投影长+ 300mm）×台阶宽。

（2）定额规则说明。

①台阶面层的工程量不包括牵边及牵边侧面装饰的工程量。牵边是指台阶两旁防止雨水直接从踏步两旁流下的设施，如图5-1所示。

②台阶定额中已包括一般防滑槽，如设计说明用其他材料做防滑条时，材料另计，其他工料机械用量不变。

③台阶铺贴石质板材，设计要求中间与两边采用不同颜色石材铺贴时（即所谓“三接板”），按相应定额人工及机械费乘以系数1.20，白水泥用量乘以系数1.10。

9. 零星装饰工程量计算规则对照

《装饰定额》中的楼地面零星项目包括：天然石材（包括大理石、碎拼大理石、花岗岩、碎拼花

岗岩)、陶瓷地砖、缸砖3类8个项目。

楼地面零星装饰工程量清单计算规则与定额计算规则相同:均按设计图示尺寸以面积平方米为单位计算。即按零星项目按实铺面积计算。

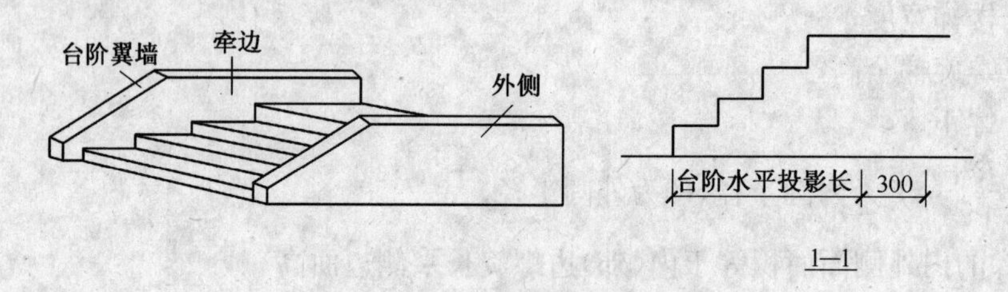

图5-1 台阶、牵边示意图

第三节 楼地面工程量计算及实例

【例5-1】 如图5-2所示住宅单元内客厅为大理石地面,大理石地面做法为:大理石板规格为500mm×500mm,水泥砂浆铺贴;两卧室铺设硬木地板,设计要求地板条为硬木企口成品,铺在木楞上,单层铺设;客厅采用直线形大理石踢脚线,水泥砂浆粘贴,卧室榉木夹板踢脚线。两种材料踢脚线的高度均按150mm考虑。试计算大理石、木地板及踢脚线的工程量。

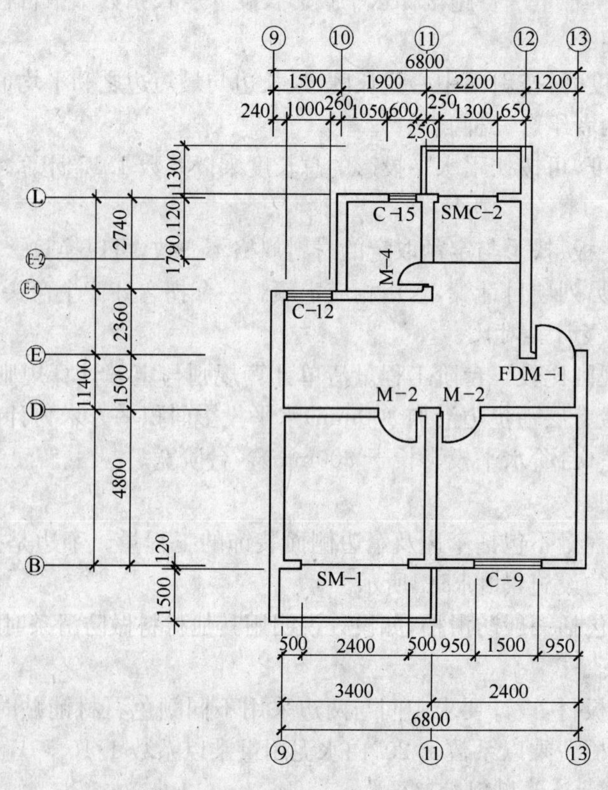

图5-2 住宅单元起居室设计平面图

【解】 (1)客厅大理石地面工程量。

①清单工程量：

$$S(\mathrm{m}^2)=\text{图示尺寸面积}-\text{扣除面积}$$

式中扣除面积指凸出地面的构筑物、设备基础、室内铁道、地沟等所占面积，不包括门洞开口部分面积。

$S=(6.8-1.2-0.24)\times(1.5+2.36-0.24)+(1.2-0.24)\times(1.5-0.24)+(2.74-1.79+0.12)\times(2.2-0.24)=22.71(\mathrm{m}^2)$

客厅大理石地面清单工程量计算表见表5-11。

表5-11　客厅大理石地面清单工程量计算表

项目编码	项目名称	项目特征	计量单位	工程量
020102001	石材楼地面	大理石板规格为500mm×500mm	m^2	22.71

② 定额工程量：本例起居室大理石面层工程量，按饰面层净面积计算。计算时包括净空面积和门洞开口部分面积之和，计算式如下：

$S=(6.8-1.2-0.24)\times(1.5+2.36-0.24)+(1.2-0.24)\times(1.5-0.24)+(2.74-1.79+0.12)\times(2.2-0.24)+(0.8\times0.12\times3+0.7\times0.24)=23.20(\mathrm{m}^2)$

按项目要求，查定额1-001子日，其工料机用量见表5-12。

表5-12　起居室铺贴大理石工料机用量表

序号	名　　称	单位	定额消耗量/m^2	工程(m^2)	项目用量
1	综合人工	工日	0.2490	23.20	5.777
2	白水泥	kg	0.1030		2.390
3	大理石板500mm×500mm	m^2	1.0200		23.66
4	石料切割锯片	片	0.0035		0.081
5	棉纱头	kg	0.0100		0.232
6	水	m^3	0.0160		0.371
7	锯木屑	m^3	0.0060		0.139
8	水泥砂浆1∶3	m^3	0.0303		0.703
9	素水泥浆	m^3	0.0010		0.023
10	灰浆搅拌机200L	台班	0.0052		0.122
11	石料切割机	台班	0.0163		0.378

(2)卧室木地板工程量。定额与清单工程量相同：

$$S(\mathrm{m}^2)=\text{图示面积}+\text{并入面积}$$

式中并入面积是门洞、空圈、暖气包槽、壁龛的开口部分面积。门洞开口部分面积应加入工程量中。

$S=(3.4-0.24)\times(4.8-0.24)\times2+0.8\times0.12\times2+2.4\times0.24=29.590(\mathrm{m}^2)$

按项目要求，查定额1-134，其综合人工工日数为：

综合人工日$=0.4630\times29.59=13.788$(工日)

硬木企口地板$=1.05\times29.59=31.27(\mathrm{m}^2)$

卧室木地板清单工程量计算表见表5-13。

表5-13　卧室木地板清单工程量计算表

项目编码	项目名称	项目特征	计量单位	工程量
020104002	竹木地板	地板条为硬木企口成品，铺在木楞上，单层铺设	m^2	29.59

杉木锯材＝0.0142×29.59＝0.423(m^3)

(3)踢脚线工程量。踢脚线清单与定额工程量相同：

$$S(m^2)=图示长度×高度$$

①大理石踢脚线：

大理石踢脚线长＝[(6.8－0.24)＋(1.5＋2.36－0.24)]×2－(2.2－0.24)＋(2.74－1.79＋0.12)×2＋(M-1，M-4洞口侧面)0.24×4＋(M-2洞口侧面)0.24×4－0.7－0.8×2＝18.96(m)

大理石踢脚线工程量＝18.96×0.15＝2.844(m^2)

②榉木夹板踢脚线：

踢脚线长＝[(3.4－0.24)＋(4.8－0.24)]×4－2.40－0.8×2＋洞口侧面0.24×2＝27.36(m)

踢脚线工程量＝27.36×0.15＝4.10(m^2)

踢脚线清单工程量计算表见表5-14。

表5-14　踢脚线清单工程量计算表

项目编码	项目名称	项目特征	计量单位	工程量
020105002	石材踢脚线	直线形大理石踢脚线，水泥砂浆粘贴，高度均按150mm	m^2	2.84
020105006	木质踢脚线	榉木夹板踢脚线，高度均按150mm	m^2	4.10

【例5-2】　图5-3是某六层住宅楼梯设计图，计算该建筑楼梯工程量和定额消耗量。该建筑物有两个单元，楼梯饰面用陶瓷地砖水泥砂浆(1∶3)铺贴。

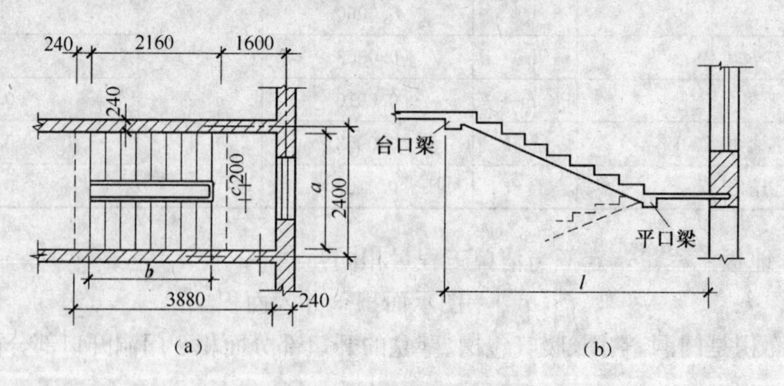

图5-3　楼梯设计图

(a)平面　(b)剖面

【解】　楼梯工程量定额与清单计算规则相同，该楼梯工程量：

S＝(2.4－0.24)×(0.24＋2.16＋1.6－0.12)×(6－1)×2＝83.81(m^2)

查消耗量定额 1-071，则该建筑物楼梯项目人、材、机用量见表 5-15。本例清单工程量计算表见表 5-16。

表 5-15　建筑物楼梯项目工料机用量

序号	名称	单位	定额消耗量/m^2	工程量/m^2	分项用量
1	综合人工	工日	0.5950	83.81	49.87
2	白水泥	kg	0.1410		11.82
3	陶瓷地砖	m^2	1.4470		121.27
4	石料切割锯片	片	0.0143		1.20
5	棉纱头	kg	0.0140		1.17
6	水	m^3	0.0360		3.02
7	锯木屑	m^3	0.0080		0.67
8	水泥砂浆 1：3	m^3	0.0276		2.31
9	素水泥浆	m^3	0.0014		0.12
10	石料切割机	台班	0.0170		1.42

表 5-16　例 5-2 清单工程量计算表

项目编码	项目名称	项目特征	计量单位	工程量
020106002	块料楼梯面层	陶瓷地砖水泥砂浆（1：3）铺贴	m^2	83.81

【例 5-3】　按图 5-4 所示六层建筑的楼梯，做木扶手不锈钢管直线型（其他）栏杆，扶手伸入平台 150mm，计算工程量及主要材料用量。

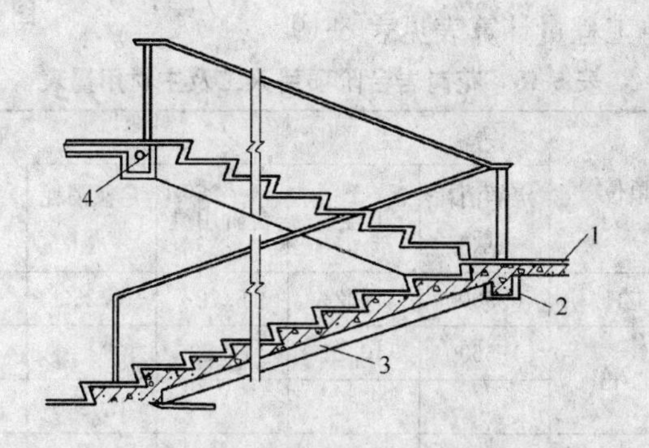

图 5-4　楼梯扶手示意图

1. 平台板　2. 平台梁　3. 斜梁　4. 台口梁

【解】　扶手、栏杆、栏板工程量定额清单工程量相同，均按设计图示尺寸以扶手中心线长度（m）计算，计算扶手时，不扣除弯头所占长度。

（1）楼梯扶手（栏杆）工程量。扶手长＝每层水平投影长度×（n－1）×系数 1.15＋顶层水平扶手长度＝［0.27×8＋0.15×2（伸入长）＋0.2（井宽）×2×（6－1）×1.15＋（2.4－0.24－0.2）÷2）］×2＝67.74（m）

上式计算中按两个单元，每个梯段为 8 步，踏步板宽 270mm，踏步板高度 150mm 考虑。

(2)主要材料用量。

①直线型(其他)不锈钢管栏杆,按定额1-180,主材如下:

不锈钢管 $\phi32\times1.5$,定额消耗量8.550个,栏杆用材为:$8.55\times67.74=579.18$(m)。

不锈钢法兰盘 $\phi9$,定额消耗量5.771个,栏杆用量:$5.771\times67.74=390.93$(m)。

②木扶手,按直线型硬木扶手考虑,定额编号1-213,主材如下:

硬木扶手(直线形)60mm×60mm,定额消耗量0.9390个,扶手用料:$0.939\times67.74=63.61$(m)。

表5-17　例5-3清单工程量计算表

项目编码	项目名称	项目特征	计量单位	工程量
020107002	硬木扶手带栏杆	木扶手不锈钢管直线型栏杆	m	67.74

【例5-4】 图5-5为某建筑物入口处台阶平面图,台阶做法为水泥砂浆铺贴花岗岩板,计算项目工程量及主材用量。

【解】 台阶定额工程量与清单工程量相同,按计算规则规定,台阶部分工程量为:

台阶花岗岩板工程量$=(4.74+0.3\times4)\times0.3\times3+(3-0.3)\times0.3\times3\times2=10.21(m^2)$

平台部分花岗岩板工程量$=(4.74-0.3\times2)\times(3-0.3)=11.18(m^2)$

台阶部分按子目1-034,平台部分按地面考虑,定额编号为1-008,则花岗岩板及水泥砂浆(1∶3)的用量分别列入表5-18。本例清单工程量计算表见表5-19。

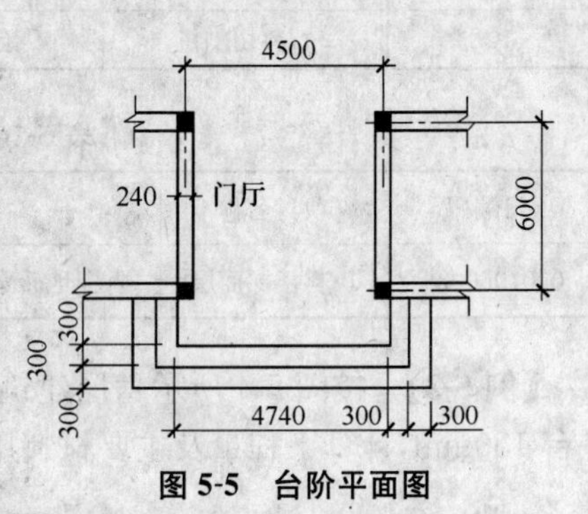

图5-5　台阶平面图

表5-18　花岗岩台阶项目人工及主材用量表

序号	项目	单位	台阶			平台			项目用量
			定额消耗量	工程量	台阶用量	定额消耗量	工程量	平台用量	
1	人工	工日	0.5600	10.21	5.72	0.253	11.18	2.83	8.55
2	花岗岩板	m^2/m^2	1.5690	10.21	16.02				16.02
						1.0200	11.18	11.40	11.40
3	1∶3水泥砂浆	m^3	0.0299	10.21	0.31	0.0303	11.18	0.34	0.65

表5-19　例5-4清单工程量计算表

项目编码	项目名称	项目特征	计量单位	工程量
020108001	石材台阶面	水泥砂浆铺贴花岗岩板台阶	m^2	10.21
020102001	石材楼地面	水泥砂浆铺贴花岗岩板地面平台	m^2	11.18

【例5-5】 大理石地面设计见图5-6,图案为圆形,直径1800mm,大理石块料尺寸600mm×600mm,1∶2.5水泥砂浆粘接,计算该图案直接费。

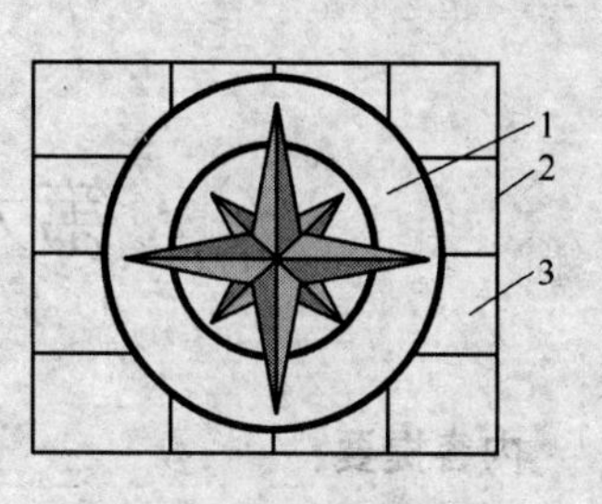

图 5-6　大理石地面拼花
1. 图案　2. 图案外边线
3. 图案周边异形块料

【解】　①图案面积＝3.14×0.92＝2.54(m^2)

②图案周边异形大理石块料＝2.4×2.4－2.54＝3.22(m^2)

大理石规格料面积＝0.6×0.6×12＝4.32(m^2)

图案周边异形大理石块料消耗量＝4.32/3.22×1.02＝1.3684(m^2)

③假设大理石材料市场单价：190.59 元/m^2，大理石地面的基价：205.98 元/m^2

则调整后的基价＝205.98＋(1.3684-1.020)×190.59＝272.38(元/m^2)

④假设大理石图案基价：369.00 元/m^2

图案直接费＝2.54×369.00＝937.24(元)

大理石块料直接费＝3.22×272.38＝877.08(元)

⑤假设图案周边异形大理石块料加工单价为：19.40 元/m^2

图案周边异形大理石块料加工费为：3.22×19.40＝62.46(元)

合计地面直接费＝937.24＋877.08＋62.46＝1876.78(元)

实训项目一见附录二。

第六章　墙、柱面装饰工程

内容提要：

1. 了解墙、柱面工程定额说明及清单项目释义。

2. 掌握墙、柱面装饰工程工程量清单计算规则及定额计算规则。

3. 能够完成墙、柱面装饰工程计价文件编制。

第一节　墙、柱面工程定额说明及清单项目释义

一、墙、柱面装饰工程定额说明

(1)《全国统一建筑装饰装修工程消耗量定额》(GYD—901—2002)(以下简称《装饰定额》)墙柱面装饰工程定额项目共分为四类281个项目，如图6-1所示。

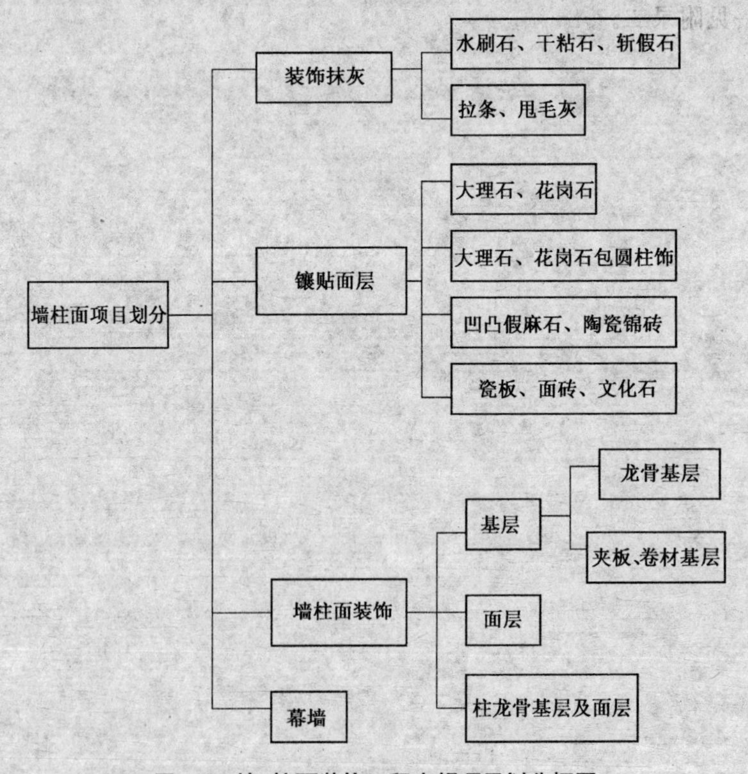

图6-1　墙、柱面装饰工程定额项目划分框图

(2)墙、柱面工程定额中凡注明砂浆种类、配合比、饰面材料与设计不同时，可按设计规定调整，但人工、机械消耗量不变。

(3)定额抹灰厚度，如设计与定额取定不同时，除定额有注明厚度的项目可以换算外，其他

一律不作调整。定额中厚度为厚度为××mm＋××mm＋××mm者，抹灰种类为三种三层，前者数据为打底抹灰厚度，中者数据为中层抹灰厚度；后者数据为罩面抹灰厚度。套用定额时，如需调整，应根据抹灰的种类、层次，分别执行相应抹灰厚度调整项目表 6-1。

表 6-1　墙柱面装饰工程定额抹灰厚度

定额编号	项目		砂浆	厚度/mm
2-001	水刷豆石	砖、混凝土墙面	水泥砂浆 1∶3	12
			水泥豆石浆 1∶1.25	12
2-002		毛石墙面	水泥砂浆 1∶3	18
			水泥豆石浆 1∶1.25	12
2-005	水刷白石子	砖、混凝土墙面	水泥砂浆 1∶3	12
			水泥白石子将 1∶1.5	10
2-006		毛石墙面	水泥砂浆 1∶3	20
			水泥白石子浆 1∶1.5	10
2-009	水刷玻璃碴	砖、混凝土墙面	水泥砂浆 1∶3	12
			水泥玻璃碴浆 1∶1.25	12
2-010		毛石墙面	水泥砂浆 1∶3	18
			水泥玻璃碴浆 1∶1.25	12
2-013	干粘白石子	砖、混凝土墙面	水泥砂浆 1∶3	18
2-014		毛石墙面	水泥砂浆 1∶3	30
2-017	干粘玻璃碴	砖、混凝土墙面	水泥砂浆 1∶3	18
2-018		毛石墙面	水泥砂浆 1∶3	30
2-021	斩假石	砖、混凝土墙面	水泥砂浆 1∶3	12
			水泥白石子浆 1∶1.5	10
2-022		毛石墙面	水泥砂浆 1∶3	18
			水泥白石子浆 1∶1.5	10
2-025	墙、柱面拉条	砖墙面	混合砂浆 1∶0.5∶2	14
			混合砂浆 1∶0.5∶1	10
2-026		混凝土墙面	水泥砂浆 1∶3	14
			混合砂浆 1∶0.5∶1	10
2-027	墙、柱面甩毛工程量主算规则	砖墙面	混合砂浆 1∶1∶6	12
			混合砂浆 1∶1∶4	6
2-028		混凝土墙面	水泥砂浆 1∶3	10
			水泥砂浆 1∶2.5	6

注：1. 每增减一遍素水泥浆或 107 胶素水泥浆，每平方米增减人工 0.01 工日，素水泥或 107 胶素水泥浆 0.00120m^3。

2. 每增减 1mm 厚砂浆，每平方米增减砂浆 0.0012m^3。

（4）定额一般抹灰项目中，抹灰装饰线条是按材料的种类分别设置定额项目。套用定额时，展开宽度小于 300mm 者执行装饰线条子目，按延长米计算；展开宽度大于 300mm 时执行零星项目子目，按展开面积计算。

(5)圆弧形、锯齿形等不规则墙面抹灰、镶贴块料按相应项目人工乘以系数1.15，材料乘以系数1.05。

(6)离缝镶贴面砖定额子目，面砖消耗量分别按缝宽5mm、10mm和20mm考虑，如灰缝不同或灰缝超过撕咖以上者，其块料及灰缝材料(水泥砂浆1∶1)用量允许调整，其他不变。

(7)镶贴块料和装饰抹灰的“零星项目”适用于挑檐、天沟、腰线、窗台线、门窗套、压顶、扶手、雨篷周边等。

(8)墙柱面干挂块料面层项目，定额按块料挂在膨胀螺栓上编制的，若设计块料挂在龙骨上，龙骨单独计算，套用相应龙骨定额项目，扣除定额子目中膨胀螺栓消耗量，其他不变。

(9)木龙骨基层是按双向计算的，如设计为单向时，材料、人工用量乘以系数0.55。

(10)定额木材种类除注明者外，均以一、二类木种为准，如采用三、四类木种时，人工及机械乘以系数1.3。

(11)面层、隔墙(间壁)、隔断(护壁)定额内，除注明者外均未包括压条、收边、装饰线(板)，如要求时，应按第六章相应子目执行。

(12)面层、木基层均未包括刷防火涂料，如设计要求时，应按第五章相应子目执行。

(13)玻璃幕墙设计有平开、推拉窗者，仍执行幕墙定额，窗型材、窗五金相应增加，其他不变。

(14)玻璃幕墙中的玻璃按成品玻璃考虑，幕墙中的避雷装置、防火隔离层定额已综合，但幕墙的封边、封顶的费用另行计算。

(15)隔墙(间壁)、隔断(护壁)、幕墙等定额中龙骨间距、规格如与设计不同时，定额用量允许调整。

二、墙柱面装饰工程量清单说明

(1)墙柱面装饰装修工程清单项目共分为10节25个项目。包括墙面抹灰、柱面抹灰、零星抹灰、墙面镶贴块料、柱面镶贴块料、零星镶贴块料、墙饰面、柱梁饰面、隔断、幕墙等分项工程。等装饰工程。

(2)清单项目内容及相关说明。

①墙体类型：指砖墙、石墙、混凝土墙、砌块墙，以及内墙、外墙等。

②底层厚度、面层厚度：按设计规定，一般采用标准图设计。

③勾缝类型：清水砖墙、砖柱的加浆勾缝，有平缝或凹缝之分；石墙、石柱的勾缝，分平缝、平凹缝、平凸缝、半圆凹缝、半圆凸缝和三角凸缝等。

④块料饰面板是指石材饰面板，陶瓷面砖，玻璃面砖，金属饰面板，塑料饰面板，木质饰面板等。

⑤防护材料：是指石材等防碱背涂处理剂和面层防酸涂剂等。

⑥基层材料：指面层下的底板材料，如木墙裙、木护墙、木板隔墙等，在龙骨上粘贴或铺钉的一层加强面层的底板。

⑦嵌缝材料：指嵌缝用的嵌缝砂浆、嵌缝油膏、密封胶防水材料等。

(3)柱面抹灰项目、石材柱面项目、块料柱面项目适用于矩形柱、异形柱(包括圆形柱、半圆形柱等)。

(4)零星抹灰和零星镶贴块料面层项目适用于小面积(0.5m²)以内少量分散的抹灰和块料面层。

(5)设置在隔断、幕墙上的门窗，可包括在隔断、幕墙项目报价内，也可单独编码列项，但应在清单项目中描述清楚。

第二节　墙、柱面工程量清单计算规则与定额计算规则对照

墙、柱面装饰工程，清单项目与定额项目均按装饰材料及工艺做法的不同分为：墙柱面抹灰、墙柱面镶贴块料、墙柱面饰板、隔断、幕墙。现将其装饰工程量分别介绍如下。

一、墙、柱面装饰工程量清单项目计算规则

1. 墙、柱面抹灰工程量清单项目设置及工程量计算规则

墙柱面抹灰分墙面抹灰、柱面抹灰和零星抹灰三节8个项目。

(1)墙面抹灰。工程量清单项目设置及工程量计算规则应按表6-2执行。

表6-2　墙面抹灰(编码:020101)工程量计算规则

项目编码	项目名称	项目特征	计量单位	工程量计算规则	工程内容
020201001	墙面一般抹灰	(1)墙体类型 (2)底层度、砂浆配合比 (3)面层厚度、砂浆配合比 (4)装饰面材料种类 (5)分格缝宽度、材料种类	m²	按设计图示尺寸以面积计算。扣除墙裙、门窗洞口及单个0.3m²以外的孔洞面积，不扣除踢脚线、挂镜线和墙与构件交接处的面积，门窗洞口和孔洞的侧壁及顶面不增加面积。附墙柱、梁、垛、烟囱侧壁并入相应的墙面面积内 (1)外墙抹灰面积按外墙垂直投影面积计算 (2)外墙裙抹灰面积按其长度乘以高度计算 (3)内墙抹灰面积按主墙间的净长乘以高度计算 ①无墙裙的，高度按室内楼地面至顶棚底面计算 ②有墙裙的，高度按墙裙顶至顶棚底面计算 (4)内墙裙抹灰面积按内墙净长乘以高度计算	(1)基层清理 (2)砂浆制作、运输 (3)底层抹灰 (4)抹面层 (5)抹装饰面 (6)勾分格缝
020201002	墙面装饰抹灰				
02201003	墙面勾缝	(1)墙体类型 (2)勾缝类型 (3)勾缝材料种类			(1)基层清理 (2)砂浆制作、运输 (3)勾缝

(2)柱面抹灰。工程量清单项目设置及工程量计算规则应按表 6-3 执行。

(3)零星抹灰。工程量清单项目设置及工程量计算规则应按表 6-4 执行。

表 6-3 柱面抹灰(编码:020202)工程量计算规则

项目编码	项目名称	项目特征	计量单位	工程量计算规则	工程内容
020202001	柱面一般抹灰	(1)柱体类型 (2)底层厚度、砂浆配合比 (3)面层厚度、砂浆配合比 (4)装饰面材料种类 (5)分格缝宽度、材料种类	m^2	按设计图示柱断面周长乘以高度(按面积计算)	(1)基层清理 (2)砂浆制作、运输 (3)底层抹灰 (4)抹面层 (5)抹装饰面 (6)勾分格缝
020202002	柱面装饰抹灰				
020202003	柱面勾缝	(1)墙体类型 (2)勾缝类型 (3)勾缝材料种类			(1)基层清理 (2)砂浆制作、运输 (3)勾缝

表 6-4 零星抹灰(编码:020203)工程量清单项目及计算规则

项目编码	项目名称	项目特征	计量单位	工程量计算规则	工程内容
020203001	零星项目	(1)墙体类型 (2)底层厚度、砂浆配合比 (3)面层厚度、砂浆配合比 (4)装饰面材料种类 (5)分格缝宽度、材料种类	m^2	按设计图示尺寸以面积计算	(1)基层清理 (2)砂浆制作、运输 (3)底层抹灰 (4)抹面层 (5)抹装饰面 (6)勾分格缝
020203002	零星项目装饰抹灰				

2. 墙柱面镶贴工程清单项目计算规则

墙柱面镶贴块料包括墙面镶贴块料、柱面镶贴块料、零星镶贴块料面层 3 节 12 个分项目。墙面镶贴块料,工程量清单项目设置及工程量计算规则应按表 6-5 执行;柱面镶贴块料,工程量清单项目设置及工程量计算规则,应按表 6-6 执行。零星镶贴块料,工程量清单项目设置及工程量计算规则应按表 6-7 执行。

3. 墙柱(梁)面装饰工程清单项目计算规则

本项是指墙、柱面"装饰抹灰"、"镶贴块料面层"之外的"墙、柱面装饰"工程,主要包括柱龙骨基层及饰面等分项工程。墙柱(梁)面装饰包括墙面装饰、柱(梁)面装饰 2 个项目。墙柱(梁)面装饰工程量清单项目设置及工程量计算规则应按表 6-8、表 6-9 执行。

4. 隔断工程量计算规则

隔断清单项目及工程量计算规则见表 6-10。

表 6-5　墙面镶贴块料(编码:020204)工程量清单项目及计算规则

项目编码	项目名称	项目特征	计量单位	工程量计算规则	工程内容
020204001	石材墙面	(1)墙体类型 (2)底层厚度、砂浆配合比 (3)粘结层厚度、材料种类 (4)挂贴方式 (5)干挂方式(膨胀螺栓、钢龙骨) (6)面层材料品种、规格、品牌、颜色 (7)缝宽、嵌缝材料种类 (8)防护材料种类 (9)磨光、酸洗、打蜡要求	m²	按设计图示尺寸以面积计算	(1)基层清理 (2)砂浆制作、运输 (3)底层抹灰 (4)结合层铺贴 (5)面层铺贴 (6)面层挂贴 (7)面层干挂 (8)嵌缝 (9)刷防护材料 (10)磨光、酸洗、打蜡
020204002	碎拼石材墙面				
020204003	块料墙面				
020104004	干挂石材钢骨架	(1)骨架种类、规格 (2)油漆品种、刷油遍数	t	按设计图示尺寸以质量计算	(1)骨架制作、运输、安装 (2)骨架油漆

表 6-6　柱面镶贴块料(编码:020202)工程量清单项目及计算规则

项目编码	项目名称	项目特征	计量单位	工程量计算规则	工程内容
020205001	石材柱面	(1)柱体材料 (2)柱截面类型、尺寸 (3)底层厚度、砂浆配合比 (4)粘结层厚度、材料种类 (5)挂贴方式 (6)干贴方式 (7)面层材料品种、规格、品牌、颜色 (8)缝宽、嵌缝材料种类 (9)防护材料种类 (10)磨光、酸洗、打蜡要求	m²	按设计图示尺寸以面积计算	(1)基层清理 (2)砂浆制作、运输 (3)底层抹灰 (4)结合层铺贴 (5)面层铺贴 (6)面层挂贴 (7)面层干挂 (8)嵌缝 (9)刷防护材料 (10)磨光、酸洗、打蜡
020205002	拼碎石材柱面				
020205003	块料柱面				

续表 6-6

项目编码	项目名称	项目特征	计量单位	工程量计算规则	工程内容
020205004	石材梁面	(1)底层厚度、砂浆配合比 (2)粘结层厚度、材料种类 (3)面层材料品种、规格、品牌、颜色 (4)缝宽、嵌缝材料种类 (5)防护材料种类 (6)磨光、酸洗、打蜡要求 ①骨架种类、规格 ②油漆品种、刷油遍数	m^2	按设计图标尺寸以面积计算	(1)基层清理 (2)砂浆制作、运输 (3)底层抹灰 (4)结合层铺贴 (5)面层铺贴 (6)面层挂贴 (7)嵌缝 (8)刷防护材料 (9)磨光、酸洗、打蜡

表 6-7 零星镶贴块料(编码:020206)工程量清单项目及计算规则

项目编码	项目名称	项目特征	计量单位	工程量计算规则	工程内容
020206001	石材零星项目	(1)柱、墙体类型 (2)底层厚度、砂浆配合比 (3)粘结层厚度、材料种类 (4)挂贴方式 (5)干挂方式 (6)面层材料品种、规格、品牌、颜色 (7)缝宽、嵌缝材料种类 (8)防护材料种类 (9)磨光、酸洗、打蜡要求	m^2	按设计图示尺寸以面积计算	(1)基层清理 (2)砂浆制作、运输 (3)底层抹灰 (4)结合层铺贴 (5)面层铺贴 (6)面层挂贴 (7)面层干挂 (8)嵌缝 (9)刷防护材料 (10)磨光、酸洗、打蜡
020206002	拼碎石材零星项目				
020206003	块料零星项目				

表 6-8 墙饰面(编码:020207)工程量计算规则

020207001	装饰板墙	(1)墙体类型 (2)底层厚度、砂浆配合比 (3)龙骨材料种类、规格、中距 (4)隔离层材料种类、规格 (5)基层材料种类、规格 (6)面层材料品种、规格、品牌、颜色 (7)压条材料种类、规格 (8)防护刷料种类 (9)油漆品种、刷漆遍数	m^2	按设计图示墙净长乘以净高以面积计算:扣除门窗洞口及单个 $0.3m^2$ 以上的孔洞所占面积	(1)基层清理 (2)砂浆制作、运输 (3)底层抹灰 (4)龙骨制作、运输、安装 (5)钉隔离层 (6)基层铺钉 (7)面层铺贴 (8)刷防护材料、油

表 6-9　柱(梁)饰面(编码:020208)工程量计算规则

项目编码	项目名称	项目特征	计量单位	工程量计算规则	工程内容
020208001	柱(梁)面装饰	(1)柱(梁)体类型 (2)底层厚度、砂浆配合比 (3)龙骨材料种类、规格、中距 (4)隔离层材料种类 (5)基层材料种类、规格 (6)面层材料品种、规格、品牌、颜色 (7)压条材料种类、规格 (8)防护材料种类 (9)油漆品种、刷漆遍数	m^2	按设计图示以面积计算。柱帽、柱墩并入相应柱饰面工程量内	(1)基层清理 (2)砂浆制作、运输 (3)底层抹灰 (4)龙骨制作、运输、安装 (5)钉隔离层 (6)钉隔离层 (7)基层铺钉 (8)面层铺贴 (9)刷防护材料、油漆

表 6-10　隔断(编码:020209)工程量清单项目及计算规则

项目编码	项目名称	项目特征	计量单位	工程量计算规则	工程内容
020209001	隔断	(1)骨架、边框材料种类、规格 (2)隔板材料品种、规格、品牌、颜色 (3)嵌缝、塞口材料品种 (4)压条材料种类 (5)防护材料种类 (6)油漆品种、刷漆遍数	m^2	按设计图示框外围尺寸以面积计算。扣除单个 0.3m^2 以上的孔洞所占面积;浴厕门的材质与隔断相同时,门的面积并入隔断面积内	(1)骨架及边框制作、运输、安装 (2)隔板制作、运输、安装 (3)嵌缝、塞口 (4)装钉压条 (5)刷防护材料、油漆

5. 幕墙工程量计算规则

幕墙项目工程量计算规则见表 6-11。

表 6-11　幕墙(编码:020210)项目工程量计算规则

项目编码	项目名称	项目特征	计量单位	工程量计算规则	工程内容
020210001	带骨架幕墙	(1)骨架材料种类、规格、中距 (2)面层材料品种、规格、品牌、颜色 (3)面层固定方式 (4)嵌缝、塞口材料种类	m^2	按设计图示框外围尺寸以面积计算。与幕墙同种材质的窗所占面积不扣除	(1)骨架制作、运输、安装 (2)面层安装 (3)嵌缝、塞口 (4)清洗
020210002	全玻幕墙	(1)玻璃品种、规格、品牌、颜色 (2)粘结塞口材料种类 (3)固定方式		按设计图示尺寸以面积计算。带肋全玻幕墙按展开面积计算	(1)幕墙安装 (2)嵌缝、塞口 (3)清洗

二、墙柱面工程量清单计算规则与定额计算规则对照

1. 墙面抹灰工程量计算比较

(1)工程量计算规则比较。

①外墙面装饰抹灰面积,按垂直投影面积计算,扣除门窗洞口和 0.3m² 以上的孔洞所占的面积,门窗洞口和孔洞的侧壁及顶面不增加面积。附墙柱、梁、垛、烟囱侧壁并入相应的墙面面积内;女儿墙(包括泛水、挑砖)、阳台栏板(不扣除花格所占孔洞面积)内侧抹灰按垂直投影面积乘 1.10,带压顶者乘系数 1.30 按墙面定额执行。墙与构件交接处的面积不扣除。

②内墙抹灰面积按主墙间的净长乘以高度计算;主墙是指结构厚度在 120mm 以上(不含 120mm)的各类墙体;无墙裙的,高度按室内楼地面至顶棚底面计算;有墙裙的,高度按墙裙顶至顶棚底面计算。

③内墙裙抹灰面积按内墙净长乘以高度计算。

④装饰抹灰分格、嵌缝按装饰抹灰面面积计算。

(2)其他需说明的。

外墙长指外墙外边线长度,外墙高有以下几种情形:

①有挑檐天沟,由室外地坪算至挑檐下皮,如图 6-2a 所示。

②无挑檐天沟,由室外地坪算至压顶板下皮,如图 6-2a 所示。

③坡屋面带檐口顶棚者,由室外地坪算至檐口顶棚下皮,如图 6-2b 所示。

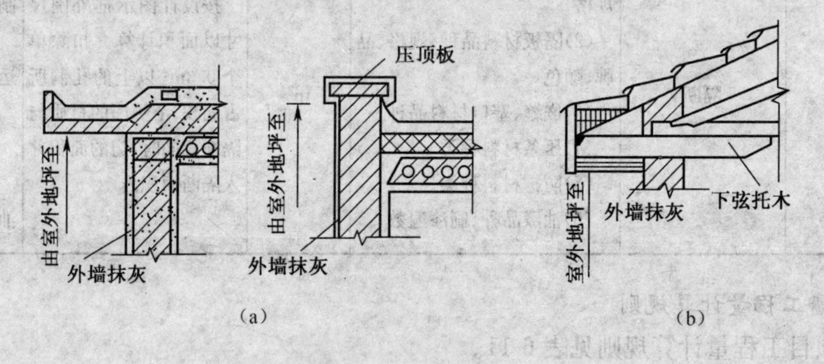

图 6-2 外墙抹灰计算高度示意图

(a)有挑檐天沟与无挑檐天沟 (b)坡屋面带檐口顶棚

2. 柱面抹灰工程量计算规则比较

柱面抹灰工程量清单计算规则与定额计算规则完全相同:均按结构断面周长乘以高度计算。

柱面抹灰工程量 $S(m^2)$=设计图示柱的结构断面周长×柱高

3. 零星抹灰工程量计算规则比较

零星抹灰适用于小面积(0.5m² 以内)少量分散的抹灰项目。如挑檐、天沟、腰线、遮阳板、雨篷周边和其他零星工程。

定额一般抹灰项目中,抹灰装饰线条是按材料的种类分别设置定额项目。套用定额时,展开宽度小于 300mm 时执行装饰线条子目,按延长米计算;展开宽度大于 300mm 时执行零星项

目子目，按展开面积计算。

柱面零星工程量清单计算规则与定额计算规则完全相同：按设计图示尺寸以展开面积计算。

4. 墙柱面镶贴工程量清单计算规则与定额计算规则对照

(1)墙柱面镶贴工程量清单与定额计算规则对照。墙柱面镶贴块料工程量清单计算规则与定额计算规则完全相同：均按设计图示尺寸以展开面积计算。即墙面贴块料面层，按实贴面积计算。

(2)相关问题说明。

①计算工程量时，应按项目特征予以描述，分别不同构造要求、型号规格、颜色、品牌等进行计算。

②零星镶贴块料面层项目适用于小面积(0.5m^2 以内)少量分散的抹灰项目。包括镶贴挑檐、天沟、腰线、窗台线、门窗套、压顶、扶手、遮阳板、雨篷周边和其他零星工程。

③干挂石材钢骨架工程量按设计长度乘以理论质量以吨(t)计算。

④墙面贴块料、饰面高度在 300mm 以内者，按踢脚板定额执行。

⑤柱饰面面积按外围饰面尺寸乘以高度计算。

⑥挂贴大理石、花岗岩中其他零星项目的花岗岩、大理石是按成品考虑的，花岗岩、大理石柱按最大外径周长计算。

⑦除定额已列有柱帽、柱墩的项目外，其他项目的柱帽、柱墩工程量按设计图示尺寸以展开面积，并入相应柱面积内，每个柱帽或柱墩另增人工：抹灰 0.25 工日，块料 0.38 工日，饰面 0.5 工日。

5. 墙柱(梁)饰面工程量清单计算规则与定额计算规则对照

墙柱(梁)饰面工程量清单计算规则与定额计算规则完全相同：

(1)《装饰定额》龙骨基层工程量计算。龙骨基层项目区分木质龙骨、轻钢龙骨、铝合金龙骨、型钢龙骨、石膏龙骨不同材质及规格等分别按设计图示尺寸以面积平方米为单位计算。以木龙骨基层为例，其工作内容包括：定位下料、打眼、安膨胀螺栓。

(2)《装饰定额》中夹板、卷材基层工程量计算。夹板、卷材基层是指在墙、柱龙骨与面层之间设置的隔离层(也可称“结合层”，其作用是用来增强面层与龙骨的结构，提高整体耐力)。墙、柱面夹板、卷层按设计图示尺寸以面积平方米为计量单位计算，工作内容包括：龙骨上钉隔离层。

(3)墙饰面工程量 $S(m^2)$＝墙净长(L)×墙净高$(H)-K$

$$柱(梁)饰面工程量\ S(m^2)=L\times H+B$$

式中　K——应扣除面积，包括门窗洞门及单个 0.3m^2 以上的孔洞所占面积；

B——柱帽、柱墩饰面的展开面积(m^2)；

L——墙、柱(梁)外围饰面尺寸，外围饰面尺寸是指饰面的表面尺寸(m)；

H——墙、柱(梁)的高度(长度)(m)。

(4)《装饰定额》中柱龙骨基层及饰面计算。该项目系综合项目，共有 26 个子目，具体内容有：圆柱包铜板(木、钢龙骨)，方柱包装饰铜板(圆铜板，木龙骨)，包方柱镶条(不钢条板、镶钛金条、钛金条板镶不锈钢条板等)，包圆柱镶条(柚木板、防火板、音板等)。其工程量均按图示尺寸以面积平方米计算，套用相应定额子目单价。

6. 隔断工程量清单计算规则与定额计算规则对照

隔断工程量清单计算规则与定额计算规则完全相同：即应区分不同材质、不同规格、不同构造等，分别按图示净长乘以净高并扣除门窗洞口及 0.3m^2 以上的孔洞所占面积以平方米计算。

(1)半玻璃隔断。是指上部为玻璃隔断，下部为其他墙体组成的隔断。下部的墙体，按相应的墙体规则计算。上部的半玻璃隔断工程量按半玻璃设计边框外边线以平方米(m^2)计算。

(2)全玻璃隔断。工程量为高度乘宽度以平方米(m^2)计算。高度自下横档底面算至上横档顶面。宽度指隔断两边立框外边之间的宽。

(3)浴厕隔断。工程量按隔断长度乘高度，以平方米计算。隔断长度按图示长度，高度自下横档底面算至上横档顶面。当浴厕门的材料与隔断相同时，门扇面积不扣除，并入隔断面积内计算。

7. 幕墙工程量清单计算规则与定额计算规则对照

幕墙工程量清单计算规则与定额计算规则完全相同：

计价规范中幕墙分带骨架幕墙和全玻幕墙两种，分别计算工程量。

(1)带骨架幕墙工程量，按设计图示框外围尺寸以面积(m^2)计算。注意：与幕墙同种材质的窗所占面积不扣除。

(2)全玻璃幕墙工程量，按设计图示尺寸以面积(m^2)计算。其中带肋全玻幕墙按展开面积计算工程量。所谓带肋全玻幕墙是指玻璃幕墙带玻璃肋，即玻璃肋的工程量应合并在玻璃幕墙工程量中。

第三节　墙柱面工程量计算及示例

【例 6-1】 某建筑物钢筋混凝土柱 14 根，构造如图 6-3 所示，若柱面挂贴花岗岩面层，计算工程量和相应工料。

【解】 柱面贴块料面层的定额与清单工程量相同，均按设计图示断面周长乘以高度计算。

柱身挂贴花岗岩工程量：$0.50\times4\times3.2\times14=89.60(m^2)$

花岗岩柱帽，工程量按图示尺寸展开面积，柱帽为倒置四棱台，即四棱台的斜表面积，公式为：四棱台全斜表面积＝斜高×(上面的周边长＋下面的周边长)÷2。

按图示数据代入，柱帽展开面积：$(0.05^2+0.15^2)^{1/2}\times(0.5\times4+0.6\times4)\times14=4.866(m^2)$

柱面、柱帽工程量合并计算，即：$89.60+4.866=94.47(m^2)$

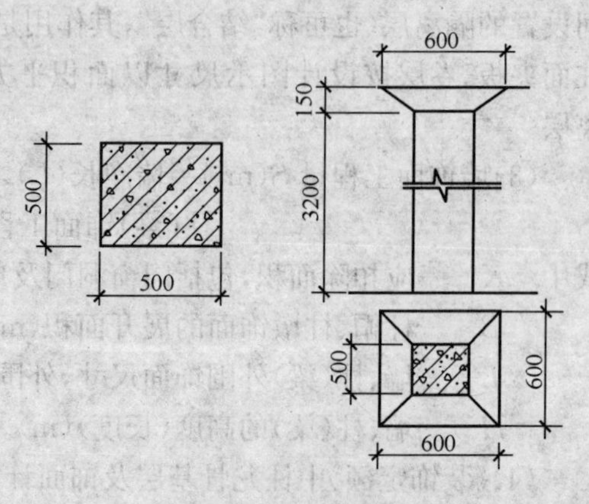

图 6-3　钢筋混凝土柱

计算工料用量：按定额子项 2-052，工料计算结果见表 6-12。

表 6-12　钢筋混凝土柱挂贴花岗岩工料表

序号	名　称	单位	定额含量/m²	工程量/m²	用　量
1	人工	工日	1.1123	94.47	105.08+0.38×14=110.40
2	白水泥	kg	0.1550		14.64
3	花岗岩板	m²	1.0600		100.14
4	膨胀螺栓	套	9.2000		869.12
5	合金钢钻头 ϕ20	个	0.1150		10.86
6	石料切割锯片	片	0.0421		3.98
7	棉纱头	kg	0.0100		0.94
8	电焊条	kg	0.0278		2.63
9	水	m³	0.0150		1.42
10	水泥砂浆 1∶1.5	m³	0.0393		3.71
11	素水泥浆	m³	0.0010		0.094
12	钢筋	kg	1.4830		140.10
13	铜丝	kg	0.0777		7.34
14	清油	kg	0.0053		0.50
15	煤油	kg	0.0400		3.78
16	松节油	kg	0.0060		0.57
17	草酸	kg	0.0100		0.94
18	硬白蜡	kg	0.0265		2.50

【例 6-2】　图 6-4 为某宾馆标准客房平面图和顶棚平面图，卫生间墙面贴 200mm×300mm 瓷板(浴缸高度 400mm)。标准客房内做 1100mm 高的内墙裙，墙裙做法：木龙骨(断面 24mm×30mm，间距 200mm×300mm)基层，5mm 夹板衬板，其上粘贴铝塑板面。窗台高 900mm，走道柜橱同时装修，侧面不再做墙裙。门窗、空圈单独做门窗套(本例暂不计及)。计算卫生间墙面贴 200mm×300mm 瓷板的工程量和主材用量(浴缸高度 400mm)及客房内墙裙工程量和工料用量。

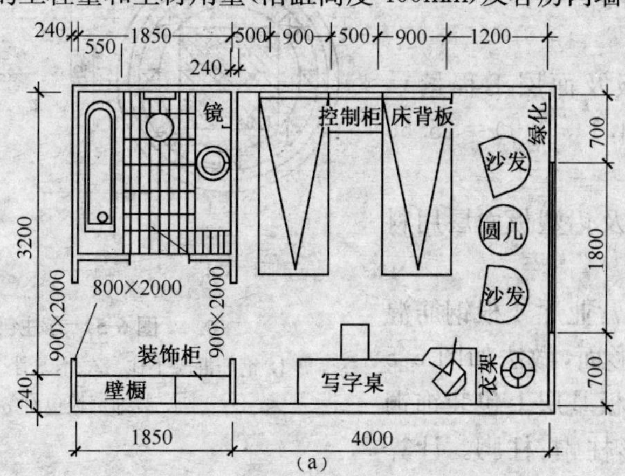

图 6-4　标准客房平面图和顶棚平面图

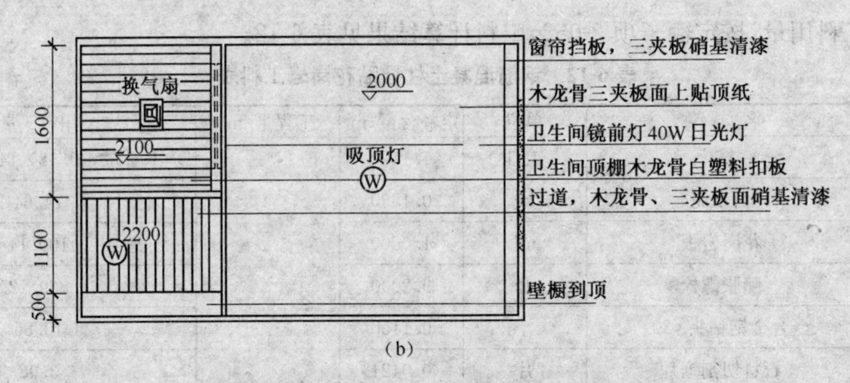

(b)

图 6-4　标准客房平面图和顶棚平面图(续)

(a)单门客房平面　(b)单间客房顶棚图

说明：① 图中陈设及其他构件均不做；② 地面：卫生间为 300mm×300mm 防滑地砖；过道、房间为水泥砂浆抹平，1∶3 厚 20mm，满铺地毯(单层)。③ 墙面：卫生间贴 200mm×280mm 印花面砖；过道、房间贴装饰墙纸；硬木踢脚板高 150mm×20mm，硝基清漆。④合金推拉窗 1 800mm×1800mm，90 系列 1.5mm 厚铝型材；浴缸高 400mm；内外墙厚均 240mm；窗台高 900mm。

【解】　(1)卫生间墙面贴块料面层工程量。墙面块料面层工程量定额规则与清单规则相同，均按设计图示面积计算。

卫生间墙面瓷板的工程量＝(1.6－0.12＋1.85)×2×2.1－0.8×2.0－0.55×2×0.4(浴缸侧面没贴面砖)＝11.95(m^2)

按设计要求，水泥砂浆贴瓷板 200mm×300mm 瓷片，执行定额 2-116，主材用量：

瓷板 200×300：1.035×11.95＝12.37(m^2)

水泥砂浆 1∶2： 0.0061×11.95＝0.073 (m^3)

水泥砂浆 1∶3：0.0169×11.95＝0.20 (m^3)

白水泥：0.155×11.95＝1.85(kg)

(2)客房墙柱面装饰工程量。墙柱面装饰工程量，定额计算规则与清单计算规则相同。工程量计算如下：

墙裙净长＝[(1.85－0.8)＋(1.1－0.12－0.9)×2]＋[(4.0－0.12＋3.2)×2－0.9]＝14.47(m)

内墙裙骨架、衬板及面层工程量＝14.47×1.1－1.8×(1.1－0.9)＝15.56(m^2)

木龙骨、夹板基层及铝塑板面层用料计算列入表 6-13 中。

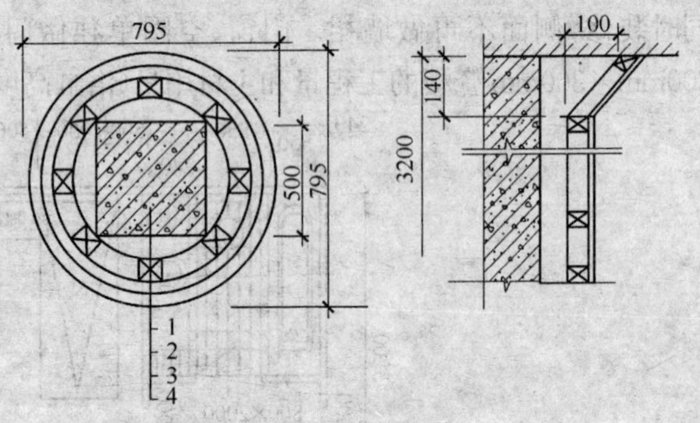

图 6-5　方柱包圆铜

1. 钢筋混凝土柱　2. 木龙骨　3. 3mm 夹板基层　4. 装饰铜板包面(δ＝1mm)

【例 6-3】　某电信营业厅 4 根钢筋混凝土柱包装饰铜板圆形面，做法如图 6-5 所示。圆形木龙骨、夹板基层上包装饰铜板面层，同法包圆锥形柱帽、柱脚。计算工程量。

【解】 按工程量计算规则，柱身、柱帽及柱脚应合并计算，

(1)柱身工程量。装饰铜板面层直径按795mm计算，则外围面积为：

$0.795\times3.1416\times2.92\times4=29.17(m^2)$

(2)柱帽、柱脚工程量。柱帽、柱脚均为圆锥台，其斜表面积为：

圆锥台斜表面积＝π/2×母线长×(上面直径＋下面直径)

柱帽、柱脚饰面面积$=\pi/2\times(0.1^2+0.142^2)^{1/2}\times(0.795+0.995)\times8=3.87(m^2)$

该电信营业厅钢筋混凝土柱包圆铜的工程量：$29.17+3.87=33.04(m^2)$

表6-13　例6-2中龙骨、基层及面层材料用量

序号	名称	单位	工程量/m^2	木龙骨		夹板基层		面层		项目用量
				定额含量	用量	定额含量	用量	定额含量	用量	—
1	膨胀螺栓	套	15.56	3.1593	49.16	—	—	—	—	49.16
2	圆铁钉	kg		0.0384	0.60	0.0256	0.40	—	—	1.00
3	合金钢钻头	个		0.0781	1.22	—	—	—	—	1.22
4	杉木锯材	m^3		0.0079	0.12	—	—	—	—	0.12
5	防腐油	kg		0.0218	0.34	—	—	—	—	0.34
6	射钉	盒		—	—	0.0060	0.09	—	—	0.09
7	胶合板5mm	m^2		—	—	1.05	16.34	—	—	16.34
8	聚醋酸乙烯乳液	kg		—	—	0.1404	2.18	—	—	2.18
9	铝塑板	m^2		—	—	—	—	1.4844	17.87	17.87
10	玻璃胶350g	支		—	—	—	—	0.8608	13.39	13.39
11	密封胶	支		—	—	—	—	0.5053	7.86	7.86

【例6-4】 某大厅入口处主隔断构造如图6-6所示，计算其隔断制作工程量。

【解】 根据隔断工程量计算规则，其隔断制作工程量计算如下：

(1) 8厚磨花玻璃隔断工程量。$(2.0+0.1\times2)\times(1.5+0.1)=3.52(m^2)$

(2) 100×60木枋花梨木、三层板基层木隔断工程量。$(0.7+0.1)\times(0.2+0.4+1.5+0.1)\times2+(2.0+0.1\times2)\times(0.2+0.4)=4.84(m^2)$

(3) 木隔断贴水曲板面层工程量。$[(0.7\times2+0.1\times4+2.0)\times(0.2+0.4+1.5+0.1)-(2.0\times1.5)]\times2+(0.7\times2+0.1\times4+2.0)\times0.1=10.72+0.38=11.1(m^2)$

(4) 木线条造型工程量。

2.0×8根(双面)＋0.7×28根(双面)＋[(0.2＋0.4＋1.5＋0.1)×16根(双面)＋0.1×8根(双面)]＝16＋19.6＋36＝71.6(m)

实训项目二详见附录二。

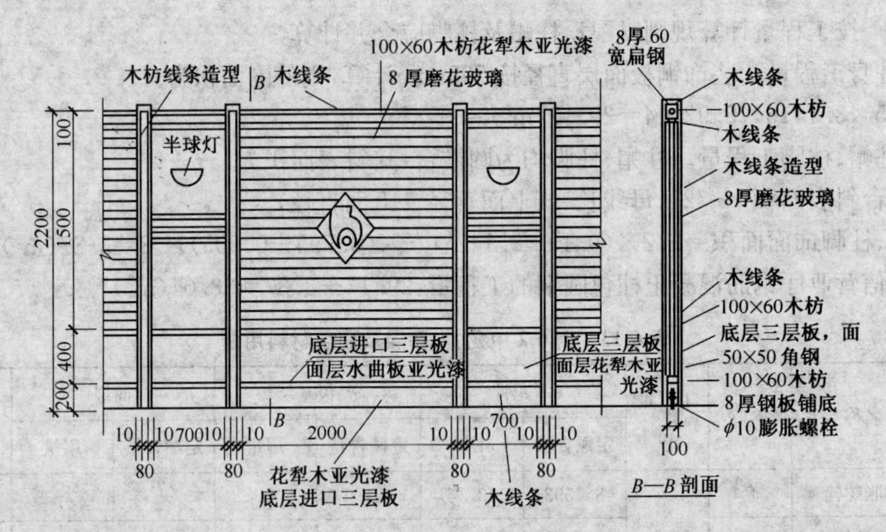

图 6-6　某大厅入口处主隔断构造图

第七章　顶棚面工程计价

内容提要：

1. 了解顶棚面工程定额说明及清单项目释义。
2. 掌握顶棚面装饰工程工程量清单计算规则及定额计算规则。
3. 能够完成顶棚面装饰工程计价文件编制。

第一节　顶棚面工程定额说明及清单项目释义

一、顶棚面装饰工程定额说明

(1)《全国统一建筑装饰装修工程消耗量定额》(GYD—901—2002)(以下简称《装饰定额》)顶棚面装饰工程定额项目共分为4节278个项目。包括：平面(跌级)顶棚、艺术造型顶棚、其他顶棚(龙骨和面层)、其他等项目。《全国统一建筑装饰装修工程消耗量定额》(GYD—901—2002)中，顶棚项目划分如图7-1所示。

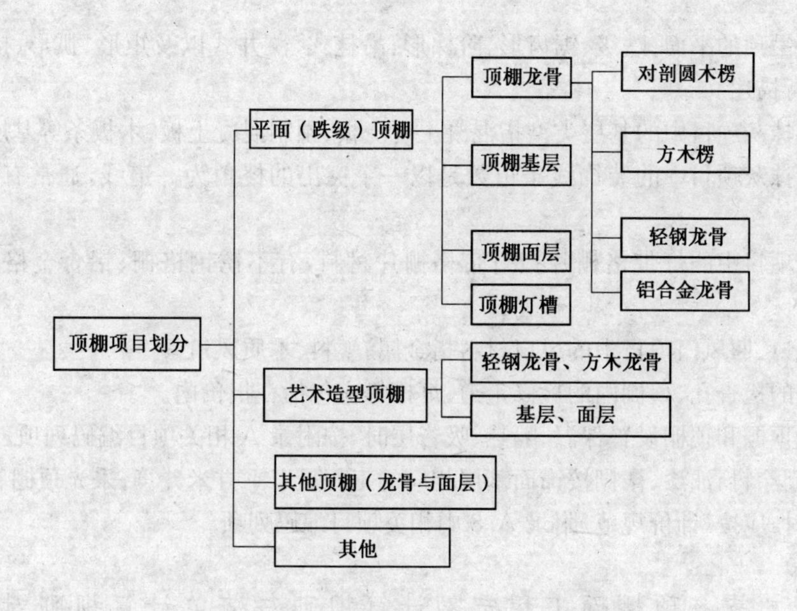

图7-1　顶棚装饰项目类型划分框图

(2)《装饰定额》除部分项目为龙骨、基层、面层合并列项外，其余均为顶棚龙骨、基层、面层分别列项编制。

(3)《装饰定额》中龙骨的种类、间距、规格和基层、面层材料的型号、规格是按常用材料和常用做法考虑的，如设计要求不同时，材料可以调整，但人工、机械不变。

(4)顶棚面层在同一标高者为平面顶棚，顶棚面层不在同一标高者为跌级顶棚(跌级顶棚其面层人工乘系数1.1)。

(5)轻钢龙骨、铝合金龙骨定额中为双层结构(即中、小龙骨紧贴大龙骨底面吊挂)，如为单层结构时(大、中龙骨底面在同一水平上)，人工乘0.85系数。

(6)本定额中平面顶棚和跌级顶棚指一般直线型顶棚，不包括灯光槽的制作安装。灯光槽制作安装应按本分部定额相应子目执行。艺术造型顶棚项目中包括灯光槽的制作安装。

(7)龙骨架、基层、面层的防火处理，应按“油漆、涂料、裱糊”分部工程相应子目执行。

(8)顶棚检查孔的工料已包括在定额项目内，不另计算。

(9)檐口顶棚的抹灰，并入相应的顶棚抹灰工程量内计算。顶棚涂料和粘贴层不包括满刮腻子，如需满刮腻子，执行满刮腻子相应子目。

二、顶棚面装饰工程量清单项目释义

(1)《建筑工程工程量计价规范》(GB 50500—2008)(以下简称《计价规范》)附录B中顶棚面层包括顶棚抹灰、顶棚吊顶、格栅、吊顶、吊筒、吊顶、藤条、造型、悬挂、吊顶、织物软雕吊顶、网架(装饰)吊顶灯带、送风口及回风口等9个项目。

(2)龙骨类型指上人或不上人和平面、跌级、锯齿形、阶梯形、吊挂式、藻井式及矩形、圆弧形、拱形等类型。

(3)顶棚吊顶的平面、跌级、锯齿形、阶梯形、吊挂式、藻井式以及矩形、弧形、拱形等应在清单项目中进行描述。

(4)顶棚抹灰项目中的基层类型指混凝土现浇板、预制混凝土板、木板条等基层。

(5)顶棚抹灰项目中的装饰线条道数是以一个突出的棱角为一道线，通常有三道线、五道线等。

(6)灯带项目中的灯带格栅片指灯带格栅片材料，有不锈钢格栅、铝合金格栅、玻璃类格栅等。

(7)送风口、回风门项目中的风口材料指金属、塑料、木质风口。

(8)顶棚的检查孔、顶棚内的检修走道、灯槽等应包括在报价内。

(9)采光顶棚和顶棚设置保温、隔热、吸音层时，按附录A相关项目编码列项。

(10)顶棚涂料、油漆、裱糊按饰面基层相应的工程量以平方米计算；采光顶棚和顶棚设保温隔热吸音层时，应按《计价规范》附录A.8中相关项目编码列项。

第二节 顶棚面工程定额计算规则与清单计算规则对照

一、顶棚面装饰工程清单项目计算规则

《计价规范》附录B中顶棚构造依据房间使用要求的不同分为直接抹灰顶棚和吊顶顶棚两类。顶棚抹灰工程量计算(编码：020301)见表7-1，顶棚吊顶(编码：020302)工程量清单项目计算见表7-2，顶棚其他装饰(编码：020303)工程量清单项目及计算见表7-3。

表 7-1　顶棚抹灰（编码:020301）工程量计算规则

项目编码	项目名称	项目特征	计量单位	工程量计算规则	工程内容
020301001	顶棚抹灰	(1)基层类型 (2)抹灰厚度、材料种类 (3)装饰线条道数 (4)砂浆配合比	m^2	按设计图示尺寸以水平投影面积计算。不扣除间壁墙、垛、柱、附墙烟囱、检查口和管道所占的面积，带梁顶棚，梁两侧抹灰面积并入顶棚面积内，板式楼梯底画抹灰按斜积计算，锯齿形楼梯底板抹灰按展开面积计算	(1)基层清理 (2)底层抹灰 (3)抹面层 (4)抹装饰线条

表 7-2　顶棚吊顶项(编码:020302)工程量计算规则

项目编码	项目名称	项目特征	计量单位	工程量计算规则	工程内容
020301001	顶棚吊顶	(1)吊顶形式 (2)龙骨类型、材料种类、规格 (3)基层材料种类、规格 (4)面层材料品种、规格、品牌、颜色 (5)压条材料种类、规格 (6)嵌缝材料种类 (7)防护材料种类 (8)油漆品种、刷漆遍数	m^2	按设计图示尺寸以水平投影面积计算。顶棚面中的灯槽及跌级、锯齿形、吊挂式、藻井式顶棚面积不展开计算。不扣除间壁墙、检查口、附墙烟囱、柱垛和管道所占面积，扣除单个 0.3m^2 以外的孔洞、独立柱及与顶棚相连的窗帘盒所占面积	(1)基层清理 (2)龙骨安装 (3)基层板铺贴 (4)面层铺贴 (5)嵌缝 (6)刷防护材料、油漆
020302002	格栅吊顶	(1)龙骨类型、材料种类、规格、中距 (2)基层构料种类、规格 (3)面层材料 l 吊种、规格、品牌、颜色 (4)防护材料种类 (5)油漆品种、刷漆遍数		按设计图示尺寸以水平投影面积计算	(1)基层清理 (2)底层抹灰 (3)安装龙骨 (4)基层板铺贴 (5)面层铺贴 (6)刷防护材料、油漆
020302003	吊筒吊顶	(1)底层厚度、砂浆配合比 (2)吊筒形状、规格、颜色、材料种类 (3)防护材料种类 (4)油漆品种、刷漆遍数			(1)基层清理 (2)底层抹灰 (3)吊筒安装 (4)刷防护材料、油漆
020302004	藤条造型悬挂吊顶	(1)底层厚度、砂浆配合比 (2)骨架材料种类、规格 (3)面层材料品种、规格、颜色 (4)防护层材料种类 (5)油漆品种、刷漆遍数			(1)基层清理 (2)底层抹灰 (3)龙骨安装 (4)铺贴面层 (5)刷防护材料、油漆
020302005	织物软雕吊顶				
020302006	网架(装饰)吊顶	(1)底层厚度、砂浆配合比 (2)面层材料品种、规格、颜色 (3)防护材料种类 (4)油漆品种、刷漆遍数			(1)基层清理 (2)底层抹灰 (3)面层安装 (4)刷防护材料、油漆

表 7-3　顶棚其他装饰(编码:020303)工程量计算规则

项目编码	项目名称	项目特征	计量单位	工程量计算规则	工程内容
020303001	灯带	(1)灯带型式、尺寸 (2)格栅片材料品种、规格、品牌、颜色 (3)安装固定方式	m^2	按设计图示尺寸以框外围面积计算	安装、固定
020303002	送风口、回风口	(1)风口材料、品种、规格、品牌、颜色 (2)安装固定方式 (3)防护材料种类	个	按设计图示数量计算	(1)安装、固定 (2)刷防护材料

二、顶棚面装饰工程量清单计算规则与定额计算规则对照

(1)顶棚面抹灰工程量计算规则清单与定额相同,按设计图示尺寸以水平投影面积计算,不扣除间壁墙、垛、柱、附墙烟囱、检查口和管道所占的面积,带梁顶棚,梁两侧抹灰面积并入顶棚面积内,板式楼梯底画抹灰按斜积计算,锯齿形楼梯底板抹灰按展开面积计算。

顶棚中的折线、灯槽线、圆弧形线和拱形线等艺术形式的抹灰,按图示展开面积以平方米计算。“抹装饰线条”线角的道数以一个突出的棱角为一道线(图 7-2),应在报价时注意。

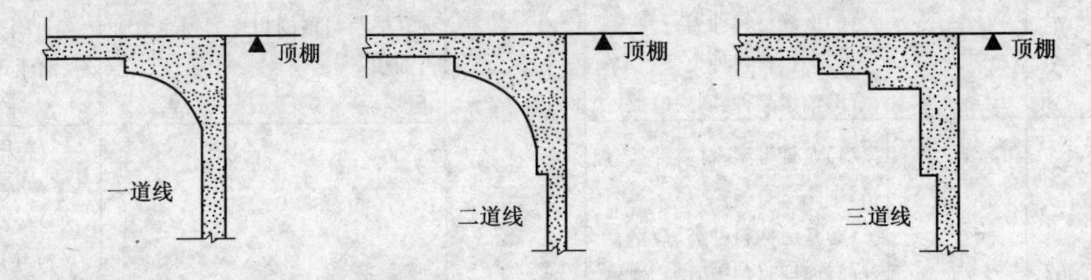

图 7-2　抹灰装饰线线角示意图

(2)《计价规范》的中顶棚吊顶项目,龙骨、基层、面层合并列项,各种顶棚按主墙间的水平投影面积计算。不扣除间壁墙、检查洞、附墙烟囱、柱、垛和管道所占面积。

《装饰定额》中的顶棚面装饰,龙骨、基层、面层分开列项,使用时应根据不同的龙骨与面层分别执行相应的定额子目。其中,龙骨工程量规则与清单相同,基层、面层工程量计算规则与清单不同,《装饰定额》中的顶棚基层按展开面积计算,顶棚装饰面层,按主墙间实钉(胶)面积以平方米计算,不扣除间壁墙、检查口、附墙烟囱和管道所占面积,但应扣除 0.3m^2 以上的孔洞、独立柱、灯槽及与顶棚相连的窗帘盒所占的面积,顶棚中的折线、错台、拱形、穹顶和高低灯槽等其他艺术形式的顶棚面积,均按图示展开面积以平方米计算。

(3)灯光带、灯光槽工程量计算规则定额与清单不同:《计价规范》按设计图示尺寸以框外围面积计算,《装饰定额》按灯带外边线的设计以延长米计算。

(4)《计价规范》与《装饰定额》关于保温层的计算规则相同,均按实铺面积(保温顶棚的图示尺寸)计算,但清单中本项目综合到吊顶项目中,定额中单独列项计算。

(5)《计价规范》与《装饰定额》关于网架的工程量计算相同,均按水平投影面积计算。

(6)《计价规范》与《装饰定额》关于金属格栅吊顶、硬木格栅吊顶等的工程量计算相同,均根

据顶棚图示尺寸，按水平投影面积以平方米计算。

(7)《装饰定额》中"其他"的内容。顶棚设置保温吸音层，送(回)风口安装，嵌缝三个项目17个子目，其工程量分别以"平方米"、"个"、"米"为计量单位计算。

三、关于龙骨的调整

定额中各种大、中、小龙骨的含量是按面层龙骨的方格尺寸取定的，因此套用定额子目时应按设计面层的龙骨方格选用。当设计面层龙骨的方格尺寸与定额子目所列尺寸不符无法套用定额的情况下，可按下列方法调整定额中龙骨的含量，其他不变。龙骨含量的调整如下：

1. 木龙骨调整

(1)计算出设计图样大、中、小龙骨(含横撑)的普通成材的材积。

(2)按工程量计算规则计算出该顶棚龙骨面积。

(3)计算每$10m^2$的顶棚龙骨含量：设计图样普通成材的材积×1.06×10/顶棚龙骨面积。

(4)将计算出大、中、小龙骨每$10m^2$的含量代入相应定额，重新组合顶棚龙骨的综合单价即可。

2. U形轻钢龙骨、T形铝合金龙骨调整

设计与定额子目消耗量不符时，应按设计长度用量，轻钢龙骨加6%、铝合金龙骨加7%损耗调整定额中的含量。

(1)轻钢、铝合金龙骨是按双层编制的，设计为单层龙骨(大、中龙骨均在同一平面上)，在套用定额时，应扣除定额中的小(副)龙骨及配件，人工乘以系数0.87，其他不变，设计小(副)龙骨用中龙骨代替时，其单价应调整。

(2)定额中各种大、中、小龙骨的含量是按面层龙骨的方格尺寸取定的，因此套用定额时，应按设计面层的龙骨方格选用，当设计面层的龙骨方格尺寸在无法套用定额的情况下，可按下列方法调整计价表中龙骨含量，其他不变。设计断面不同，按设计用量加6%损耗调整龙骨含量。轻钢、铝合金龙骨的调整如下：

①按房间号计算出主墙间的水平投影面积。

②按图样和规范要求计算出相应房号内的大、中、小龙骨的长度用量。

③计算每$10m^2$的大、中、小龙骨含量：设计的大龙骨长度×1.07× 10/设计的房间面积。中、小龙骨含量计算方法同大龙骨。

第三节　顶棚面工程量计算及实例

一、顶棚抹灰面工程量计算

【例7-1】 某工程井字梁屋面板如图7-3所示，试计算其顶棚抹灰工程量为多少。

【解】 顶棚抹灰工程量清单与定额相同，即，

顶棚抹灰工程量＝图示水平投影面积＋B。

式中B表示带梁顶棚时，梁两侧抹灰面积并入顶棚面积内。

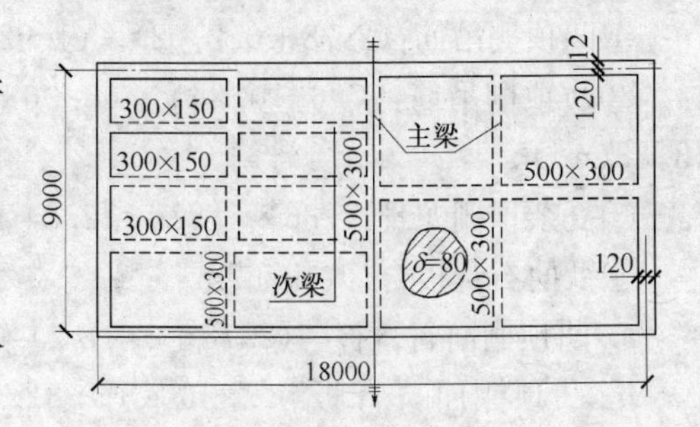

图7-3　井字梁顶棚抹灰面积计算图(单位:mm)

二、顶棚吊顶工程量计算

《计价规范》的中顶棚吊顶项目，龙骨、基层、面层合并列项，各种顶棚吊顶按主墙间净空面积计算，不扣除间壁墙、检查洞、附墙烟囱、柱、垛和管道所占面积。

顶棚吊顶工程量：$S(m^2)$＝图示水平投影面积－K

式中 K 表示应扣除单个 $0.3m^2$ 以外的孔洞、独立柱及与顶棚相连的窗帘盒所占面积。

清单顶棚吊顶项目计算工程量时还应注意以下两点：

(1)不论顶棚面是平面、跌级或其他形式，计算工程量时，面积均不展开计算。

(2)计算工程量时，间壁墙、检查口、附墙烟囱、柱垛和管道所占面积不予扣除，其中柱垛是指与墙体相连的柱而突出墙体的部分。

《装饰定额》中的顶棚面装饰，龙骨、基层、面层分开列项，使用时应根据不同的龙骨与面层分别执行相应的定额子目。

【例 7-2】 图 7-4 为某客厅不上人型轻钢龙骨石膏板吊顶，龙骨间距为 450mm×450mm，计算工程量。

【解】 (1)清单工程量。由图可见，该顶棚属于清单附录 B.3.2 跌级顶棚项目(编码：020302001)，6.96×7.16＝49.83(m^2)。

(2)定额工程量。不上人型轻钢龙骨工程量与清单量相同，即：6.96×7.16＝49.83(m^2)。

石膏板面层工程量为：6.96×7.16＋(5.36＋5.56)×2×0.15＝53.11(m^2)

筒灯孔：21 个

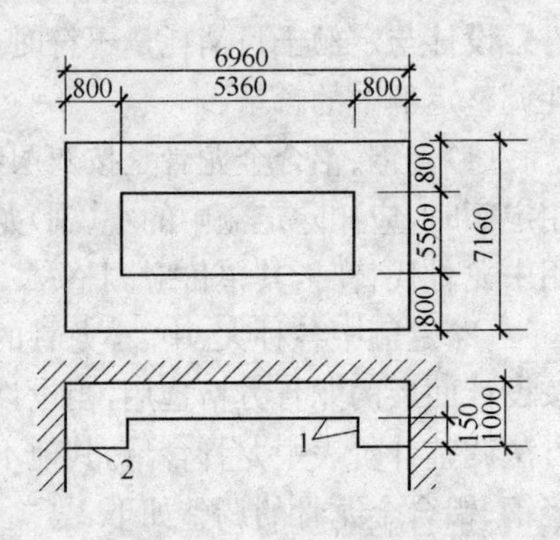

图 7-4　顶棚构造简图

1. 金属墙纸　2. 织锦缎贴面

【例 7-3】 某单位一小会议室吊顶如图 7-5 所示。采用不上人型轻钢龙骨，龙骨间距 400mm×600mm，面层为纸面石膏板。刮泥子三遍，刷白色乳胶漆三遍，与墙连接处用 100mm×30mm 石膏线条交圈，刷白色乳胶漆，窗帘盒用木工板制作，展开宽度为 500mm，回光灯槽用木工板制作。窗帘盒、回光灯槽处清油封底并做乳胶漆(做法同上)，纸面石膏板贴自粘胶带按 $1.5m/m^2$ 考虑，暂不考虑防火漆。计算该工程的顶棚装饰工程量。

【解】 1) 计算定额工程量：

①凹顶棚吊筋：(2.78＋0.2×2)×(1.92＋0.2×2)×4＝ 29.51(m^2)

②凸顶棚吊筋：(7.6－0.24)×(6.06－0.24－0.18)－29.51＝7.36×5.82－29.51＝13.33(m^2)

③复杂顶棚龙骨：7.36×5.82 ＝42.84(m^2)

④纸面石膏板合计：$49.67m^2$

a. 凹顶棚面石膏板＝(2.78＋0.2×2)×(1.92＋0.2×2)×4＝ 29.51(m^2)

b. 凸顶棚面石膏板＝7.36×(5.82－0.18)－1.92×2.78×4＝41.51－21.35 ＝20.16(m^2)

⑤清油封底：7.36×0.50+[(2.78+0.2×2)+(1.92+0.2×2)]×2×0.50= 7.36×0.50+44.00×0.50=25.68(m^2)

⑥贴自黏胶带：49.67m^2×1.5=74.50(m)

⑦顶棚刮泥子三遍、顶棚刷乳胶漆三遍：49.67 +25.68= 75.35(m^2)

⑧回光灯槽：[(2.78+0.2×2)+(1.92+0.2×2)]×2×4=44.00(m)

⑨石膏阴角线：7.36×2+(5.82−0.18)×2=26.00(m)

⑩窗帘盒：7.36(m)

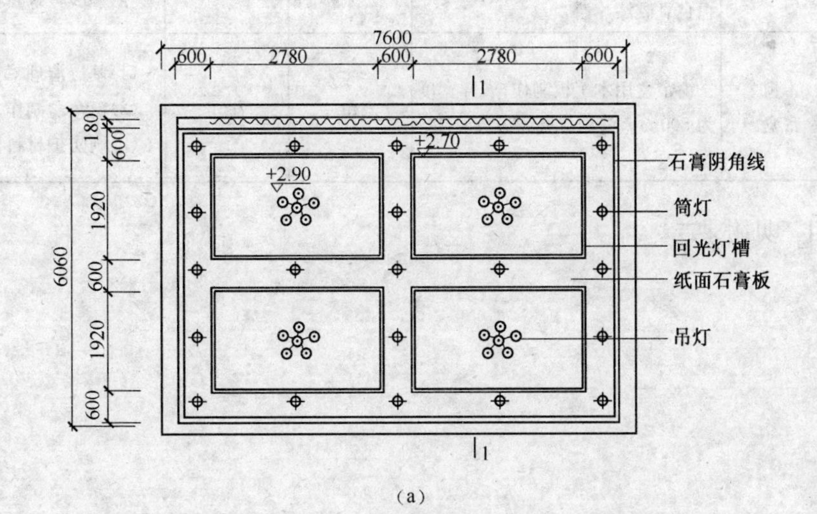

(a)

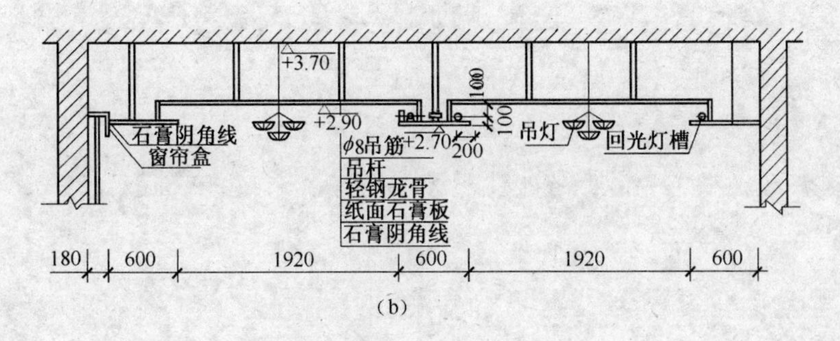

(b)

图 7-5　某单位一小会议室吊顶图

(a)顶面图　(b)1—1 剖面图

2）计算清单工程量：清单中顶棚吊顶项目，龙骨、基层、面层合并列项，各种顶棚吊顶按主墙间净空面积计算，不扣除间壁墙、检查洞、附墙烟囱、柱、垛和管道所占面积。

顶棚吊顶工程量 S(m^2)=图示水平投影面积−K

式中 K 表示应扣除单个 0.3m^2 以外的孔洞、独立柱及与顶棚相连的窗帘盒所占面积。

①顶棚吊顶：7.36×5.82 =42.84(m^2)

②窗帘盒：7.36m

清单工程量汇总见表 7-4。

表 7-4 例 7-3 清单工程量汇总

项目编码	项目名称	项目特征	计量单位	工程量	工程内容
020301001001	顶棚吊顶	(1)复杂(跌级)吊顶 (2)不上人型轻钢龙骨,龙骨间距 400mm×600mm (3)纸面石膏板刮泥子三遍,刷白色乳胶漆三遍,与墙连接处用 100mm×30mm 石膏线条交圈,刷白色乳胶漆	m^2	42.84	(1)基层清理 (2)龙骨安装 (3)基层板铺贴 (4)面层铺贴 (5)嵌缝 (6)刷防护材料、油漆
020408001001	木窗帘盒	窗帘盒用木工板制作,展开宽度为 500mm,清油封底并做乳胶漆	m	7.36	(1)基层清理 (2)窗帘盒制作、安装 (3)刷防护材料、油漆

实训项目三见附录二。

第八章　门窗工程计价

内容提要：

1. 了解门窗工程定额说明及清单项目释义。
2. 掌握门窗装饰工程工程量清单计算规则及定额计算规则。
3. 能够完成门窗装饰工程计价文件编制。

第一节　门窗工程定额说明及清单项目释义

一、门窗工程定额说明

(1)《全国统一建筑装饰装修工程消耗量定额》(GYD-901—2002)(以下简称《装饰定额》)门窗工程定额项目共分为19节103个项目。包括：铝合金门窗制作、安装，铝合金门窗(成品)安装，卷闸门安装，彩板组角钢门窗安装，塑钢门窗安装，防盗装饰门窗安装，防火门、防火卷帘门安装，装饰门框、门扇制作安装，电子感应自动门及转门，不锈钢电动伸缩门，不锈钢板包门框、无框全玻门，门窗套，门窗贴脸，门窗筒子板，窗帘盒，窗台板，窗帘轨道，五金安装，闭门器安装。

(2)铝合金门窗制作、安装项目不分现场或施工企业附属加工厂制作，均执行本定额。

(3)铝合金地弹门制作型材(框料)按101.6mm×44.5mm、厚1.5mm方管制定，单扇平开门、双扇平开窗按38系列制定，推拉窗按90系列(厚1.5mm)制定。如实际采用的型材断面及厚度与定额取定规格不符者，可按图示尺寸乘以线密度加6%的施工损耗计算型材重量。

(4)装饰板门扇制作安装按木骨架、基层、饰面板面层分别计算。

(5)铝合金门窗制作、安装项目中未含五金配件，五金配件按本章附表选用；成品铝合金门窗安装项目中，门窗附件按包含在成品门窗单价内考虑。

(6)阳台门联窗，门和窗分别计算，执行相应的门、窗定额子目。

(7)电子感应门、旋转门、电子感应圆弧门不包括电子感应装置，另执行相应定额子目。

(8)防火门的定额子目不包括门锁、闭门器、合页和顺序器等特殊五金，另执行特殊五金相应定额子目。

(9)门窗套的制作安装包括了门窗洞口侧壁及正面的装饰，不包括装饰线，门窗筒子板上的装饰线执行本定额第六章装饰线条的相应定额子目。门窗洞口正面的装饰设计采用成品贴脸，执行门窗贴脸定额子目，工程量不得重复计算。

(10)木门窗的制作应考虑木材的干燥损耗、刨光损耗、下料后备长度、门窗走头增加的体积等。

二、门窗工程量清单项目释义

(1)门窗工程清单项目共分为9节59个项目。包括木门、金属门、卷闸门、其他门、木窗、金属窗、门窗套、门窗贴脸、门窗筒子板、窗帘盒、窗台板、窗帘轨道等项目。

(2)项目特征中的门窗类型,是指带亮子或不带亮子、带纱或不带纱、单扇、双扇或三扇、半百叶或全百叶、半玻或全玻、半玻自由门或全玻自由门、带门框或不带门框、单独门框和开启方式(平开、推拉、折叠)等。

(3)半玻、全玻,半百叶、全百叶的界定是玻璃、百叶的面积占其门扇面积一半以内者,为半玻门或半百叶门;超过一半时,应为全玻门或全百叶门。

(4)工程内容中的防护材料,分防火、防腐、防虫、防潮、耐磨、耐老化等材料,应根据清单项目要求报价。

(5)门窗套、贴脸板、筒子板和窗台板项目,不包括底层抹灰,如底层抹灰已包括在门窗套、贴脸板、筒子板和窗台板项目内,应在工程量清单中进行描述。

(6)凡面层材料有品种、规格、品牌、颜色要求的,应在工程量清单中进行描述。

(7)有关项目说明。

① 木门窗报价中,应包括木门窗五金的价格,木门五金主要有:折页、插销、风钩、弓背拉手、搭扣、木螺丝、弹簧折页(自动门)、管子拉手(自由门、地弹门)、地弹簧(地弹门)、角铁、门轧头(地弹门、自由门)等。

②铝合金门窗报价中,应包括门窗五金的价格,铝合金门窗五金包括:卡销、滑轮、铰拉、执手、拉把、拉手、风撑、角码、牛角制、地弹簧、门销、门插、门铰等。

③其他五金包括:L形执手锁、球形执手锁、地锁、防盗门扣、门眼、门碰珠、电子锁(磁卡锁)、闭门器、装饰拉手等。

④特殊五金名称是指拉手、门锁、窗锁等,用途是指具体使用的门或窗,应在工程量清单中进行描述。

(8)门窗框与洞口之间缝的填塞,应包括在报价内。

(9)实木装饰门项目也适用于竹压板装饰门。

(10)转门项目适用于电子感应和人力推动转门。

第二节 门窗工程定额计算规则与清单计算规则对照

一、门窗工程量清单项目计算规则

《计价规范》中门窗工程量计算规则列于表8-1～表8-9中,计算工程量按此执行。

表8-1 木门(编码:020401)清单项目及工程量计算规则

项目编码	项目名称	项目特征	计量单位	工程量计算规则	工程内容
020401001	镶板木门	(1)门类型 (2)框截面尺寸、单扇面积 (3)骨架材料种类 (4)面层材料品种、规格、品牌、颜色 (5)玻璃品种、厚度,五金材料品种、规格 (6)防护材料种类 (7)油漆品种、刷漆遍数	樘/m^2	按设计图示数量或设计图示洞口尺寸以面积计算	(1)门制作、运输、安装 (2)五金、玻璃安装 (3)刷防护材料、油漆
020401002	企口木板门				
020401003	实木装饰门(竹压板装饰门)				
020401004	胶合板门				

续表 8-1

项目编码	项目名称	项目特征	计量单位	工程量计算规则	工程内容
020401005	夹板装饰门	(1)门类型 (2)框截面尺寸、单扇面积 (3)骨架材料种类 (4)防火材料种类 (5)门纱材料品种、规格 (6)面层材料品种 (7)玻璃品种、厚度,五金材料品种、规格 (8)防护材料种类 (9)油漆品种、刷漆遍数	樘/m^2	按设计图示数量或设计图示洞口尺寸以面积计算	(1)门制作、运输、安装 (2)五金、玻璃安装 (3)刷防护材料、油漆
020401006	木质防火门				
020401007	木纱门				
020401008	连窗门	(1)门窗类型 (2)框截面尺寸、单扇面积 (3)骨架材料种类 (4)面层材料品种、规格、品牌、颜色 (5)玻璃品种、厚度,五金材料品种、规格 (6)防护材料种类 (7)油漆品种、刷漆遍数			

表 8-2　金属门(编码:020402)清单项目及工程量计算规则

项目编码	项目名称	项目特征	计量单位	工程量计算规则	工程内容
020402001	金属平开门	(1)门类型 (2)框材质、外围尺寸 (3)扇材质、外围尺寸 (4)玻璃品种、厚度,五金材料品种、规格 (5)防护材料种类 (6)油漆品种、刷漆遍数	樘/m^2	按设计图示数量或设计图示洞口尺寸以面积计算	(1)门制作、运输、安装 (2)五金、玻璃安装 (3)防护材料、油漆
020402002	金属推拉门				
020402003	金属地弹门				
020402004	彩板门				
020402005	塑钢门				
020402006	防盗门				
020402007	钢质防火门				

表 8-3　金属卷帘门(编码:020403)清单项目及工程量计算规则

项目编码	项目名称	项目特征	计量单位	工程量计算规则	工程内容
020403001	金属卷闸门	(1)门材质、框外围尺寸 (2)启动装置品种、规格、品牌 (3)防护材料种类 (4)油漆品种、刷漆遍数	樘/m^2	按设计图示数量或设计图示洞口尺寸以面积计算	(1)门制作、运输、安装 (2)启动装置、五金安装 (3)刷防护材料、油漆
020403002	金属格栅门				
020403003	防火卷帘门				

表 8-4　其他门(编码:020404)清单项目及工程量计算规则

项目编码	项目名称	项目特征	计量单位	工程量计算规则	工程内容
020404001	电子感应门	(1)门材质、品牌、外围尺寸 (2)玻璃品种、厚度,五金材料品种、规格 (3)电子配件品种、规格、品牌 (4)防护材料种类 (5)油漆品种、刷漆遍数	樘/m²	按设计图示数量或设计图示洞口尺寸以面积计算	(1)门制作、运输、安装 (2)五金、玻璃安装 (3)刷防护材料、油漆
020404002	转门				
020404003	电子对讲门				
020404004	电动伸缩门				
020404005	全破门(带扇框)	(1)门类型 (2)框材质、外围尺寸 (3)扇材质、外围尺寸 (4)玻璃品种、厚度、五金材料品种、规格 (5)防护材料种类 (6)油漆品种、刷漆遍数			(1)门制作、运输、安装 (2)五金安装 (3)刷防护材料、油漆
020404006	全玻自由门(无扇框)				
020404007	半玻门(带扇框)				
020404008	镜面不锈钢饰面门				(1)门扇骨架及基层制作、运输、安装 (2)包面层 (3)刷防护材料

表 8-5　木窗(编码:020405)清单项目及工程量计算规则

项目编码	项目名称	项目特征	计量单位	工程量计算规则	工程内容
020405001	木质平开窗	(1)窗类型 (2)框材质、外围尺寸 (3)扇材质、外围尺寸 (4)玻璃品种、厚度、五金材料品种、规格 (5)防护材料种类 (6)油漆品种、刷漆遍数	樘/m²	按设计图示数量或设计图示洞口尺寸以面积计算数量计算	(1)门制作、运输、安装 (2)五金、玻璃安装 (3)刷防护材料、油漆
020405002	木质推拉窗				
020405003	矩形木百叶窗				
020405004	异形木百叶窗				
020405005	木组合窗				
020405006	木天窗				
020405007	矩形木固定窗				
020405008	异形木固定窗				
020405009	装饰空花木窗				

表 8-6　金属窗(编码:020406)清单项目及工程量计算规则

项目编码	项目名称	项目特征	计量单位	工程量计算规则	工程内容
020406001	金属推拉窗	(1)窗类型 (2)框材质、外围尺寸 (3)扇材质、外围尺寸 (4)玻璃品种、厚度,五金材料品种、规格 (5)防护层材料种类 (6)油漆品种、刷漆遍数	樘/m²	按设计图示数量或设计图示洞口尺寸以面积计算	(1)门制作、运输、安装 (2)五金、玻璃安装 (3)刷防护材料、油漆
020406002	金属平开窗				
020406003	金属固定窗				
020406004	金属百叶窗				
020406005	金属组合寓				
020406006	彩板窗				
020406007	塑钢窗				
020406008	金属防盗窗				
020406009	金属格栅窗				
0204060010	特殊五金	(1)五金名称、用途 (2)五金品种、规格	个/套	按设计图示数量计算	五金安装

表 8-7　门窗套(编码:020407)清单项目及工程量计算规则

项目编码	项目名称	项目特征	计量单位	工程量计算规则	工程内容
020407001	木门窗套	(1)底层厚度、砂浆配合比 (2)立筋材料种类、规格 (3)基层材料种类 (4)面层材料品种、规格、颜色 (5)防护材料种类 (6)油漆品种、刷漆遍数	m^2	按设计图示尺寸以展开面积计算	(1)清理基层 (2)底层抹灰 (3)立筋制作、安装 (4)基层板安装 (5)刷防护材料、油漆
020407002	金属门窗套				
020407003	石材门窗套				
020407004	门窗木贴脸				
020407005	硬木筒子板				
020407006	饰面夹板筒子板				

表 8-8　窗帘盒、窗帘轨(编码:020408)工程量计算规则

项目编码	项目名称	项目特征	计量单位	工程量计算规则	工程内容
020408001	木窗帘盒	(1)窗帘盒材质、规格、颜色 (2)窗帘轨材质、规格 (3)防护材料种类 (4)油漆品种、刷漆遍数	m	按设计图示尺寸以长度计算	(1)门制作、运输、安装 (2)刷防护材料、油漆
020408002	饰面夹板、塑料窗帘盒				
020408003	金属窗帘盒				
020408004	窗帘轨				

表 8-9　窗台板(编码:020409)清单项目及工程量计算规则

项目编码	项目名称	项目特征	计量单位	工程量计算规则	工程内容
020409001	木窗台板	(1)找平层厚度、砂浆配合比 (2)窗台板材质、规格、颜色 (3)防护材料种类 (4)油漆品种、刷漆遍数	m	按设计图示尺寸以长度计算	(1)基层清理 (2)抹找平层 (3)窗台板制作、安装 (4)刷防护材料、油漆
20409002	铝塑窗台板				
020409003	石材窗台板				
020409004	金属窗台板				

二、门窗工程量清单计算规则与定额计算规则对照

1. 木门窗工程量计算规则比较

木门窗清单工程量与定额工程量计算规则不完全相同。木门窗清单工程量按设计图示数量或设计图示洞口尺寸以面积计算。工程内容包括门窗框制作、运输、安装,门窗扇制作、运输、安装,五金玻璃安装,刷防护材料、油漆。

木门窗定额的工程量计算中,门窗框、门窗扇分别列项:

(1) 实木门窗框制作安装工程量按长度以延长米计算。

(2) 实木门窗扇制作、安装工程量按扇外围面积计算。

(3) 装饰门扇制作工程量按扇外围面积计算,装饰门扇安装以扇为单位按安装“扇”的数量计算。

(4) 成品门扇安装工程量以扇为单位按安装“扇”的数量计算。

(5)门窗框扇运输、五金安装、刷防护材料、油漆另套定额。

2. 金属门窗工程量计算规则比较

金属门窗清单工程量与定额工程量不完全相同。

金属门窗清单工程量按设计图示数量或设计图示洞口尺寸以面积计算,工程内容包括门窗框制作、运输、安装;门窗扇制作、运输、安装;五金玻璃安装;刷防护材料、油漆;特殊五金以“个”或套计算。特殊五金是指贵重五金及业主认为应单独列项的五金配件。

金属门窗定额工程量计算规则分项制定,具体规则如下:

(1) 铝合金门窗、彩板组角钢门窗、塑钢门窗。铝合金门窗、彩板组角钢门窗、塑钢门窗安装均按洞口面积以平方米计算。纱扇制作安装按扇外围面积计算。彩板组角钢门窗安装分带附框与不带附框两种,附框的工程量按附框周长计算。不带附框的工程量按门窗洞口面积计算。

彩板组角钢门窗的附框是指成品门窗外的一种框,它用于门窗洞口不需预先做精心粉刷的情况,待附框与墙中预埋件连接安装好后,再进行粉刷饰面洞口,最后将成品门窗安装在附框内。

①上述门窗工程量均按设计门窗洞口面积计算,而不是按门窗的框外围面积计算。这是简化工程量计算的一个处理方法,其洞口面积与框外围面积相差的工料,定额中已扣除。

②铝合金门窗安装的定额套用分两种情况:一是购买铝合金门窗型材进行加工,套用铝合金门窗制作安装的定额项目;二是购买铝合金成品门窗,只能套用铝合金成品门窗安装的定额项目。

③铝合金门窗型材换算。建筑装饰工程预算定额中,铝合金地弹门制作型材(框料)按101.6mm×44.5mm、厚1.5mm方管制定;单扇平开门、双扇平开窗按38系列制定;推拉窗按90系列(厚1.5mm)制定。如实际采用的型材断面大小及厚度与定额取定规格不符时,可按图示尺寸乘以线密度加6%的施工损耗计算型材重量。换算公式如下:

铝合金门窗型材重量=定额铝合金型材重量×换入型材线密度/原定额型材线密度×(1+6%)

④彩板组角钢门窗简称彩板钢门窗,是以0.7~1.1mm厚的彩色镀锌卷板和4mm厚的平板玻璃或中空玻璃为主要原料,经机械加工制成的一种钢门窗。门窗四角用插接件、螺钉连接,门窗全部缝隙均用橡胶密封条和密封膏密封。

(2)防盗门、防盗窗、不锈钢格栅门、成品防火门。防盗门、防盗窗、不锈钢格栅门、成品防火门按框外围面积以平方米计算,计算公式如下:

外框系数=框外围面积÷洞口面积

防盗门、防盗窗、不锈钢格栅门工程量=洞口面积×外框系数

①通常施工图门窗明细表中标注的尺寸为门窗的洞口尺寸,预算编制时,利用门窗洞口面积计算门窗框外围面积,可以提高预算速度。

②金属门窗框边间隙缝宽比木门窗大,编制定额时木门窗的间隙按10mm考虑,金属门窗等按25mm考虑,无论是先塞框还是后塞框均按定额计算。

3. 金属卷帘门工程量计算规则比较

金属卷帘门清单工程量与定额工程量不相同。金属卷帘门清单工程量按设计图示数量或设计图示洞口尺寸以面积计算。工程内容包括制作、运输、安装，启动装置、五金安装，刷油漆等。

金属卷帘门定额工程量计算规则如下：

(1)铝合金卷闸门安装按其安装高度乘以门的实际宽度以平方米计算。安装高度算至滚筒顶点为准。带卷筒罩的按展开面积增加。电动装置安装以套计算，小门安装以个计算，小门面积不扣除。计算公式如下：

卷闸门安装工程量＝(洞口底至滚筒顶面高)×卷闸门实际宽＋卷筒罩展开面积

卷闸门按其材质分为两种：一种是铝合金卷闸门，另一种是钢质卷闸门。根据实验测定一般卷闸门的高度要比门的高度高出 600mm，这样在计算工程量时，卷闸门的面积可按下式来计算：

S＝卷闸门高(门洞口高＋ 600mm)×卷闸门实际宽

(2)防火卷帘门：成品防火门以框外围面积计算，防火卷帘门与铝合金卷帘门计算规则相同即从地(楼)面算至端板顶点乘设计宽。

4. 其他门工程量计算规则比较

其他门清单工程量与定额工程量不相同。

其他门清单工程量按设计图示数量或设计图示洞口尺寸以面积计算。定额工程量中，电子感应门及转门、不锈钢电动伸缩门按定额尺寸以樘计算。

5. 门窗套工程量计算规则比较

门窗套清单工程量与定额工程量不相同。门窗套清单项目工程量按设计图示尺寸以展开面积计算。

门窗套定额工程量计算规则如下：

(1) 木门扇皮制隔声面层和装饰板隔声面层，按单面面积计算。木质装饰板的种类很多，建筑工程中常用的有薄木贴面板、胶合板、纤维板、刨花板、细木工板等。

(2) 不锈钢片包门框、门窗套、花岗石门套、门窗筒子板按展开面积计算；门窗贴脸按延长米计算。说明如下：

①不锈钢片包门框：指的是将门框的木材表面，用不锈钢片包护起来，增加门的美观，还可免受火种直接烧烤。在包不锈钢片前，可以根据需要铺衬毛毡或石棉板，以增强防火能力，也可以不铺衬其他东西只包钢片。

②门窗套：门窗套是指在门窗洞口内侧及侧边所做的装饰面层，或者说，门窗套是门窗贴脸及筒子板的合称，即：门窗套＝门窗贴脸(外侧)＋筒子板(内侧)。门窗套可以选用木材、石材、有色金属、面砖等材料制成。门窗套工程量按装饰板的展开面积计算。

③门窗筒子板：设置在室内门窗洞口侧壁、顶壁的装饰板。门窗筒子板工程量按筒子装饰板的展开面积计算。

④门窗贴脸：指内墙面上，盖住门窗框与洞口之间缝隙的条子，其作用是整洁、防止通风，一般用于高级装修，另外当两扇门窗关闭时，也存有缝口，为遮盖此缝口脸而装钉的木板盖缝条叫

盖口条，它装钉在先行开启的一扇门窗上，主要用于遮风挡雨。门窗贴脸的工程量按实际长度计算，若图纸中未标明尺寸时，门窗贴脸按门窗外围的长度计算。

6. 窗帘盒、窗帘(杆)轨工程量计算规则比较

窗帘盒、窗帘轨清单工程量与定额工程量相同，均按设计图示尺寸以长度延长米为计量单位计算。清单的工程内容包括制作、运输、安装；刷防护材料及油漆等。

窗帘盒有明、暗两种。明窗帘盒是成品或半成品在施工现场加工安装制成，如图 8-1 所示。暗窗帘盒一般是在房间吊顶装修时，留出窗帘空位，并与吊顶一起完成，如图 8-2 所示，只需在吊顶临窗处安装窗帘轨道即可。轨道有单轨和双轨之分。

窗帘盒带棍和单独窗帘棍的工程量，均按实际长度计算。若设计图纸未注明尺寸，可按窗框外围宽度两端加 30cm 计算。

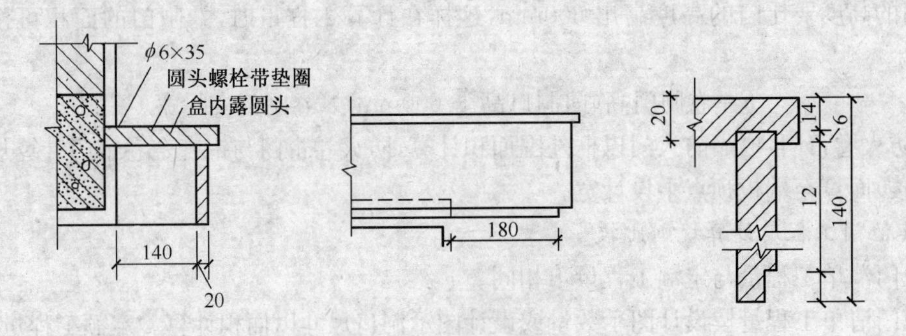

图 8-1　单轨明窗帘盒示意图

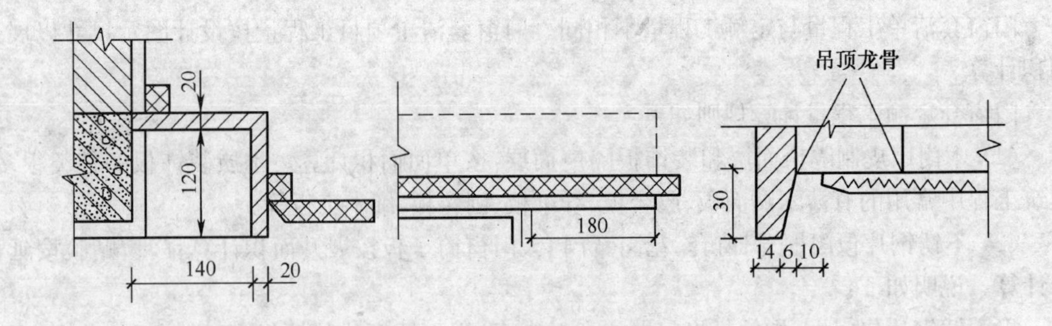

图 8-2　单轨暗窗帘盒示意图

7. 窗台板工程量计算规则比较

窗台板清单工程量与定额工程量不相同。

窗台板清单项目工程量按设计图示尺寸以长度延长米计算。工程内容包括：基层清理；抹找平层；窗台板制作、安装；刷防护材料、油漆等。

窗台板定额工程量按实铺面积计算。木窗台板的工程量，按板的长度尺寸乘板的宽度尺寸以实铺面积计算。若图纸未注明尺寸，长度可按窗框的外围宽度两端共加 10cm 计算，凸出墙面的宽度按墙厚加 5cm 计算。

第三节　门窗工程量计算及应用实例

【例 8-1】 某住宅楼共有 32 户，每户住宅阳台用铝合金连窗门（图 8-3），洞口尺寸为：门高 2100mm，窗高 1200mm，门宽 900mm，门窗总宽 1500mm。计算该住户铝合金连窗门制作安装工程量。

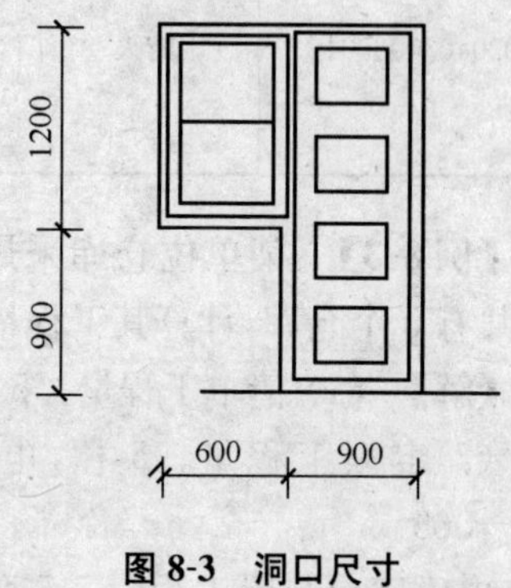

图 8-3　洞口尺寸

【解】 （1）清单工程量。32 樘或＝[（1.2×0.6）＋（0.9×2.1）]×32＝83.52（m^2）

本例工程量计算表见表 8-10。

表 8-10　例 8-1 清单工程量计算表

项目编码	项目名称	项目特征描述	计量单位	工程量
020401008001	连窗门	①门窗类型：铝合金连窗门 ②框截面尺寸、单扇面积 ③骨架材料种类 ④面层材料品种、规格、品牌、颜色 ⑤玻璃品种、厚度，五金材料品种、规格 ⑥防护材料种类 ⑦油漆品种、刷漆遍数	樘/m^2	32/83.52

（2）定额工程量。门窗扇制作、安装工程量＝[（1.2×0.6）＋（0.9×2.1）]×32＝83.52（m^2）

门窗框制作、安装套消耗量定额：4-054；门窗扇制作、安装套消耗量定额：4-057。

【例 8-2】 如图 8-4 所示，帘板卷帘门共 6 樘，计算其工程量。

【解】 （1）清单工程量。6 樘或 2.1×2.4×6＝30.24（m^2）

（2）定额工程量。

①防火卷帘门工程量＝2.1×2.4×6＝ 30.24（m^2），套用消耗量定额 4-052。

②防火卷帘门手动装置工程量：1 套，套用消耗量定额 4-053。

本例清单工程量计算表见表8-11。

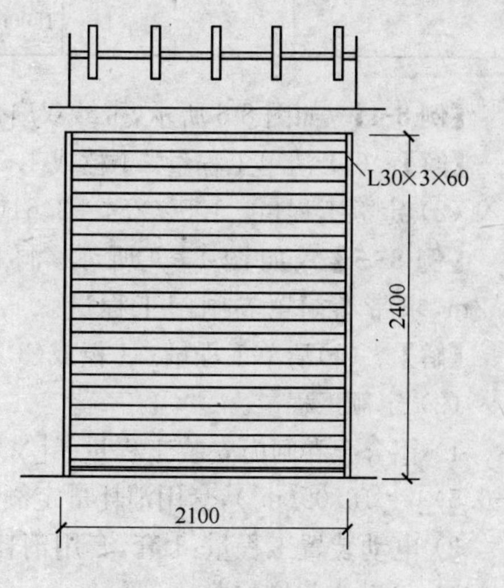

图 8-4　帘板卷帘门示意图

表 8-11 例 8-2 清单工程量计算表

项目编码	项目名称	项目特征描述	计量单位	工程量
020403003001	防火卷帘门	(1)门材质、框外围尺寸 (2)启动装置品种、规格、品牌 (3)防护材料种类 (4)油漆品种、刷漆遍数	樘/m^2	6/30.24

【例 8-3】 某单位仓库采用玻璃电子感应门，如图 8-5 所示，共有 5 个仓库，计算其工程量。

【解】 (1) 清单工程量。5 樘或 $1.5\times2.4\times5=18(m^2)$

(2)定额工程量。5 樘，电子感应自动门套用消耗量定额4—065。

电磁感应装置工程量。5 套，电子感应自动门套用消耗量定额 4—066。

本例清单工程量计算表见表 8-12。

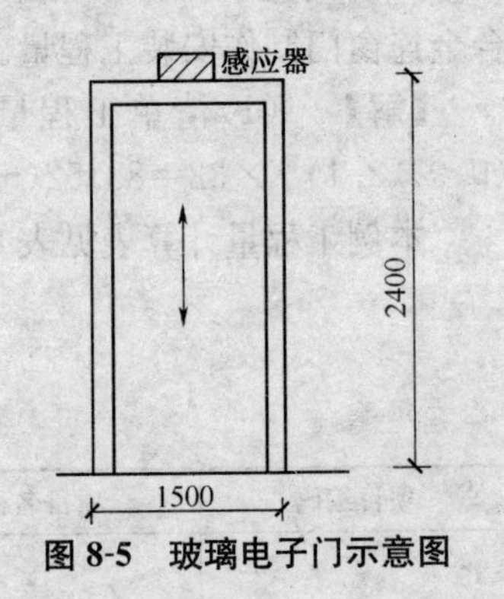

图 8-5 玻璃电子门示意图

表 8-12 例 8-3 表清单工程量计算表

项目编码	项目名称	项目特征描述	计量单位	工程量
020204001001	电子感应门	①门材质、品牌、外围尺寸：玻璃电子感应门 ②玻璃品种、厚度，五金材料品种、规格 ③电子配件品种、规格、品牌 ④防护材料种类 ⑤油漆品种、刷漆遍数，尺寸为1500mm×2400mm	樘/m^2	5/18

【例 8-4】 如图 8-6 所示，带纱双扇带亮窗胶合板门，求其工程量。

【解】 (1) 清单工程量。1 樘或 $1.5\times2.4=3.61(m^2)$

(2) 定额工程量。$1.5\times2.4=3.61(m^2)$

【例 8-5】 如图 8-7 所示，洞口上口至滚筒顶点高 0.2m，求带卷筒罩卷闸门工程量。

【解】 (1)清单工程量。1 樘或$(3.0\times4.0)=12.00(m^2)$

(2) 定额工程量。

1) 铝合金卷闸门安装工程量$=[3.0\times4.0+3.5\times(0.62\times2+0.5)]=18.09(m^2)$，套用消耗量定额 4-038。

2) 电动装置工程量：1 套，套用消耗量定额 4-040，当有活动小门时，活动小门增加费。

本例清单工程量计算表见表 8-13。

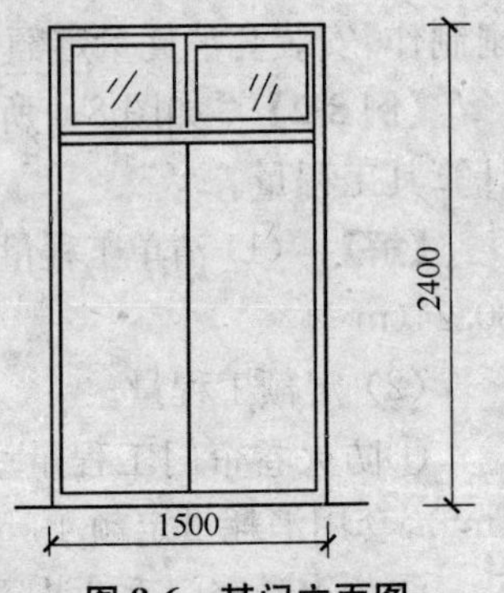

图 8-6 某门立面图

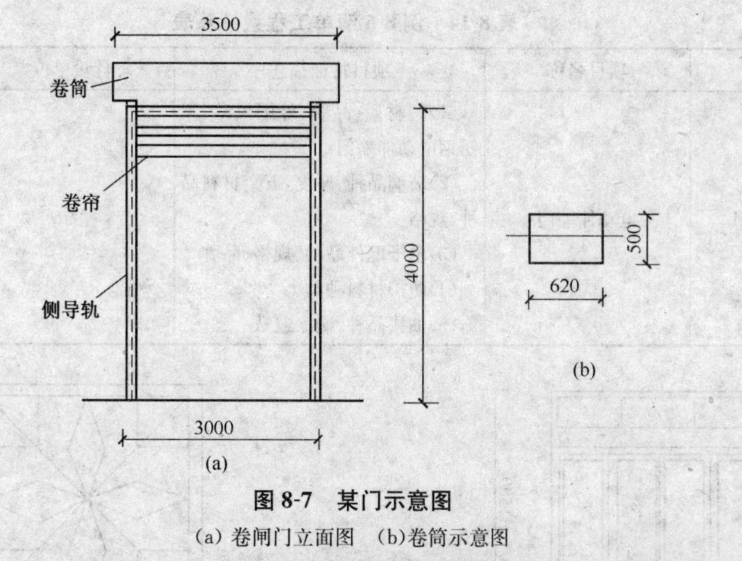

图 8-7　某门示意图

(a) 卷闸门立面图　(b)卷筒示意图

表 8-13　例 8-5 清单工程量计算表

项目编码	项目名称	项目特征描述	计量单位	工程量
020403001001	金属卷闸门	①门材质、框外围尺寸:洞口上口至滚筒顶点高 0.2m,带卷筒罩卷闸门 ②启动装置品种、规格、品牌 ③防护材料种类 ④油漆品种、刷漆遍数	樘/m^2	1/12.00

【例 8-6】 如图 8-8 所示,求不锈钢电动伸缩门工程量。

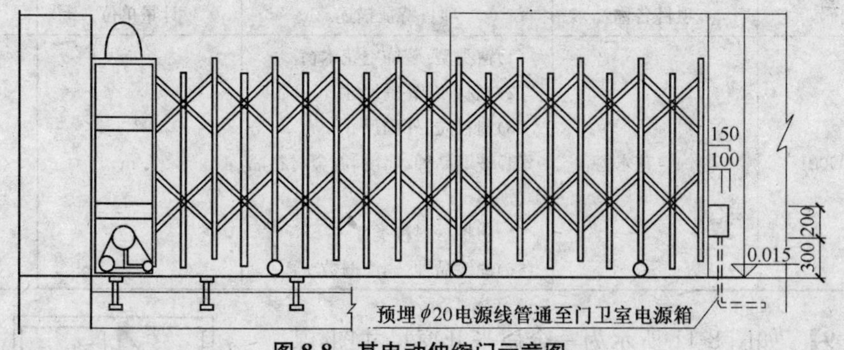

图 8-8　某电动伸缩门示意图

【解】 (1)清单工程量。1 樘

(2) 定额工程量。1 樘,不锈钢电动伸缩门套用消耗量定额 4-068。

本例清单工程量计算表见表 8-14。

【例 8-7】 如图 8-9 所示,求四扇带亮单层玻璃窗工程量。

【解】 (1)清单工程量。1 樘或 $1.8\times1.5=2.70(m^2)$

(2)定额工程量。$1.8\times1.5=2.70(m^2)$

【例 8-8】 如图 8-10 所示,求装饰空花木窗工程量。

表 8-14　例 8-6 清单工程量计算表

项目编码	项目名称	项目特征描述	计量单位	工程量
020404004001	电动伸缩门	(1)门材质、品牌、外围尺寸:不锈钢电动伸缩门 (2)玻璃品种、厚度,五金材料品种、规格 (3)电子配件品种、规格、品牌 (4)防护材料种类 (5)油漆品种、刷漆遍数	樘/m^2	1

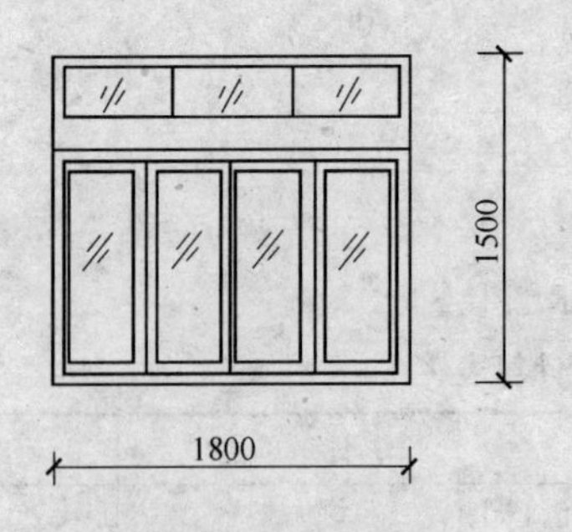

图 8-9　某窗示意图

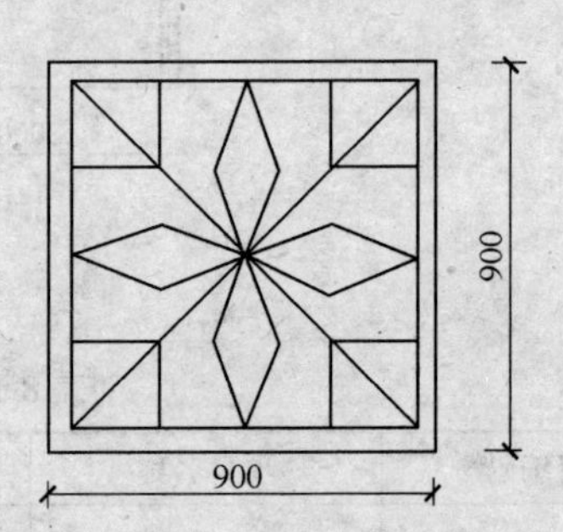

图 8-10　某窗示意图

【解】　(1)清单工程量。1 樘或 0.9×0.9=0.81(m^2)

本例清单工程量计算表见表 8-15。

(2)定额工程量。0.9×0.9=0.81(m^2),套用消耗量定额 4-056。

表 8-15　例 8-8 清单工程量计算表

项目编码	项目名称	项目特征描述	计量单位	工程量
020405009001	装饰空花木窗	(1)窗类型:装饰空花木窗 (2)框材质、外围尺寸 (3)扇材质、外围尺寸 (4)玻璃品种、厚度、五金材料品种、规格 (5)防护材料种类 (6)油漆品种、刷漆遍数	樘/m^2	1/0.81

【例 8-9】　如图 8-11 所示为一金属平开窗尺寸图,某房屋采用此平开窗制作安装,有 5 个房间,1 个房间 2 樘,求其工程量。

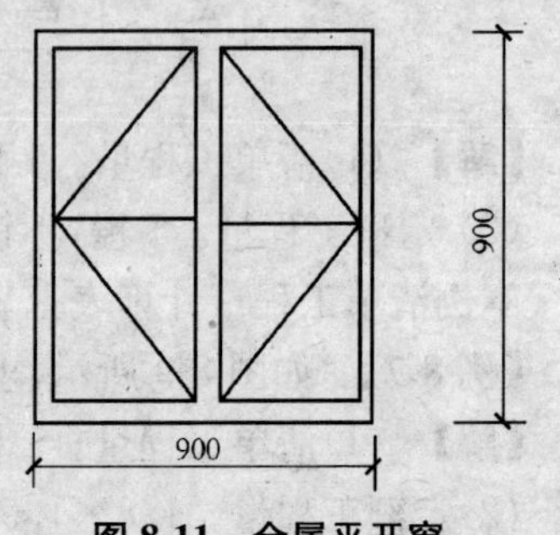

图 8-11　金属平开窗

【解】　(1)清单工程量。5×2=10 樘 或 0.9×0.9×10=8.10(m^2)

本例清单工程量计算表见表 8-16。

(2)定额工程量。0.9×0.9×10=8.10(m^2),套用消耗量定额 4-056。

表 8-16　例 8-9 清单工程量计算表

项目编码	项目名称	项目特征描述	计量单位	工程量
020406002001	金属平开窗	①窗类型:金属平开窗 ②框材质、外围尺寸 ③扇材质、外围尺寸 ④玻璃品种、厚度，五金材料品种、规格 900mm×900mm	樘/m^2	10/0.81

【例 8-10】　有一木玻璃窗如图 8-12 所示，框料 60mm×80mm，该窗上贴有贴脸，试求贴脸工程量并套定额。

【解】　(1) 清单工程量：[1.8×(0.06×2+0.08)+2.1×(0.06×2+0.08)]×2=1.56(m^2)

本例清单工程量计算表见表 8-17。

(2) 定额工程量。(1.8+2.1)×2=7.80(m)，套用消耗量定额 4-077。

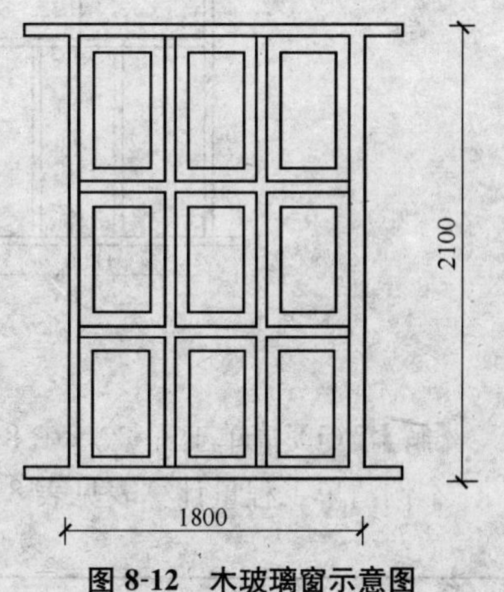

图 8-12　木玻璃窗示意图

【例 8-11】　某建筑物共有 30 个窗户，均使用木制窗帘盒，尺寸如图 8-13 所示，求窗帘盒工程量并套定额。

表 8-17　例 8-10 清单工程量计算表

项目编码	项目名称	项目特征描述	计量单位	工程量
020407004001	门窗木贴脸	(1)面层材料品种、规格、颜色 (2)防护材料种类 (3)油漆品种、刷漆遍数 框料 60mm×80mm	m^2	1.56

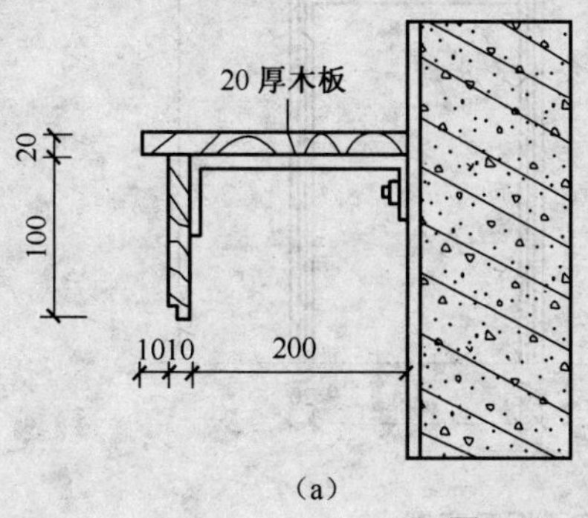

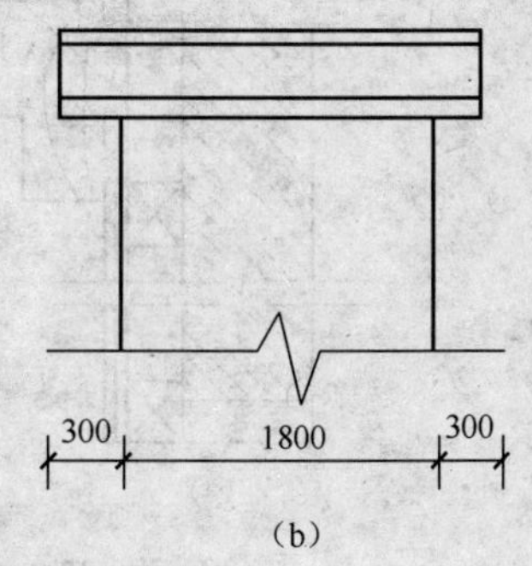

图 8-13　窗帘盒示意图

(a)剖面图　(b)正立面图

【解】　(1) 清单工程量。工程量=(1.8+0.3×2)×30m= 72.00(m)

本例清单工程量计算表见表 8-18。

(2) 定额工程量。(1.8+0.3×2)×30=72.00(m)，套用消耗量定额 4-085。

表 8-18 例 8-11 清单工程量计算表

项目编码	项目名称	项目特征描述	计量单位	工程量
020408001001	木窗帘盒	木制窗帘盒	m	72.00

【例 8-12】 某铝合金窗下装有木窗台板，如图 8-14 所示，试求木窗台板工程量并套定额。

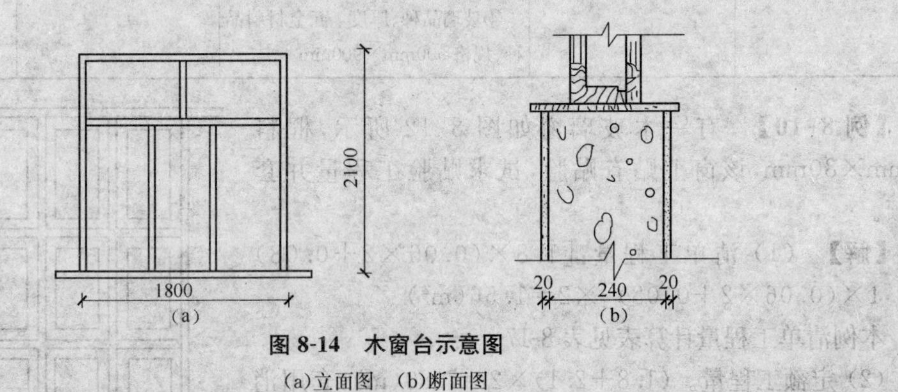

图 8-14 木窗台示意图

(a)立面图 (b)断面图

【解】 (1) 清单工程量。(1.8+0.1)m=1.90(m)

本例清单工程量计算表见表 8-19。

表 8-19 例 8-12 清单工程量计算表

项目编码	项目名称	项目特征描述	计量单位	工程量
020409001001	木窗台板	铝合金窗下装木窗台板	m	1.90

(2) 定额工程量。(1.8+0.1)×(0.24/2+0.02+0.05)=0.36，套用消耗量定额 4-086。

【例 8-13】 某木门门头和两侧装硬木筒子板，采用 5 层胶合板制作，并采用镶钉方法安装，构造如图 8-15 所示，刷油漆 1 遍，求木筒子板工程量并套定额。

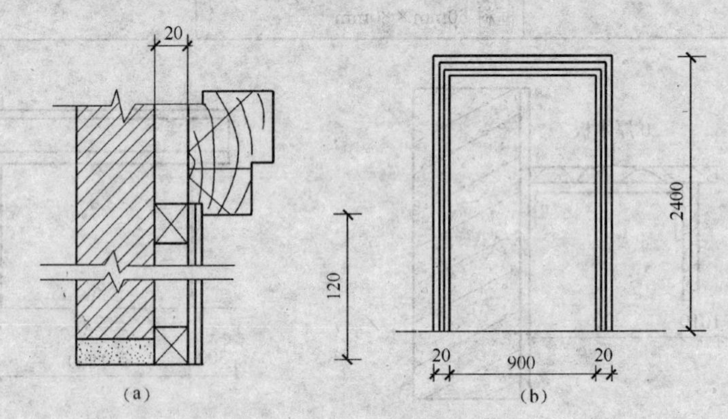

图 8-15 木门木筒子板示意图

(a)平面图 (b)立面图

【解】 (1) 清单工程量。(2.4×2+0.9)×0.12=0.68(m^2)

本例清单工程量计算表见表 8-20。

(2) 定额工程量。(2.4×2+0.9)×0.12=0.68，套用消耗量定额 4-080。

表 8-20　例 8-13 清单工程量计算表

项目编码	项目名称	项目特征描述	计量单位	工程量
020407005001	硬木筒子板	硬木筒子板,采用5层胶合板制作,并采用镶钉方安安装	m^2	0.68

【例 8-14】　某工程共有200个窗,均采用木制窗帘盒,铝合金制窗帘轨道,尺寸如图8-16所示,求窗帘轨工程量并套定额。

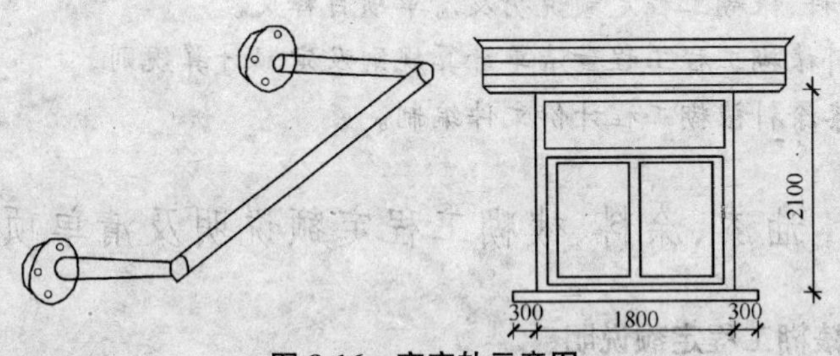

图 8-16　窗帘轨示意图

【解】　(1) 清单工程量。(1.8+0.3×2)×200m＝ 480.00(m)

(2) 定额工程量。工程量＝(1.8+0.3×2)×200m＝ 480.00(m),套用消耗量定额 4-090。

【例 8-15】　如图所示窗采用带木筋门窗套,尺寸如图8-17所示,试求门窗套工程量并套定额。

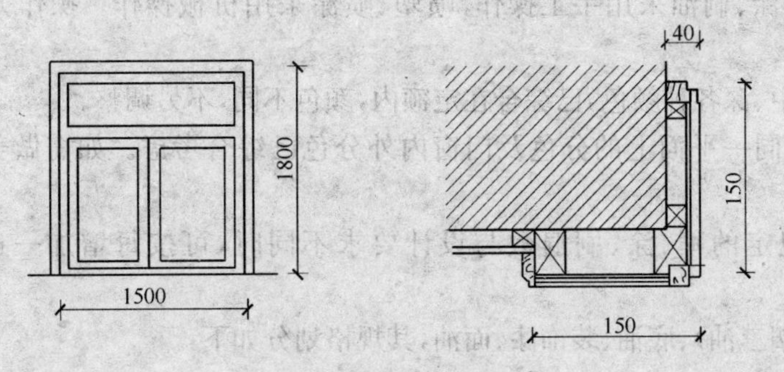

图 8-17　胶合板窗套筒子板

【解】　(1) 清单工程量。(1.80+1.5)×0.15×2+[(1.80+0.15)×2+1.50] ×0.15=0.18(m^2)。

本例清单工程量计算表见表 8-21。

(2) 定额工程量。(1.80+1.5)×0.15×2+[(1.80+0.15)×2+1.50] ×0.15=0.18(m^2),套用消耗量定额 4-073。

表 8-21　例 8-15 清单工程量计算表

项目编码	项目名称	项目特征描述	计量单位	工程量
020407005001	硬木筒子板木套	采用带筋门窗套,胶合板窗套筒子板	m^2	0.18

实训项目四见附录二。

第九章 油漆、涂料、裱糊工程计价

内容提要：

1. 了解油漆、涂料、裱糊工程定额说明及清单项目释义。
2. 掌握油漆涂料裱糊工程工程量清单计算规则及定额计算规则。
3. 能够完成油漆涂料裱糊工程计价文件编制。

第一节 油漆、涂料、裱糊工程定额说明及清单项目释义

一、油漆、涂料、裱糊工程定额说明

(1)《全国统一建筑装饰装修工程消耗量定额》(GYD-901—2002)(以下简称《装饰定额》)油漆、涂料、裱糊工程定额项目共分为4节295个项目。包括木材面油漆、金属面油漆、抹灰面油漆和涂料、裱糊四大节，涂料按涂刷部位不同分为顶棚面、墙面、柱面、梁面等涂料分项，裱糊按所用材料不同分为墙纸、金属壁纸、织锦缎等项目。

(2)本定额刷涂、刷油采用手工操作，喷塑、喷涂采用机械操作。操作方法不同时，不予调整。

(3)油漆浅、中、深各种颜色，已综合在定额内，颜色不同，不另调整。

(4)本定额在同一平面上的分色及门窗内外分色已综合考虑。如需做美术图案者，另行计算。

(5)定额内规定的喷、涂、刷遍数与设计要求不同时，可按每增加一遍定额项目进行调整。

(6)喷塑(一塑三油)、底油、装饰漆、面油，其规格划分如下：

①大压花：喷点压平、点面积在1.2cm^2以上。

②中压花：喷点压平、点面积为1～1.2cm^2。

③喷中点、幼点：喷点面积在1cm^2以下。

(7)定额中的双层木门窗(单裁口)是指双层框扇。三层二玻一纱窗是指双层框三层扇。

(8)定额中的单层木门刷油是按双面刷油考虑的，如采用单面刷油，其定额含量乘以0.49系数计算。

(9)定额中的木扶手油漆为不带托板考虑。

二、油漆、涂料、裱糊工程量清单项目释义

(1)《工程量清单计价规范》(以下简称《计价规范》)附录B5中，油漆、涂料、裱糊工程量清单项目包括油漆、涂料、裱糊三个分项工程，共9节30个子目，包括门油漆，窗油漆，扶手、板条面及线条面油漆，木材面油漆，金属面油漆，抹灰面油漆，喷、刷涂料，裱糊等。

(2)项目特征中门类型通常分：镶板门、木板门、胶合板门、装饰(实木)门、木纱门、木质防火门、连窗门、平开门、推拉门、单扇门、双扇门、带纱门、全玻自由门(带木扇框)、半玻自由门、半百

叶门、全百叶门、单层木门、双层(一玻一纱)木门、双层(单裁口)木门,以及带亮子、不带亮子,有门框、无门框和单独门框等,门类型不同应分别编码列项。

(3)项目特征中窗类型通常分:平开窗、推拉窗、固定窗、空花格、百叶窗,以及单扇窗、双扇窗、多扇窗,单层窗、双层(一玻一纱)窗、双层框扇(单裁口)木窗、双层框三层(二玻一纱)木窗,窗类型不同应分别编码列项。

(4)项目特征中腻子种类:石膏油腻子(熟桐油、石膏粉、适量水)、胶腻子(大白粉、色粉、羧甲基纤维素)、漆片腻子(漆片、酒精、石膏粉、适量色粉)、油腻子(矾石粉、桐油、脂肪酸、松香)等。

(5)项目特征中刮腻子要求:刮腻子遍数(道数)、满刮腻子或找补腻子等。

(6)木扶手应区别带托板与不带托板分别编码列项。

(7)连窗门油漆可按门油漆项目编码列项。

(8)墙纸和织锦缎的裱糊应按对花和不对花分别编码列项。

(9)有关项目中已包括油漆、涂料的不再单独列项。

(10)有线角、线条、压条的油漆、涂料面的工料消耗应包括在报价内。

(11)抹灰面的油漆、涂料,应注意基层的类型,如:一般抹灰墙柱面与拉条灰、拉毛灰、甩毛灰墙柱面的油漆、涂料耗工量与材料消耗量的不同。

(12)空花格、栏杆刷涂料工程量按外框单面垂直投影面积计算,应注意其展开面积工料消耗应包括在报价内。

第二节　油漆、涂料、裱糊工程定额与清单工程量计算规则对照

一、油漆、涂料、裱糊工程量清单项目计算规则

《计价规范》附录B油漆工程量计算规则与传统方法不相同,规范中油漆工程量计算规则列于表9-1～表9-9中,计算工程量按此执行。

表9-1　门油漆(编码:020501)工程量清单项目及计算规则

项目编码	项目名称	项目特征	计量单位	工程量计算规则	工程内容
020501001	门油漆	(1)门类型 (2)腻子种类 (3)刮腻子要求 (4)防护层材料种类 (5)油漆品种、刷漆遍数	樘/m²	按设计图示数量或设计图示单面洞口尺寸以面积计算	(1)基层清理 (2)刮腻子 (3)刷防护材料、油漆

表9-2　窗油漆(编码:020502)工程量清单项目及计算规则

项目编码	项目名称	项目特征	计量单位	工程量计算规则	工程内容
020502001	窗油漆	(1)窗类型 (2)腻子种类 (3)刮腻子要求 (4)防护材料种类 (5)油漆品种、刷漆遍数	樘/m²	按设计图示数量或设计图示单面洞口尺寸以面积计算	(1)基层清理 (2)刮腻子 (3)刷防护材料、油漆

表 9-3 木扶手及其他板条线条油漆(编码:020503)工程量计算规则

项目编码	项目名称	项目特征	计量单位	工程量计算规则	工程内容
020503001	木扶手油漆	(1)腻子种类 (2)刮腻子要求 (3)油漆部位单位展开面积 (4)油漆体长度 (5)防护材料种类 (6)油漆品种、刷漆遍数	m	按设计图示尺寸以长度计算	(1)基层清理 (2)刮腻子 (3)刷防护材料、油漆
020503002	窗帘盒油漆				
020503003	封檐板、顺水板油漆				
020503004	挂衣板、黑板框油漆				
020503005	挂镜线、窗帘棍、单独木线油漆				

表 9-4 木材面油漆(编码:020504)工程量计算规则

项目编码	项目名称	项目特征	计量单位	工程量计算规则	工程内容
020504001	木板、纤维板、胶合板油漆	(1)腻子种类 (2)刮腻子要求 (3)防护材料种类 (4)油漆品种、刷漆遍数	m^2	按设计图示尺寸以面积计算	(1)基层清理 (2)刮腻子 (3)刷防护材料、油漆
020504002	木护墙、木墙裙油漆				
020504003	窗台板、筒子板、盖板、门窗套、踢脚线油漆				
020504004	清水板条顶棚、檐口油漆				
020504005	木方格吊顶、顶棚油漆				
020504006	吸音板墙面、顶棚面油漆				
020504007	暖气罩油漆				
020504008	木间壁、木隔断油漆			按设计图不尺寸以单面外围面积计算	
020504009	玻璃间壁露明墙筋油漆				
020504010	木栅栏、木栏杆(带扶手)油漆				
020504011	衣柜、壁柜油漆			按设计图示尺寸以油漆部分展开面积计算	
020504012	梁柱饰面油漆				
020504013	零星木装修油漆				
010504014	木地板油漆			按设计图示尺寸以面积计算。空洞、空圈、暖气包槽、壁龛的开口部分并入相应的工程量内	
020504015	木地板烫硬蜡面	(1)硬蜡品种 (2)面层处理要求			(1)基层清理 (2)烫蜡

表 9-5 金属面油漆(编码:020505)工程量计算规则

项目编码	项目名称	项目特征	计量单位	工程量计算规则	工程内容
020505001	金属面油漆	(1)腻子种类 (2)刮腻子要求 (3)防护层材料种类 (4)油漆品种、刷漆遍数	t	按设计图示尺寸以质量计算	(1)基层清理 (2)刮腻子 (3)刷防护材料、油漆

表 9-6　抹灰面油漆(编码:020506)工程量计算规则

项目编码	项目名称	项目特征	计量单位	工程量计算规则	工程内容
020506001	抹灰面油漆	(1)基层类型 (2)线条宽度、道数 (3)腻子种类 (4)刮腻子要求 (5)防护材料种类 (6)油漆种、刷漆遍数	m^2	按设计图示尺寸以面积计算	(1)基层清理 (2)刮腻子 (3)刷防护材料、油漆
020506002	抹灰线条油漆	(1)基层类型 (2)线条宽度、道数 (3)腻子种类 (4)刮腻子要求 (5)防护材料种类 (6)油漆种、刷漆遍数	m	按设计图示尺寸以长度计算	(1)基层清理 (2)刮腻子 (3)刷防护材料、油漆

表 9-7　刷、喷涂料(编码:020507)工程量计算规则

项目编码	项目名称	项目特征	计量单位	工程量计算规则	工程内容
02057001	刷喷涂料	(1)基层类型 (2)腻子种类 (3)刮腻子要求 (4)涂料品种、刷喷遍数	m^2	按设计图示尺寸以面积计算	(1)基层清理 (2)刮腻子 (3)刷、喷涂料

表 9-8　花饰、线条刷涂料(编码:020508)工程量计算规则

项目编码	项目名称	项目特征	计量单位	工程量计算规则	工程内容
020508001	空花格、栏杆刷涂料	(1)腻子种类 (2)线条宽度 (3)刮腻子要求 (4)涂料品种、刷喷遍数	m^2	按设计图示尺寸以单面外(框)围面积计算	(1)基层清理 (2)刮腻子 (3)刷、喷涂料
020508002	线条刷涂料	(1)腻子种类 (2)线条宽度 (3)刮腻子要求 (4)涂料品种、刷喷遍数	m	按设计图示尺寸以长度计算	(1)基层清理 (2)刮腻子 (3)刷、喷涂料

表 9-9　裱糊(编码:020509)工程量计算规则

项目编码	项目名称	项目特征	计量单位	工程量计算规则	工程内容
020509001	墙纸裱糊	(1)基层类型 (2)裱糊构件部位 (3)腻子种类 (4)刮腻子要求 (5)粘结材料种类 (6)防护材料种类 (7)面层材料品种、规格、品牌、颜色 (8)对花与不对花	m^2	按设计图示尺寸以面积计算	(1)基层清理 (2)刮腻子 (3)面层铺粘 (4)刷防护材料
020509002	织锦缎裱糊	(1)基层类型 (2)裱糊构件部位 (3)腻子种类 (4)刮腻子要求 (5)粘结材料种类 (6)防护材料种类 (7)面层材料品种、规格、品牌、颜色 (8)对花与不对花	m^2	按设计图示尺寸以面积计算	(1)基层清理 (2)刮腻子 (3)面层铺粘 (4)刷防护材料

二、油漆、涂料、裱糊工程量清单计算规则与定额计算规则对照

1. 木材面油漆工程量计算规则比较

木材面油漆清单工程量与定额工程量计算规则不完全相同。

(1)各类门油漆。清单工程量按设计图示数量或设计图示单面洞口面积计算；木门油漆定额的项目包括单层木门、双层(一玻一纱)木门、双层(单裁口)木门、单层全玻门、木百叶门，其工程量均按单面洞口面积，再乘以表 9-10 中系数计算，然后套用单层木门油漆定额。

表 9-10 执行木门定额工程量系数表

项目名称	系数	工程量计算方法
单层木门	1.00	按单面洞口面积计算
双层(一玻一纱)木门	1.36	
双层(单裁口)木门	2.00	
单层全玻门	0.83	
木百叶门	1.25	

(2)各类窗油漆。清单工程量按设计图示数量或设计图示单面洞口面积计算;木窗油漆定额的项目包括单层玻璃窗、双层(一玻一纱)木窗、双层框扇(单裁口)木窗、双层框三层(二玻一纱)木窗、单层组合窗、双层组合窗、木百叶窗,其工程量均按单面洞口面积,再乘以表 9-11 中系数计算,然后套用单层玻璃窗油漆定额。

表 9-11 执行木窗定额工程量系数表

项目名称	系数	工程量计算方法
单层玻璃窗	1.00	按单面洞口面积计算
双层(一玻 一纱)木窗	1.36	
双层框扇(单裁口)木窗	2.00	
双层框三层(二玻一纱)木窗	2.60	
单层组合窗	0.83	
双层组合窗	1.13	
木百叶窗	1.50	

(3)木扶手及其他板条线条油漆。清单工程量按设计图示尺寸以长度计算。其中,楼梯木扶手工程量按中心线斜长计算,弯头长度应计算在扶手长度内;博风板又称拨风板、顺风板,它是山墙的封檐板,博风板两端(檐口部位)的刀形头,称大刀头或称勾头板。博风板工程量按中心线斜长计算,有大刀头的每个大刀头增加长度 50cm。

木扶手及其他板条线条油漆定额的项目包括木扶手(不带托板)、木扶手(带托板)、窗帘盒、封檐板、顺水板、挂衣板、黑板框、单独木线条 100mm 以外、挂镜线、窗帘棍、单独木线条 100mm 以内,其工程量均按延长米计算,再乘以表 9-12 中系数,然后套用木扶手油漆定额。

表 9-12 执行木扶手定额工程量系数表

项目名称	系数	工程量计算方法
木扶手(不带托板)	1.00	按延长米计算
木扶手(带托板)	2.60	
窗帘盒	2.04	
封檐板、顺水板	1.74	
挂衣板、黑板框、单独木线条 100mm 以外	0.52	
挂镜线、窗帘棍、单独木线条 100mm 以内	0.35	

(4)其他木材面油漆。清单工程量分别按表 9-13 相应的计算规则计算：

①木板、纤维板、胶合板油漆工程量，若单面油漆按单面面积计算；双面油漆按双面面积计算。

②木护墙、木墙裙油漆，工程量按垂直投影面积计算。

③窗台板、筒子板、盖板、门窗套、踢脚线油漆，工程量按水平或垂直投影面积计算。其中，门窗套的贴脸板和筒子板垂直投影面积合并计算。

④清水板条顶棚、檐口油漆，木方格吊顶顶棚油漆，工程量均以水平投影面积计算，不扣除空洞面积。

⑤暖气罩油漆工程量，垂直面按垂直投影面积计算，突出墙面的水平面按水平投影面积计算，不扣除空洞面积。

⑥工程量以面积计算的油漆、涂料项目，线角、线条、压条等不展开。

其他木材面油漆定额工程量分别按表 9-14 相应的计算规则计算。

表 9-13 其他木材面油漆(编码:020504)工程量计算规则

项目编码	项 目 名 称	计量单位	工程量计算规则
020504001	木板、纤维板、胶合板油漆	m^2	按设计图示尺寸以面积计算
020504002	木护墙、木墙裙油漆		
020504003	窗台板、筒子板、盖板、门窗套、踢脚线油漆		
020504004	清水板条顶棚、檐口油漆		
020504005	木方格吊顶、顶棚油漆		
020504006	吸音板墙面、顶棚面油漆		
020504007	暖气罩油漆		
020504008	木间壁、木隔断油漆		按设计图示尺寸以单面外围面积计算
020504009	玻璃间壁露明墙筋油漆		
020504010	木栅栏、木栏杆(带扶手)油漆		
020504011	衣柜、壁柜油漆		按设计图示尺寸以油漆部分展开面积计算
020504012	梁柱饰面油漆		
020504013	零星木装修油漆		
010504014	木地板油漆		按设计图示尺寸以面积计算。空洞、空圈、暖气包槽、壁龛的开口部分并入相应的工程量内
020504015	木地板烫硬蜡面		

表 9-14 执行其他木材面定额工程量系数表

项 目 名 称	系 数	工程量计算方法
木板、纤维板、胶合板顶棚	1.00	长×宽
木护墙、木墙裙	1.00	
窗台板、筒子板、盖板、门窗套、踢脚线	1.00	
清水板条顶棚	1.07	
木方格吊顶顶棚	1.20	

续表 9-14

项目名称	系数	工程量计算方法
吸音板墙面、顶棚面	0.87	长×宽
暖气罩	1.28	
木间壁、木隔断油漆	1.90	单面外围面积
玻璃间壁露明墙筋	1.65	
木栅栏、木栏杆(带扶手)	1.82	
衣柜、壁柜	1.00	按实刷展开面积
零星木装修	1.10	展开面积
梁柱饰面	1.00	展开面积

(5)木楼梯(不包括底面)油漆。按水平投影面积乘以系数 2.3，执行木地板相应子目。木楼梯因具有上面、下面和侧面，油漆需考虑整个楼梯的上、下、侧面油漆，其面积应按水平投影面积乘以系数 2.3 即为楼梯的上面、侧面油漆(不含底面油漆)。

2. 金属面油漆工程量计算规则比较

金属面油漆清单工程量与定额工程量计算规则完全相同。其工程量均按设计图示尺寸以质量"吨"为计量单位计算。金属龙骨油漆区分不同间距以平方米为单位计算。

3. 抹灰面油漆工程量计算规则比较

抹灰面油漆清单工程量与定额工程量计算规则相同，但方法不同。

抹灰面油漆清单包括抹灰面和抹灰线条油漆两个项目。其工程量计算方法如下：

(1)抹灰面油漆工程量按设计图示尺寸以平方米为单位计算。

(2)抹灰线条油漆工程量按设计图示尺寸以长度米为单位计算。

抹灰面油漆定额工程量也包括抹灰面与抹灰线条的计算，其中抹灰面油漆的工程量为抹灰的面积乘以表 9-15 系数。抹灰线条油漆工程量按设计图示尺寸以长度米为计量单位计算。

表 9-15　抹灰面油漆、涂料、裱糊工程量系数

项目名称	系数	工程量计算方法
混凝土楼梯底(板式)	1.15	水平投影面积
混凝土楼梯底(梁式)	1.00	展开面积
混凝土花格窗、栏杆花饰	1.82	单面外围面积
楼地面、顶棚、墙、柱、梁面	1.00	展开面积

4. 喷塑、涂料、裱糊工程量计算规则比较

喷塑、涂料清单工程量与定额工程量计算规则相同，但计算方法不同。

刷、喷涂料工程量清单项目共列三个分项，裱糊包括墙纸裱糊、织锦缎裱糊两个项目。清单工程量计算规则如下：

(1)刷、喷涂料工程量，按设计图示尺寸以面积(m^2)计算。

(2)空花格、栏杆刷涂料，工程量按设计图示尺寸以框外围单面垂直投影面积(m^2)计算。但其展开面积工料消耗应包括在报价内。

(3)线条刷涂料工程量，按设计图示尺寸以长度(m)计算。

(4)裱糊工程量区分不同材质按设计图示尺寸以面积平方米为计量单位计算。

定额工程量计算规则：喷塑、涂料、裱糊面积乘以表 9-15 所列系数。

第三节　油漆工程量计算及应用实例

【例 9-1】 如图 9-1、图 9-2 所示，求内墙墙面刷涂料的工程量。

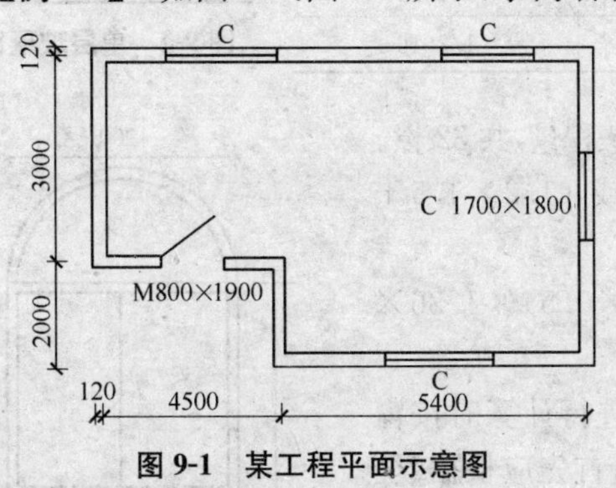

图 9-1　某工程平面示意图

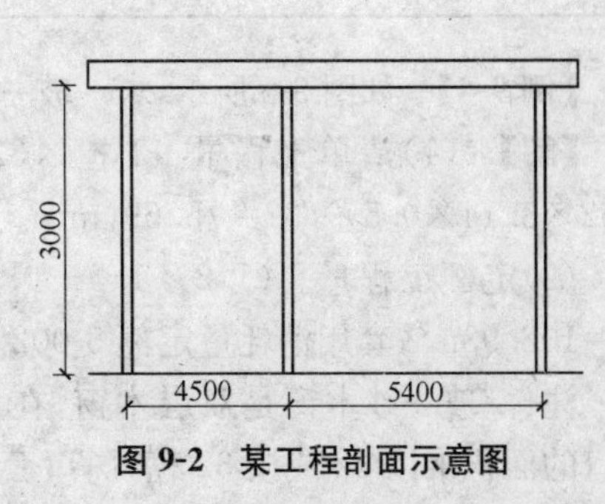

图 9-2　某工程剖面示意图

【解】 (1)清单工程量。(4.5＋5.4－0.12×2＋3＋2－0.12×2)×2×3－1.7×1.8×4－0.8×1.9＝72.76(m^2)

(2)定额工程量。72.76×1.00＝ 72.76(m^2)，套用消耗量定额 5-232。本例清单工程计算表见表 9-16。

表 9-16　例 9-1 清单工程量计算表

项目编码	项目名称	项目特征描述	计量单位	工程量
020507001001	刷喷涂料	内墙面刷涂料	m^2	72.76

【例 9-2】 如图 9-3 所示，求木百叶门刷防腐油漆的工程量。

【解】 (1)清单工程量。1 樘或 2×1.0＝2.0(m^2)

(2)定额工程量。2×1.0×1.25＝2.50(m^2)套用消耗量定额 5-001。

注：门类型应分镶板门、木板门、胶合板门、木纱门、平开门、推拉门、单扇门、双扇门，以及百叶门等类型。两种算法不同，清单算出的工程量乘以一个系数 1.25 就是定额算的工程量。本例清单工程量计算表见表 9-17。

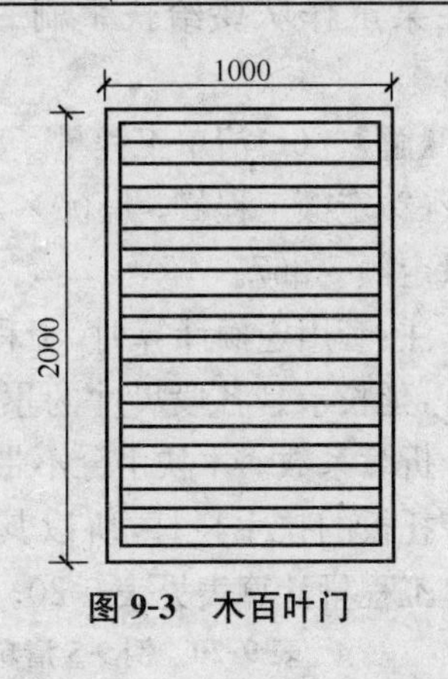

图 9-3　木百叶门

表 9-17　例 9-2 清单工程量计算表

项目编码	项目名称	项目特征描述	计量单位	工程量
020501001001	门油漆	木百叶门　刷防腐油漆	樘/m^2	1/2.0

【例 9-3】 求单层玻璃窗的工程量，单层玻璃窗示意图如图 9-4 所示。

【解】 (1)清单工程量。1 樘或 1.2×1.8＝2.16(m^2)

(2)定额工程量。1.2×1.8×1.00＝2.16(m^2)。套用消耗量定额5-006。

注:窗工程量在清单计价模式下,按设计图示数量计算,而运用定额则需乘上一个折算系数,单层玻璃窗的折算系数为1.00,窗的类型不同,其折算系数也不同。本例清单工程量计算表见表9-18。

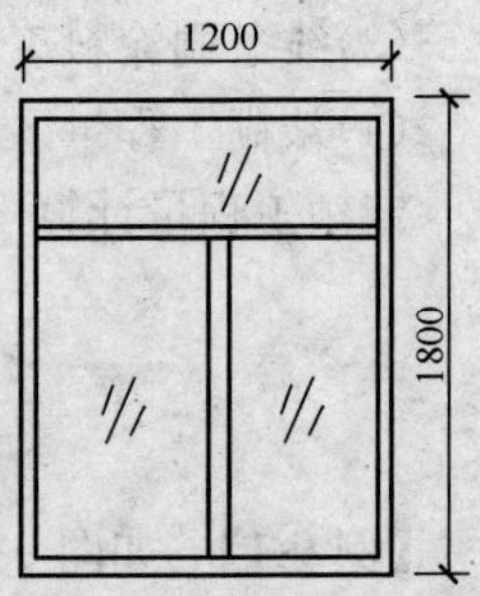

1200

1800

图 9-4　单层玻璃窗

表 9-18　例 9-3 清单工程量计算表

项目编码	项目名称	项目特征描述	计量单位	工程量
020502001001	窗油漆	单层玻璃窗油漆	樘/m^2	1/2.16

【例 9-4】　如图9-5所示,求一玻一纱木窗的工程量,共32樘。

【解】　(1)清单工程量。1樘×32＝ 32樘或(1.2×1.5＋0.62×3.14×0.5)×32＝75.69(m^2)。

(2)定额工程量。(1.2×1.5＋0.6^2×3.14×0.5)×1.36×32＝102.93m^2,套用消耗量定额5-002。

注:一玻一纱木窗是双层木窗,在用清单法进行计算时按窗洞口的面积乘以32或按32樘计算;套用定额时,首先应根据《全国统一建筑装饰装修工程消耗量定额》查出双层木窗的折算系数1.36。本例清单工程量计算表见表9-19。

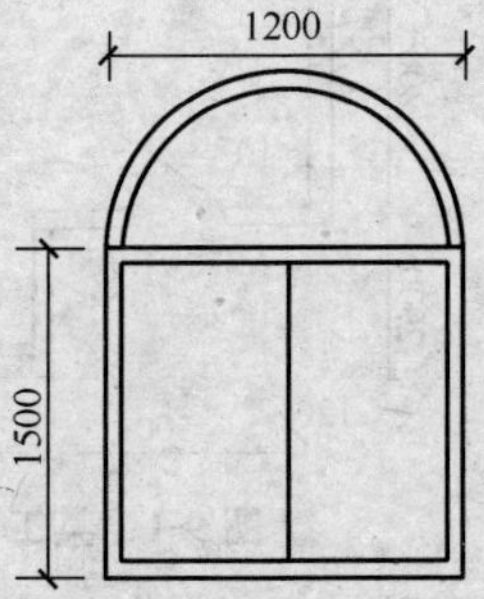

1200

1500

图 9-5　一玻一纱木窗

表 9-19　例 9-4 清单工程量计算表

项目编码	项目名称	项目特征描述	计量单位	工程量
020502001001	窗油漆	一玻一纱木窗油漆	樘/m^2	32/75.69

【例 9-5】　如图9-6所示的木扶手栏杆(带托板),现在某工作队要给扶手刷一层防腐漆,试计算其工程量。

【解】　(1)清单工程量。8.00m。

(2)定额工程量。8.00×2.60＝20.80(m),套用消耗量定额5-267。

注:套用定额计算时,工程量计算方法为按延长米计算,延长米是各段尺寸的累积长度。计算时,需乘以一个折算系数。木扶手分不带托板和带托板两种,本题是带托板的扶手栏杆,所以其折算系数为2.60。本例清单工程量计算表见表9-20。

表 9-20　例 9-5 清单工程量计算表

项目编码	项目名称	项目特征描述	计量单位	工程量
020503001001	木扶手油漆	扶手刷一层防腐漆	m	8.00

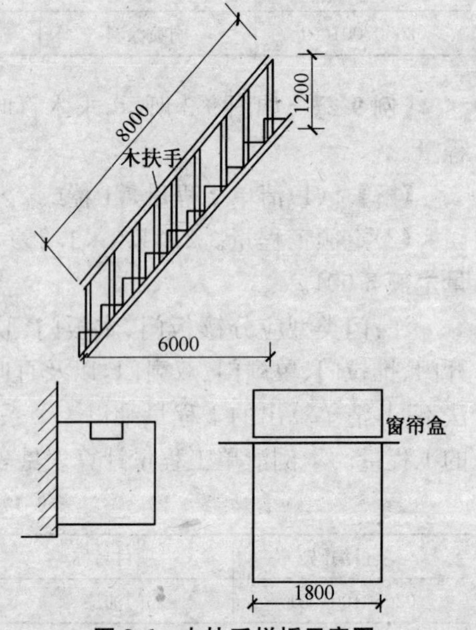

图 9-6　木扶手栏板示意图

【例 9-6】　如图9-7、图9-8所示,试计算外墙裙抹水泥砂浆工程量(做法:外墙裙抹水泥砂浆,1∶3水泥砂浆1.4mm厚,1∶2.5水泥砂浆抹面

6mm 厚)。

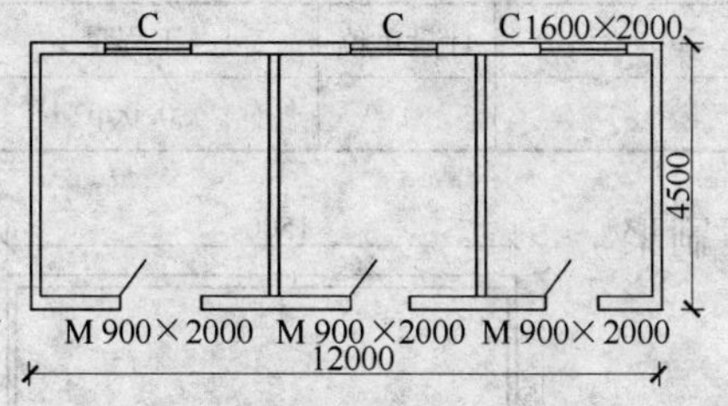

图 9-7 某工程平面示意图

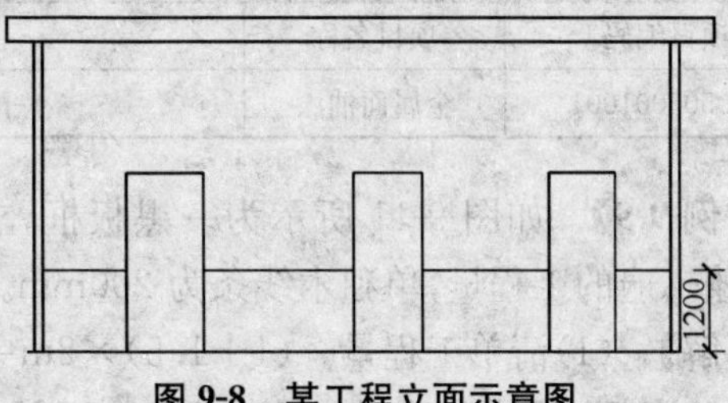

图 9-8 某工程立面示意图

【解】 (1)清单工程量。[(12+4.5)×2−0.9×3]×1.2=36.36(m^2)

(2)定额工程量。[(12+4.5)×2−0.9×3]×1.2=36.36(m^2),套用基础定额 11-25。

注:墙裙的折算系数为 1.00,在计算外墙长时应扣除门洞宽,外墙裙的工程量=长×宽。本例清单工程量计算表见表 9-21。

表 9-21 例 9-6 清单工程量计算表

项目编码	项目名称	项目特征描述	计量单位	工程量
020201001001	墙面一般抹灰	外墙裙抹水泥砂浆,1∶3 水泥砂浆 1.4mm 厚,1∶2.5 水泥砂浆抹面 6mm 厚	m^2	36.36

【例 9-7】 欲给一木货架内部刷防火涂料二遍,已知货架厚 800mm,如图 9-9 所示,试求其工程量。

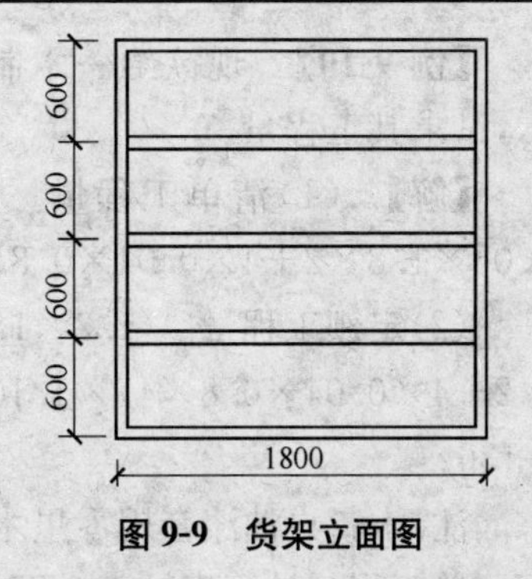

图 9-9 货架立面图

【解】 (1)清单工程量。(0.60×4×2×0.8+1.8×0.8×9)=15.36(m^2)

(2)定额工程量。1.00×15.36m^2=15.36(m^2),套用消耗量定额 5-158。

注:在工程量清单下,货架的工程量按设计图示尺寸以油漆部分展开面积计算,而套用定额时,则按实刷展开面积乘以系数求得。套用《执行其他木材面定额工程量系数表》。本例清单工程量计算表见表 9-22。

表 9-22 例 9-7 清单工程量计算表

项目编码	项目名称	项目特征描述	计量单位	工程量
020504011001	衣柜、壁柜油漆	木货架内部刷防火涂料二遍	m^2	15.36

【例 9-8】 如图 9-10 所示为一个金属构件,现在欲给它涂醇酸磁漆二遍,已知金属构件的密度为 pkg/m^3,试求该金属构件油漆的工程量。

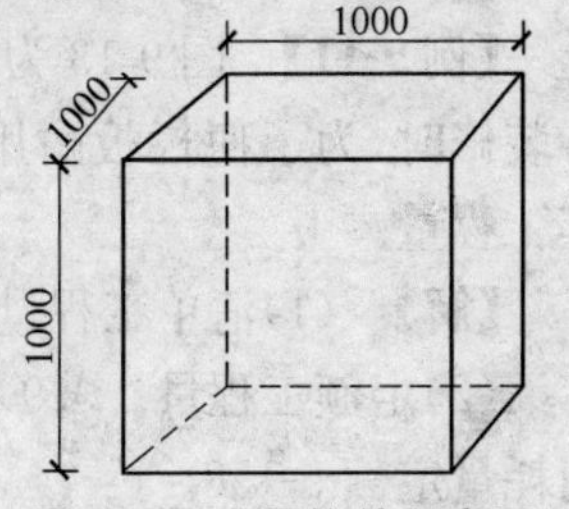

图 9-10 金属构件示意图

【解】 (1)清单工程量。1×1×1×pkg =pkg =0.00p(t)

(2)定额工程量。1×1×1=pkg =0.00p(t),套用消耗量定额 5-180。

注:套用定额时,金属构件油漆的工程量按构件重量计算;运用清单法计算工程量时,按设计图示尺寸以质量计算,计量单位为 t。本例清单工程量计算表见表 9-23。

表 9-23　例 9-8 清单工程量计算表

项目编码	项目名称	项目特征描述	计量单位	工程量
020505001001	金属面油漆	醇酸磁漆二遍	t	0.00p

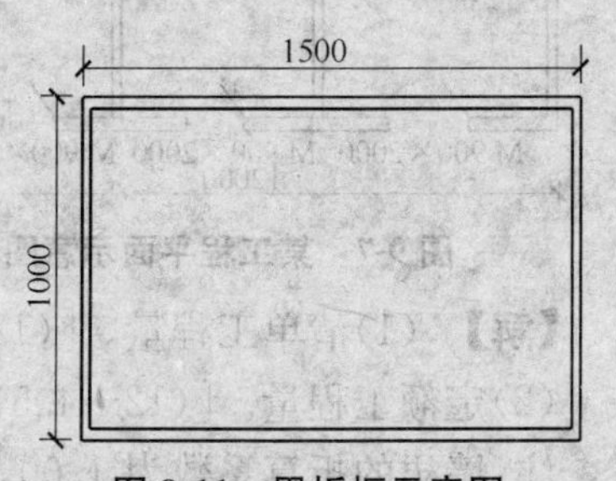

图 9-11　黑板框示意图

【例 9-9】 如图 9-11 所示为一黑板框，求给黑板框刷聚氨酯漆二遍的工程量，单独木线条为 200mm。

【解】 (1)清单工程量。(1+1.5)×2m=5.00(m)

(2)定额工程量。(1+1.5)×2×0.52m=2.60(m)，套用消耗量定额 5-035。

注：清单计算时按设计图示尺寸以长度计算，定额的计算方法是按延长米计算，由于单独木线条宽 100mm 以外，所以其系数为 0.52。本例清单工程量计算表见表 9-24。

表 9-24　例 9-9 清单工程量计算表

项目编码	项目名称	项目特征描述	计量单位	工程量
020503004001	黑板框油漆	黑板框刷聚氨酯漆二遍，单独木线条为 200mm	m	5.00

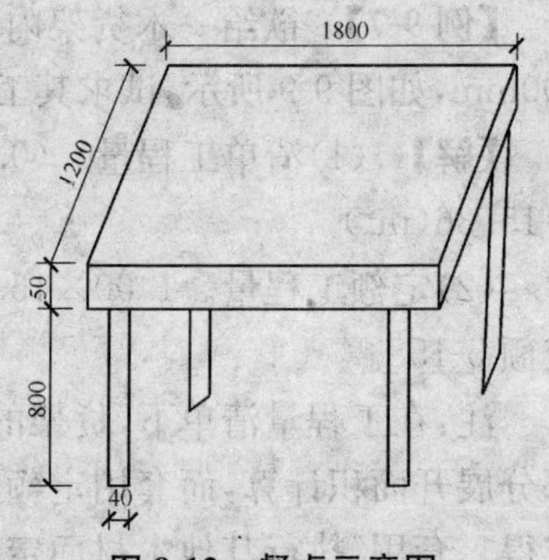

图 9-12　餐桌示意图

【例 9-10】 现欲给一木制餐桌刷装饰油漆如图 9-12 所示，试求其工程量。

【解】 (1)清单工程量。$(1.2\times1.8+0.05\times1.2\times2+0.05\times1.8\times2+4\times0.04\times0.8\times4)=2.86(m^2)$

(2)定额工程量。$(1.2\times1.8+0.05\times1.2\times2+0.05\times1.8\times2+4\times0.04\times0.8\times4)\times1.10=3.15(m^2)$，套用消耗量定额 5-136。

注：木餐桌油漆套用零星木装修的定额，系数为 1.10。本例清单工程量计算表见表 9-25。

表 9-25　例 9-10 清单工程量计算表

项目编码	项目名称	项目特征描述	计量单位	工程量
020504013001	零星木装修油漆	木制餐桌刷装饰油漆	m^2	2.86

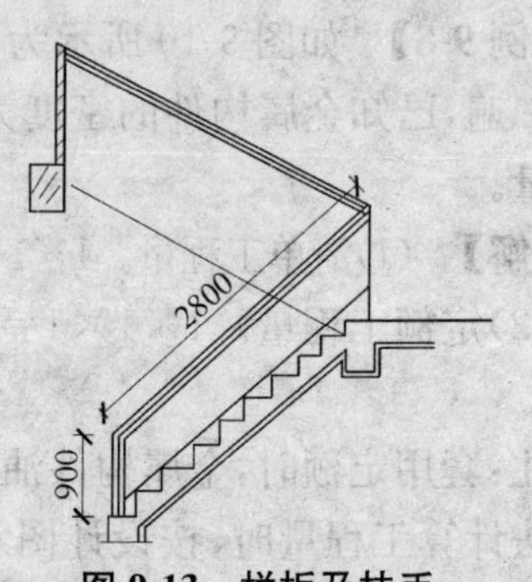

图 9-13　栏板及扶手

【例 9-11】 图 9-13 为栏板及扶手，栏板为木栏板，进行装修时，为了使栏板耐用，需刷二遍防火油漆，试计算其工程量。

【解】 (1)清单工程量。$0.9\times2.8=2.52(m^2)$

(2)定额工程量。$0.9\times2.8\times1.82=4.59(m^2)$，套用消耗量定额 5-158。

注：定额计算时，计算方法为单面外围面积，木栅栏的系数为 1.82。本例清单工程量计算表见表 9-26。

表 9-26　例 9-11 清单工程量计算表

项目编码	项目名称	项目特征描述	计量单位	工程量
020504010001	木栅栏、木栏杆（带扶手）油漆	(1)腻子种类 (2)刮腻子要求 (3)防护材料种类 (4)油漆品种,刷漆遍数	m^2	2.52

【例 9-12】 如图 9-14 所示的木线条刷防腐油漆，求其工程量。

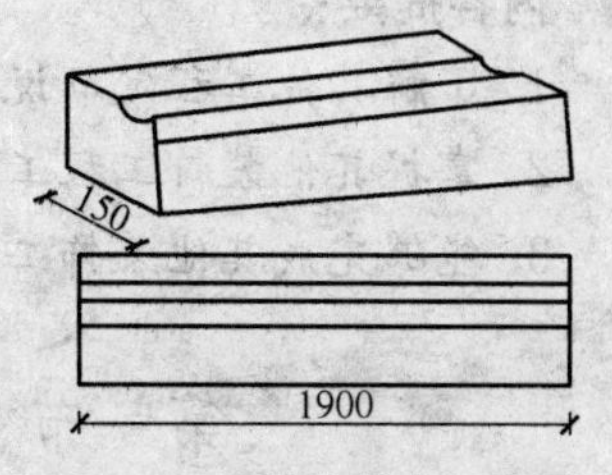

图 9-14　单独木线条示意图

【解】 (1)清单工程量。1.90m。

(2)定额工程量。1.90×0.52＝0.99(m)，套用消耗量定额 5-058。

注：清单工程量按设计图示尺寸以长度计算，定额计算工程量按延长米计算。木线条超过 100mm 时，系数取为 0.52。本例清单工程量计算表见表 9-27。

表 9-27　例 9-12 清单工程量计算表

项目编码	项目名称	项目特征描述	计量单位	工程量
020503005001	挂镜线、窗帘棍、单独木线油漆	木线条刷防腐油漆	m	1.90

【例 9-13】 试求如图 9-15 所示半截百叶钢门(厚 20mm，钢密度 $7.9\times10^3 kg/m^3$)的工程量，共 8 樘。

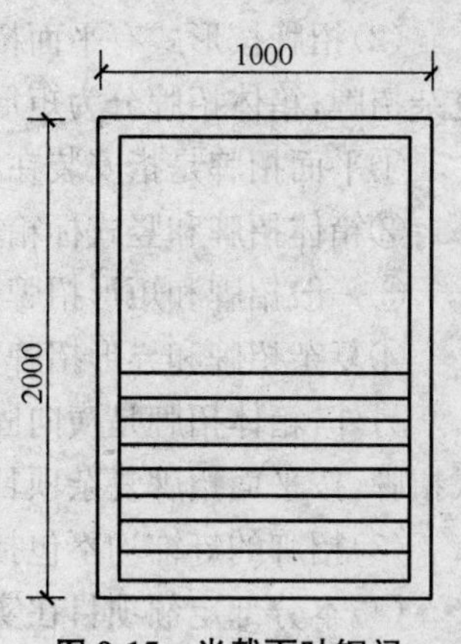

图 9-15　半截百叶钢门

【解】 (1)清单工程量。7.9×2×1×0.02×8t＝2.528(t)

(2)定额工程量。7.9×2×1×0.02×8t＝2.528(t)，套用消耗量定额 5-188。

注：清单计算工程量时按图示尺寸以质量计算，定额计算工程量时以构件重量计算。

本例清单工程量计算表见表 9-28。

表 9-28　例 9-13 清单工程量计算表

项目编码	项目名称	项目特征描述	计量单位	工程量
020505001001	金属面油漆	半截百叶钢门油漆	t	2.528

实训项目五见附录二。

第十章　其他工程计价

内容提要：

1. 了解其他工程定额说明、清单项目释义。

2. 掌握其他装饰工程工程量清单计算规则及定额计算规则。

3. 能够完成其他装饰工程计价文件编制。

第一节　其他工程定额说明、清单项目释义

一、其他工程定额说明

(1)《全国统一建筑装饰装修工程消耗量定额》(GYD-901—2002)(以下简称《装饰定额》)其他工程定额项目包括招牌、灯箱、美术字、压条、装饰线、暖气罩、镜面玻璃、货架、各种柜类的装饰及各种拆除等9节211个子目。

(2)招牌按形式有平面招牌、箱体招牌和竖式标箱;平面招牌按复杂程度又分为一般招牌和复杂招牌;箱体招牌分为矩形招牌和异形招牌。

①平面招牌是指安装在门前的墙面上招牌。

②箱体招牌和竖式标箱是指六面体固定在墙面上招牌。

③一般招牌和矩形招牌是指正立面平整无凸面。

④复杂招牌和异形招牌是指正立面有凹凸造型。

另外,箱体招牌是横向固定的招牌;竖式标箱是纵向固定招牌。沿雨篷、檐口、阳台走向立式招牌,按平面招牌复杂项目执行,即定额编号6-004子目。

(3)招牌的灯饰均不包括在定额内。

(4)本分部定额项目在实际施工中使用的材料品种、规格与定额取定不同时,可以换算,但人工、机械不变。

(5)本分部定额中铁件已包括刷防锈漆一遍,如设计需涂刷油漆、防火涂料时,按“油漆、涂料”分部定额相应子目执行。

(6)美术字均以成品安装固定为准;美术字不分字体均执行装饰定额。

(7)木装饰线、石膏装饰线、石材装饰线条均以成品安装为准。石材装饰线条磨边、磨圆角均包括在成品的单价中,不再另计。

(8)装饰线条以墙面上直接安装为准,如顶棚安装直线型、圆弧形或其他图案者,按以下规定计算:

①顶棚面安装直线装饰线条人工乘以1.34系数。

②顶棚面安装圆弧装饰线条人工乘1.6系数,材料乘1.10系数。

③墙面安装圆弧装饰线条人工乘1.20系数,材料乘1.10系数。

④装饰线条做艺术图案者,人工乘1.80系数,材料乘1.10系数。

(9)暖气罩挂板式是指钩挂在暖气片上;平墙式是指凹入墙内;明式是指凸出墙面;半凹半凸式按明式定额子目执行。

(10)货架、柜类定额中未考虑面板拼花及饰面板上贴其他材料的花饰、造型艺术品。

二、其他工程量清单项目释义

(1)其他工程清单项目包括7节49项目,它们是柜类、货架、暖气罩、浴厕配件、压条、装饰线、雨篷、旗杆、招牌、灯箱、美术字等。

(2)项目特征中台柜规格:是以能分离的成品单体长、宽、高来表示。例如,一个组合书柜分上、下两部分,上部为敞开式的书柜,下部为独立的矮柜,可以上下两部分标注尺寸分别列项。

(3)台柜工程量以"个"计算,即能分离的同规格的单体个数计算,如柜台有同规格为1500mm×400mm×1200mm的5个单体,另有一个柜台规格为1500mm×400mm×1150mm,台底安装胶轮4个,以便柜台内营业员由此出入,这样1500mm×400mm×1200mm规格的柜台数为5个,1500mm×400mm×1150mm柜台数为1个。

(4)台柜项目应按设计图纸或说明,包括台柜、台面材料(石材、皮草、金属、实木等)、内隔板材料、连接件、配件等,均应包括在报价内。

(5)洗漱台项目适用于石质(天然石材、人造石材等)、玻璃等。

(6)洗漱台放置洗面盆的地方必须挖洞,根据洗漱台摆放的位置有些还需选形,产生挖弯、削角,为此洗漱台的工程量按外接矩形计算。挡板指镜面玻璃下边沿至洗漱台面和侧墙与台面接触部位的竖挡板(一般挡板与台面使用同种材料品种,不同材料品种应另行计算)。吊沿指台面外边沿下方的竖挡板。

(7)洗漱台现场制作,切割、磨边等人工、机械的费用应包括在报价内。

(8)门扇、墙柱面、天棚等装饰中的压条、装饰线已包括在门扇、墙柱面、天棚等项目内的,不再单独列项。

(9)项目特征中镜面玻璃和灯箱等的基层材料是指玻璃背面的衬垫材料,如胶合板、油毡等。

(10)项目特征中装饰线条、美术字等的基层类型指装饰线、美术字依托体材料,例如砖墙、木墙、石墙、混凝土墙、抹灰墙、钢支架等。

(11)美术字项目中的固定方式指以粘贴、焊接以及铁钉、螺栓、铆钉固定等方式。

(12)旗杆高度指旗杆台座上表面至杆顶的高度尺寸(包括球珠)。

(13)厨房壁柜、吊柜的区分:嵌入墙内的为壁柜,以支架固定在墙上的为吊柜。

(14)金属旗杆的砖砌或混凝土台座,可按相关附录章节另行编码列项,也可将台座及台座饰面一并纳入旗杆报价内。

(15)美术字的制作、运输、安装,不分字体外形(不论字体形式如何,即无论是外文、拼音字还是中文,而不以字符来计量),清单按字的材质列四个分项,即泡沫塑料字、有机玻璃字、木质字和金属字。

(16)美术字字体规格指的是大小规格,以字的外接矩形长、宽和字的厚度表示。常见字的长、宽尺寸有四个档次,即:长×宽=400mm×400mm,控制范围在0.2m^2以内;长×宽=600mm×600mm或600mm×800mm,控制范围在0.5m^2以内;长×宽=900mm×1000mm,控制范围在1.0m^2以内;长×宽=1000mm×1250mm,控制范围在1.0m^2以外。

第二节 其他工程定额工程量与清单工程量计算规则对照

一、其他工程量清单项目计算规则

《计价规范》附录B其他工程计价规范中其他工程工程量计算规则与传统方法不相同，其他工程量计算规则列于表10-1～表10-7中，计算工程量按此执行。

表10-1 柜类、货架(编码:020601)工程量计算规则

项目编码	项目名称	项目特征	计量单位	工程量计算规则	工程内容
020601001	柜台	(1)台柜规格 (2)材料种类、规格 (3)五金种类、规格 (4)防护材料种类 (5)油漆品种、刷漆遍数	个	按设计图示数量计算	(1)台柜制作、运输、安装(安放) (2)刷防护材料、油漆
020601002	酒柜				
020601003	衣柜				
020601004	存包柜				
020601005	鞋柜				
020601006	书柜				
020601007	厨房壁柜				
020601008	木壁柜				
020601009	厨房低柜				
020601010	厨房吊柜				
020601011	矮柜				
020601012	吧台背柜				
020601013	酒吧吊柜				
020601014	酒吧台				
020601015	展台				
020601016	收银台				
020601017	试衣间				
020601018	货架				
020601019	书架				
020601020	服务台				

表10-2 暖气罩(编码:020602)工程量计算规则

项目编码	项目名称	项目特征	计量单位	工程量计算规则	工程内容
020602001	饰面板暖气罩	(1)暖气罩材质 (2)单个罩垂直投影面积 (3)防护材料种类 (4)油漆品种、刷漆遍数	m^2	按设计图示尺寸以垂直投影面积(不展开)计算	(1)暖气罩制作、运输、安装 (2)刷防护材料、油漆
020602002	塑料板暖气罩				
020602003	金属暖气罩				

表10-3 浴厕配件(编码:020603)工程量计算规则

项目编码	项目名称	项目特征	计量单位	工程量计算规则	工程内容
020603001	洗漱台	(1)材料品种、规格、品牌、颜色 (2)支架、配件品种、规格、品牌 (3)油漆品种、刷漆遍数	m^2	按设计图示尺寸以台面外接矩形面积计算。不扣除孔洞、挖弯、削角所占面积，挡板、吊沿板面积并入台面面积内	(1)台面及支架制作、运输、安装 (2)杆、环、盒、配件、安装 (3)刷油漆
020603002	晒衣架		根(套)	按设计图示数量计算	
020603003	帘子杆				
020603004	浴缸拉手				
020603005	毛巾杆(架)				
020603006	毛巾环		副		
020603007	卫生纸盒		个		
020603008	肥皂盒				

续表 10-3

项目编码	项目名称	项目特征	计量单位	工程量计算规则	工程内容
020603009	镜面玻璃	(1)镜面玻璃品种、规格 (2)框材质、断面尺寸 (3)基层材料种类 (4)防护材料种类 (5)油漆品种、刷漆遍数	m^2	按设计图示尺寸以边框外围面积计算	(1)基层安装 (2)玻璃及框制作、运输、安装 (3)刷防护材料、油漆
020603010	镜箱	(1)箱材质、规格 (2)玻璃品种、规格 (3)基层材料种类 (4)防护材料种类 (5)油漆品种、刷漆遍数	个	按设计图示数量计算	(1)基层安装 (2)箱体制作、运输、安装 (3)玻璃安装 (4)刷防护材料、油漆

表 10-4　压条、装饰线(编码:020604)工程量计算规则

项目编码	项目名称	项目特征	计量单位	工程量计算规则	工程内容
020604001	金属装饰线	(1)基层类型 (2)线条材料品种、规格、颜色 (3)防护层材料种类 (4)油漆品种、刷漆遍数	m	按设计图示尺寸以长度计算	(1)线条制作、安装 (2)刷防护材料、油漆
020604002	木质装饰线				
020604003	石材装饰线				
020604004	石膏装饰线				
020604005	镜面玻璃线				
020604006	铝塑装饰线				
020604007	塑料装饰线				

表 10-5　雨篷、旗杆(编码:020605)工程量计算规则

项目编码	项目名称	项目特征	计量单位	工程量计算规则	工程内容
020605001	雨篷吊挂饰面	(1)基层类型 (2)龙骨材料种类、规格、中距 (3)面层材料品种、规格、品牌 (4)吊顶(天棚)材料、品种、规格、品牌 (5)嵌缝材料种类 (6)防护材料种类 (7)油漆品种、刷漆遍数	m^2	按设计图示尺寸以水平投影面积计算	(1)底层抹灰 (2)龙骨基层安装 (3)面层安装 (4)刷防护材料、油漆
020605002	金属旗杆	(1)旗杆材料、种类、规格 (2)旗杆高度 (3)基础材料种类 (4)基座材料种类 (5)基座面层材料、种类、规格	根	按设计图示数量计算	(1)土(石)方挖填 (2)基础混凝土浇筑 (3)旗杆制作、安装 (4)旗杆台座制作、饰面

表 10-6　招牌、灯箱(编码:020606)工程量计算规则

项目编码	项目名称	项目特征	计量单位	工程量计算规则	工程内容
020606001	平面、箱式招牌	(1)箱体规格 (2)基层材料种类 (3)面层材料种类 (4)防护材料种类 (5)油漆品种、刷漆遍数	m^2	按设计图示尺寸以正立面边框外围面积计算。复杂形的凸凹造型部分不增加面积	(1)基层安装 (2)箱体及支架制作、运输、安装 (3)面层制作、安装 (4)刷防护材料、油 漆
020606002	竖式标箱				
020606003	灯箱		个	按设计图示数量计算	

表 10-7 美术字(编码:020607)工程量计算规则

项目编码	项目名称	项目特征	计量单位	工程量计算规则	工程内容
020607001	泡沫塑料字	(1)基层类型 (2)镌字材料品种、颜色 (3)字体规格 (4)固定方式 (5)油漆品种、刷漆遍数	个	按设计图示数量计算	(1)字制作、运输、安装 (2)刷油漆
020607002	有机玻璃字				
020607003	木质字				
020607004	金属字				

二、其他工程量清单计算规则与定额计算规则对照

1. 柜类、货架工程量计算规则比较

柜类、货架工程清单工程量与定额工程量计算规则不完全相同。

柜类、货架清单工程量均按设计图示数量以“个”为计量单位计算。

柜类、货架定额工程量计算规则为:货架、柜橱类均以正立面的高(包括脚的高度在内)乘以宽以 m^2 计算;收银台、试衣间等以个计算,其他以延长米为单位计算。

2. 暖气罩工程量计算规则比较

暖气罩工程的清单工程量与定额工程量计算规则完全相同。

暖气罩工程的清单工程量按设计图示尺寸以垂直投影面积(不展开)平方米为计量单位计算。

暖气罩工程的定额工程量按暖气罩(包括脚的高度在内)按边框外围尺寸垂直投影面积计算。

3. 浴厕配件工程量计算规则比较

浴厕配件工程清单工程量与定额工程量计算规则完全相同,其清单与定额工程量计算分述如下:

(1)洗漱台工程量。洗漱台工程清单与定额工程量计算规则相同,都按设计图示尺寸以台面外接矩形面积平方米为计量单位计算。不扣除孔洞、挖弯、削角所占面积,挡板、吊沿板面积并入台面面积内,或者都按台面投影面积计算(不扣除孔洞面积)。

(2)镜面玻璃工程量。镜面玻璃工程的清单与定额工程量计算规则相同,均按设计图示尺寸以边框外围面积平方米为计量单位计算;或者均按正立面面积计算。

(3)浴厕其他配件工程量。浴厕其他配件包括晒衣架、帘子杆、浴缸拉手、毛巾杆架、毛巾环、卫生纸盒、肥皂盒、镜箱等,它们的清单工程量与定额工程量计算规则相同,均按设计图示数量计算,其中毛巾环以“副”为计量单位,卫生纸盒、肥皂盒、镜箱以“个”为计量单位,其余以根或套为计量单位。

4. 压条、装饰线工程量计算规则比较

压条、装饰线工程清单工程量与定额工程量计算规则完全相同,均按设计图示尺寸以长度延长米为计量单位计算。

5. 雨篷、旗杆工程量计算

(1)雨篷吊挂饰面工程的清单工程量与定额工程量计算规则相同。均按设计图示尺寸以水平投影面积平方米为计量单位计算。

(2)金属旗杆工程量清单工程量与定额工程量计算规则不相同,清单工程量按设计图示数量以根为计量单位计算;定额工程量按旗杆的重量以千克计算。

6. 招牌、灯箱工程量计算规则比较

(1)平面、箱式招牌。平面、箱式招牌工程量按设计图示尺寸以正立面边框外围面积平方米

为计量单位计算。复杂形的凸凹造型部分不增加面积。

(2)竖式标箱、灯箱工程量。竖式标箱、灯箱工程量按设计图示数量以个为计量单位计算。

①平面招牌基层按正立面面积计算，复杂形的凹凸造型部分亦不增减。

②沿雨篷、檐口或阳台走向的立式招牌基层，按平面招牌复杂型执行定额时，应按展开面积计算。

③箱体招牌和竖式标箱的基层，按外围体积计算。突蹬箱外的灯饰、店徽以及其他艺术装潢等均另行计算。

④灯箱的面层按展开面积以平方米计算。

⑤广告牌钢骨架以吨计算。

7. 美术字工程量计算规则比较

美术字包括泡沫塑料字、有机玻璃字、木质字、金属字等项目。美术字工程量按设计图示数量以个为计量单位计算。

美术字安装工程量计算。美术字安装按字的最大外围矩形面积以个计算。

第三节　其他工程量计算规则应用实例

【例 10-1】　某酒店工程有客房 20 间，设计要求卧室内配置如图 10-1 所示的胶合板立柜。尺寸如下：1800mm × 2400mm × 600mm，计算胶合板立柜工程量。

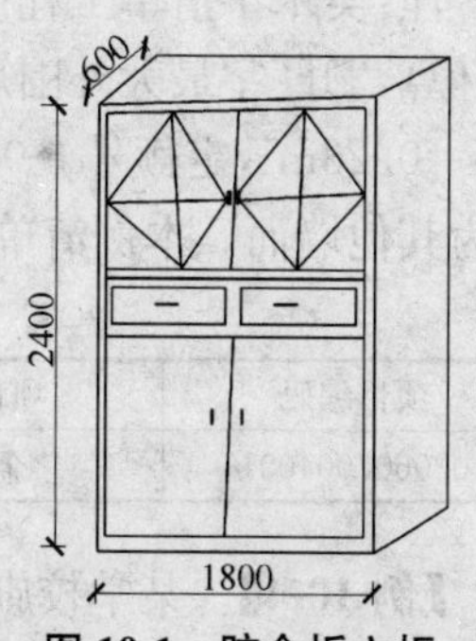

图 10-1　胶合板立柜

【解】　(1)清单工程量。20 个。

(2)定额工程量。1.8×2.4×20＝86.40(m^2)，套用消耗量定额 6-137。

注：货架、柜橱类清单工程量按设计图示数量计算，定额工程量以正立面的高(包括脚的高度在内)乘以宽以平方米计算。本例清单工程量计算表见表 10-8。

表 10-8　例 10-1 清单工程量计算表

项目编码	项目名称	项目特征描述	计量单位	工程量
020601008001	木壁柜	胶合板立柜，尺寸 1800mm×2400mm×600mm	个	20

【例 10-2】　某户外广告牌，竖式平面，面层材料为不锈钢板，其尺寸如图 10-2 所示。计算广告牌工程量。

【解】　(1)清单工程量。3.5×5＝17.50(m^2)

(2)定额工程量。3.5×5 ＝17.50(m^2)，套用消耗量定额 6-003。

注：平面招牌清单工程量按设计图示尺寸以正立面边框外围面积计算；平面招牌定额工程量按正立面面积计算，此外，广告牌骨架以吨计算，此题中无相应数据，不用计算。本例清单工程量计算表见表 10-9。

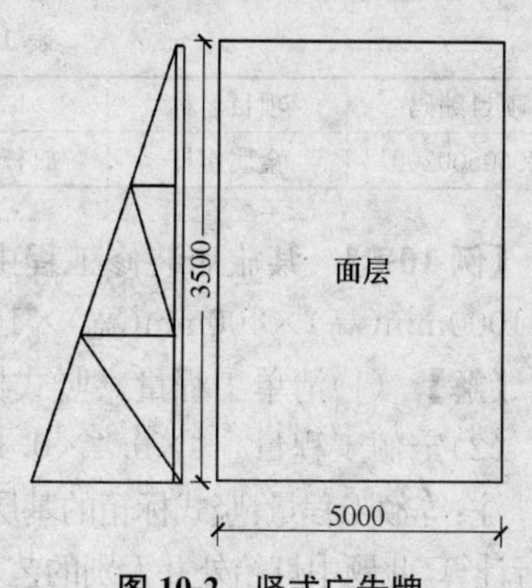

图 10-2　竖式广告牌

表 10-9　例 10-2 清单工程量计算表

项目编码	项目名称	项目特征描述	计量单位	工程量
020606001001	平面、箱式招牌	不锈钢面层，3.5m×5.0m	m^2	17.50

【例 10-3】 某广告牌，商家要求设置大的美术字，以突出宣传效果，美术字为金属字，字体如图 10-3 所示，计算美术字工程量。

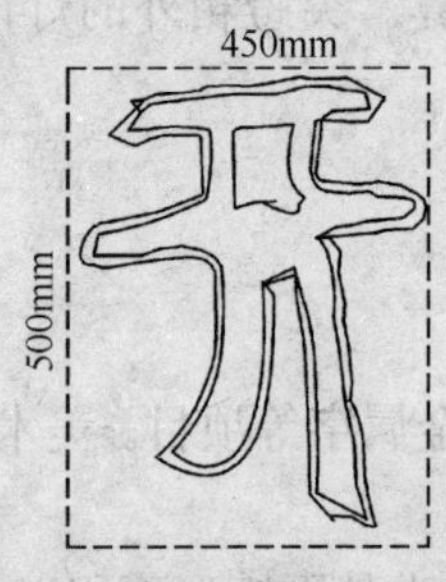

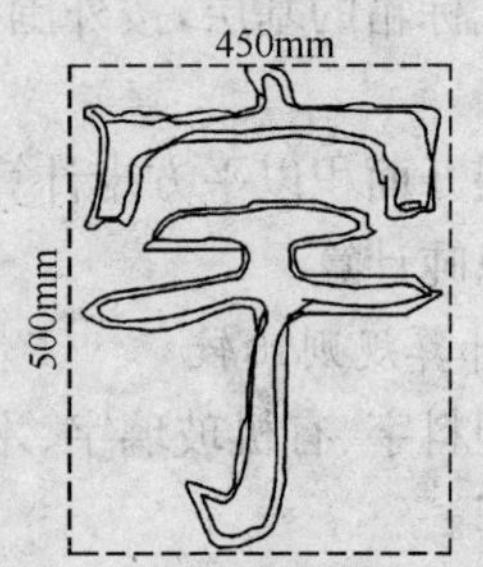

图 10-3　金属字

【解】 (1)清单工程量。2 个。

(2)定额工程量。2 个，套用消耗量定额 6-051。

注：美术字清单工程量按设计图示数量计算；定额工程量安装按字的最大外围矩形面积以个计算，"开"字最大外围矩形面积＝0.45×0.5＝0.23m^2，"宇"字最大外围矩形面积＝0.45×0.5＝0.23m^2，定额号 6-051 的项目特征是：字最大外围矩形面积 0.5m^2 以内的金属字，字的基底为其他墙面。本例清单工程量计算表见表 10-10。

表 10-10　例 10-3 清单工程量计算表

项目编码	项目名称	项目特征描述	计量单位	工程量
020607004001	金属字	大的美术字	个	2

【例 10-4】 某学校旗杆，混凝土 C10 基础，基座面层贴芝麻白 20mm 厚花岗石板，3 根不锈钢管，每根长为 13m，直径 63.5mm，壁厚 1.2mm，计算旗杆工程量。

【解】 (1)清单工程量。有 3 根不锈钢管，所以工程量为 3 根。

(2)定额工程量。13×3 ＝39.00(m)，套用消耗量定额 6-205。

注：旗杆清单工程量按设计图示数量计算，定额工程量按不锈钢旗杆以延长米计算。本例清单工程量计算表见表 10-10。

表 10-11　例 10-4 清单工程量计算表

项目编码	项目名称	项目特征描述	计量单位	工程量
020605002001	金属旗杆	旗杆为不锈钢管，高 13m，直径为 63.5mm，壁厚 1.2m	根	3

【例 10-5】 某旅店装修工程中，设计要求门外设置一竖式标箱，如图 10-4 所示，箱体规格为：1000mm(高)×400mm(宽)×100mm(厚)，铁骨架，求此箱体安装的工程量。

【解】 (1)清单工程量。竖式标箱按设计图示数量计算，因此工程量为 1 个。

(2)定额工程量。1×0.4×0.1＝0.04(m^3)，套用消耗量定额 6-009。

注：等额工程量：竖式标箱的基层，按外围体积计算，突出箱外的灯饰，店徽及其他艺术装潢等均另行计算，此题中灯箱外并无别的艺术装潢，故此项不用计算。本例清单工程量计算表见表 10-12。

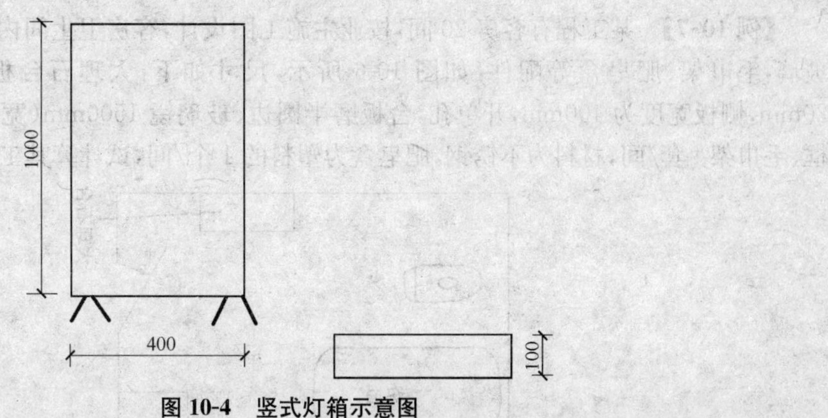

图 10-4　竖式灯箱示意图

表 10-12　例 10-5 清单工程量计算表

项目编码	项目名称	项目特征描述	计量单位	工程量
020606002001	竖式标箱	规格为 1000mm×400mm×100mm 铁骨架	个	1

【例 10-6】 如图 10-5 所示，要求设计一饭店招牌，字为有机玻璃字，红色，尺寸为450mm×500mm，面层为不锈钢，用螺栓固定，为增加艺术效果，要求招牌边框用金属装饰角形线，规格为边宽 16mm，厚为 1mm，长为 3m，刷白色油漆一遍，分别计算招牌美术字和金属装饰线的工程量。

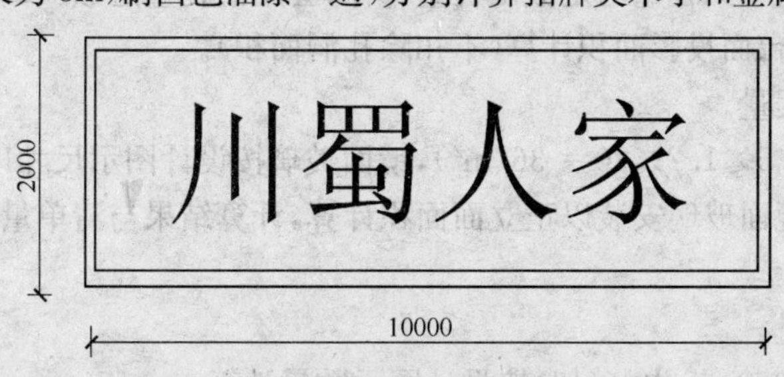

图 10-5　某饭店招牌

【解】 (1)美术字计算。

①清单工程量：有机玻璃字按设计图示数量计算，如图所示工程量为 4 个。

②定额工程量：美术字按装字的最大外围矩形面积以个计算，单个最大外围矩形面积＝0.45×0.5＝0.225(m^2)，工程量＝4 个，套用消耗量定额 6-027。

(2)金属装饰线计算。

①清单工程量：金属装饰线按设计图示尺寸以长度计算，工程量＝ (10＋2)×2＝24.00(m)。

②定额工程量：压条、装饰线条均按延长米计算，计算结果与清单工程量相同，套用消耗量定额 6-061。本例清单工程量计算表见表 10-13。

表 10-13　例 10-6 清单工程量计算表

序号	项目编码	项目名称	项目特征描述	计量单位	工程量
1	02060700200	有机玻璃字	有机玻璃字，红色，尺寸为 450mm×500mm，面层为不锈钢，螺栓固定	个	4
2	020604001001	金属装饰线	金属装饰线做招牌边框，规格为边宽 16mm，厚为 1mm，长 3m，刷白色油漆一遍	m	24.00

【例 10-7】 某工程有客房 20 间，按业主施工图设计，客房卫生间内有大理台洗漱台、镜面玻璃，毛巾架、肥皂盒等配件，如图 10-6 所示，尺寸如下：大理石台板 1800mm×600mm×20mm，侧板宽度为 400mm，开单孔，台板磨半圆边、玻璃镜 1500mm(宽)×1200mm(高)，不带框、毛巾架 l 套/间，材料为不锈钢，肥皂盒为塑料的 1 个/间，试计算其工程量。

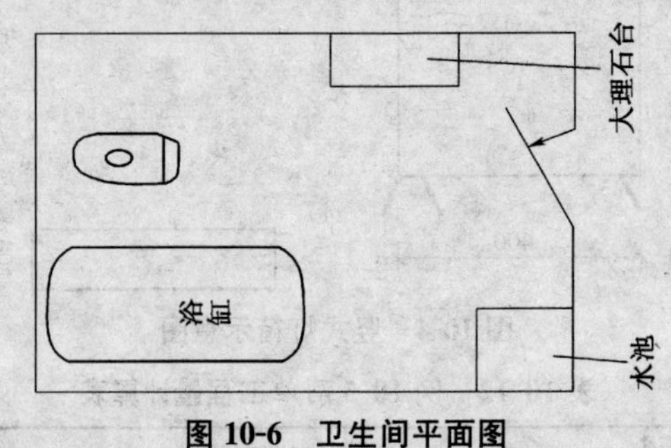

图 10-6　卫生间平面图

【解】 (1)大理石洗漱台工程量。

①清单工程量：1.8×0.6×20＝ 21.60(m^2)。

按设计图示尺寸以台面外接矩形面积计算。不扣除孔洞、控弯、削角所占面积，挡板、吊沿板积并入台面内。

②定额工程量：清单工程量与定额工程量一样，套用消耗量定额 6-211。

大理石洗漱台以台面投影面积计算(不扣除孔洞面积)。

(2)镜面玻璃工程量。

①清单工程量：1.5×1.2×20＝ 36(m^2)，镜面玻璃按设计图示尺寸以边框外围面积计算。

②定额工程量：镜面玻璃安装以正立面面积计算，计算结果与清单量相同，略去。套用消耗量定额 6-113。

(3)毛巾杆工程量。

①清单工程量：20 套，毛巾杆(架)按设计图示数量计算。

②定额工程量：20 只，套用消耗量定额 6-208，毛巾杆安装以只或副计算。

(4)肥皂盒工程量。

①清单工程量：20 个，肥皂盒按设计图示数量计算。

②定额工程量：20 只，套用消耗量定额 6-203，肥皂盒安装以只计算。

本例清单工程量计算表见表 10-14。

表 10-14　例 10-7 清单工程量计算表

序号	项目编码	项目名称	项目特征描述	计量单位	工程量
1	020603001001	洗漱台	大理石洗漱台，台板尺寸 1800mm×600mm×20mm	m^2	21.60
2	020603009001	镜面玻璃	台板磨半圆边、玻璃镜 1500mm(宽)×1200mm(高)	m^2	36.00
3	020603005001	毛巾杆(架)	不带框、毛巾架不锈钢	套	20
4	020603008001	肥皂盒	塑料肥皂盒	个	20

实训项目六见附录二。

第十一章　措施项目计算

内容提要：

1. 了解装饰工程措施项目构造、工艺说明等。

2. 掌握装饰工程措施项目定额计算规则。

3. 能够完成装饰工程措施项目计价文件编制。

第一节　装饰装修脚手架及项目成品保护费

一、定额项目划分

装饰脚手架包括满堂脚手架、外脚手架、内墙面粉饰脚手架、安全过道、封闭式安全笆、斜挑式安全笆、满挂安全网等12个子目。

项目成品保护费包括楼地面、楼梯、台阶、独立柱、内墙面饰面面层等4个子目的成品保护。

二、装饰脚手架工程量计算

1. 满堂脚手架工程量计算

(1)满堂脚手架工程量计算规则。

①基本层：满堂脚手架，按实际搭设的水平投影面积计算，不扣除附墙柱、柱所占的面积，其基本层高以3.6m以上至5.2m为准。凡超过3.6m、在5.2m以内的顶棚抹灰及装饰装修，应计算满堂脚手架基本层。

②增加层：层高超过5.2m，每增加1.2m计算一个增加层，增加层的层数：(层高－5.2m)÷1.2m，按四舍五入取整数。室内凡计算了满堂脚手架者，其内墙面粉饰不再计算粉饰架，只按每100m^{2}墙面垂直投影面积增加改架工1.28工日。

(2)满堂脚手架工程量计算说明。满堂脚手架的高度，底层以设计室外地坪算至顶棚底为准，楼层以楼面至顶棚底为准，即净高(斜形屋面板以平均高度计算)。室内净高在3.6m以下(含3.6m)的装饰脚手架在装饰工程定额内已考虑了简易脚手架的搭拆，脚手架的搭拆费已列入定额之中。

2. 装饰装修工程外墙装饰脚手架计算

(1)装饰装修外脚手架，按外墙的外边线长乘墙高以平方米计算，不扣除门窗洞口的面积。同一建筑物各面墙的高度不同，且不在同一定额步距内时，应分别计算工程量，套相应定额。

(2)定额中所指的檐口高度为5～45m以内，系指建筑物自设计室外地坪面至外墙顶点或构筑物顶面的高度。

(3)如有超过一砖的垛时，应按突出尺寸的双倍乘以垛宽加入到墙长内计算。其计算公式为：外墙装饰脚手架＝(建筑物外墙外边线长＋n×垛宽)×外墙面高。

(4)独立柱装饰脚手架，按柱周长增加3.6m乘柱高计算工程量，执行装饰装修外脚手架相应高度的定额。

(5)利用主体外脚手架改变其步高作外墙面装饰架时，按每 100m² 外墙面垂直投影面积，增加改架工 1.28 工日。

3. 内墙面粉饰脚手架

(1)内墙面粉饰脚手架，均按内墙面垂直投影面积计算，不扣除门窗洞口的面积。

(2)内墙面装饰脚手架一般都是按里脚手架来考虑。当内墙面装饰脚手架采用了满堂脚手架时，就不能重复计算内墙抹灰用里脚手架，因为满堂脚手架代替了内墙抹灰用的里脚手架。如果顶棚不需抹灰或刷油者，则不应考虑满堂脚手架，这时可直接计算内墙抹灰用里脚手架。

4. 安全过道工程量计算

安全过道按实际搭设的水平投影面积(架宽×架长)计算。

安全过道即水平防护架，是沿水平方向在一定高度搭设的脚手架，上面满铺脚手板，下面可为人行通道、车辆通道等。搭设水平防护架的目的主要为防止建筑物上材料落下伤人，多为临界物临界一面或建筑物的一些主要通道搭设的。

5. 封闭式安全笆工程量计算

封闭式安全笆按实际封闭的垂直投影面积计算。实际用封闭材料与定额不符时，不作调整。

封闭式安全笆亦称建筑物垂直封闭，同时也叫架子封席，它是在临街的高层建筑物施工中，采用竹席进行外架全封闭，其作用是防止建筑材料及其他物品坠落伤及行人或妨碍交通，并且竹席还具有防风作用，减少了灰性材料的损失，也相对减轻了环境污染。

斜挑式安全笆按实际搭设的(长×宽)斜面面积计算。

6. 满挂安全网工程量计算

满挂安全网按实际满挂的垂直投影面积计算。架网部分实挂长度：横向架设的安全网两端的外边缘之间长度。架网部分实挂高度：从安全网搭设的最下部分网边绳到最上部分网边绳的高度。

三、装饰工程项目成品保护费工程量计算规则

(1)成品保护具体包括：楼地面、楼梯、台阶、独立柱、内墙面等保护。其材料包括：麻袋、胶合板 3mm，彩条纤维布、其他材料费(占材料费)等。

(2)装饰工程成品保护费工程量按楼地面、楼梯、台阶、独立柱、内墙面等被保护部位的面积计算。

四、工程量计算示例

【例 11-1】 某单位活动中心如图 11-1 所示，顶棚为埃特板面层，试计算外墙面装饰脚手架、内墙装饰脚手架、顶棚装饰满堂脚手架的搭设工程量。

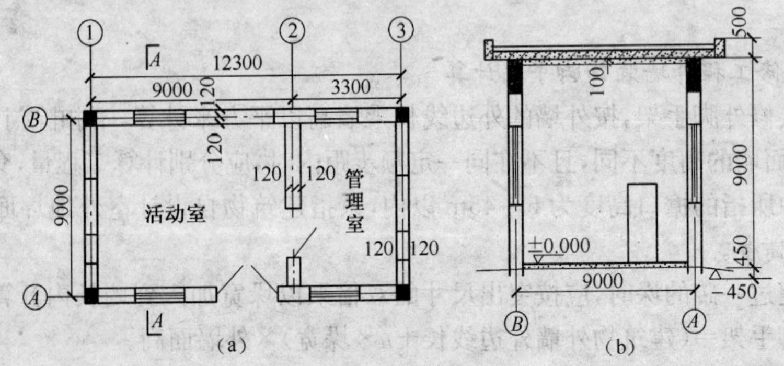

图 11-1　活动中心

(a)平面图　(b)A—A 剖面图

【解】 依据图 11-1 及装饰脚手架工程量计算规则，其搭设工程量分别为：

(1)外墙面装饰脚手架。[(12.30+2×0.12)+(9.0+2×0.12)]×2×(0.45+9.0+0.50)

=[12.54+9.24]×2×9.95=43.84×9.95=436.21(m^2)

(2)内墙装饰脚手架。[(9.0−2×0.12+3.3−2×0.12)×2+(9.0−2×0.12)×4]×(9.0−0.10)

=[(8.76+3.06)×2+8.76×4]×8.9=[23.64+35.04]×8.9=522.25 (m^2)

(3)顶棚装饰满堂脚手架。$L_{净}×B_{净}$=(9.0−2×0.12+3.3−2×0.12)×(9.0 −2×0.12)

=(8.76+3.06)×8.76 =103.54(m^2)

增加层(F 增)=(室内净高度−5.20)/1.2=3.16(层)，取 3 层。

【例 11-2】 经查阅《全国统一建筑装饰装修消耗量等额》脚手架定额子目并市场调查相关人工、材料价格，获得下列人工、材料的消耗量及相应价格信息列于表 11-1 中，试根据表 11-1 所给的资源信息，计算【例 11-1】中满堂脚手架工程量的工程直接费。

表 11-1　满堂脚手架定额消耗量及相应资源市场单价

工程内容：平土、选料、按底座、铺翻架板、绑扎、拆除、架料保养、场内外材料搬运等　　（单位：m^2）

定额编号				7-005	7-006
项目				满堂脚手架	
				层高 3.6m	每增 1.2m
	名称	单位	市场单价	消耗量	
人工	综合工日	工日	80	0.0936	0.0356
材料费	回转扣件	kg	4.50	0.0069	0.0023
	对接扣件	kg	4.50	0.0045	0.0014
	直角扣件	kg	4.50	0.0183	0.0061
	脚手架底座	kg	4.50	0.0043	—
	竹架板(侧编)	m^2	22.00	0.0237	—
	焊接钢管	kg	4.50	0.1006	0.0335
	防锈漆	kg	13.00	0.0087	0.0029
	其他材料(占材料费)	%	5	1.3600	1.9900
机械	载重汽车 6t	台班	1500	0.002	0.0001

【解】 由【例 11-1】可知，满堂脚手架基本层与增加层工程量分别为 103.54m^2 和 3 层，要计算搭设满堂脚手架的基本直接费，首先套定额子目 7-005、7-006，其价值计算如下：

(1)基本层直接工程费计算。

①人工费：103.54×0.0936×80=775.31(元)。

②材料费：计算过程见表 11-2。

③材料费合计：130.16 元。

④机械费：103.54×0.0002×1500=31.060(元)。

⑤满堂架基层直接工程费：775.31 元+130.16 元+31.06 元=936.53(元)。

(2)增加层直接工程费计算。

①人工费：103.54×0.0356×80×3= 884.65(元)。

②材料费：计算过程见表 11-3。

表 11-2 基本层直接工程费计算过程

序号	材料名称	单位	材料单价	材料消耗量	计算过程
1	回转扣件	kg	4.50	0.0069	103.54×0.0069×4.50
2	对接扣件	kg	4.50	0.0045	103.54×0.0045×4.50
3	直角扣件	kg	4.50	0.0183	103.54×0.0183×4.50
4	脚手架底座	kg	4.50	0.0043	103.54×0.0043×4.50
5	竹架板(侧编)	m^2	22.00	0.0237	103.54×0.0237×22
6	焊接钢管	kg	4.50	0.1006	103.54×0.1006×4.50
7	防锈漆	kg	13.00	0.0087	103.54×0.0087×13
8	其他材料(占材料费)	%	—	1.3600	1.36%×128.41(1~7之和)

注:表中前7项合计为:128.41。

表 11-3 增加层直接工程费计算过程

序号	材料名称	单位	材料单价	材料消耗量	计算过程
1	回转扣件	kg	4.50	0.0023	103.54×0.0023×4.50
2	对接扣件	kg	4.50	0.0014	103.54×0.0014×4.50
3	直角扣件	kg	4.50	0.0061	103.54×0.0061×4.50
4	脚手架底座	kg	4.50	—	
5	竹架板(侧编)	m^2	22.00	—	
6	焊接钢管	kg	4.50	0.0335	103.54×0.0335×4.50
7	防锈漆	kg	13.00	0.0029	103.54×0.0029×13
8	其他材料(占材料费)	%		1.9900	1.99%×24.08(1~7之和)

注:材料费计算:103.54×0.0023×4.50+103.54×0.0014×4.50+103.54×0.0061×4.50+103.54×0.0335×4.50+103.54×0.0029×13=24.08(元),1.99%×24.08元=24.56元。

③材料费合计:24.56元×3=73.67(元)。

④机械费:103.54×0.0001×1500×3=46.59(元)。

⑤满堂架增加层直接工程费:884.65元+73.67元+46.59元=1004.91(元)。

⑥满堂架价值合计:936.53元+1004.91元=1941.44(元)。

第二节 垂直运输及超高增费

一、定额项目划分

装饰消耗量定额中所指垂直运输是指在建筑物、构筑物装饰装修施工时,使用垂直运输机械对装饰装修材料和施工人员上下的垂直输送。

装饰消耗量定额中所指的超高,是指建筑物檐高超过20m以上的工程,由于工人上下班降低功效,以及因人工降效引起的施工机械降效所造成的费用增加量。

垂直运输及超高增加费定额项目主要包括两部分内容:一是垂直运输费;二是超高增加费。

(1)消耗量定额中,垂直运输费是以建筑物檐口高和垂直运输高度来划分的。定额中多层建筑按檐高划分为20m以内、40m以内、60m以内、80m以内、100m以内、120m以内6个档次21个子目。单层建筑物檐高划分为20m以内和20m以外两个档距。

消耗量定额项目划分是以建筑物“檐高”、“层数”两个指标界定的，只要其中一个指标达到规定，即可套用该子目。

(2)装饰工程超高部分人工降效费以超过20m以上高度分段来划分的。定额中多层建筑按檐高为20～40、40～60、60～80、80～100、100～120档距划分为5个子目。单层建筑物按檐高划分为30m以内、40m以内、50m以内划分3个子目。例如表11-4为多层建筑物超高增加费定额项目表。

表11-4　多层建筑物超高增加费　（计量单位：100元）

定额编号	8-024	8-025	8-026	8-027	8-028
项目	建筑物高度在m(层数)以内				
	20～40	40～60	60～80	80～100	100～120
人工、机械降效系数	9.35	15.30	21.25	28.05	34.85
计算基础	人工费＋机械费				

二、装饰工程垂直运输工程量计算

1. 垂直运输工程量计算规则

(1)装饰装修楼层(包括楼层所有装饰装修工程量)区别不同垂直运输高度(单层建筑物系檐口高度)按定额工日分别计算或单独装饰工程垂直运输机械台班，区分不同施工机械、垂直运输高度、层数，按工日计算。

材料从地面运到各个高度施工段的垂直运输费不一样，因而需要划分几个计价步距来计算，否则就会产生不合理现象。故消耗量定额按此原则制定子目的划分，同时还应注意该项费用是以相应施工段工程量所含工日为计量单位的计算方式。

(2)地下层超过二层或层高超过3.6m时，计取垂直运输费，其工程量按地下层全面积计算。

2. 垂直运输工程量计算说明

(1)檐口高度在3.6m以内的单层建筑物和围墙，不计算垂直运输费。

(2)再次装饰装修时，利用电梯进行垂直运输或通过楼梯使用人力进行垂直运输者，按实计算垂直运输费。

(3)垂直运输设施是指包括塔吊在内的担负垂直输送材料和供施工人员上下的机械设备和设施。

(4)一层地下室垂直运输高度小于3.6m者，地下层不计算垂直运输机械费。

(5)垂直运输高度：设计室外地坪以上部分指室外地坪至相应楼面高度。设计室外地坪以下部分指室外地坪至相应地(楼)面的高度。“层数”指地面以上建筑物的高度。

三、装饰工程超高增加费工程量计算

1. 超高增加费工程量计算规则

装饰装修超高增加费区别不同的垂直运输高度(单层建筑物系檐口高度)以人工费与机械费(包括楼层所有装饰装修工程量)之和乘以相应系数按“元”分别计算。

2. 说明

(1)本定额适用于建筑物檐高20m(层数6层)以上的工程。

(2)各项降效系数中包括的内容指建筑物基础以上的全部工程项目,但不包括垂直运输、各类构件的水平运输及各项脚手架。

(3)由于在20m以上施工时,人工耗用比20m以下的人工是要高些的,故每增加20m高度,相应计算段人工、机械增加一定比例。

(4)“高度”和“层高”,只要其中一个指标达到规定,即可套用该项目。

(5)当同一个楼层中的楼面和顶棚不在同一计算段内,以顶棚面标高段为准进行计算。

四、装饰工程其他措施项目费计算

其他措施项目主要包括:环境保护费、临时设施费、夜间施工增加、检验试验、工程按质论价、赶工措施、现场安全文明措施、特殊条件下施工增加、空气检测费等。

其他措施项目费用主要按照计算规则给出的系数由合同双方约定进行计算,包工包料工程其计算基础是“分部分项工程费用”,包工不包料计算基础是“分部分项人工费”。其他项目费的内容和费率由合同双方约定,但计算基础应同上。

五、工程量(费)计算示例

【例11-3】 某装饰企业在建筑物的第九层施工,该层楼面相对标高为26.4m,室内外高差为0.6m,该层板底净高为3.2m。已知该楼层的装饰施工内容为1个门M1与8个窗做门窗套与油漆。门M1尺寸为1200mm×2000mm,C1尺寸为1200mm×1500mm。如图11-2所示为门窗内部装饰详图,贴脸采用80mm×5mm成品木线条(3元/m),45°斜角连接,门窗筒子板与贴脸采用清漆二遍。计算门窗内部装饰工程的工程直接费。

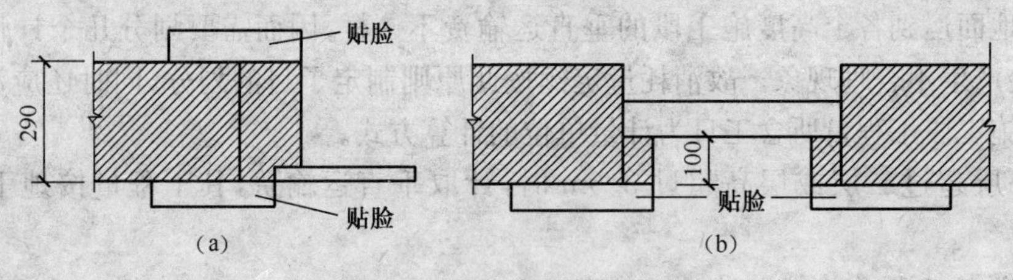

图11-2 门窗内部装饰详图

(a)M1 (b)C1

【解】 (1)计算工程量。

①贴脸:

M1贴脸:[(2+0.08/2)×2+(1.2+0.04×2)]×2=10.72(m)

C1贴脸:[(1.2+0.04×2)+(1.5+0.04×2)]×2×8=45.76(m)

小计:56.48m

②筒子板:

M1:(1.2+2×2)×0.29=1.51(m^2)

C1:(1.2+1.5)×0.1×2×8=4.32(m^2)

小计:5.83m^2

③油漆:56.48×0.08+5.83=10.35(m^2)

(2)根据定额消耗量及相应资源市场单价表(表11-5)计算以上装饰工程的直接工程费。

表 11-5　定额消耗量及相应资源市场单价表

定额编号				4-077	4-081	5-064	8-024
项　目				门窗贴脸	硬木筒子板	清漆二遍	超高增加
计量单位				m	m^2	m^2	100 元
名称		单位	市场单价	消耗量			
人工	综合工日	工日	80	0.02	0.368	0.28	—
材料费	成品木线条 50mm	m	15	1.06	—	—	—
	铁钉	kg	4.70	0.06	0.08	—	—
	松木锯材	m^3	1500	—	0.001	—	—
	硬木锯材	m^3	1600	—	0.0212	—	—
	其他材料(占材料费)	%		0.6	—	—	—
	石膏粉	kg	0.22	—	—	0.027	—
	砂纸	张	0.80	—	—	0.30	—
	酚醛清漆	kg	21.00	—	—	0.119	—
	色调和漆	kg	20.00	—	—	0.0173	—
	清油	kg	13.00	—	—	0.024	—
	催干剂	kg	11.00	—	—	0.005	—
	人工机械降效系数	%		—	—	—	9.35
机械		台班		—	—	—	—

注：上表中各定额子目的工作内容：4-077 门窗贴脸，钉成品木线条；4-081 筒子板为：选料、制作、安装、剔砖、打洞、立木筋、钉压条等；5-064 门窗套油漆：清扫、磨砂纸、润油粉一遍、刮腻子、刷底油、油色、刷清漆二遍；8-024 超高增加：由于高度增加引起的人工、机械效率降低。

①贴脸：56.80×0.02×80＋56.80×(1.06×15＋ 0.06×4.7)×(1＋0.6%)＝90.88＋924.65＝1015.53(元)

②筒子板：5.83×0.368×80＋5.83×(0.08×4.70＋0.001×1500＋0.0212×1600)＝171.64＋208.69＝380.33(元)

③油漆：10.35×0.28×80＋10.35×(0.027×0.22＋0.30×0.80＋ 0.119×21.00＋0.0173×20.00＋ 0.024 ×13.00＋0.005×11.00)＝231.84＋10.35×3.46＝267.63(元)

④顶棚板底至室外地坪总高为：26.4＋0.6＋3.2＝30.2(m)，故人工、机械降效可按定额 8-024 计取人工、机械降效系数，系数为 9.36%。

⑤超高增加的人工、机械费：(90.88＋171.64＋231.84)×9.35%＝46.22(元)

(3)门窗内部装饰工程的工程直接费。1015.53＋380.33＋267.63＋46.22＝1709.71(元)。

【例 11-4】 某办公楼第七层有个背景墙如图 11-3 所示，由卷扬机进行垂直运输施工，计算背景墙的垂直运输费及超高增加费。

【解】 (1)计算工程量。

①木龙骨：3.36×3.0＝10.08(m^2)。

②细木工板：3.36×3.0＝10.08(m^2)。

③白色铝塑板：3.36×3.0＝10.08(m^2)。

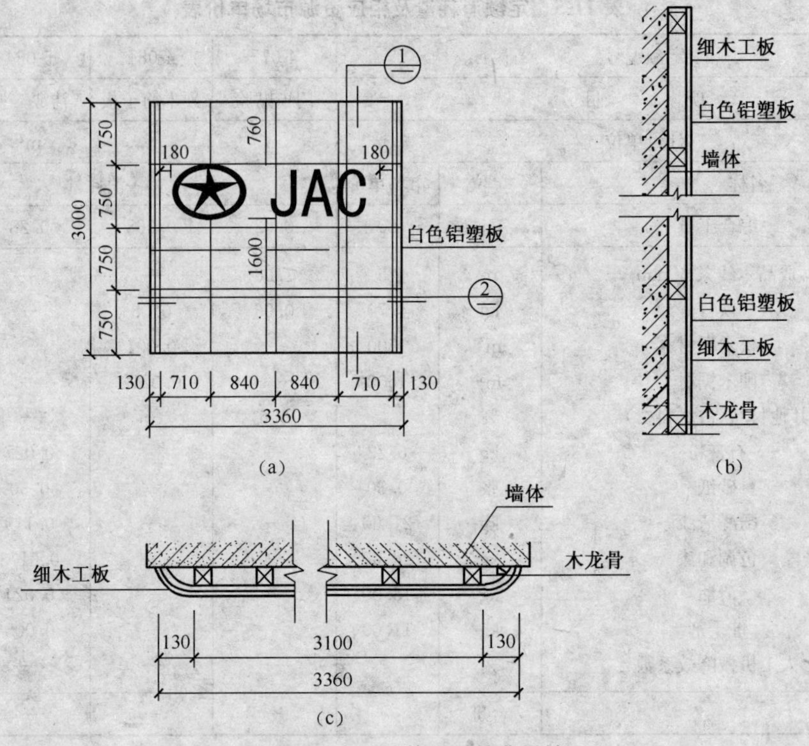

(a)　　(b)　　(c)

图 11-3　办公楼第七层的背景墙

(a)形象墙详图　(b)Ⅰ剖面图　(c)剖面图

(2)根据定额消耗量及相应资源市场单价表(表 11-6)计算以上装饰工程的垂直运输费与超高增加费。

表 11-6　定额消耗量及相应人工、材料市场单价表

定额编号				2-167	2-190	2-216	8-023	8-024
项目				断面 7.5cm² 以内,中距 40cm 以内木龙骨	细木工板基层	铝塑板面层	垂直运输费	超高增加费
名称		单位	市场单价	m²	m²	m²	100 工日	100 元
				消耗量				
人工	综合工日	工日	80	0.1001	0.0828	0.322	—	—
材料费	略			略	略	略	—	—
	人工机械降效						—	—
	系数						—	9.35
机械	木工圆锯机	台班	54.00	0.0021	—		=	
	电锤 520W		260.0	0.0334	—		—	
	电动空气压缩机		0		0.0375	—	—	
	卷扬机单筒快速 2		87.47				6.12	
			9.00					

①木龙骨安装:

人工费:10.08×0.1001×80=80.72(元)

机械费：10.08×(0.0021×54.00+0.0334×260.00)=88.68(元)

②细木工板：

人工费：10.08×0.0828×80=66.77(元)

机械费：10.08×0.0375×87.47=33.06(元)

③白色铝塑板：

人工费：10.08×0.322×80=259.66(元)

④背景墙的垂直运输费：消耗量定额的垂直运输费是以相应施工段工程量中所含工日为计量单位，通过套定额来换算出相应段增加了多少垂直运输机械的台班，从而计算该垂直运输费。

则背景墙的垂直运输费：(80.72+66.77+259.66)/100×6.12×9.00=224.26(元)

⑤背景墙的超高增加费：装饰装超高增加费区别不同的垂直运输高度以人工费与机械费之和乘以相应系数按"元"分别计算。则背景墙的超高增加费：

[(80.72元+88.68元)+(66.77元+33.06元)+259.66元]×9.35%=49.45(元)

【例11-5】 某装饰公司承包了某住宅9～11三层的装饰工程，该工程层高为3m，一层地面的室内外高差为0.6m，施工中使用的垂直运输机械两种：施工电梯(单笼)75m与卷扬机(单筒慢速5t)，这两种垂直运输机械的台班单价分别为：140元/台班、20元/台班。经预算，各层的分部分项工程人工工日分别为：9层90个工日，10层120个工日，11层220个工日，计算该装饰工程的垂直运输费。

【解】 消耗量定额的垂直运输费是以相应施工段工程量中所含工日为计量单位，通过套定额来换算出相应段增加了多少垂直运输机械的台班，从而计算该垂直运输费。

根据已知条件，第9层的楼面标高为9×3+0.6=27.6(m)，第10层的楼面标高为10×3+0.6=30.6(m)，第11层的楼面标高为11×3+0.6=33.6(m)，则3层均属于20～40段范围，套定额8-003，则该装饰工程垂直运输费为：(90+120+220)/100×(1.62×140+1.62×20)=1114.56(元)

实训项目七见附录二。

附　录

附录一　建筑装饰工程预算编制实例

一、工程概况

××公司电教室和会议室室内装饰工程，工程内容及材料选用详见表1、表2及图1～图7。

二、定额工程量计算书

(1)电教室与会议室室内装饰工程内容及装饰材料选用表(表1)。

(2)门窗及孔洞统计表(表2)。

(3)工程量汇总表(表3)。

表1　电教室与会议室室内装饰工程内容及装饰材料选用表

部位 / 地点 / 材料	地面	踢脚	墙面	顶　棚	备注
电教室	贴800mm×800mm陶瓷地砖，讲台做硬木地板	100高成品红影木踢脚线	贴不对花墙纸	装配式U形轻钢龙骨(450mm×450mm)贴纸面石膏板，方木龙骨(双层楞，300mm×300mm)贴铝塑板	见具体装饰图
会议室	硬木地板	100高成品红影木踢脚线	刷乳胶漆两遍，中间贴榉木腰线	装配式U形轻钢龙骨(450mm×450mm)贴纸面石膏板，方木龙骨(双层楞，300mm×300mm)贴铝塑板	见具体装饰图

表2　门窗及孔洞统计表

序号	名称及编号	数量	(宽×高)/mm	每樘面积/m²	总面积/m²	备　注
1	成品铝合金全玻地弹门M-1	2	2650×2200	5.83	11.66	电教室、会议室各1樘
2	成品铝合金推拉窗C-1	2	1800×1500	2.7	5.4	电教室、会议室各1樘
3	成品铝合金推拉窗C-2	1	1500×1500	2.25	2.25	电教室1樘

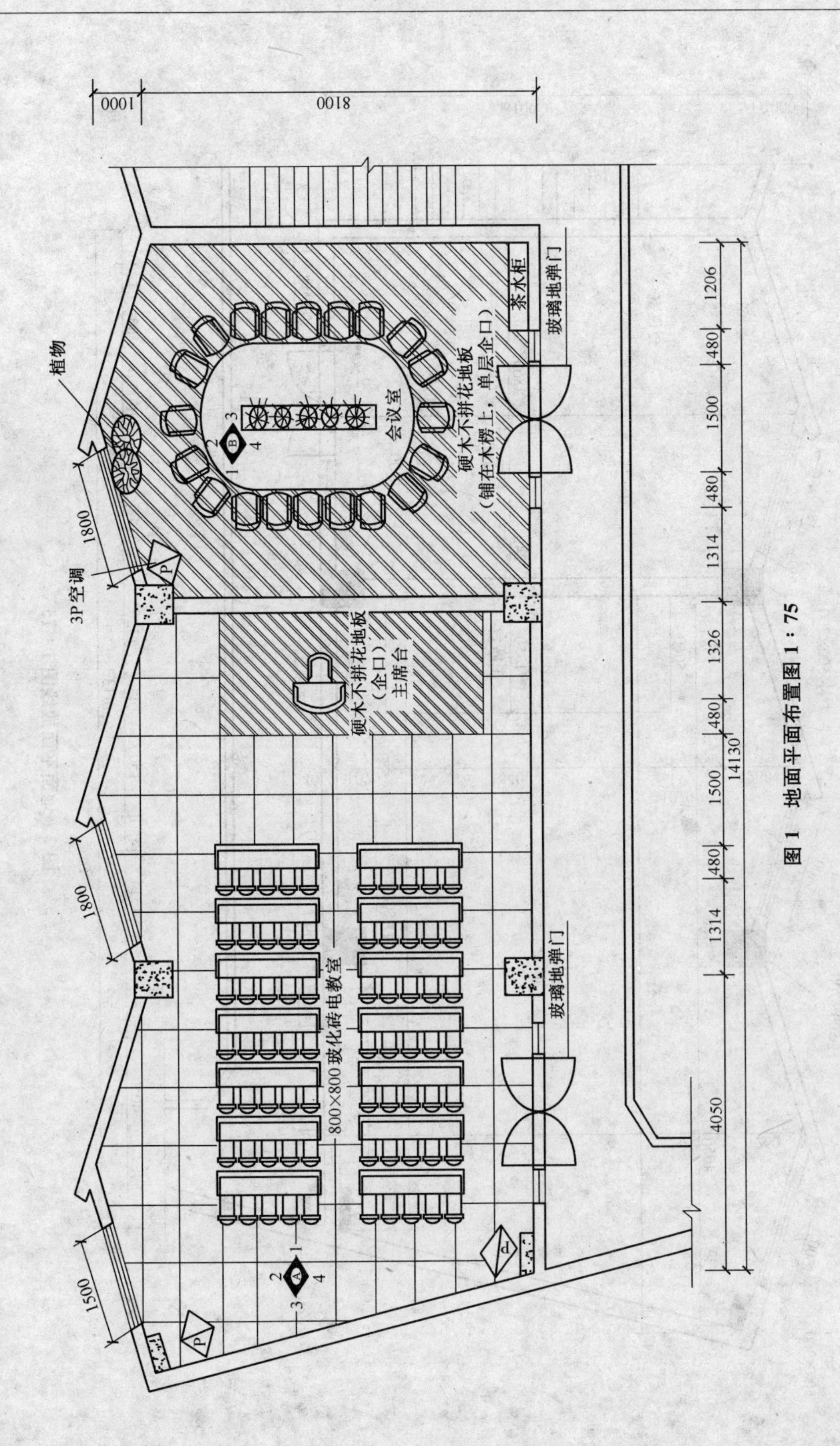

图 1　地面平面布置图 1∶75

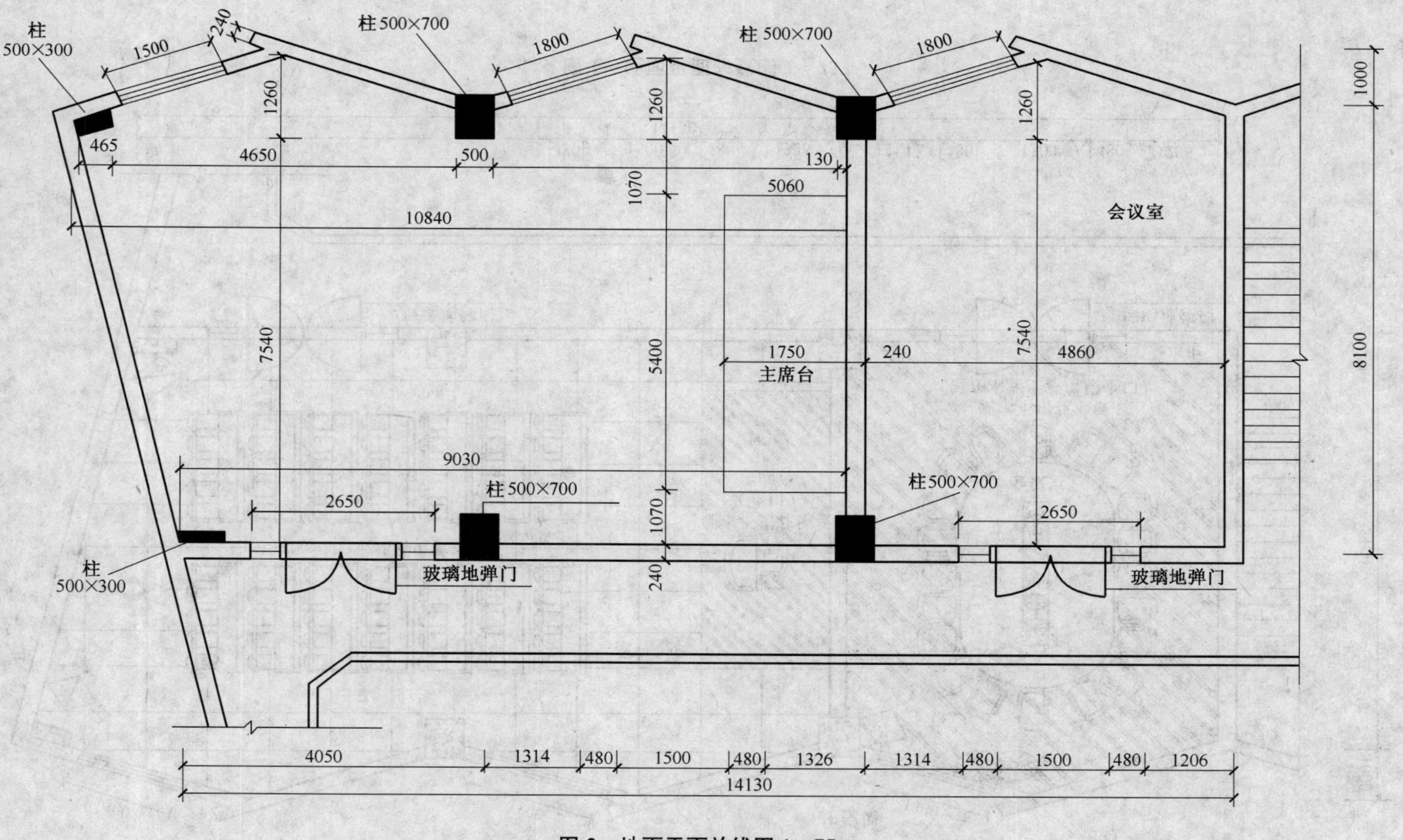

图 2　地面平面放线图 1：75

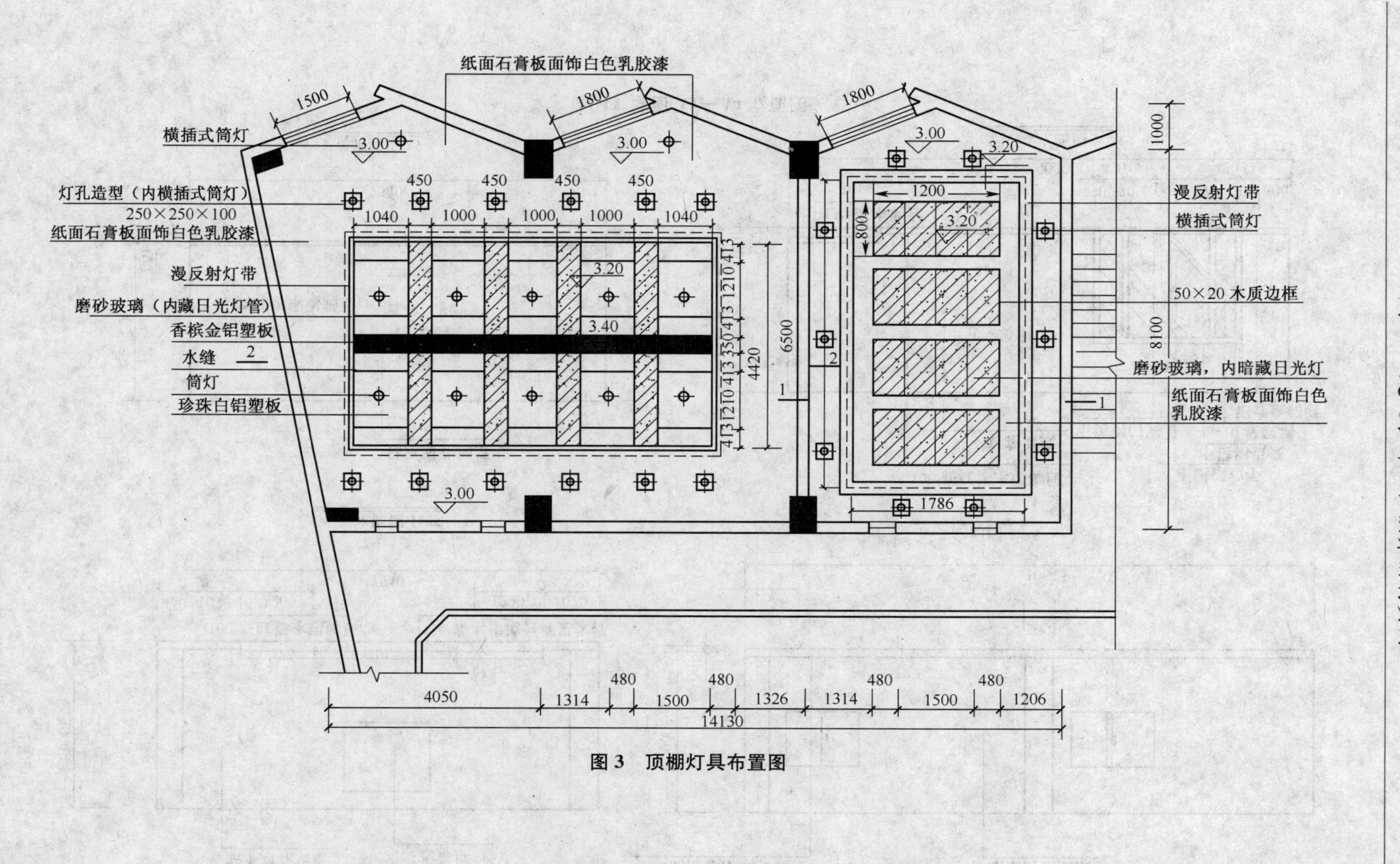
纸面石膏板面饰白色乳胶漆
横插式筒灯
灯孔造型（内横插式筒灯）
250×250×100
纸面石膏板面饰白色乳胶漆
漫反射灯带
磨砂玻璃（内藏日光灯管）
香槟金铝塑板
水缝
筒灯
珍珠白铝塑板
漫反射灯带
横插式筒灯
50×20 木质边框
磨砂玻璃，内暗藏日光灯
纸面石膏板面饰白色乳胶漆
4050
1314
480
1500
1326
1206
14130
6500
4420
8100
1786

图3　顶棚灯具布置图

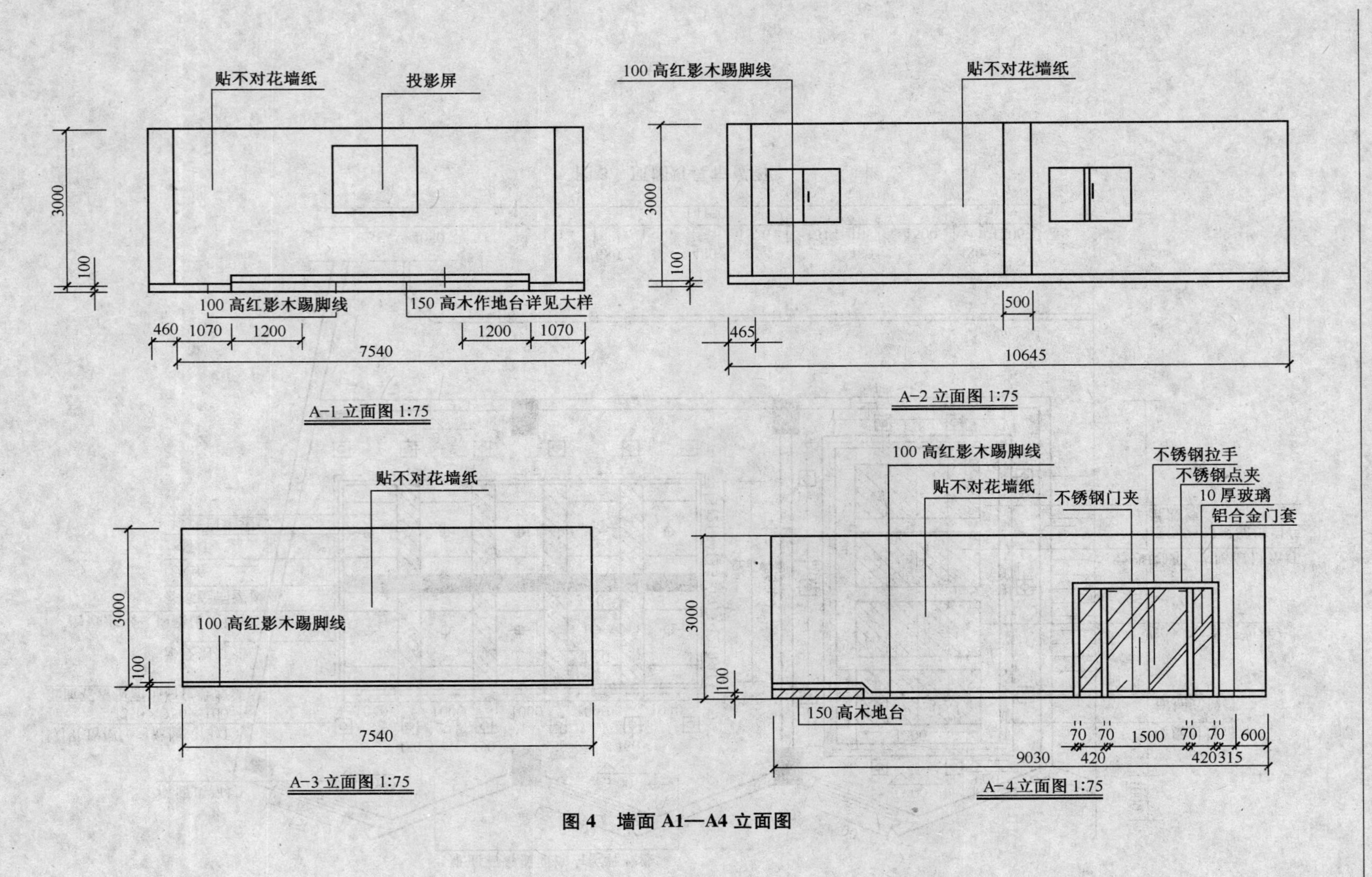

图4 墙面A1—A4立面图

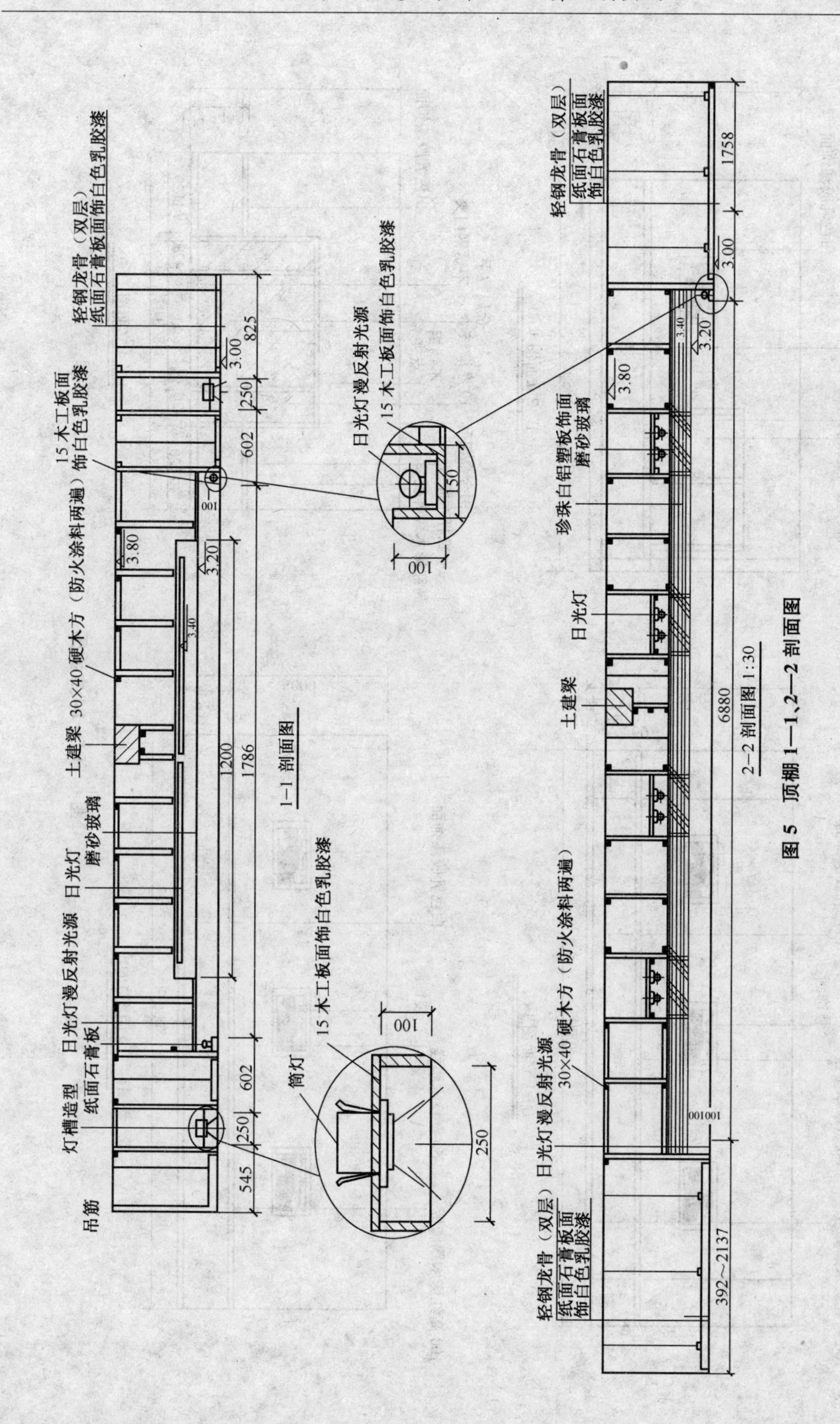

图 5　顶棚 1—1、2—2 剖面图

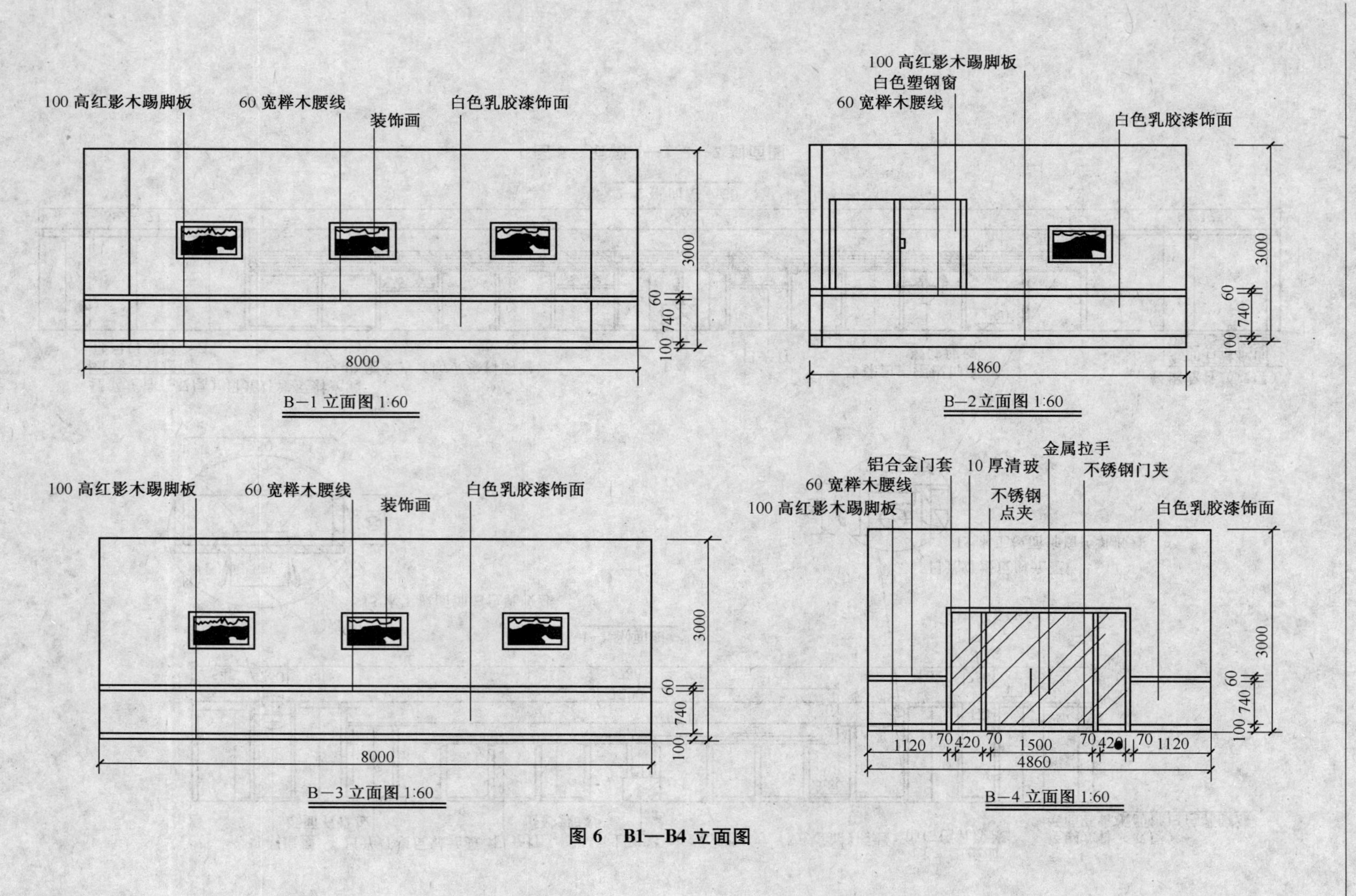
100 高红影木踢脚板
60 宽榉木腰线
装饰画
白色乳胶漆饰面
3000
60
740
100
8000
B—1 立面图 1:60
100 高红影木踢脚板
白色塑钢窗
60 宽榉木腰线
白色乳胶漆饰面
4860
B—2 立面图 1:60
B—3 立面图 1:60
铝合金门套
10 厚清玻
金属拉手
不锈钢门夹
不锈钢
点夹
1120
70
420
1500
B—4 立面图 1:60

图 6 B1—B4 立面图

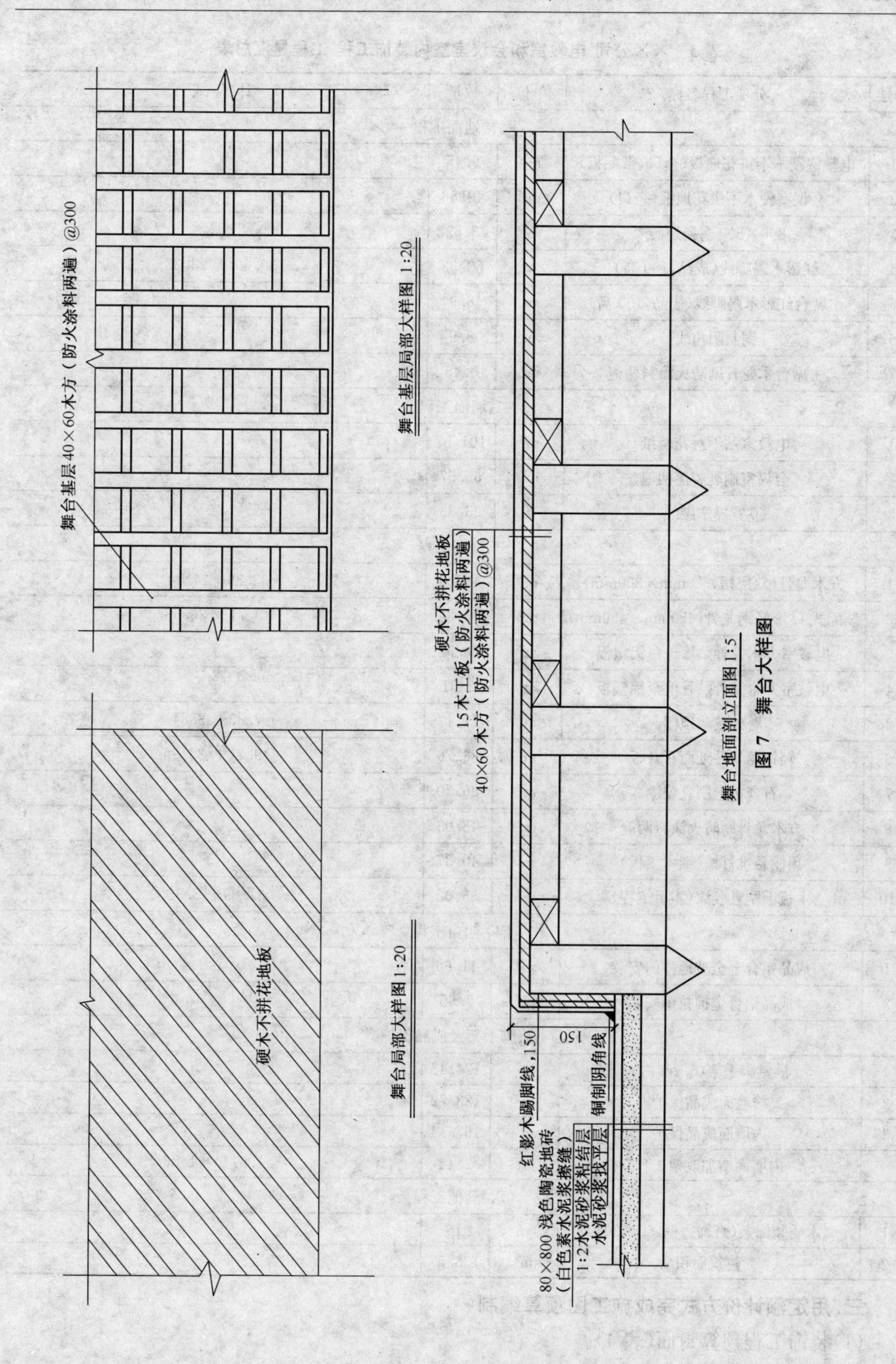
舞台基层40×60木方（防火涂料两遍）@300
舞台基层局部大样图 1:20
硬木不拼花地板
舞台局部大样图 1:20
硬木不拼花地板
15木工板（防火涂料两遍）
40×60木方（防火涂料两遍）@300
舞台地面剖立面图 1:5
红影木踢脚线，150
150
铜制阴角线
80×800浅色陶瓷地砖
（白色素水泥浆擦缝）
1:2水泥砂浆粘结层
水泥砂浆找平层

图7　舞台大样图

表3 ××公司 电教室和会议室室内装饰工程 工程量汇总表

序号	分项工程名称	单位	数量	计算式
		一、楼地面工程		
1	电教室硬木不拼花地板(企口,带毛板)	m^2	9.45	
2	会议室硬木不拼花地板(企口)	m^2	40.56	
3	800×800 陶瓷地砖	m^2	73.622	
4	红影木踢脚线(成品,100 高)	m	53.93	30.60 + 23.33
5	主席台红影木踢脚线(成品,150 高)	m	8.9	
6	铜制阴角线	m	8.9	
7	主席台木龙骨刷防火涂料两遍	m^2	9.45	
		二、墙面工程		
1	电教室贴不对花墙纸	m^2	101.57	
2	会议室刷乳胶漆两遍	m^2	65.67	
3	60 宽榉木腰线	m	23.33	
		三、顶棚工程		
1	方木龙骨(双层楞,300mm×300mm)	m^2	48.03	33.89+14.14
2	装配式 U 形轻钢龙骨(450mm×450mm)	m^2	76.39	49.71+ 26.68
3	电教室方木龙骨贴珍珠白铝塑板	m^2	26.92	
4	电教室方木龙骨贴香槟金铝塑板	m^2	2.51	
5	磨砂玻璃顶棚	m^2	11.17	7.33+ 3.84
6	轻钢龙骨贴纸面石膏板	m^2	86.70	49.71+ 36.98
7	石膏板上刷乳胶漆	m^2	86.70	
8	方木龙骨刷防火涂料两遍	m^2	48.03	
9	顶棚悬挑灯槽(细木工板)	m^2	40.37	
10	木板上刷乳胶漆(零星工程)	m^2	35.02	31.09+ 3.93
		四、门窗工程		
1	成品铝合金全玻地弹门安装	m^2	11.66	
2	成品铝合金推拉窗安装	m^2	7.65	
		五、脚手架及成品保护		
1	满堂脚手架(5.2m 内)	m^2	124.43	
2	楼地面成品保护	m^2	123.72	
3	内墙面成品保护	m^2	167.14	
	内墙面增加改架工日	工日	2.14	1.6714×1.28
		六、其他工程		
1	木质装饰条(灯饰边框,50×20)	m	16	
2	建筑面积	m^2	138.07	

三、用定额计价方式完成施工图预算编制

(1)装饰工程预算封面(表 4)。

(2)审核意见表(表5)。

(3)编制说明(表6)。

(4)装饰工程费用计算表(表7)。

(5)室内装饰工程预算表(表8)。

(6)措施项目费分析表(表9)。

(7)措施项目费计价表(表10)。

(8)主要材料汇总表(表11)。

表4 装饰工程预算书封面

装饰工程造价预算书

建设单位:____________ 单位工程名称:××工程室内装饰 建设地点:某市中区

施工单位:____________ 施工单位取费等级:二级 工程类别:四类

工程规模:138.07m² 工程造价:46986.25元 单位造价:341.42元/m²

建设(监理)单位:____________ 施工(编制)单位:____________

技术负责人:____________ 技术负责人:____________

审核人:____________ 编制人:____________

资格证章: 资格证章:

年 月 日 年 月 日

表5 审核意见表

审批单位审查意见	建设(监理)单位审核意见	施工单位对审核结果的意见

表6 编制说明

编制依据	施工图号	
	合同	××工程施工合同
	使用定额	全国统一建筑装饰装修工程消耗量定额(GYD—901—2002)
	材料价格	××地区市场价格
	其他	取费费率按××地区取费标准执行

说明:

1. 本预算未包括下列工程内容:灯饰工程及室内家具;材料的垂直运输费用,发生时按实计算;施工场地入场前的清理、打扫等辅助费用;各种配合费用。

2. 施工企业取费按工程类别费用核定书核定的四类工程计算各项费用。

3. 材料价格按现行市场价格执行,结算时进行调整。

4. 未包括室内空气污染等检测费用,发生时,结算一并结清。

表 7 装饰工程费用计算表

序号	费用名称	计算公式	规定费率(%)	金额/元
一	直接费	1+5		38405.02
1	直接工程费	2+3+4		34707.61
2	直接工程费人工费	见"工程计价表"		6883.12
3	直接工程费材料费	见"工程计价表"		27790.034
4	直接工程费机械费	见"工程计价表"		34.46
5	措施费	见"措施项目费计价表"		3697.41
6	措施费中人工费	见"措施项目费计价表"		1825.63
7	人工费小计	2+6		8708.75
二	间接费	8+9		5051.075
8	规费	(7)×规定费率	25.5	2220.73
9	企业管理费	(7)×规定费率	32.5	2830.34
三	利润	(7)×规定费率	21.35	1859.32
四	税金	[(一)+(二)+(三)]×规定费率	3.41	1545.26
五	工程造价	(一)+(二)+(三)+(四)		46860.67

表 8 ××公司 电教室和会议室室内装修工程 预算表

序号	定额编号	项目名称	单位	工程量	直接工程费	人工费	材料费	机械费
		一、楼地面装饰工程						
1	1-136	电教室硬木不拼花地板	m^2	9.45	1417.92	232.19	1181.62	4.12
2	1-134	会议室硬木不拼花地板	m^2	40.65	4259.81	846.94	3409.88	2.99
3	1-067	贴 800×800 陶瓷地砖	m^2	73.622	4593.59	961.76	3615.57	16.27
4	1-164	红影木成品踢脚线 100 高	m	53.93	2450.66	86.88	2362.84	0.944
5	1-164	红影木成品踢脚线 150 高	m	8.9	432.44	14.34	417.974	0.156
		合计	元		13154.46	2142.11	10987.88	24.476
		二、顶棚面装饰工程						
1	3-017	方木龙骨(双层楞,300mm×300mm)	m^2	48.03	2290.09	367.43	1921.70	0.961
2	3-023	装配式U形轻钢龙骨(450mm×450mm)	m^2	76.39	2891.78	721.89	2167.97	1.92
3	3-092	方木龙骨贴珍珠白铝塑板	m^2	26.92	1390.51	181.71	1208.80	—
4	3-092	方木龙骨贴香槟金铝塑板	m^2	2.51	137.575	16.943	120.632	—
5	3-097	轻钢龙骨贴纸面石膏板	m^2	86.69	3838.44	468.13	3370.31	—
6	3-146	顶棚悬挑灯槽(细木工板)	m	40.37	601.64	199.83	401.812	—
7	3-132	磨砂玻璃顶棚	m^2	11.17	728.29	128.68	599.61	—
		—	元		11878.33	2084.613	9790.834	2.88

续表 8

序号	定额编号	项目名称	单位	工程量	直接工程费	人工费	材料费	机械费
三、门窗工程								
1	4-030	成品铝合金全玻地弹门安装	m^2	11.66	2878.94	293.832	2581.34	3.77
2	4-033	成品铝合金推拉窗安装	m^2	7.65	1750.21	168.68	1578.19	3.33
			元		4629.15	462.512	4159.53	7.10
四、油漆、涂料、裱糊工程								
1	5-172	主席台木龙骨（带毛板刷防火涂料两遍）	m^2	9.45	121.77	52.99	68.78	
2	5-168	天棚方木龙骨刷防火涂料两遍	m^2	48.03	358.56	201.01	157.56	—
3	5-287	电教室贴不对花墙纸	m^2	101.57	2485.57	928.19	1557.38	
4	5-195	顶棚、会议室墙面、零星分部刷乳胶漆两遍	m^2	186.79	1795.67	941.42	854.25	—
			元		4761.57	2123.61	2637.97	
五、其他工程								
1	6-061	铜制阴角线	m	8.9	99.594	14.30	85.294	—
2	6-070	60 宽榉木腰线	m	23.26	118.87	34.436	84.434	—
3	6-069	木质装饰条（灯饰边框，50mm×20mm）	m	16	65.63	21.53	44.10	—
			元		284.09	70.27	213.82	
		合计	元		34707.61	6883.12	27790.034	34.46

表 9　××公司电教室和会议室室内装修工程措施项目费分析表

序号	定额编号	项 目 名 称	单位	工程量	直接工程费	人工费	材料费	机械费
1	7-005	满堂脚手架	m^2	124.43	654.57	524.10	121.76	8.71
2	7-013	楼地面成品保护	m^2	123.72	225.79	55.67	170.12	—
3	7-016	内墙面成品保护	m^2	167.14	173.99	125.70	48.29	—
4		内墙面增加改架工日	工日	1	96.30	96.30	—	—
		合计	元		1150.65	801.77	340.17	8.71

表 10　措施项目费计价表

序号	措施项目名称	措施项目费用/元	措施项目费中的人工费/元	计 算 式
1	满堂脚手架	654.57	524.10	见“措施项目费分析表”
2	楼地面成品保护	225.79	56.67	见“措施项目费分析表”
3	内墙面成品保护	173.99	125.70	见“措施项目费分析表”
4	内墙面增加改架工日	96.30	96.30	见“措施项目费分析表”
5	安全、文明施工费	585.07	175.52	直接工程费中人工费 6883.12×8.5%（规定费率，其中人工费占 30%）

续表 10

序号	措施项目名称	措施项目费用(元)	措施项目费中的人工费(元)	计算式
6	临时设施费	1411.04	352.76	直接工程费中人工费 6883.12×20.5%(规定费率,其中人工费占25%)
7	二次搬运费	550.65	495.58	直接工程费中人工费 6883.12×8%(规定费率,其中人工费占90%)
	合计	3697.41	1825.63	

表 11　主要材料汇总表

序号	材料名称	单位	单价/元	数量
1	硬木地板(企口)成品	m^2	55	52.65
2	杉木锯材	m^3	1400	2.132
3	松木锯材	m^3	1350	0.248
4	陶瓷地砖 800mm×800mm	m^2	38	76.2
5	水泥砂浆 1∶3	m^3	420	1.48
6	红影木踢脚线 100 高	m	6.5	62.35
7	胶合板 9mm	m^2	38	10.65
8	红影木踢脚线 150 高	m	9.5	9.35
9	锯材	m^3	1350	1.11
10	轻钢龙骨吊筋	kg	6.8	21.39
11	轻钢龙骨平面(不上人)450mm×450mm	m^2	22.5	77.54
12	角钢	kg	5.1	30.56
13	珍珠白铝塑板	m^2	42	28.27
14	香槟金铝塑板	m^2	45	2.64
15	纸面石膏板	m^2	17	91.03
16	自攻螺钉	个	0.6	3028
17	细木工板	m^2	18	21.67
18	全玻地弹门(不含玻璃)	m^2	170	11.19
19	平板玻璃 10mm	m^2	45	11.19
20	铝合金推拉窗(不含玻璃)	m^2	160	7.27
21	平板玻璃 5mm	m^2	29	7.27
22	防火涂料	kg	16	13.67
23	墙纸	m^3	12	111.22
24	大白粉	kg	0.2	122.38
25	聚醋酸乙烯乳液	kg	5.4	36.58
26	乳胶漆	kg	12.5	52.95
27	滑石粉	kg	0.4	25.89
28	铜制阴角线	m	6.8	9.17
29	60 宽榉木腰线	m	3.2	24.42
30	木质装饰条(灯饰边框,50mm×20mm)	m	2.4	16.8
31	胶合板 3mm	m^2	5	33.94
32	磨砂玻璃	m^2	35	11.505

四、建筑装饰工程量清单编制及计价实例

编制××公司 电教室和会议室室内装饰工程的工程量清单的过程如下：

(1)分部分项工程量清单项目的工程量计算(表12)。

表12　电教室和会议室室内装饰工程清单工程量计算表

序号	分项工程名称	单位	数量	计 算 式
				一、楼地面工程
1	800×800陶瓷地砖	m²	74.152	(9.03+10.84)×(7.54+0.46)÷2+(4.65+0.465+5.06+0.13)×(1.26−0.46)÷2−5.4×1.75(主席台)=19.87×8÷2+10.305×0.8÷2−9.45=74.152
2	电教室硬木不拼花地板(企口)	m²	9.45	5.4×1.75
3	会议室硬木不拼花地板(企口)	m²	40.65	7.54×4.86+0.46×(4.86−0.13)+(1.26−0.46)×(4.860−0.13)÷2−0.13×0.46 (边柱1个)=40.65
4	电教室红影木踢脚线(成品,100高)	m²	3.06	长=[9.03+0.46×2(柱侧壁)+0.3−2.65(门洞口)](墙4) +[7.54+0.46+0.13](墙1)+[8.20(斜边1)−0.3](墙3)+[2.80(斜边2)×2+0.3+0.46×2(柱侧壁)+2.84(斜边3)×2−0.13](墙2)−5.4(主席台)=30.6×0.1
5	会议室红影木踢脚线(成品,100高)	m²	2.33	[4.86−0.13−2.65(门洞口)]+[(7.54+0.46)×2+0.13×2]+(斜边4)2.56×2−0.13=23.33×0.1
				二、顶棚工程
1	电教室吊顶顶棚	m²	83.60	74.15(800×800陶瓷地砖清单工程量)+5.4×1.75(主席台)
2	会议室吊顶顶棚	m²	40.82	7.54×4.86+0.46×4.86+(1.26−0.46)×4.86÷2
3	漫反射灯带	m²	6.06	[(6.88+0.15+4.42+ 0.15)×2(电教室)+(6.5+0.15+1.786+0.15)×2(会议室)]×0.15
				三、门窗工程
1	成品铝合金全玻地弹门	m²	11.66	11. 66
2	成品铝合金推拉窗	m²	7.65	7.65
				四、墙面工程
1	电教室贴不对花墙纸	m²	101.57	长=[9.03+ 0.46×2(柱侧壁)+0.3](A-4立面) +[7.54+0.46+0.13](A-1立面)+[8.20(斜边1)−0.3](A-3立面)+[2.80(斜边2)×2+0.3+0.46×2(柱侧壁)+2.84(斜边3)×2−0.13](A-2立面)=38.65 墙面贴墙纸面积=38.65×(3−0.1)− 2.65×2.1(门洞口)− 1.5×1.5(窗洞口)−1.8×1.5(窗洞口)−(5.4×0.15)(主席台)
2	会议室刷乳胶漆	m²	65.67	长=[4.86−0.13](B-4立面)+[(7.54+0.46)×2+0.13×2](B-1、B-3立面)+[2.56(斜边4)×2−0.13](B-2立面)=25.98 25.98×(3−0.1−0.06)−2.65×(2.2−0.1−0.06)(门洞口)− 1.8×1.5(窗洞口)

注：斜边1= $\sqrt{[(10.84-9.03)^2+7.54^2]}=7.55$，斜边2= $\sqrt{[(0.46+4.65+0.25)/2]^2+(1.26-0.46)^2}=2.80$，斜边3 = $\sqrt{[(0.25+5.06+0.13)/2]^2+(1.26-0.46)^2}=2.84$。

斜边4= $\sqrt{[(4.80/2)^2+(1.26-0.46)^2]}=2.56$。

(2)工程量清单(表13～表19)

表13 封面

××公司电教室和会议室室内装饰工程 工程量清单 招标人:____________(单位签字盖章) 法定代表人:__________(签字盖章) 中介机构 造价师及注册证号:__________(签字盖执业专用章) 编制时间:2011年9月6日

表14 填表须知

填表须知 1. 工程量清单及其计价格式中所有要求签字、盖章的地方,必须由规定的单位和人员签字、盖章。 2. 工程量清单及其计价格式中的任何内容不得随意删除或涂改。 3. 工程量清单计价格式中列明的所有需要填报的单价和合价,投标人均应填报,未填报的单价和合价,视为此项费用已包含在工程量清单的其他单价和合价中。 4. 金额(价格)均应以人民币表示。

表15 总说明

1. 工程概况 工程建设地点在某市市区内,交通运输便利,有城市道路可供使用。 2. 清单编制依据及说明: 本工程工程量清单是根据某市设计院设计的装饰工程施工图、《建设工程工程量清单计价规范》(GB50500—2008)进行编制。本工程工程量清单应与投标须知、合同条款、技术规范、招标图及国家现行质量验收规范、工程量清单计价规范等文件结合查阅并理解。

表16 ××公司电教室和会议室装饰工程分部分项工程量清单

序号	项目编码	项目名称	计量单位	工程数量
1	020104002001	电教室主席台硬木不拼花地板(企口) (1)龙骨材料种类、规格、铺设间距:木龙骨40×60,间距300,防火涂料两遍 (2)基层材料种类、规格:15厚木工板,防火涂料两遍 (3)面层材料品种、规格、品牌、颜色:成品硬木不拼花地板 (4)红影木踢脚线150高,铜制阴角线	m^2	9.45
2	020104002002	会议室硬木不拼花地板(企口) (1)龙骨材料种类、规格、铺设间距:木龙骨40×60,间距300,防火涂料两遍 (2)面层材料品种、规格、品牌、颜色:成品硬木不拼花地板	m^2	40.65
3	020102002001	电教室800×800块料楼地面 (1)找平层厚度、砂浆配合比:1∶2水泥砂浆 (2)结合层厚度、砂浆配合比:1∶2水泥砂浆 (3)面层材料品种、规格、品牌、颜色:800×800浅色陶瓷地砖	m^2	74.152

续表 16

序号	项目编码	项目名称	计量单位	工程数量
4	020105006001	红影木木质踢脚线 面层材料品种、规格、品牌、颜色:成品红影木 100mm 高	m^2	5.39
5	020302001001	电教室吊顶顶棚 (1)吊顶形式:跌级式(带漫反射) (2)龙骨材料种类、规格、中距:U 型轻钢龙骨 450×450。造型部分方木龙骨(双层楞 300×300) (3)基层材料种类、规格:纸面石膏板,漫反射基层细木工板 (4)面层材料品种、规格、品牌、颜色:造型部分珍珠白、香槟金铝塑板,磨砂玻璃 (5)油漆品种、刷漆遍数:木龙骨刷防火涂料两遍,纸面石膏板面,漫反射等刷白色乳胶漆	m^2	83.60
6	020302001002	会议室吊顶顶棚 (1)吊顶形式:跌级式(带漫反射) (2)龙骨材料种类、规格、中距:U 形轻钢龙骨 450×450,造型部分方木龙骨(双层楞 300×300) (3)基层材料种类、规格:纸面石膏板,漫反射基层细木工板 (4)面层材料品种、规格、品牌、颜色:造型部分磨砂玻璃,50×20 木质边框 (5)油漆品种、刷漆遍数:木龙骨刷防火涂料两遍,纸面石膏板面、漫反射等刷白色乳胶漆	m^2	40.820
7	020303001003	漫反射灯带 (1)灯带型式、尺寸:15 厚细木工板 150×100 (2)安装固定方式	m^2	6.06
8	20509001001	电教室贴不对花墙纸 (1)基层类型:一般抹灰面 (2)裱糊构件部位:墙面	m^2	101.57
9	020506001002	会议室刷乳胶漆 (1)基层类型:一般抹灰面 (2)线条宽度、道数:60 宽榉木线条 (3)刮腻子要求:三遍 (4)油漆品种、刷漆遍数:乳胶漆两遍	m^2	65.67
10	020404005001	全玻门(带扇框) (1)门类型:成品铝合金全玻地弹门 (2)框材质、外围尺寸:铝合金,2650×2200 (3)玻璃品种、厚度、五金特殊要求:10 厚清玻,不锈钢门夹,金属拉手	樘	2.000
11	020406001001	金属推拉窗 (1)窗类型:推拉窗 C-1 (2)框材质、外围尺寸:铝合金,1800×1500	樘	2.000
12	020406001002	金属推拉窗 (1)窗类型:推拉窗 C-2 (2)框材质、外围尺寸:铝合金,1500×1500	樘	1.000

表 17 措施项目清单

工程名称:××公司电教室和会议室室内装饰工程

序号	项目名称	单位	数量
1	通用项目		
1.1	环境保护	项	1
1.2	临时设施	项	1
1.3	夜间施工	项	1
1.4	二次搬运费	项	1
1.5	脚手架	项	1
1.6	已完工程及设备保护	项	1
2	装饰装修工程		
2.1	室内空气污染测试	项	1

表 18 其他项目清单

工程名称:××公司电教室和会议室室内装饰工程

序号	项目名称	单位	数量
1	招标人部分		
1.1	预留金	元	
1.2	材料购置费	元	
2	投标人部分		
2.1	总承包服务费	元	
2.2	零星工作费	元	

表 19 零星工作项目表

工程名称:××公司电教室和会议室室内装饰工程

序号	名称	计量单位	数量
1	人工		
1.1			
1.2	小计		
2	材料		
2.1			
2.2	小计		
3	机械		
3.1			
3.2	小计		
4	其他类别		
4.1			
4.2	小计		

五、工程量清单计价

投标单位为某市某国有三级建筑装饰工程公司。投标单位报价,参照《2009 某市消耗量定额》,并进行市场调查和询价。管理费包括现场管理费及企业管理费,该费用按人工费的 30%计算;利润按人工费的 10%计算。

计价过程如下:

(1)确定施工方案,根据清单项目提供的项目特征描述,分析每一个清单项目中的定额子目。

(2)参照《2009 某市消耗量定额》工程量计算规则,计算定额子目工程量。

(3)清单项目综合单价计算(表 20)。

表 20 分部分项工程置清单综合单价计算表

工程名称：××公司电教室和会议室室内装饰工程

项目编码	定额编号	清单项目名称 及工程内容	单位	数量	综合单价组成						综合单价
					人工费	材料费	机械使用费	管理费	利润	合价	
020104002001		电教室主席台硬木不拼花地板(企口) (1)龙骨材料种类、规格、铺设间距：木龙骨 40×60，间距 300，防火涂料两遍 (2)基层材料种类、规格：15 厚木工板，防火涂料两遍 (3)面层材料品种、规格、品牌 颜色：成品硬木不拼花地板 (4)红影木踢脚线 150mm 高，铜制阴角线	m^2	9.45						2001.98	211.85
	BAOJ32 换	硬木不拼花地板企口	$10m^2$	0.95	245.70	1096.14	0.54	73.71	24.57	1361.42	
	BE0176	防火涂料二遍木地板木龙骨基层板	$10m^2$	0.95	56.07	72.78		16.82	5.61	142.96	
	BA0170	成品红影木踢脚线 150mm 高	10m	0.89	16.11	418.10	0.11	4.83	1.61	392.28	
	BF0027	铜制阴角线	10m	0.89	16.07	95.84		4.82	1.61	105.32	
020104002002		会议室硬木不拼花地板(企口) (1)龙骨材料种类、规格、铺设间距：木龙骨 40×60，间距 300，防火涂料两遍 (2)面层材料品种、规格、品牌、颜色：成品硬木不拼花地板	m^2	41.34						4928.14	119.21
	BA0130	硬木不拼花地板铺在木楞上(单层)企口	$10m^2$	4.07	208.35	831.77	0.48	62.51	20.84	4574.44	
	BE0175	防火涂料二遍木地板木龙骨	$10m^2$	4.07	32.72	41.18		9.82	3.27	354.05	
020102002001		电教室 800×800 块料楼地面 (1)找平层厚度、砂浆配合比：1∶2 水泥砂浆 (2)结合层厚度、砂浆配合比：1∶2 水泥砂浆 (3)面层材料品种、规格、品牌、颜色：800×800 浅色陶瓷地砖	m^2	74.15						4697.40	63.35
	BA0063 换	800×800 陶瓷地砖楼地面 周长 3200(mm 以内)	$10m^2$	7.33	130.64	456.27	1.93	39.19	13.06	4697.34	

续表 20

项目编码	定额编号	清单项目名称　及工程内容	单位	数量	综合单价组成						综合单价
					人工费	材料费	机械使用费	管理费	利润	合价	
020105006001		红影木木质踢脚线 (1)踢脚线高度:100mm (2)面层材料品种、规格、品牌、颜色:成品红影木	m	5. 94						2431	409.26
	BA0170	成品红影木踢脚板	10m	5. 94	16 . 11	86. 6	0. 11	4. 83	1. 61	2431	
020302001001		电教室吊顶顶棚 (1)吊顶形式:跌级式(带漫反射) (2)龙骨材料种类、规格、中距:U形轻钢龙骨450×450,造型部分方木龙骨(双层楞300×300) (3)基层材料种类、规格:纸面石膏板,漫反射基层细木工板 (4)面层材料品种:规格、品牌、颜色:造型部分珍珠白、香槟金铝塑板,磨砂玻璃 (5)油漆品种、刷漆遍数:木龙骨刷防火涂料两遍,纸面石膏板面、漫反射等刷白色乳胶漆	m^2	83 . 60						9674 . 19	115 . 72
	BC0017	方木顶棚龙骨双层楞面层规格300×300	$10m^2$	3. 39	76. 50	400. 11	0. 60	22. 95	7. 65	1720. 97	
	BE0180	防火涂料二遍顶棚方木骨架	$10m^2$	3. 39	69. 75	50. 27		20. 93	6. 98	501. 30	
	BC0092	珍珠白铝塑板顶棚面层贴在龙骨底	$10m^2$	2. 69	67. 50	447. 00		20. 25	6. 75	1457 . 66	
	BC0092	香槟金铝塑板顶棚面层贴在龙骨底	$10m^2$	0. 25	67. 50	478. 58		20. 25	6. 75	144 . 02	
	BC0135	磨砂玻璃顶棚平面	$10m^2$	0. 73	162. 00	485. 97		48. 60	16 . 20	522. 46	
	BC0149	悬挑式灯槽直型 细木工板面	$10m^2$	2. 32	49 . 50	47. 90		14 . 85	4. 95	271. 90	
	BC0023	装配式U形轻钢顶棚龙骨(不上人型)面层规格450×450平面	$10m^2$	4. 97	94. 50	275. 56	1. 20	28. 35	9. 45	2033. 52	
	BC0097	石膏板顶棚面层安在U形轻钢龙骨上	$10m^2$	4. 97	54. 00	388. 78		16 . 20	5. 40	2308. 53	
	BE0205	顶棚乳胶漆抹灰面二遍	$10m^2$	4. 97	50. 40	43 . 09		15 . 12	5. 04	564. 98	
	BE0210	乳胶漆二遍零星部位	$10m^2$	2. 00	13 . 50	55. 62		4. 05	1. 35	148. 73	

续表 20

项目编码	定额编号	清单项目名称 及工程内容	单位	数量	综合单价组成						综合单价
					人工费	材料费	机械使用费	管理费	利润	合价	
020302001002		会议室吊顶顶棚	m^2	40.82						4817.58	118.02
		(1)吊顶形式:跌级式(带漫反射)									
		(2)龙骨材料种类、规格、中距:U形轻钢龙骨450×450,造型部分方木龙骨(双层楞300×300)									
		(3)基层材料种类、规格:纸面石膏板,漫反射基层细木工板									
		(4)面层材料品种、规格、品牌、颜色:造型部分磨砂玻璃,50×20木质边框									
		(5)油漆品种、刷漆遍数:木龙骨刷防火涂料两遍,纸面石膏板面、漫反射等刷白色乳胶漆									
	BC0017	方木顶棚龙骨(吊在混凝土板下或梁下)	10m^2	1.41	76.50	400.11	0.60	22.95	7.65	718.25	
		双层楞面层规格300×300									
	BE0180	防火涂料二遍顶棚方木骨架磨砂玻璃	10m^2	1.41	69.75	50.27		20.93	6.98	209.22	
	BC0135	顶棚平面悬挑式灯槽直型	10m^2	0.38	162.00	485.97		48.60	16.20	273.70	
	BC0149	细木工板面 装配式U形轻钢顶棚龙骨	10m	1.72	49.50	47.90		14.85	4.95	201.26	
	BC0023	(不上人型)面层规格450×450平面	10m^2	2.67	94.50	275.56		28.35	9.45	1091.37	
	BC0097	石膏板顶棚面层安在U形轻钢龙骨上50	10m^2	3.70	54.00	388.78		16.20	5.40	1717.46	
	BF0034	×20木质边框	10m	1.60	13.46	27.56	1.20	4.04	1.35	74.24	
	BE0205	顶棚乳胶漆抹灰面二遍	10m^2	3.70	50.40	43.09		15.12	5.04	420.32	
	BE0210	乳胶漆二遍零星部位	10m^2	1.50	13.50	55.62		4.05	1.35	111.84	
020404005001	BD0063换	全玻门(带扇框)	樘	2.00						2630.50	1315.25
		(1)门类型:成品铝合金全玻地弹门									
		(2)框材质、外围尺寸:铝合金,2650×2200									
		(3)玻璃品种、厚度、五金特殊要求:10厚清玻,不锈钢门夹,金属拉手									
		地弹门	10m^2	1.17		2256.00				2630.50	

续表 20

项目编码	定额编号	清单项目名称 及工程内容	单位	数量	综合单价组成						综合单价
					人工费	材料费	机械使用费	管理费	利润	合价	
020406001001		金属推拉窗 (1)窗类型:推拉窗 C-1 (2)框材质、外围尺寸:铝合金,1800×1500	樘	2.00						769.50	384.75
	BD0066 换	推拉窗	$10m^2$	0.54		1425.00				769.50	
020406001002		金属推拉窗 (1)窗类型:推拉窗 C-2 (2)框材质、外围尺寸:铝合金,1500×1500	樘	1.00						320.63	320.63
	BD0066 换	推拉窗	$10m^2$	0.23		1425.00				320.63	
020509001001		电教室贴不对花墙纸 (1)基层类型:一般抹灰面 (2)裱糊构件部位:墙面	m^2	101.11						2837.15	28.06
	BE0294	墙面贴装饰纸墙纸不对花	$10m^2$	10.11	91.80	152.09		27.54	9.8	2837.25	
020506001001		会议室刷乳胶漆 (1)基层类型:一般抹灰面 (2)线条宽度、道数:60 宽榉木线条 (3)刮腻子要求:三遍 (4)油漆品种、刷漆遍数:乳胶漆两遍	m	65.07						872.59	13.41
	BE0205	乳胶漆抹灰面二遍	$10m^2$	6.51	50.40	43.09		15.12	5.04	739.52	
	BF0035	60 宽榉木线条	10m	2.33	14.81	36.30		4.44	1.48	132.67	

(4)措施项目分析表(表 21)。

表 21　措施项目分析表

工程名称:××公司电教室和会议室室内装饰工程

序号	项目名称及说明	单位	数量	直接费				管理费		利润		合计
				人工费	材料费	机械费	小计	费率(%)	金额	利润率(%)	金额	
1	通用项目			704.61	723.45	6.59	1434.65		211.38		70.46	2706.68
1.1	环境保护	项	1									139.24
1.2	临时设施	项	1									324.88
1.3	夜间施工	项	1									154.71
1.4	二次搬运费	项	1									371.30
1.5	脚手架	项	1	524.10	145.71	6.59	676.40	23.25	157.23	7.75	52.41	886.07
1.6	已完工程及设备保护	项	1	180.51	577.74		758.25	7.14	54.15	2.38	18.05	830.48
2	装饰装修工程											1000.00
2.1	室内空气污染测试	项	1									1000.00

注:其中环境保护、临时设施、夜间施工、二次搬运费、室内空气污染测试等费用参照某企业类似工程费率测算的。

(5)措施项目费用计算表(表22)。

表22 措施项目费用计算表

工程名称:××公司电教室和会议室室内装饰工程

序号	定额编码	工程内容	单位	数量	其中/元					
					人工费	材料费	机械费	管理费	利润	小计
	1.5	脚手架								
1	BC0005	满堂脚手架	$10m^2$	12.443	524.10	145.71	6.59	157.23	52.41	886.04
	1.6	已完工程及设备保护								
2	BG0013	成品保护楼地面	$10m^2$	12.342	55.54	509.11		16.66	5.55	586.86
3	BG0016	成品保护内墙面	$10m^2$	16.618	124.97	68.63		37.49	12.50	243.62
		其他								
		合计(结转至单位工程费汇总表)			704.61	723.45	6.59	211.38	70.46	1716.55

(6)分部分项工程量清单计价表(表23)。

表23 分部分项工程量清单计价表

工程名称:××公司电教室和会议室室内装饰工程

序号	项目编码	项目名称	计量单位	工程数量	金额/元	
					综合单价	合价
1	020104002001	电教室主席台硬木不拼花地板(企口) (1)龙骨材料种类、规格、铺设间距:木龙骨40×60,间距300,防火涂料两遍 (2)基层材料种类、规格:15厚木工板,防火涂料两遍 (3)面层材料品种、规格、品牌、颜色:成品硬木不拼花地板 (4)红影木踢脚线150mm高,铜制阴角线		9.450	211.85	2001.98
2	020104002002	会议室硬木不拼花地板(企口) (1)龙骨材料种类、规格、铺设间距:木龙骨40×60,间距300,防火涂料两遍 (2)面层材料品种、规格、品牌、颜色:成品硬木不拼花地板		41.340	119.21	4928.14
3	020102002001	电教室800×800块料楼地面 (1)找平层厚度、砂浆配合比:1∶2水泥砂浆 (2)结合层厚度、砂浆配合比:1∶2水泥砂浆 (3)面层材料品种、规格、品牌、颜色:800×800浅色陶瓷地砖	m^2	74.150	63.35	4697.40
4	02010500600	红影木木质踢脚线 (1)踢脚线高度:100mm (2)面层材料品种、规格、品牌、颜色:成品红影木	m^2	5.940	409.26	2431

续表 23

序号	项目编码	项目名称	计量单位	工程数量	金额/元	
					综合单价	合价
5	020302001001	电教室吊顶顶棚 (1)吊顶形式:跌级式(带漫反射) (2)龙骨材料种类、规格、中距:U形轻钢龙骨 450×450,造型部分方木龙骨(双层楞 300×300) (3)基层材料种类、规格:纸面石膏板,漫反射基层细木工板 (4)面层材料品种、规格、品牌、颜色:造型部分珍珠白、香槟金铝塑板,磨砂玻璃 (5)油漆品种、刷漆遍数:木龙骨刷防火涂料两遍,纸面石膏板面、漫反射等刷白色乳胶漆		83.600	115.72	9674.19
6	020302001002	会议室吊顶顶棚 (1)吊顶形式:跌级式(带漫反射) (2)龙骨材料种类、规格、中距:U形轻钢龙骨 450×450,造型部分方木龙骨(双层楞 300×300) (3)基层材料种类、规格:纸面石膏板,漫反射基层细木工板 (4)面层材料品种、规格、品牌、颜色:造型部分磨砂玻璃,50×20 木质边框 (5)油漆品种、刷漆遍数:木龙骨刷防火涂料两遍,纸面石膏板面、漫反射等刷白色乳胶漆		40.820	118.02	4817.58
7	020404005001	全玻门(带扇框) (1)门类型:成品铝合金全玻地弹门 (2)框材质、外围尺寸:铝合金,2650×2200 (3)玻璃品种、厚度、五金特殊要求:10厚清玻,不锈钢门夹,金属拉手	樘	2.000	1315.25	2630.50
8	020406001001	金属推拉窗 (1)窗类型:推拉窗 C-1 (2)框材质、外围尺寸:铝合金,1800×1500	樘	2.000	384.75	769.50
9	020406001002	金属推拉窗 (1)窗类型:推拉窗 C-2 (2)框材质、外围尺寸:铝合金,1500×1500	樘	1.000	320.63	320.63
10	20509001001	电教室贴不对花墙纸 (1)基层类型:一般抹灰面 (2)裱糊构件部位:墙面		101.110	28.06	2837.15
11	020506001001	会议室刷乳胶漆 (1)基层类型:一般抹灰面 (2)线条宽度、道数:60 宽榉木线条 (3)刮腻子要求:三遍 (4)油漆品种、刷漆遍数:乳胶漆两遍		65.070	13.41	872.59
本页小计						7430.37
合计						35980.66

(7) 措施项目清单计价表(表 24)。

表 24 措施项目清单计价表

工程名称:×× 公司电教室和会议室室内装饰工程

序号	项目名称及说明	单位	数量	单价/元	金额/元
1	通用项目			2706.68	2706.68
1I.1	环境保护	项	1	139.24	139.24
1.2	临时设施	项	1	324.88	324.88
1.3	夜间施工	项	1	154 .71	154. 71
1.4	二次搬运费	项	1	371. 30	371. 30
1.5	脚手架	项	1	886.47	886.47
1.6	已完工程及设备保护	项	1	830.48	830.48
2	装饰装修工程			1000. 00	1000. 00
2.1	室内空气污染测试	项	1	1000 .00	1000. 00
	合计(结转至单位工程费汇总表)			3706.68	3706. 68

(8)其他项目清单计价表(表 25)。

表 25 其他项目清单计价表

工程名称:××公司电教室和会议室室内装饰工程

序 号	项目名称及说明	金额/元
1	招标人部分	
1.1	预留金	0
1.2	材料购置费	0
2	投标人部分	
2.1	总承包服务费	0
2.2	零星工作费	0
合计(结转至单位工程费汇总表)		0

(9)零星工作项目计价表(表 26)。

表 26 零星工作项目计价表

工程名称:××公司电教室和会议室室内装饰工程

序 号	项目名称及说明	计量单位	数量	单价	合价
1	人工				
1.1					
1.2	小计		0		0
2	材料				
2.1					
2.2	小计		0		0

续表 26

序　号	项目名称及说明	计量单位	数量	单价	合价
3	机械				
3.1					
3.2	小计		0		0
4	其他类别				
4.1					
4.2	小计		0		0
合计(结转至其他项目清单计价表)					0

(10)人工、材料、机械数量及价格表(表 27)。

表 27　人工、材料、机械数量及价格表

工程名称:××公司电教室和会议室室内装饰工程

序号	名　称	规格、型号	单位	数量	单价	合价
	人工					
1	综合工日		工日	162.681	45.00	7320.65
	小计					7320.65
	材料					
1	白水泥		kg	7.547	0.60	4.53
2	水泥 32.5		kg	1198.406	0.30	359.52
3	特细砂		t	1.884	32.00	60.29
4	石膏粉		kg	3.111	0.60	1.87
5	锯材		m^3	3.242	1350.00	4376.7
6	硬木地板(企口)成品		m^2	52.658	55.00	2896.19
7	大芯板(细木工板)		m^2	10.093	18.00	181.67
8	胶合板		m^2	44.595	15.00	668.93
9	锯木屑		m^3	0.440	12.73	5.60
10	竹架板(侧编)		m^2	2.949	26.57	78.36
11	磨砂玻璃		m^2	11.505	35.00	402.68
12	陶瓷地面砖		m^2	76.201	38.00	2895.63
13	铜制阴角线		m^2	9.167	6.80	62.34
14	珍珠白铝塑板		m^2	28.265	42.00	1187.13
15	香槟金铝塑板		m^2	2.639	45.00	118.76
16	轻钢龙骨(不上人型,平面)	450×450	m^2	77.538	22.50	1744.60
17	墙纸		m^2	111.221	12.00	1334.65
18	木踢脚线(成品)150mm		m	9.345	9.00	84.11
19	50×20 木质装饰线		m	16.800	2.40	40.32
20	60 宽榉木装饰线		m	24.427	3.20	78.17
21	石膏板		m^2	91.031	17.00	1547.52
22	15 厚木工板		m^2	9.923	18.00	178.61
23	彩条纤维布		m^2	22.850	2.00	45.70
24	全玻地弹门		m^2	11.194	235.00	2630.59
25	铝合金推拉窗		m^2	7.268	150.00	1090.20
26	铁件		kg	4.727	5.10	24.11
27	预埋铁件		kg	94.571	5.10	482.31
28	吊筋		kg	21.390	5.10	109.09

续表 27

序号	名 称	规格、型号	单位	数量	单价	合价
29	角钢		kg	30.557	4.00	122.23
30	焊接钢管		kg	12.518	2.90	36.30
31	圆钉		kg	22.266	5.80	129.143
32	射钉		个	116.880	0.16	18.70
33	镜钉		个	145.210	0.50	72.61
34	自攻螺钉		个	3028.232	0.60	1816.94
35	高强螺栓		kg	0.932	7.50	6.99
36	螺母		个	268.900	0.30	80.67
37	垫圈		个	134.450	0.12	16.13
38	镀锌钢丝		kg	3.474	5.40	18.76
39	镀锌钢丝 10 号		kg	15.110	5.40	81.60
40	电焊条		kg	1.506	6.80	10.24
41	砂纸		张	10.854	0.60	6.51
42	直角扣件		kg	2.277	5.25	11.96
43	对接扣件		kg	0.560	5.25	2.94
44	回转扣件		kg	0.859	5.15	4.42
45	脚手架底座		kg	0.535	5.25	2.81
46	防锈漆		kg	1.083	6.44	6.97
47	酚醛清漆		kg	7.478	6.50	48.61
48	催干剂		kg	0.479	8.00	3.83
49	防火涂料		kg	28.732	16.00	459.71
50	乳胶漆		kg	58.492	12.50	731.15
51	玻璃胶 350g		支	6.479	6.80	44.05
52	202 胶 FSC-2		kg	0.474	8.00	3.80
53	胶粘剂		kg	13.318	8.50	113.20
54	臭油水		kg	14.253	3.20	45.61
55	羧甲基纤维素		kg	1.821	18.00	32.78
56	聚醋酸乙烯乳液		kg	34.485	5.40	186.22
57	滑石粉		kg	21.035	0.40	8.41
58	防腐油		kg	0.336	5.50	1.85
59	大白粉		kg	103.893	0.20	20.78
60	氟化钠		kg	2.315	5.80	13.43
61	熟胶粉		kg	1.668	3.00	5.01
62	油漆溶剂油		kg	5.975	3.40	20.31
63	双面胶带纸		m^2	2.513	9.00	22.62
64	棉纱头		kg	1.234	14.20	17.53
65	豆包布(白布)	0.9m 宽	m^2	0.769	9.00	6.92
66	煤油		kg	1.817	3.40	6.18
67	水		m^3	2.387	3.00	7.16
68	油毡(油纸)		m^2	10.206	5.00	51.03
69	其他材料费(占材料费)		元	57.249	1.00	57.25
70	木踢脚线(成品)100mm		m	62.37	6.00	374.22
	小计					27417.87
三	配比材料					
1	水泥砂浆	1∶2	m^3	1.480	232.14	343.59
2	素水泥浆		m^3	0.073	463.26	33.96
	小计					377.55

续表 27

序号	名　称	规格、型号	单位	数量	单价	合价
四	机械					
1	载重汽车	载重量 6t	台班	0.025	263.29	6.56
2	灰浆搅拌机	出料容量 200L	台班	0.256	55.14	14.14
3	木工圆锯机	直径<P500mm	台班	0.143	22.65	3.24
4	交流电焊机	容量 32kV·A	台班	0.100	119.88	12.04
	小计					35.98
	合计(结转至单位工程费汇总表)					35146.97

(11)单位工程费汇总表(表 28)。

表 28　单位工程费汇总表

工程名称:××公司电教室和会议室室内装饰工程

序　号	分部工程项目名称	金额(元)
1	分部分项工程量清单计价合计	35981
2	措施项目清单计价合计	3707
3	其他项目清单计价合计	0
4	安全文明施工专项费用	391
5	规费	1148
6	税金	1368
	含税工程造价	42595

(12)填写投标总价(表 29)。

表 29　投标总价

投 标 总 价

建设单位:　××

工程名称:×× 公司电教室和会议室室内装饰工程

投标总价(小写):42595 元

　　(大写):肆万贰仟伍佰玖拾伍元整

投标人:　某建筑装饰工程公司　(单位签字盖章)

法定代表人:　××　(签字盖章)

编制时间:2007.9.6

(13)填写封面(表 30)。

表 30　封　　面

××公司电教室和会议室室内装饰　工程

工程量清单报价表

投标人:某建筑装饰工程公司　(单位签字盖章)

法定代表人:　××　(签字盖章)

造价工程师:

及注册证号:　××　(签字盖执业专用章)

编制时间:2011.9.6

(14)按工程量清单计价表格格式装订成册。

附录二　实训项目(一～七)

实训项目一:以定额计价方式完成附录一图 1、图 2、图 7 所示某公司电教室和会议室室内工程楼地面装饰工程施工图预算编制,并编制该工程的工程量清单。

一、工程概况

××公司电教室和会议室室内装饰工程,工程内容及材料选用详见附录一表 1 及图 1、图 2、图 7。

二、列出所需定额子目

表 31 为《全国统一建筑装饰装修工程消耗量定额》(GYD－901—2002)中的摘选子目。

表 31　定额消耗量及相应资源市场单价表

工作内容:清理基层、试排弹线、锯板修边、铺贴饰面、清理净面;龙骨、毛地板制作安装、刷防腐油漆、打磨、净面;预埋木楔、刷防腐油、踢脚线安装等。

定额编号				1－067	1－134	1－136	1－164
项目				楼地面(周长在 3200 以内)	硬木不拼花地板(铺在木楞上单层)企口	硬木不拼花地板(铺在毛地板上双层)企口	成口木踢脚线
计量单位				m^2	m^2	m^2	m
名称		单位	市场单价	消耗量			
人工	综合工日	工日	45	0.2903	0.4630	0.4950	0.00358
材料费	白水泥	kg	0.6	0.103	—	—	—
	陶瓷地砖 800mm×800mm	m^2	38	1.04	—	—	—
	石料切割锯片	片	2.7	0.0032	—	—	—
	棉纱头	kg	2.8	0.010	0.010	0.01	0.0208
	水	m^3	40	0.026	—	—	—
	锯木屑	m^3	420	0.006	—	—	—
	水泥砂浆	m^3	55	0.0202	—	—	—
	素水泥浆	m^3	5.8	0.001	—	—	—
	硬木地板(企口)成品	m^2	5.4	—	1.05	1.05	0.0854
	铁钉(圆钉)	kg	5.1	—	0.1587	0.2678	—
	镀锌铁丝 10#	kg	1400	—	0.3013	0.3013	—
	预埋铁件	kg	3.25	—	0.5001	0.5001	—
	杉木锯材	m^3	3.2	—	0.0142	0.0142	—
	松木锯材	m^3	6.5	—	—	0.0263	—
	油毡(油纸)	m^2	8.5	—	—	1.080	—
	煤油	kg		—	0.0316	0.0562	—
	臭油水	kg		—	0.2842	0.2842	—
	木踢脚线(成品)	m		—	—	—	1.05
	粘结剂	kg		—	—	—	0.17
	胶合板 9mm	m^2		—	—	—	0.156

续表 31

名　称		单位	市场单价	消　耗　量			
人工	综合工日	工日	45	0.2903	0.4630	0.4950	0.00358
机械	灰浆搅拌机 200L	台班	45	0.0035	—	—	—
	石料切割机		4.2	0.0151	—		—
	木工圆锯机 φ500		35	—	0.0021	0.0024	0.005
	电动打磨机		3.2	—	—	0.1099	—

三、用定额计价方式完成施工图预算编制

1. 计算依据

(1)施工图 2、图 3、图 5。

(2)《全国统一建筑装饰装修消耗量定额》(GYD－901—2002)。

(3)市场人工、材料、机械单价。

2. 定额工程量计算(见表 32、表 33)

(1)块料面层工程量计算。块料面层工程量清单计算规则与定额计算规则有所不同。块料面层定额工程量按饰面净面积计算,不扣除 0.1m² 以内的孔洞所占面积,即:

①凡大于 0.1m² 和大于 120mm 厚间隔墙等所占面积应予扣除。

②门洞、空圈、壁龛等开口部分的面积应并入相应的楼地面装饰面积内计算。本题中电教室的门洞开孔处的地面做法没有明确,在此处假定门开口处地面与走廊做法相同,故电教室、会议室地面不含门洞口处地面面积。

(2)踢脚线工程量计算。踢脚线工程量清单计算规则与定额计算规则相同。均按设计图示长度乘以高度以面积计算,即按实贴长乘高以平方米计算,柱的踢脚板工程量应合并计算。定额规则中,成品踢脚线按实贴延长米计算。

需要说明的:计算踢脚线工程量时,应按不同的构造要求、材料品种、型号规格、颜色、品牌分别计算。

(3)硬木不拼花地板工程量计算。其他材料面层工程量清单计算规则与定额计算规则相同,均按设计图示尺寸以面积平方米为计量单位计算。门洞、空圈、暖气包槽、壁龛的开口部分并入相应的工程量内。

表 32　××公司电教室和会议室地面装饰工程定额工程量计算表

序号	分项工程名称	单位	数量	计　算　式
1	电教室讲台(硬木不拼花地板企口)	m²	9.45	5.4 × 1.75
2	会议室硬木不拼花地板(企口)	m²	40.65	7.54×4.86＋0.46×(4.86－0.13)＋(1.26－0.46)×(4.860－0.13)÷2－0.13×0.46 (边柱 1 个)＝40.65
3	800×800 陶瓷地砖	m²	73.622	(9.03＋10.84)×(7.54＋0.46)÷2＋(4.65＋0.465＋5.06＋0.13)×(1.26－0.46)÷2－(0.5×0.46＋0.3×0.5×2)(柱,大于 0.1m² 的孔洞扣除)－5.4×1.75(主席台)＝19.87×8÷2＋10.305×0.8÷2－0.53－9.45＝73.622

续表 32

序号	分项工程名称	单位	数量	计　算　式
4	电教室红影木踢脚线(成品,100高)	m	30.60	长=[9.03+0.46×2(柱侧壁)+0.3−2.65(门洞口)](墙4)+[7.54+0.46+0.13](墙1)+[8.20(斜边1)−0.3](墙3)+[2.80(斜边2)×2+0.3+0.46×2(柱侧壁)+2.84(斜边3)×2−0.13](墙2)−5.4(主席台)=30.6
5	会议室红影木踢脚线(成品,100高)	m	23.33	[4.86−0.13 − 2.65(门洞口)]+[(7.54+0.46)×2+0.13×2]+(斜边4)2.56×2−0.13=23.33
6	主席台红影木踢脚线(成品,150高)	m	8.9	5.4+1.75×2
7	铜制阳角线	m	8.9	5.4+1.75×2
8	主席台木龙骨刷防火涂料两遍	m^2	9.45	5.4×1.75

注:斜边1= $\sqrt{[(10.84-9.03)^2+(7.54+0.46)^2]}=8.20$,斜边2= $\sqrt{[(0.46+4.65+0.25)/2^2+(1.26-0.46)]^2}=2.80$,斜边3= $\sqrt{[(0.25+5.06+0.13)/2^2+(1.26-0.46)^2]}=2.84$,斜边4= $\sqrt{[(4.86/2)^2+(1.26-0.46)^2]}=2.56$。

表 33 楼地面工程 工程量汇总表

分项工程名称	单位	数量	计算式
电教室硬木不拼花地板(企口,带毛板)	m^2	9.45	
会议室硬木不拼花地板(企口)	m^2	40.65	
800×800陶瓷地砖	m^2	73.622	
红影木踢脚线(成品,100高)	m	53.93	30.60+23.33
主席台红影木踢脚线(成品,150高)	m	8.9	
铜制阳角线	m	8.9	
主席台木龙骨刷防火涂料两遍	m^2	9.45	

3. 直接工程费计算

套定额,计算各分项工程直接工程费,计算过程见表34。其中,表中定额消耗量取自表31中数据,市场单价为市场考察价格。

表34 ××公司电教室和会议室楼地面装修工程预算表(定额计价)

序号	定额编号	项目名称	单位	工程量	直接工程费	人工费	材料费	机械费	费用分析	名称	单位	定额耗量	合计耗量	市场单价	合价
1	1—136	电教室硬木不拼花地板	m^2	9.45	1417.92	232.19	1181.62	4.12	人工	综合人工	工日	0.546	5.1597	45	232.19
									材料	硬木地板(企口)成品	m^2	1.05	9.923	55	545.74
										圆钉	kg	0.2678	2.53071	5.8	14.678
										镀锌钢丝10撑	kg	0.3013	2.8473	5.4	15.375
										预埋铁件	kg	0.5001	4.726	5.1	24.102
										棉纱头	kg	0.010	0.0945	14.2	1.342
										杉木锯材	m^3	0.0142	0.134	1400	187.87
										松树锯材	m^3	0.0263	0.249	1350	335.52
										油毡(油纸)	m^2	1.08	10.206	3.25	33.17
										煤油	kg	0.0562	0.531	3.4	1.81
										氟化钠	kg	0.245	2.315	5.8	13.428
										臭油水	kg	0.2842	2.686	3.2	8.594
									机械	木工圆锯机 $\phi500$	台班	0.0024	0.0227	35	0.794
										电动打磨机	台班	0.1099	1.039	3.2	3.32
2	1—134	会议室硬木不拼花地板	m^2	40.65	4259.81	846.94	3409.88	2.99	人工	综合人工	工日	0.463	18.821	45	846.94
									材料	硬木地板(企口)成品	m^3	1.05	42.683	55	2347.538
										圆钉	kg	0.1587	6.451	5.8	37.417
										镀锌钢丝10#	kg	0.3013	12.248	5.4	66.138
										预埋铁件	kg	0.5001	20.329	5.1	103.678
										棉纱头	kg	0.010	0.407	14.2	5.78
										杉木锯材	m^2	0.0142	0.577	1400	808.12
										煤油	kg	0.0316	1.28	3.4	4.30
										臭油水	kg	0.2842	11.553	3.2	36.969
									机械	木工圆锯机 $\phi500$	台班	0.0021	0.08537	35	2.99

续表 34

序号	定额编号	项目名称	单位	工程量	直接工程费	人工费	材料费	机械费	费用分析	名称	单位	定额耗量	合计耗量	市场单价	合价
3	1—067	贴 800×800 陶瓷地砖	m²	73.622	4593.59	961.76	3615.57	16.27	人工	综合人工	工日	0.2903	21.372	45	961.76
									材料	白水泥	kg	0.103	7.583	0.6	4.55
										陶瓷地砖 800mm×800mm	m²	1.04	76.567	38	2909.54
										石料切割锯片	片	0.0032	0.236	2.7	0.636
										棉纱头	kg	0.010	0.736	14.2	10.50
										水	m³	0.026	1.914	2.8	5.36
										锯木屑	m³	0.006	0.442	40	17.67
										水泥砂浆 1∶3	m³	0.0202	1.487	420	624.61
										素水泥浆	m³	0.001	0.0736	580	42.70
									机械	灰浆搅拌机 200L	台班	0.0035	0.258	45	11.595
										石料切割机	台班	0.0151	1.11	4.2	4.67
4	1—164	红影木成品踢脚线 100 高	m	53.93	2450.66	86.88	2362.84	0.944	人工	综合人工	工日	0.0358	1.930	45	86.88
									材料	红影木踢脚线 100 高	m	1.05	56.627	6.5	368.07
										圆钉	kg	0.0854	4.61	5.8	26.71
										杉木锯材	m³	0.0208	1.122	1400	1570.44
										胶合板 9mm	m²	0.156	8.413	38	319.70
										胶粘剂	kg	0.17	9.168	8.5	77.93
									机械	木工圆锯机 500	台班	0.0005	0.0270	35	0.94
5	1—164	红影木成品踢脚线 150 高	m	8.9	432.44	14.34	417.974	0.156	人工	综合人工	工日	0.0358	0.319	45	14.34
									材料	红影木踢脚线 150 高	m	1.05	9.345	9.5	88.78
										圆钉	kg	0.0854	0.760	5.8	4.41
										杉木锯材	m³	0.0208	0.18512	1400	259.17
										胶合板 9mm	m²	0.156	1.3884	38	52.76
										胶粘剂	kg	0.17	1.513	8.5	12.861
									机械	木工圆锯机 ϕ500	台班	0.00015	0.0045	35	0.156
6		合计	元		13154.45	2142.11	10987.88	24.476							

4. 工程总造价

计算过程见表35。此表举例说明定额计价方式的取费程序。目前各省都制定了自己省的定额手册，每个省的定额都有相应的取费程序及规定的费率。表中各项费率为假定费率，取费程序也是举例说明，实际工程取费程序及费率，应根据工程所在地的规定执行。

表35　××公司电教室和会议室楼地面装修工程费用计算表

序号	费用名称	计算公式	费率(%)	金额/元
一	直接费	1+5		13582.87
1	直接工程费	2+3+4		13154.45
2	直接工程费人工费	见“预算34”		2142.11
3	直接工程费材料费	见“预算表34”		10987.88
4	直接工程费机械费	见“预算表34”		24.476
5	措施费	(2)×规定费率	20	428.42
二	间接费	6+7		1242.425
6	规费	(2)×规定费率	25.5	546.24
7	企业管理费	(2)×规定费率	32.5	696.186
三	利润	(2)×规定费率	21.35	457.34
四	税金	[(一)+(二)+(三)]×规定费率	3.41	521.14
五	工程造价	(一)+(二)+(三)+(四)		15803.77

四、工程量清单编制

工程量计算见表36、表37。

(1)块料面层清单工程量。块料面层清单工程量按设计图示尺寸以面积平方米为计量单位计算。应扣除凸出地面构筑物、设备基础、室内铁道、地沟等所占面积，不扣除间壁墙和0.3m^{2}以内的柱、垛、附墙烟囱及孔洞所占面积。门洞、空圈、暖气包槽、壁龛的开口部分不增加面积。

(2)踢脚线清单工程量计算。踢脚线工程量清单计算规则与定额计算规则相同。均按设计图示长度乘以高度以面积计算，柱的踢脚板工程量应合并计算。定额规则中，成品踢脚线按实贴延长米计算。需要说明的：计算踢脚线工程量时，应按不同的构造要求、材料品种、型号规格、颜色、品牌分别计算。

(3)硬木不拼花地板清单工程量计算。其他材料面层工程量清单计算规则与定额计算规则相同，均按设计图示尺寸以面积平方米为计量单位计算。门洞、空圈、暖气包槽、壁龛的开口部分并入相应的工程量内。

表36　××公司电教室和会议室地面装饰工程清单工程量计算表

序号	分项工程名称	单位	数量	计算式
1	800×800陶瓷地砖	m^2	74.152	(9.03+10.84)×(7.54+0.46)÷2+(4.65+0.465+5.06+0.13)×(1.26−0.46)÷2−5.4×1.75(主席台)=19.87×8÷2+10.305×0.8÷2−9.45=74.152
2	电教室硬木不拼花地板(企口)	m^2	9.45	5.4×1.75

续表 36

序号	分项工程名称	单位	数量	计算式
3	会议室硬木不拼花地板(企口)	m^2	40.65	7.54×4.86+0.46×(4.86−0.13)+(1.26−0.46)×(4.860−0.13)÷2−0.13×0.46(边柱1个)=40.65
4	电教室红影木踢脚线(成品,100高)	m^2	3.06	长=[9.03+0.46×2(柱侧壁)+0.3−2.65(门洞口)](墙4)+[7.54+0.46+0.13](墙1)+[8.20(斜边1)−0.3](墙3)+[2.80(斜边2)×2+0.3+0.46×2(柱侧壁)+2.84(斜边3)×2−0.13](墙2)−5.4(主席台)=30.6×0.1
5	会议室红影木踢脚线(成品,100高)	m^2	2.33	[4.86−0.13−2.65(门洞口)]+[(7.54+0.46)×2+0.13×2]+(斜边4)2.56×2−0.13=23.33×0.1

注:斜边1= $\sqrt{[(10.84-9.03)^2+7.54^2]}=7.55$;斜边2= $\sqrt{[(0.46+4.65+0.25)/2]^2+(1.26-0.46)^2}=2.80$,斜边3 = $\sqrt{[(0.25+5.06+0.13)/2]^2+(1.26-0.46)^2}=2.84$,斜边4= $\sqrt{[(4.80/2)^2+(1.26-0.46)^2]}=2.56$。

表37 ××公司电教室和会议室楼地面装饰工程分部分项工程量清单

序号	项目编码	项 目 名 称	计量单位	工程数量
1	020104002001	电教室主席台硬木不拼花地板(企口) (1)龙骨材料种类、规格、铺设间距:木龙骨40×60,间距300,防火涂料两遍 (2)基层材料种类、规格:15厚木工板,防火涂料两遍 (3)面层材料品种、规格、品牌、颜色:成品硬木不拼花地板 (4)红影木踢脚线150高,铜制阴角线	m^2	9.45
2	020104002002	会议室硬木不拼花地板(企口) (1)龙骨材料种类、规格、铺设间距:木龙骨40×60,间距300,防火涂料两遍 (2)面层材料品种、规格、品牌、颜色:成品硬木不拼花地板	m^2	40.65
3	020102002001	电教室800×800块料楼地面 (1)找平层厚度、砂浆配合比:1∶2水泥砂浆 (2)结合层厚度、砂浆配合比:1∶2水泥砂浆 (3)面层材料品种、规格、品牌、颜色:800×800浅色陶瓷地砖	m^2	74.152
4	020105006001	红影木木质踢脚线 面层材料品种、规格、品牌、颜色:成品红影木100mm高	m^2	3.06+2.33=5.39

实训项目二:计算某公司电教室和会议室室内墙柱面装饰直接工程费并编制该分部工程工程量清单。

因该工程墙柱面装饰工程只有涂料、裱糊装饰内容,而墙柱面涂料裱糊又属于第九章油漆、涂料、裱糊工程的内容,故将实训项目二与实训项目五合二为一,该墙柱面装饰直接工程费计算及分部分项工程工程量清单编制见实训项目五。

实训项目三:根据附录一图 2、图 3、图 5 及表 1,计算某公司电教室和会议室室内顶棚装饰工程直接工程费,并编制该工程的工程量清单。

一、工程概况

××公司电教室和会议室室内装饰工程,工程内容及材料选用详见附录一表 1 及图 2、图 3、图 5。

二、计算顶棚装饰工程直接工程费

编制依据:施工图 2、图 3、图 5,《全国统一建筑装饰装修消耗量定额》(GYD－901—2002)(以下简称《装饰定额》),市场人工、材料、机械单价。

1. 定额工程量计算

《装饰定额》中的顶棚面装饰,龙骨、基层、面层分开列项,使用时应根据不同的龙骨与面层分别执行相应的定额子目。

(1)顶棚龙骨工程量计算。龙骨定额工程量规则与清单相同,按主墙间的水平投影面积计算,不扣除间壁墙、检查洞、附墙烟囱、柱、垛和管道所占面积。

(2)基层、面层工程量计算。基层、面层工程量计算规则与清单不同,《装饰定额》中顶棚基层按展开面积计算;顶棚装饰面层,按主墙间实钉(胶)面积以平方米计算,不扣除间壁墙、检查口、附墙烟囱和管道所占面积,但应扣除 0.3m^2 以上的孔洞、独立柱、灯槽及与顶棚相连的窗帘盒所占的面积,顶棚中的折线、错台、拱形、穹顶和高低灯槽等其他艺术形式的顶棚面积,均按图示展开面积以平方米计算。

(3)灯光带、灯光槽工程量计算。灯光带、灯光槽按其外边线的设计尺寸以延长米计算。

(4)顶棚面涂料工程量计算。顶棚面刷乳胶漆按设计图示尺寸以展开面积计算,零星木装修油漆按设计图示尺寸以展开面积乘系数 1.1 计算,具体见表 38,汇总见表 39。

表 38　××公司 电教室和会议室顶棚装饰定额工程量计算表

序号	分项工程名称	单位	数量	计算式
1	电教室方木龙骨(双层楞,300×300)	m^2	33.89	(6.88＋0.15×2)×(4.42＋0.15×2)
2	会议室方木龙骨(双层楞,300×300)	m^2	14.144	(1.78＋0.15×2)×(6.5＋0.15×2)
3	电教室装配式 U 形轻钢龙骨(450×450)	m^2	49.712	(9.03＋10.84)×(7.54＋0.46)÷2＋(4.65＋0.465＋5.06＋0.13)×(1.26－0.46)÷2－33.89(电教室方木龙骨)
4	会议室装配式 U 形轻钢龙骨(450×450)	m^2	26.6	7.54×4.86＋0.46×4.86＋(1.26－0.46)×4.86÷2－14.144(会议室方木龙骨)
5	电教室方木龙骨贴珍珠白铝塑板	m^2	26.919	(6.88＋0.15×2)×(4.42＋0.15×2)－0.35×(6.88＋0.15×2)＋(6.88＋0.15×2)×(3.4－3.2)×2(顶面侧边)－0.45×(0.413×2＋1.21)×2×4
6	电教室方木龙骨贴香槟金铝塑板	m^2	2.513	0.35×(6.88＋0.15×2)
7	电教室磨砂玻璃顶棚	m^2	7.326	0.45×(4.42－0.35)×4
8	会议室磨砂玻璃顶棚	m^2	3.84	1.2×0.8×4

续表 38

序号	分项工程名称	单位	数量	计算式
9	电教室轻钢龙骨贴纸面石膏板	m^2	49.712	(9.03 ＋ 10.84)×(7.54 ＋ 0.46) ÷2＋ (4.65＋ 0.465＋5.06＋ 0.13)×(1.26 － 0.46) ÷2 － 33.89
10	会议室轻钢龙骨贴纸面石膏板	m^2	36.984	7.54×4.86 ＋0.46×4.86 ＋ (1.26 － 0.46)×4.86÷2 － 1.2×0.8×4(磨砂玻璃)
11	石膏板上刷乳胶漆	m^2	86. 96	49.712(电教室)＋36.984(会议室)
12	方木龙骨刷防火涂料两遍	m^2	48.034	33.89(电教室)＋14.144(会议室)
13	电教室顶棚悬挑灯槽(细木工板)	m	23.20	(6.88＋0.15＋4.42＋ 0.15)×2
14	会议室顶棚悬挑灯槽(细木工板)	m	17.172	(6.5＋0.15＋1.786＋0.15)×2
15	电教室漫反射灯槽刷乳胶漆(零星工程)	m^2	17.864	23.2×(0.1＋0.15＋0.1＋0.15＋0.2)×1.1
16	会议室漫反射灯槽刷乳胶漆(零星工程)	m^2	13.22	17.172×(0.1＋ 0.15＋0.1＋0.15＋0.2)×1．1
17	电教室筒灯灯槽刷乳胶漆(零星工程)	m^2	2.145	(0.25×0.25＋0.25×0.1×4)×12×1．1
18	会议室筒灯灯槽刷乳胶漆(零星工程)	m^2	1.7875	(0.25×0.25 ＋ 0.25×0.1×4)×10×1．1

表 39 顶棚面装饰工程 工程量汇总表

分项工程名称	单 位	数量	计算式
方木龙骨(双层楞，300mm×300mm)	m^2	48.034	33.89＋14.14
装配式 U 形轻钢龙骨 (450mm×450mm)	m^2	76.39	49.71＋ 26.68
电教室方木龙骨贴珍珠白铝塑板	m^2	26.92	
电教室方木龙骨贴香槟金铝塑板	m^2	2.51	
磨砂玻璃顶棚	m^2	11.17	7.33＋ 3.84
轻钢龙骨贴纸面石膏板	m^2	86.69	49.71＋ 36.98
石膏板上刷乳胶漆	m^2	86.70	
方木龙骨刷防火涂料两遍	m^2	48.03	
顶棚悬挑灯槽(细木工板)	m^2	40.37	
木板上刷乳胶漆(零星工程)	m^2	35.02	31.09＋ 3.93

2. 直接工程费计算

套定额，计算各分项工程直接工程费，计算过程见表 40，其中，表中定额消耗量取自《全国统一建筑装饰装修工程消耗量定额》(GYD－901—2002)相应定额子目的消耗量，市场单价为市场考察价格。

三、工程量清单编制

(1)顶棚吊顶项目，龙骨、基层、面层合并列项，各种顶棚按设计图示尺寸以水平投影面积计算。顶棚面中的灯槽及跌级、锯齿形、吊挂式、藻井式顶棚面积不展开计算。不扣除间壁墙、检查口、附墙烟囱、柱垛和管道所占面积，扣除单个 0.3m^2 以外的孔洞、独立柱及与顶棚相连的窗帘盒所占面积。

表 40　××公司 电教室和会议室室内顶棚装修工程预算表

序号	定额编号	项目名称	单位	工程量	直接工程费	人工费	材料费	机械费	费用分析	名　称	单位	定额耗量	合计耗量	市场单价	合价
1	3—017	方木龙骨（双层楞，300mm×300mm）	m^2	48.03	2290.10	367.43	1921.70	0.961	人工	综合人工	工日	0.17	8.165	45	367.43
									材料	圆钉	kg	0.1072	5.149	5.8	29.863
										镀锌钢丝	kg	0.064	3.074	5.4	16.60
										铁件	kg	0.0984	4.726	5.1	24.103
										预埋铁件	kg	1.4467	69.485	5.1	354.37
										电焊条	kg	0.011	0.528	6.8	3.593
										锯材	m^3	0.023	1.1047	1350	1491.30
										防腐油	kg	0.0070	0.336	5.50	1.85
									机械	交流电焊机 30kV·A	台班	0.0005	0.024	40	0.961
2	3—023	装配式U形轻钢龙骨（450mm×450mm）	m^2	76.39	2891.77	721.89	2167.97	1.92	人工	综合人工	工日	0.21	16.042	45	721.89
									材料	吊筋	kg	0.28	21.39	6.8	145.45
										轻钢龙骨平面（不上人）450×450	m^2	1.015	77.536	22.50	1744.60
										高强螺栓	kg	0.0122	0.932	7.5	6.99
										螺母	个	3.52	268.90	0.3	80.67
										射钉	个	1.53	116.88	0.1	11.69
										垫圈	个	1.76	134.45	0.12	16.134
										电焊条	kg	0.0128	0.98	6.8	6.65
										角钢	kg	0.4	30.56	5.1	155.84
									机械	交流电焊机 30kV·A	台班	0.001	0.048	40	1.92

续表 40

序号	定额编号	项目名称	单位	工程量	直接工程费	人工费	材料费	机械费	费用分析	名称	单位	定额耗量	合计耗量	市场单价	合价
3	3—092	方木龙骨贴珍珠白铝塑板	m^2	26.92	1390.551	181.71	1208.80	—	人工	综合人工	工日	0.15	4.038	45	181.71
									材料	珍珠白铝塑板	m^2	1.05	28.266	42	1187.20
										胶粘剂(专用)	kg	0.058	1.56	12	18.74
										其他材料费(占材料费)	%	0.24			2.89
4	3—092	方木龙骨贴香槟金铝塑板	m^2	2.51	137.575	16.9425	120.632		人工	综合人工	工日	0.15	0.377	45	16.94
									材料	香槟金铝塑板	m^2	1.05	2.64	45	118.60
										胶粘剂(专用)	kg	0.058	0.146	12	1.747
										其他材料费(占材料费)	%	0.24			0.288
5	3—097	轻钢龙骨贴纸面石膏板	m^2	86.69	3838.43	468.13	3370.31		人工	综合人工	工日	0.12	10.403	45	468.13
									材料	纸面石膏板	m^2	1.05	91.025	17	1547.4
										自攻螺钉	个	34.50	2990.81	0.60	1794.50
										其他材料费(占材料费)	%	0.85			28.406
6	3—146	顶棚悬挑灯槽(细木工板)	m	40.37	601.64	199.83	401.812		人工	综合人工	工日	0.11	4.44	45	199.83
									材料	圆钉	kg	0.05	2.019	5.8	11.71
										大芯板(细木工板)	m^2	0.25	21.67	18	390.11
7	3—132	磨砂玻璃顶棚	m^2	11.17	728.28	128.68	599.61		人工	综合人工	工日	0.36	4.021	45	180.95
									材料	磨砂玻璃		1.03	11.51	35	402.68
										镜钉	个	13	145.21	1	145.21
										双面胶带纸	m^2	0.225	2.513	55	138.23
										玻璃胶	kg	0.58	6.4786	14	90.70
										其他材料费	%	0.16			1.24

(2)灯光带、灯光槽按设计图示尺寸以框外围面积计算。

工程量计算及工程量清单见表41、表42。

表41 ××公司电教室和会议室顶棚装饰工程清单项目工程量计算表

序号	分项工程名称	单位	数量	计 算 式
1	电教室吊顶顶棚	m^2	83.60	74.15(800×800陶瓷地砖清单工程量)+5.4×1.75(主席台)
2	会议室吊顶顶棚	m^2	40.82	7.54×4.86 + 0.46×4.86 + (1.26 − 0.46)×4.86÷2
3	漫反射灯带	m^2	6.06	[(6.88+0.15+4.42+ 0.15)×2(电教室)+(6.5+0.15+1.786+0.15)×2(会议室)]×0.15

表42 ××公司电教室和会议室楼顶棚装饰工程分部分项工程量清单

序号	项目编码	项 目 名 称	计量单位	工程数量
1	020302001001	电教室吊顶顶棚 (1)吊顶形式:跌级式(带漫反射) (2)龙骨材料种类、规格、中距:U形轻钢龙骨450×450。造型部分方木龙骨(双层楞300×300) (3)基层材料种类、规格:纸面石膏板,漫反射基层细木工板 (4)面层材料品种、规格、品牌、颜色:造型部分珍珠白、香槟金铝塑板,磨砂玻璃 (5)油漆品种、刷漆遍数:木龙骨刷防火涂料两遍,纸面石膏板面,漫反射等刷白色乳胶漆	m^2	83.60
2	020302001002	会议室吊顶顶棚 (1)吊顶形式:跌级式(带漫反射) (2)龙骨材料种类、规格、中距:U形轻钢龙骨450×450,造型部分方木龙骨(双层楞300×300) (3)基层材料种类、规格:纸面石膏板,漫反射基层细木工板 (4)面层材料品种、规格、品牌、颜色:造型部分磨砂玻璃,50×20木质边框 (5)油漆品种、刷漆遍数:木龙骨刷防火涂料两遍,纸面石膏板面、漫反射等刷白色乳胶漆	m^2	40.820
3	020303001003	漫反射灯带 (1)灯带型式、尺寸:15厚细木工板150×100 (2)安装固定方式	m^2	6.06

实训项目四:根据附录一图1及门窗洞口统计表2计算××公司电教室和会议室门窗工程直接工程量费,并编制该分部工程的工程量清单。

一、工程概况

××公司电教室和会议室室内门窗及孔洞情况见附录一表2及图1。

二、计算电教室和会议室门窗工程直接工程费

(1)计算依据。施工图1,《全国统一建筑装饰装修消耗量定额》(GYD－901—2002),市场人工、材料、机械单价。

(2)定额工程量计算。铝合金门窗清单工程量与定额工程量计算规则完全相同,均按洞口面积以平方米计算。定额工程量计算表见表43。

表43 ××公司电教室和会议室门窗装饰工程定额工程量计算表

序号	分项工程名称	单位	数量	计算式
1	成品铝合金全玻地弹门安装	m^2	11.66	11.66
2	成品铝合金推拉窗安装	m^2	7.65	5.4+2.25

(3)直接工程费计算。套定额,计算各分项工程直接工程费,计算过程见表44。其中,表中定额消耗量《全国统一建筑装饰装修消耗量定额》(GYD－901—2002),市场单价为市场考察价格。

表 44　××公司电教室和会议室楼门窗工程预算表(定额计价)

序号	定额	项目名称	单位	工程量	直接	人工费	材料费	机械费	费用	名称	单位	定额耗量	合计耗量	市场单价	合价
1	4—030	成品铝合金全玻地弹门安装	m^2	11. 66	2878. 94	293. 832	2581. 34	3. 76676	人工	综合人工	工日	0. 56	6. 53	45	293. 83
									材料	全玻地弹门（不含玻璃）		0. 96	11. 194	170	1902. 9
										平板玻璃 10mm		0. 96	11. 194	45	503 . 71
										合金钢钻头≠10	个	0. 0461	0. 538	13	6. 9878
										地脚	个	3. 69	43. 025	2. 5	107. 56
										玻璃胶 350g	支	0. 43	5. 014	6. 8	34. 094
										密封油膏	kg	0. 26	3. 032	7. 5	22. 737
										其他材料费（占材料费）	%	0. 13	—	—	3. 3363
									机械	电锤 520W	台班	0 . 0923	1. 076	3. 5	3. 7668
2	4—033	成品铝合金推拉窗安装	m^2	7. 65	1750. 21	168. 68	1578. 19	3. 331	人工	综合人工	工日	0. 49	3. 749	45	168. 68
									材料	铝合金推拉窗（不含玻璃）		0. 95	7. 268	160	1162. 8
										平板玻璃 5mm		0. 95	7. 268	29	210. 76
										合金钢钻头 10	个	0. 622	4. 758	13	61. 858
										地脚	个	5	38. 25	2. 5	95. 625
										玻璃胶 350g	支	0. 47	3. 596	6. 8	24. 449
										密封油膏	lcg	0. 36	2. 75	7. 5	20. 655
										其他材料费（占材料费）	%	0 . 13			2. 048
									机械	电锤 520W	台班	0. 1244	0. 957	3. 5	3. 3308

三、工程量清单编制

清单工程量计算。金属门窗清单工程量按设计图示数量或设计图示洞口尺寸以面积计算，工程内容包括门窗框制作、运输、安装，门窗扇制作、运输、安装，五金玻璃安装，刷防护材料、油漆，特殊五金以“个”或套计算。清单工程量计算表见表45，分部分项工程量清单见表46。

表45　××公司电教室和会议室门窗工程清单工程量计算表

序号	分项工程名称	单位	数量	计算式
1	成品铝合金全玻地弹门	m^2	11.66	11.66
2	成品铝合金推拉窗	m^2	7.65	7.65

表46　××公司 电教室和会议室门窗工程分部分项工程量清单

序号	项目编码	项目名称	计量单位	工程数量
7	020404005001	全玻门(带扇框) (1)门类型：成品铝合金全玻地弹门 (2)框材质、外围尺寸：铝合金，2650×2200 (3)玻璃品种、厚度、五金特殊要求：10厚清玻，不锈钢门夹，金属拉手	m^2	2.000
8	020406001001	金属推拉窗 (1)窗类型：推拉窗C－1、C－2 (2)框材质、外围尺寸：铝合金，1800×1500，2个；1500×1500，1个	m^2	2.000

实训项目五：根据附录一图1、图2、图4、图6室内装饰内容选用材料表1，计算室内油漆、涂料、裱糊工程的直接工程费，并编制该分部工程的工程量清单。

一、工程概况

××公司电教室和会议室室内装饰工程内容及材料选用详见附录一表1及图1、图2、图4、图6。

二、计算电教室和会议室油漆、涂料、裱糊工程直接工程费

1. 定额工程量计算

(1)顶棚木龙骨刷防火涂料定额工程量计算规则与清单计算规则相同，均按水平投影面积计算。

(2)木地板中木龙骨带毛地板刷防火涂料定额与清单工程量计算规则相同，均按木地板的设计图示尺寸以面积计算。

(3)楼地面、顶棚、墙柱、梁面的涂料、裱糊均按展开面积计算。

(4)零星木装修的油漆定额工程量按展开面积乘系数1.1计算。

定额工程量计算表见表47，定额工程量汇总表见表48。

表47　××公司电教室和会议室油漆、涂料、裱糊工程定额工程量计算表

序号	分项工程名称	单位	数量	计算式
1	电教室贴不对花墙纸	m^2	101.57	长＝[9.03＋0.46×2(柱侧壁)＋0.3](A－4立面)＋[7.54＋0.46＋0.13](A－1立面)＋[8.20(斜边1)－0.3](A－3立面)＋[2.80(斜边2)×2＋0.3＋0.46×2(柱侧壁)＋2.84(斜边3)×2－0.13](A－2立面)＝38.65 墙面贴墙纸面积＝38.65×(3－0.1)－2.65×2.1(门洞口)－1.5×1.5(窗洞口)－1.8×1.5(窗洞口)－(5.4×0.15)(主席台)

续表 47

序号	分项工程名称	单位	数量	计算式
2	会议室刷乳胶漆	m²	65.67	长=[4.86−0.13](B−4立面)+[(7.54+0.46)×2+0.13×2](B−1、B−3立面)+[2.56(斜边4)×2−0.13](B−2立面)=25.98 25.98×(3−0.1−0.06)−2.65×(2.2−0.1−0.06)(门洞口)−1.8×1.5(窗洞口)
3	60宽榉木腰线	m	23.33	长=[4.86−0.13](B−4立面)+[(7.54+0.46)×2+0.13×2](B−1、B−3立面)+[2.56(斜边4)×2−0.13](B−2立面)−2.65(门洞口)
4	主席台木龙骨刷防火涂料两遍	m²	9.45	5.4×1.75
5	方木龙骨刷防火涂料两遍	m²	48.034	33.89(电教室)+14.144(会议室)
6	石膏板上刷乳胶漆	m²	86.96	49.712(电教室)+36.984(会议室)
7	电教室漫反射灯槽刷乳胶漆(零星工程)	m²	17.864	23.2×(0.1+0.15+0.1+0.15+0.2)×1.1
8	会议室漫反射灯槽刷乳胶漆(零星工程)	m²	13.22	17.172×(0.1+0.15+0.1+0.15+0.2)×1.1
9	电教室筒灯灯槽刷乳胶漆(零星工程)	m²	2.145	(0.25×0.25+0.25×0.1×4)×12×1.1
10	会议室筒灯灯槽刷乳胶漆(零星工程)	m²	1.7875	(0.25×0.25+0.25×0.1×4)×10×1.1
11	木质装饰条(灯饰边框,50×20)	m	16	(1.2+0.8)×2×4

注:斜边1=$\sqrt{[(10.84-9.03)^2+(7.54+0.46)^2]}$=8.20,斜边2=$\sqrt{[(0.46+4.65+0.25)/2^2+(1.26-0.46)]^2}$=2.80,斜边3=$\sqrt{[(0.25+5.06+0.13)/2^2+(1.26-0.46)^2]}$=2.84,斜边4=$\sqrt{[(4.80/2)^2+(1.26-0.46)^2]}$=2.56

表48 教室和会议室油漆、涂料、裱糊工程 定额工程量汇总表

分项工程名称	单位	数量	计算式
电教室贴不对花墙纸	m²	101.57	
60宽榉木腰线	m	23.33	
主席台木龙骨刷防火涂料两遍	m²	9.45	
方木龙骨刷防火涂料两遍	m²	48.03	
顶棚、会议室墙面、零星分部刷乳胶漆两遍	m²	187.38	65.67(会议室墙面)49.712(电教室)+36.984(会议室)+(17.864+13.22)(漫反射灯槽)+(2.145+1.7875)(灯筒灯槽)=187.38
木质装饰条(灯饰边框,50×20)	m	16	(1.2+0.8)×2×4

2. 直接工程费计算

计算过程见表49。其中,表中定额消耗量取自《全国统一建筑装饰装修工程消耗量定额》(GYD—901—2002)相应定额子目的消耗量,市场单价为市场考察价格。

表 49　××公司电教室和会议室楼地面装修工程预算表(定额计价)

序号	定额编号	项目名称	单位	工程量	直接工程费	人工费	材料费	机械费	费用分析	名　称	单位	定额耗量	合计耗量	市场单价	合价
1	5—172	主席台木龙骨(带毛板刷防火涂料两遍	m^2	9.45	121.77	52.99	68.78		人工	综合人工	工日	0.1246	1.178	45	52.99
									材料	防火涂料	kg	0.44	4.16	16	66.53
										豆包布 0.9m 宽	m	0.002	0.0189	9.00	0.17
										催干剂	kg	0.008	0.076	8.00	0.605
										油漆溶剂油	kg	0.046	0.435	3.40	1.48
2	5—168	顶棚方木龙骨刷防火涂料两遍	m^2	48.03	358.56	201.01	157.56	—	人工	综合人工	工日	0.093	4.467	45	201.01
									材料	防火涂料	kg	0.198	9.51	16	152.16
										豆包布 0.9m 宽	m	0.001	0.048	9.0	0.43
										催干剂	kg	0.004	0.192	8.0	1.54
										油漆溶剂油	kg	0.021	1.009	3.40	3.43
3	5—287	电教室贴不对花墙纸	m^2	101.57	2485.57	928.19	1557.38		人工	综合人工	工日	0.204	20.63	45	928.19
									材料	墙纸	m^2	1.1	111.22	12	1334.70
										大白粉	kg	0235	23.761	0.2	4.75
										酚醛清漆	kg	0.07	7.08	6.5	46.005
										油漆溶剂油	kg	0.03	1.441	3.4	4.90
										聚醋酸乙烯乳液	kg	0.251	25.38	5.4	137.04
										羧甲基纤维素	kg	0.0165	1.668	18	30.03
4	5—195	顶棚、会议室墙面、零星分部刷乳胶漆两遍	m^2	187.38	1798.65	944.40	854.25	—	人工	综合人工	工日	0.112	20.99	45	944.40
									材料	石膏粉	kg	0.0205	3.83	0.6	2.30
										大白粉	kg	0.528	98.63	0.70	69.04
										砂纸	张	0.06	11.21	0.6	6.724
										豆包布 0.9m 宽	m	0.0018	0.336	9.0	3.03
										聚醋酸乙烯乳液	kg	0.06	11.21	5.4	60.52
										乳胶漆	kg	0.2835	52.955	12.5	661.94
										滑石粉	kg	0.1386	25.89	0.40	10.36
										羧甲基纤维素	kg	0.012	2.242	18	40.347

三、工程量清单编制

顶棚、墙柱、梁面的涂料、裱糊均按设计图示尺寸以面积计算。

清单工程量计算表见表50,清单工程量见表51。

表50 ××公司电教室和会议室墙面装饰工程 清单工程量计算表

序号	分项工程名称	单位	数量	计 算 式
1	电教室贴不对花墙纸	m^2	101.57	长=[9.03+ 0.46×2(柱侧壁)+0.3](A-4立面) +[7.54+0.46+0.13](A-1立面)+[8.20(斜边1)-0.3](A-3立面)+[2.80(斜边2)×2+0.3+0.46×2(柱侧壁)+2.84(斜边3)×2-0.13](A-2立面)=38.65 墙面贴墙纸面积=38.65×(3-0.1)- 2.65×2.1(门洞口)- 1.5×1.5(窗洞口)-1.8×1.5(窗洞口)-(5.4×0.15)(主席台)
2	会议室刷乳胶漆	m^2	65.67	长=[4.86-0.13](B-4立面)+[(7.54+0.46)×2+0.13×2](B-1、B-3立面)+[2.56(斜边4)×2-0.13](B-2立面)=25.98 25.98×(3-0.1 -0.06) - 2.65×(2.2-0.1-0.06)(门洞口)- 1.8×1.5(窗洞口)

表51 ××公司电教室和会议室墙面装饰工程 清单工程量

序号	项目编码	项 目 名 称	计量单位	工程数量	金额(元)	
					综合单价	合价
1	20509001001	电教室贴不对花墙纸 (1)基层类型:一般抹灰面 (2)裱糊构件部位:墙面	m^2	101.57		
2	020506001002	会议室刷乳胶漆 (1)基层类型:一般抹灰面 (2)线条宽度、道数:60宽榉木线条 (3)刮腻子要求:三遍 (4)油漆品种、刷漆遍数:乳胶漆两遍	m^2	65.67		

实训项目六:根据附录一图1、图3、图6、图7及表1,计算某公司电教室和会议室室内其他装饰工程直接工程费,并编制该分部工程的工程量清单。

一、工程概况

××公司电教室和会议室室内装饰工程,工程内容及材料选用详见附录一表1及图3、图6、图7。

二、计算电教室和会议室其他工程直接工程费

(1)计算依据:施工图1、图3、图6、图7,《全国统一建筑装饰装修消耗量定额》(GYD-901—2002),市场人工、材料、机械单价。

(2)定额工程量计算。压条、装饰线工程清单工程量与定额工程量计算规则完全相同,均按设计图示尺寸以长度延长米为计量单位计算。工程量计算表见表52。

表52 ××公司电教室和会议室 室内装饰其他工程工程量计算表

序号	分项工程名称	单位	数量	计 算 式
1	铜制阳角线	m	8.9	5.4+1.75×2
2	60宽榉木腰线	m	23.33	长=[4.86-0.13](B-4立面)+[(7.54+0.46)×2+0.13×2](B-1、B-3立面)+ [2.56(斜边4)×2-0.13](B-2立面)-2.65(门洞口)
3	木质装饰条(灯饰边框,50×20)	m	16	(1.2+0.8)×2×4
4	建筑面积	m^2	138.07	124.43+ [9.03+ 0.24+ 4.86+0.24+8.1+(2.56+0.24)×2+8.1+(8.2+0.24)+(2.80+0.24)×2+(2.84+0.24)×2]×0.24 (墙体所占面积)

(3)直接工程费计算。计算各分项工程直接工程费,计算过程见表53。其中,表中定额消耗量《全国统一建筑装饰装修消耗量定额》(GYD—901—2002),市场单价为市场考察价格。

表 53　××公司电教室和会议室 室内装饰其他工程　预算表

序号	定额编号	项目名称	单位	工程量	直接工程费	人工费	材料费	机械费	费用分析	名　称	单位	定额耗量	合计耗量	市场单价	合价
1	6-061	铜制阴角线	m	8.9	99.592	14.30	85.294	—	人工	综合人工	工日	010357	0.318	45	14.30
									材料	自攻螺钉	个	4.182	37.22	0.6	22.33
										铜制阴角线	m	1.03	9.167	6.8	62.34
										202 胶 FSC-2	kg	0.0088	0.078	8	0.627
2	6-070	60 宽榉木腰线	m	23.33	118.87	34.44	84.434	—	人工	综合人工	工日	0.0329	0.765	45	34.436
									材料	60 宽榉木腰线	m	1.05	24.423	3.2	78.154
										圆钉	kg	0.007	0.163	5.8	0.9444
										锯材	m^3	0.0001	0.00233	1350	3.14
										202 胶 FSC -2	kg	0.0118	0.275	8	2.20
3	6-069	木质装饰条(灯饰边框，50mm×20mm)	m	16	65.63	21.53	44.10	—	人工	综合人工	工日	0.0299	0.4784	45	21.528
									材料	木质装饰条(灯饰边框，50mm×20mm)	m	1.05	16.80	2.4	40.32
										圆钉	kg	0.007	0.112	5.8	0.65
										锯材	m^3	0.0001	0.0016	1350	2.16
										202 胶 FSC -2	kg	0.0076	0.122	8	0.973

注：斜边 1＝$\sqrt{[(10.84-9.03)^2+(7.54+0.46)^2]}=8.20$，斜边 2＝$\sqrt{[(0.46+4.65+0.25)/2^2+(1.26-0.46)]^2}=2.80$，斜边 3＝$\sqrt{[(0.25+5.06+0.13)/2^2+(1.26-0.46)^2]}=2.84$，斜边 4＝$\sqrt{[(4.86/2)^2+(1.26-0.46)^2]}=2.56$。

三、工程量清单编制

铜制阴角线项目已包含在电教室主席台硬木不拼花地板(企口)清单项目中；

木质装饰条(灯饰边框，50mm×20mm)项目已包含在 会议室吊顶顶棚清单项目中；

60 宽榉木腰线项目已包含在会议室刷乳胶漆清单项目中。

实训项目七：根据附录一图 1、图 2、图 5 及表 1，计算某公司电教室和会议室室内措施项目的直接工程费。

一、工程概况

××公司电教室和会议室室内装饰工程，工程内容及材料选用详见附录一表 1 及图 1、图 2、图 5。

二、计算电教室和会议室措施项目直接工程费

(1)计算依据。施工图 1、图 2、图 5、图 7，《全国统一建筑装饰装修消耗量定额》(GYD—901—2002)，市场人工、材料、机械单价。

(2)工程量计算(见表 54)。

①满堂脚手架工程量计算规则：满堂脚手架，按实际搭设的水平投影面积计算，不扣除附墙柱、柱所占的面积，凡超过 3.6m、在 5.2m 以内的顶棚抹灰及装饰装修，应计算满堂脚手架基本层。室内计算了满堂脚手架者，其内墙面粉饰不再计算粉饰架，只按每 100m^2 墙面垂直投影面积增加改架工 1.28 工日。

②装饰工程成品保护费工程量按楼地面、楼梯、台阶、独立柱、内墙面等被保护部位的面积计算。

表 54 电教室和会议室室内装饰工程措施项目工程量计算表

序号	项目名称	单位	工程量	计 算 式
1	满堂脚手架(5.2m 内)	m^2	124.43	(9.03+10.84)×(7.54 + 0.46)÷2+(4.65+0.465+5.06+0.13)×(1.26−0.46)÷2+7.54×4.86+0.46×4.86+(1.26×0.46)×4.86÷2
2	楼地面成品保护	m^2	123.72	9.45+40.65+73.62(见一部分中序号 1、2、3 计算式)
3	内墙面成品保护	m^2	167.24	101.57+65.67(见二部分中序号 1、2 计算式)
4	内墙面增加改架工日	工日	2.14	1.6714×1.28
5	建筑面积	m^2	138.07	

(3)直接工程费计算。套定额，计算各分项工程直接工程费，计算过程见表 55，其中，表中定额消耗量取自《全国统一建筑装饰装修工程消耗量定额》(GYD—901—2002)相应定额子目的消耗量，市场单价为市场考察价格。

表 55 ××公司电教室和会议室室内装修工程措施性项目预算表

序号	定额编号	项目名称	单位	工程量	直接工程费	人工费	材料费	机械费	费用分析	名称	单位	定额耗量	合计耗量	市场单价	合价
1	7-005	满堂脚手架	m²	124.43	654.57	524.10	121.76	8.71	人工	综合人工	工日	0.0936	11.65	45	524.10
									材料	回转扣件	kg	0.0069	0.86	3.8	3.26
										对角扣件	kg	0.0045	0.56	3.8	2.13
										直角扣件	kg	0.0183	2.28	3.8	8.65
										脚手架底座	kg	0.0043	0.535	3.8	2.03
										竹架板	m²	0.0237	2.95	14.20	41.88
										焊接钢管	kg	0.1006	12.52	3.8	47.57
										防锈漆	kg	0.0087	1.083	13.5	14.614
										其他材料(占材料费)	%	1.36			1.63
									机械	载重汽车 6t	台班	0.0002	0.0245	350	8.71
2	7-013	楼地面成品保护	m²	123.72	225.79	55.67	170.12	—	人工	综合人工	工日	0.01	1.24	45	55.674
									材料	胶合板 3mm	m²	0.275	34.023	5	170.12
3	7-016	内墙面成品保护	m²	167.24	173.99	125.70	48.29	—	人工	综合人工	工日	0.0167	2.79	45	125.70
									材料	彩条纤维布	m²	0.1375	22.996	2	45.99
										其他材料费(占材料费)	%	5			2.30
4		内墙面增加改架工日	工日	1	96.30	96.30	—	—	人工	综合人工	工日	2.14	2.14	45	96.30

参考文献

[1]中华人民共和国住房和城乡建设部．建设工程工程量清单计价规范(GB 50500—2008)[S]．北京：中国计划出版社，2008.

[2]住房和城乡建设部标准定额研究所．建设工程工程量清单计价规范(GB 50500—2008)宣贯辅导教材[M]．北京：中国计划出版社，2008.

[3]中华人民共和国建设部．全国统一建筑工程预算工程量计算规则(装饰装修工程)(GJDGZ—101—95)[S]．北京：中国计划出版社，2002.

[4]中华人民共和国建设部．全国统一建筑装饰装修工程消耗量定额(GYD—901—2002)．北京：中国计划出版社，2002.

[5]工程造价员网校．装饰装修工程工程量清单分部分项计价与预算定额计价对照实例详解[M]．北京：中国建筑工业出版社，2009.

[6]薛淑萍．建筑装饰工程计价与计量[M]．北京：中国电子工业出版社，2006.

[7]建设部人事教育司、城市建设司．施工员专业与实务[M]．北京：中国建筑工业出版社，2006.

[8]张建新，徐琳．土建工程造价员速学手册[M]．北京：知识产权出版社，2009.

[9]武建文．造价工程师提高必读[M]．北京：中国电力出版社，2005.

[10]谭大璐．工程估价(第三版)[M]．北京：中国建筑工业出版社，2008.

[11]曾繁伟．工程估价学[M]．北京：中国经济出版社，2005.

[12]高继伟．建筑基础工程预算知识问答[M]．北京：机械工业出版社，2009.